Shakespeare's
dramatische Werke

nach der Uebersetzung

von

August Wilhelm Schlegel und Ludwig Tieck,

sorgfältig revidirt und theilweise neu bearbeitet, mit Einleitungen und Noten versehen, unter Redaction

von

H. Ulrici,

herausgegeben durch die

Deutsche Shakespeare-Gesellschaft.

Zweiter Band.

Zweite aufs neue durchgesehene Auflage.

Berlin,
Druck und Verlag von Georg Reimer.
1897.

König Heinrich der Vierte.

Zweiter Theil.

Uebersetzt von

A. W. von Schlegel.

Durchgesehen, eingeleitet und erläutert von

A. Schmidt.

Die einzige vorhandene Quartausgabe dieses Stückes erschien 1600 im Verlage von Andrew Wise und William Aspley;*) in's Buchhändler-Register ist es unter dem 23. August desselben Jahres eingetragen. Die Zeit der Abfassung muß ein Paar Jahre früher anzusetzen sein, denn Ben Jonson erwähnt in seinem Lustspiel Every man out of his humour (5. Act, 2. Sc.), welches 1599 erschien, den Friedensrichter Stille (Silence) bereits als eine bekannte Theaterfigur, und es liegt in der Natur der Sache, daß beide Theile gleichzeitig entworfen und in unmittelbarem Anschluß an einander ausgeführt wurden.

Der Quartausgabe von 1600 lag wahrscheinlich ein für die Aufführung gekürztes Bühnen-Manuscript zu Grunde, da in ihr viele und oft hochpoetische Stellen fehlen, die sich zuerst in der Folio finden; nichtsdestoweniger ist sie für die Feststellung des Textes von hohem Werth.

Die historischen Ereignisse des Dramas berichtet der Gewährsmann des Dichters in folgender Weise:

„Der Graf von Northumberland marschirte nun mit großer Macht vor, seinem Sohn und Bruder zu helfen, wie die Meinung war, oder wenigstens den König zum Frieden zu bestimmen; allein der Graf von Westmoreland und Sir Robert Waterton hatten ein Heer aufgebracht und gedachten ihm zu begegnen. Er wußte wohl, daß er sich von ihnen nichts Gutes zu versehen hatte, und kehrte darum um und zog sich in die Burg Warkworth zurück. Dort erhielt er ein Schreiben vom König, der ihn aufforderte, seine Leute zu entlassen und auf Friedensfuß zu ihm zu kommen. Das that er denn auch den Tag nach St. Lorenz, wo er mit wenigen Dienern vor dem Könige erschien und sich so gut zu entschuldigen wußte, daß der König — zumal der Graf noch Berwick, Alnwick, Warkworth und so viele feste Plätze

*) Die Herausgeber sprechen von zwei Quartos; ihr Unterschied besteht aber nur darin, daß in der einen zuerst abgezogenen die erste Scene des dritten Acts ausgelassen ist, ein Versehen, welches noch während des Drucks bemerkt und für die übrigen Exemplare verbessert wurde.

in Besitz hatte — Fünf gerade sein ließ, ihm gute Worte gab, und ihn (wie Hall erzählt) ungekränkt nach Hause entließ, obwohl andre wissen wollen, daß er ihn eine Zeitlang in Verhaft nahm...... Allen, die sich mit den Percys gegen den König erhoben, ward Amnestie verkündigt, und das im J. 1404 zu London abgehaltene Parlament setzte den Grafen Northumberland in alle seine früheren Würden und Ländereien wieder ein, mit einziger Ausnahme der Insel Man.

„Doch schon im folgenden Jahre stiftete derselbe Graf eine neue Verschwörung gegen den König an mit Richard Scroop, Erzbischof von York, dem Earl Marschall Thomas Mowbray, Sohne des Herzogs Thomas von Norfolk, den Lords Hastings, Faulconbridge, Berdolf u. a. Es ward verabredet, daß sie an einem bestimmten Tage mit ihrer gesammten Macht auf Yorkswold zusammentreffen, und daß der Graf Northumberland ihr Anführer sein sollte, als welcher versprach, eine große Anzahl Schotten mitzubringen. Der Erzbischof, zusammen mit dem Earl Marschall, setzte gewisse Artikel von Beschwerden auf, von denen man annahm, daß sie nicht nur der Bürgerstand des Reiches, sondern auch der hohe Adel theilte, und zeigten solche zunächst den Freunden in ihrer Umgebung; darnach aber schickten sie sie an ihre Anhänger im ganzen Lande, mit der Versicherung, sie wollten zur Abstellung solcher Bedrückungen, wenn es die Noth gebiete, den letzten Blutstropfen in ihrem Leibe vergießen.

„Sobald der Erzbischof wahrgenommen, daß er auf Unterstützung rechnen konnte und viele Menschen nach York strömten, um seine Partei zu ergreifen, that er sein Vorhaben öffentlich kund und ließ die genannten Artikel in den Straßen der Stadt York und an den Pforten der Klöster anschlagen, auf daß jedermann die Beweggründe erführe, die ihn zu bewaffnetem Aufstande gegen den König getrieben, obgleich doch ihre Abstellung nicht seine Sache war. In Folge dessen liefen ihm die Menschen schaarenweise zu, Ritter sowohl wie Leute aus dem Bürgerstande, aus Städten und Dörfern, die einen aus Neuerungssucht, andre, weil sie auf Besserung in den Dingen hofften, die in den Artikeln angegeben waren; und der Erzbischof, mit voller Rüstung angethan, trat unter sie, sprach ihnen Muth ein, und stachelte sie, wie er nur konnte, auf, die Sache anzugreifen und mannhaft zu behaupten, wobei er allen denen, welchen der Tod im Kampf beschieden war, Vergebung der Sünden versprach; und so kamen nicht blos alle Bürger von York, sondern auch alles Volk aus der Umgegend, was nur Waffen tragen konnte, zum Erzbischof und zum Marschall. Die Ehrfurcht, die die Leute vor dem Erzbischof hegten, that nicht wenig dazu, daß ihnen die Sache besser gefiel, denn sein würdevolles Alter, sein unbescholtener Lebenswandel und seine Gelehrsamkeit ohne Gleichen, zusammengenommen mit dem ehrfurchtgebietenden Aussehen seiner liebenswerthen Person, bewogen jedermann, große Stücke auf ihn zu halten.

„Als der König von diesen Dingen Kunde erhielt, ließ er, um ihnen zuvorzukommen, von seinem Marsch nach Wales ab und zog in aller Eile nordwärts. Auch Ralf Nevil Graf von Westmoreland, der nicht weit davon stand, und mit ihm des Königs Sohn Prinz Johann von Lancaster, als sie von jener Empörung hörten, brachten soviel Truppen zusammen als sie konnten, und rückten verbunden mit denjenigen, welche zur Vertheidigung der Gränze gegen die Schotten bestellt waren — als da waren Lord Heinrich Fitzhugh, Lord Ralf Evers, Lord Robert Umfrevill u. a. — gegen die Rebellen vor; und als sie auf eine Ebene kamen im Walde Galtree, ließen sie ihre Fahnen in gleicher Weise aufpflanzen, wie es der Erzbischof ihnen gegenüber mit den seinigen gethan, und zwar mit weit stärkerer Heeresmacht als sie, denn, wie einige erzählen, hatten die Rebellen da mindestens zwanzigtausend Mann.

„Nachdem der Graf von Westmoreland die Stärke der Gegner wahrgenommen, und wie sie sich still verhielten und keinen Angriff auf ihn versuchten, ersann er einen schlauen Plan ihr Vorhaben zu vereiteln, und schickte Boten ab an den Erzbischof, als wollte er durch ihn die Ursach einer so großen Zusammenrottung erfahren, und warum sie — dem Frieden des Königs zuwider — in Waffen gekommen. Der Erzbischof antwortete, er habe nichts vor gegen des Königs Frieden; was er thue, ziele vielmehr auf den Frieden und die Ruhe des gemeinen Wesens; wenn er und die mit ihm in Waffen seien, so geschehe das aus Furcht vor dem Könige, zu dem er keinen freien Zutritt erhalten könne, weil er von einem Haufen Schmeichler umgeben sei; und darum behaupte er, sein Vorhaben sei gut und gemeinnützig, für den König selbst sowohl als für das Reich; und indem er das sagte, entfaltete er ein Papier, worauf die Artikel geschrieben standen, von denen ihr schon gehört.

„Die Botschafter kehrten zum Grafen von Westmoreland zurück und theilten ihm mit, was sie vom Erzbischof gehört und empfangen. Als er die Artikel durchgelesen, that er in Wort und äußerer Gebärde, als wäre er höchlich zufrieden mit des Erzbischofs heiligem und löblichem Treiben und Vorhaben, versprach auch, daß er und die Seinigen ihm beistehen wollten, es zu fördern; also daß der Erzbischof hocherfreut ihm Glauben schenkte und den Earl Marschall, halb gegen seinen Willen, überredete, sich mit ihm an einen verabredeten Platz zu begeben und da in Verhandlung zu treten. Wie sie hier in gleicher Anzahl auf beiden Seiten zusammenkamen, wurden die Artikel vorgelesen, und ohne weitere Umstände sagten der Graf von Westmoreland und die in seinem Gefolge zu, daß sie Alles thun wollten, was in ihren Kräften stehe, um die geforderten Verbesserungen herbeizuführen.

„Der Graf von Westmoreland, welcher schlauer war als die Uebrigen, sagte nun: Wohl, so ist unsre Mühe zum ersehnten Ziel gekommen; unsre Leute, die so lange in Waffen gewesen, können nun nach Hause ziehn zu ihren gewohnten Gewerben und Beschäftigungen; inzwischen laßt uns zusammen trinken zum Zeichen der Verständigung, damit die Leute auf beiden Seiten es sehen und sich davon überzeugen, daß wir eines Sinnes geworden. Sie hatten sich kaum die Hände gegeben, so schickte der Erzbischof gleich einen Ritter an seine Leute ab mit der Botschaft, man habe Frieden geschlossen, und jedermann solle die Waffen niederlegen und sich nach Hause begeben. Als die Leute solche Friedenszeichen sahen wie das Handreichen und freundschaftliche Zusammentrinken der Lords, säumten sie nicht länger, zumal sie schon ermüdet waren von der ungewohnten Kriegsbeschwer, sondern brachen das Lager ab und kehrten in ihre Heimat zurück. Aber während das Volk des Erzbischofs sich so entfernte, kamen auf Befehl des Grafen von Westmoreland von der Gegenpartei immer mehr heran, ohne daß der Erzbischof merkte, daß er betrogen war, bis der Graf von Westmoreland ihn und den Marschall nebst mehren andern verhaftete. Also berichtet Walsingham.

„Andre Schriftsteller jedoch erzählen die Sache etwas anders und behaupten, daß der Graf von Westmoreland und der Lord Ralf Evers allerdings den Erzbischof und den Marschall bewogen, zu einer Verhandlung mit ihnen gerade in der Mitte zwischen beiden Heeren zusammenzukommen; dort aber habe der Graf von Westmoreland ihnen vorgehalten, auf was für ein gefährliches Ding sie sich eingelassen, so das Volk aufzuwiegeln und gegen den König Krieg zu beginnen; darum habe er ihnen gerathen, sich ohne weitern Verzug der Gnade des Königs zu unterwerfen und seines Sohnes des Prinzen Johann, der vor ihren Augen im Felde stehe, mit fliegenden Fahnen und bereit, die Sache mit der Schneide des Schwerts zu entscheiden, wenn sie seinen Rath verachteten; demnach forderte er sie auf, sich wohl zu bedenken, und wenn sie sich nicht fügen und den König bitten wollten, daß er ihnen verzeihe, so sollten sie sich wohl vorsehen und sich ihres Lebens wehren.

„Hierauf unterwarfen sich beide, der Erzbischof sowohl als der Marschall, dem Könige und seinem Sohne dem Prinzen Johann, welcher zugegen war und kehrten nicht in ihr Lager zurück. Ihre Truppen machten sich davon und flohen nach verschiedenen Seiten, wurden aber verfolgt, und viele gefangen genommen, viele erschlagen, viele dessen beraubt, was sie bei sich hatten, und darauf freigelassen. Wie die Sache aber auch verlaufen sein mag, so viel steht fest, daß der Erzbischof und der Marschall nach Pomfret gebracht wurden, wo der König inzwischen eingetroffen war, und von da nach York, wo sie am Tage nach Pfingsten auf einem Platz außerhalb der Stadt enthauptet wurden.

„Als der Graf von Northumberland erfuhr, daß seine Absicht verrathen und seine Mitverschworenen durch die übergroße Eile des Erzbischofs von York in's Verderben gebracht waren, begab er sich mit 300 Reitern nach Berwick. Der König aber rückte schleunig vor und erstürmte seine Burg Warkworth, worauf Northumberland sich in Berwick nicht länger sicher hielt und mit Lord Berdolf nach Schottland floh, wo David Lord Fleming ihn gastlich aufnahm. Von dort aus machten Beide Reisen nach Wales, nach Frankreich und Flandern, um gegen König Heinrich Beistand zu gewinnen; darnach kehrten sie wieder nach Schottland zurück und verhielten sich da ein Jahr lang ruhig, bis ihr Unglück es wollte, daß sie es sich einfallen ließen, an der Spitze eines schottischen Heeres in England einzubrechen, wo sie mehrere von des Grafen Burgen und Herrschaften wiedereroberten, denn das Volk erhob sich für sie in großer Zahl. Solchergestalt ermuthigt, drangen sie in Yorkshire ein und begannen das Land zu verheeren. Auf die Nachricht ließ der König ein großes Heer zusammenbringen und zog damit gegen seine Feinde in's Feld; doch bevor er Nottingham erreichte, hatte Sir Thomas Rokesby, der Sheriff von Yorkshire, die Mannschaft der Gegend in die Waffen gerufen und dem Grafen bei Branham Moor die Spitze geboten. Der Sheriff war ebenso begierig eine Schlacht zu liefern, wie der Graf sie anzunehmen; und so ließ er das St. Georgs-Banner fliegen und griff den Grafen wüthend an, welcher ihm unter einem Banner mit seinem eigenen Wappen mit großer Mannhaftigkeit Stand hielt. Es war ein blutiges Begegnen und grausames Kämpfen zwischen den Heeren, aber am Ende fiel der Sieg dem Sheriff zu. Der Graf Northumberland fiel auf dem Schlachtfelde, und Lord Berdolf wurde gefangen genommen, aber so schwer verwundet, daß er bald darauf an seinen Verletzungen starb."

Aus dem letzten Regierungsjahre des Königs Heinrich IV erzählt Holinshed:

„Während solches in Frankreich geschah, ward dem Lord Heinrich Prinzen von Wales, ältesten Sohne des Königs, berichtet, daß gewisse Leute es sich zum Geschäft machten, ihn anzuschwärzen und zwischen ihm und seinem Vater Zwietracht zu säen, denn sie steckten dem König nicht nur zu, welch ein ausgelassenes Leben der Prinz, nach Art der Jugend, zum Aergerniß vieler führte, sondern auch daß sein Haus der Sammelplatz vieler Menschen sei und selbst der königliche Hof kein so großes Gefolge versammelte als sich täglich um den Prinzen schaarte. Solche Ohrenbläsereien brachten den König auf den Argwohn, daß sein Sohn sich noch bei seinen Lebzeiten die Krone anmaßen wollte, und es blieb nicht unbemerkt, daß er bei diesem eifersüchtigen Mißtrauen dem Prinzen sich nicht mehr so geneigt zeigte wie in früheren Zeiten.

„Der Prinz in seinem Zorn über diese Menschen, welche durch Verleumdungen nicht nur seinem guten Namen im Lande zu schaden, sondern ihm auch seinen Vater zu entfremden suchten, schrieb Briefe nach jedem Theil des Reichs, alle solche zu seinen Unehren ersonnenen Bezichtigungen zu widerlegen. Und um seine Unschuld vor aller Welt noch deutlicher zu zeigen, kam er am Festtage Peter und Paul, d. h. am 29. Juni, mit einer solchen Menge von Edelleuten und sonstigen guten Freunden zu Hofe, als selten in jenen Zeiten gesehen worden war. Er trug ein Gewand von blauer Seide, ganz bedeckt mit kleinen Schnürlöchern, in deren jedem die Nadel, womit es genäht war, an einem seidenen Faden hing. Am Arm hatte er ein Hunde-Halsband, mit lauter goldenen S bedeckt (SS oder Esses hieß die Ordenskette des Hosenbandes nach der Form ihrer Glieder), und das Band war auch von demselben Metall.

„Der Hof befand sich damals zu Westminster. Als er in die Halle getreten war, blieb sein ganzes Gefolge diesseits des Feuers zurück, obgleich man sie dringend einlud, weiter hinauf zu gehn; denn sie hatten gemessene Befehle vom Prinzen und wagten es nicht, ihnen zuwider zu handeln. Er selbst, nur von königlichen Hofleuten begleitet, ward sofort vor den König seinen Vater vorgelassen, der damals sehr unpäßlich war, sich aber auf einem Sessel in sein Kabinet tragen ließ und dort in Gegenwart von drei bis vier Vertrauten den Prinzen fragte, was er ihm vorzutragen habe. Darauf kniete dieser vor seinem Vater nieder und sprach: Erlauchter und großmächtiger Herr und Vater, ich bin heute hergekommen als euer Unterthan und euer Sohn, um in allen Stücken euch zu Diensten zu stehn. Es ist mir zu Ohren gekommen, daß ihr mein Verhalten gegen euer Gnaden beargwöhnt, während es euch wohl bewußt ist, daß es meine Pflicht wäre, jedweden in diesem Lande zu züchtigen, vor dem ihr Furcht hegen müßtet, und so alle Bekümmerniß von eurem Herzen zu nehmen. Um so mehr sollte mein Theil der Tod sein, um euer Gnaden von dem Herzeleid zu befreien, das ihr um mich empfindet als euren Sohn und Unterthan, und zu dem Ende habe ich mich heute bereit gemacht durch Beichte und Sacrament. Darum bitte ich euch, großmächtiger Herr und theurer Vater, macht dem Argwohn ein Ende, der euer Herz beschwert, und tödtet mich hier zu euren Füßen mit diesem Dolche (dabei überreichte er dem König ehrerbietig seinen Dolch); denn wißt, daß das Leben mir nichts gilt, wenn ich auch nur Einen Tag in eurer Ungnade bleiben soll; zögert darum nicht, mich aus dem Leben zu schaffen und euch aller Furcht zu entledigen, und hier im Beisein dieser Herren und im Angesicht Gottes schwöre ich, euch am Tage des jüngsten Gerichts von ganzer Seele und ohne Vorbehalt meinen Tod zu verzeihen.

„Der König, tief gerührt von diesen Worten, warf den Dolch von sich, umarmte und küßte den Prinzen, und bekannte ihm mit Thränen, daß er ihn allerdings in Verdacht gehabt, obgleich — wie er sich nun überzeuge — ohne gerechten Grund; und darum sollte in Zukunft ihn kein falsches Gerede mehr bewegen, irgendwelches Mißtrauen gegen ihn zu fassen.

„Allerdings fehlte es den Einflüsterungen derjenigen, welche den Prinzen eines wilden und unziemlichen Lebens beschuldigten, nicht an gutem Schein. Denn er folgte seinen jugendlichen Neigungen bis zur Ausgelassenheit, umgab sich mit Genossen, die seinem Alter behagten, und verbrachte mit ihnen die Zeit in Uebungen und Belustigungen nach seinem Wohlgefallen. Doch scheint es nach der Aussage gewisser Autoren, daß sein Betragen nicht anstößig war oder wenigstens Niemandem zu Schaden gereichte; denn er hütete sich Unrecht zu thun und hielt seine Neigungen auf dem Wege der Tugend, wodurch er sich die Herzen aller Verständigen gewann.

„Im vierzehnten und letzten Regierungsjahre König Heinrichs wurde in Whitefriars zu London ein Staatsrath gehalten, um unter andern Dingen Anstalten und Vorbereitungen zum Zuge nach dem Heiligen Lande zu treffen und zur Befreiung der Stadt Jerusalem aus den Händen der Ungläubigen. Der König beging diesmal die Weihnachten zu Eltham; er kränkelte viel, und manchmal glaubte man ihn schon dem Tode nahe, aber es gefiel Gott, daß er wieder etwas zu Kräften kam, und so verbrachte er die Weihnachtszeit so froh als möglich. Den Tag nach Lichtmesse wurde das Parlament in London eröffnet; aber er schied aus diesem Leben, bevor dasselbe Parlament zu Ende kam; gerade jetzt, wo seine Vorbereitungen beendigt und er mit Allem ausgerüstet war, was zu einem so königlichen Zuge gehörte, wie er ihn beabsichtigte in's Heilige Land, mußte er von schwerer Krankheit getroffen werden, nicht vom Aussatz, wie thörichte Mönche erzählt haben, die darin Gottes Finger sehn wollten, sondern von einer Apoplexie. Während dieser seiner letzten Krankheit ließ er die Krone auf ein Kissen an seinem Kopfende legen, und gleich darauf ward er von so heftigen Schmerzen gequält, daß er wie leblos dalag. Die Leute in seiner Umgebung hielten ihn wirklich für todt und bedeckten sein Gesicht mit einem leinenen Tuch. Als sein Sohn der Prinz davon in Kenntniß gesetzt war, trat er in's Zimmer, nahm die Krone fort und ging von dannen. Der Vater aber kam aus seiner Ohnmacht wieder zu sich und vermißte alsbald die Krone; und da er hörte, daß der Prinz sie genommen, ließ er ihn vor sich rufen und fragte ihn, was solch Gebahren bedeuten solle. Der Prinz erwiderte mit wohlgeziemendem Freimuth: Herr, ich mit allen andern glaubte euch todt für diese Welt, und nahm darum als euer nächster Erbe die Krone als mein eigen, und nicht mehr euer. O mein Sohn, sagte der König mit einem tiefen Seufzer, Gott weiß, was für ein Recht ich daran hatte. Immerhin, antwortete der Prinz, wenn ihr als König sterbt, will ich sie haben und mit dem Schwert gegen alle meine Feinde behaupten, gleichwie ihr gethan. Nun, sagte der König, so stelle ich Alles Gott anheim; du aber sei brav! und damit kehrte er sich auf die andre Seite und befahl bald darauf seinen Geist in Gottes Hände, in einem Zimmer der Westminster-Abtei Namens Jerusalem. Wir lesen, daß diese Krankheit ihn befiel, als er am Altar des heiligen Eduard sein Gebet verrichtete; seine Leute brachten ihn, um schnelle Hülfe zu schaffen, in das nächstbereitete Zimmer, welches dem Abt von Westminster gehörte, wo sie ihn auf ein Lager am Feuer niederlegten und alle Mittel aufboten, ihn wieder in's Leben zu bringen; als er wieder zu sich kam und sich an einem fremden Ort sah, fragte er, ob das Zimmer einen besondern Namen habe, und erhielt die Antwort, es heiße Jerusalem. Dann, sagte der König, sei Lob und Preis dem Vater im Himmel, denn nun weiß ich, daß ich hier in diesem Zimmer sterben werde; so ist mir's prophezeit worden, daß ich in Jerusalem aus diesem Leben scheiden soll.

„Ihm folgte sein ältester Sohn Heinrich, geboren zu Monmouth in Wales am Flusse Wye. So groß war von vornherein die Hoffnung und Erwartung von dieses Mannes Glück, daß schon in den nächsten drei Tagen nach seines Vaters Ableben viele Edelleute und vornehme Personen ihm Huldigung leisteten und treuen Gehorsam schwuren, dergleichen noch keinem seiner Vorgänger vor seiner Krönung geschehen. Er war Willens, der Welt sofort zu zeigen, daß er mit den fürstlichen Ehren einen neuen Menschen angelegt. Während er sonst mit ausgelassenen Gesellen von lüderlichem Lebenswandel verkehrt hatte, verbannte er sie jetzt alle aus seiner Nähe, doch nicht so, daß er sie ohne Entschädigung und Versorgung ließ, und verbot ihnen bei schwerer Strafe, sich seinem Hofe auf zehn Meilen zu nähern; und an ihrer Stelle berief er würdige, verständige und staatskluge Männer, deren weiser Rath ihm ehrenvoll und heilsam sein konnte; er vergaß es nimmer, wie er einst zum großen Leidwesen des Königs, seines Vaters, den Oberrichter mit der Faust geschlagen, weil er einen von seinen Kumpanen auf guten Grund in's Gefängniß geschickt, und wie der ehrenfeste Richter darauf ihn selbst in Haft genommen, und er (damals Prinz) sich der Strafe unterworfen. Der König entzog ihm nach diesem Vorfall seinen Sitz im Staatsrath, verbannte ihn vom Hofe, und ernannte seinen jüngern Bruder, den Herzog von Clarence, zum Vorsitzenden des Raths an seiner Statt."

Die bereits in der Einleitung zum ersten Theil erwähnten Famous Victories of Henry the Fifth bieten nichts, was dem Dichter bei diesem zweiten Theil zu Statten gekommen wäre. Auch in ihnen finden wir (und wie es scheint, nach derselben historischen Quelle) eine Scene, worin der Prinz die Krone vom Bett des sterbenden Königs nimmt und durch seine Entschuldigung Alles wieder gut macht, und eine andre, worin er nach seiner Thronbesteigung die Genossen seiner Ausgelassenheiten von seiner Person verbannt, aber Alles in's Gemeine und Triviale herabgezogen, was bei Shakespeare gehoben und veredelt erscheint. Als Probe, wie ihr unbekannter Verfasser Geschichte und Tradition vergröberte, statt sie zu idealisiren, mag der Umstand dienen, daß das mit Nadeln besteckte Gewand des Prinzen, von welchem Shakespeare mit Recht keinen Gebrauch macht, und welches bei dem Chronisten auf die Verläumdungen geht, denen der Prinz ausgesetzt war, in den Famous Victories die Deutung erhält, er stehe auf Nadeln, solange er nicht die Krone auf dem Haupte trage. Wir können uns darum hier eines näheren Eingehens auf das Stück enthalten, werden jedoch bei Gelegenheit Heinrich's V Veranlassung finden, noch einmal darauf zurückzukommen.

König Heinrich der Vierte.

Zweiter Theil.

Personen:

König Heinrich der Vierte.

Prinz Heinrich von Wales,
Thomas, Herzog von Clarence,
Prinz Johann von Lancaster,
Prinz Humphrey von Gloster,
} Söhne des Königs.

Graf von Warwick,
Graf von Westmoreland,
Gower,
Harcourt,
} von des Königs Partei.

Der Oberrichter von der königlichen Bank.
Ein Unterbeamter im Gefolge des Oberrichters.

Graf von Northumberland,
Scroop, Erzbischof von York,
Lord Mowbray,
Lord Hastings,
Lord Bardolph,
} Feinde des Königs.

Sir John Colevile.
Travers und Morton, Bediente Northumberland's.
Falstaff.
Bardolph.
Pistol.
Ein Page.
Poins und Peto, Begleiter Prinz Heinrich's.
Schaal und Stille, Friedensrichter auf dem Lande.
David, Schaal's Bedienter.
Schimmelig, Schatte, Warze, Schwächlich und Bullenkalb, Rekruten.
Klaue und Schlinge, Gerichtsdiener.
Ein Pförtner.
Lady Northumberland.
Lady Percy.
Frau Hurtig, Wirthin.
Dortchen Lakenreißer.
Lords und andres Gefolge, Officiere, Soldaten, Bote, Küfer, Büttel, Kammerdiener u. s. w.

Prolog.

(Warkworth. Vor Northumberland's Burg. Gerücht, ganz mit Zungen bemalt, tritt ein.)

Gerücht.

Die Ohren auf! Denn wer von euch verstopft
Des Hörens Thor, wenn laut Gerüchte spricht?
Ich, von dem Osten bis zum müden West
Rasch auf dem Winde reitend, mache kund,
Was auf dem Erdenball begonnen wird.
Beständ'ger Leumund schwebt auf meinen Zungen,
Den ich in jeder Sprache bringe vor,
Der Menschen Ohr mit falscher Zeitung stopfend.
Von Frieden red' ich, während unterm Lächeln
Der Ruh' versteckter Groll die Welt verwundet;
Und wer, als nur Gerücht, als ich allein,
Schafft drohnde Mustrung, wache Gegenwehr,
Indeß das Jahr, geschwellt von anderm Leid,
Für schwanger gilt von dem Tyrannen Krieg,
Was doch nicht ist? Gerücht ist eine Pfeife,
Die Argwohn, Eifersucht, Vermuthung bläst,
Und von so leichtem Griffe, daß sogar
Das Ungeheuer mit zahllosen Köpfen,
Die immer streit'ge wandelbare Menge
Drauf spielen kann. Allein wozu zergliedre
Ich meinen wohlbekannten Körper so
Vor meinem Hausstand? Was will hier Gerücht?
Vor König Heinrich's Siege lauf' ich her,

Der in dem blut'gen Feld bei Shrewsbury
Den jungen Heißsporn und sein Heer geschlagen,
Löschend die Flamme kühner Rebellion,
In der Rebellen Blut. — Was fällt mir ein,
Sogleich so wahr zu reden? Auszusprengen
Ist mein Geschäft, daß Heinrich Monmouth fiel
Unter des edlen Heißsporn grimm'gem Schwert,
Und daß der König vor des Douglas Wuth
Zum Tode sein gesalbtes Haupt gebeugt.
Dieß hab' ich durch die Landstädt' ausgebreitet,
Vom königlichen Feld zu Shrewsbury
Bis hier zu dieser wurmbenagten Veste
Von rauhem Stein, wo Heißsporns alter Vater
Northumberland, den Kranken spielend, weilt.
Die Boten kommen nun ermüdet an,
Und keiner meldet, als was ich gelehrt.
Schlimmer als wahres Uebel ist erklungen
Falsch süße Tröstung von Gerüchtes Zungen.

(Ab.)

Erster Aufzug.

Erste Scene.

Ebendaselbst.

(Der Pförtner am Thor. Lord Bardolph tritt auf.)

Lord Bardolph.

Wer wacht am Thor da? He! — Wo ist der Graf?

Pförtner.

Wer, sag' ich, daß ihr seid?

Lord Bardolph.

Sag du dem Grafen,
Es warte der Lord Bardolph hier auf ihn.

Pförtner.

Der gnäd'ge Herr ist draußen in dem Garten;
Beliebt's Eur Edlen, klopft nur an der Pforte,
So wird er selber öffnen.

Lord Bardolph.

Da kommt der Graf.

(Northumberland tritt auf.)

Northumberland.

Was giebt's, Lord Bardolph? Jegliche Minute
Muß jetzt die Mutter einer Kriegsthat sein.
Wild sind die Zeiten: Hader, wie ein Pferd
Voll muth'ger Nahrung, das sich losgerissen,
Rennt Alles vor sich nieder.

Lord Bardolph.

Edler Graf,
Von Shrewsbury bring' ich gewisse Zeitung.

Northumberland.

So Gott will, gute.

Lord Bardolph.

Gut nach Herzenswunsch.
Der König ist zum Tode fast verwundet,
Durch eures Sohnes Glück ist auf der Stelle
Prinz Heinrich umgebracht, und beide Blunts
Von Douglas Hand getödtet; Prinz Johann
Und Westmoreland und Stafford sind geflüchtet,
Und Heinrich Monmouth's feistes Schwein, Sir John,
Gefangner eures Sohnes; o solch ein Tag,
So schön erfochten, durchgesetzt, gewonnen,
Erschien nicht zur Verherrlichung der Zeiten
Seit Cäsar's Glück!

Northumberland.

Doch woher schreibt sich dieß?
Saht ihr das Feld? kamt ihr von Shrewsbury?

Lord Bardolph.

Ich sprach mit einem, Herr, der dorther kam,
Mit einem Mann von Stand und gutem Namen,
Der diese Nachricht dreist als wahr mir gab.

Northumberland.

Da kommt mein Diener Travers, den ich Dienstags
Um Neuigkeiten auszuhorchen sandte.

Lord Bardolph.

Herr, unterwegs ritt ich an ihm vorbei,
Er ist mit mehr Gewißheit nicht versehn,
Als was er etwa mir kann nacherzählen.

(Travers kommt.)

Northumberland.

Nun, Travers, was für gute Nachricht bringst du?

Travers.

Mylord, Sir John Umfrevile sandte mich
Mit froher Zeitung heim, und kam mir, besser

Beritten, vor. Nach ihm kam hastig spornend
Ein Edelmann, von Eile fast erschöpft,
Der bei mir hielt, und ließ sein Pferd verschnaufen.
Er frug den Weg nach Chester, und von ihm
Erfuhr ich, was es gab zu Shrewsbury.
Er sagte, Rebellion hab' übles Glück,
Des jungen Heinrich Percy Sporn sei kalt;
Damit ließ er dem raschen Pferd die Zügel,
Und stieß, vorlehnend, die bewehrten Fersen
In seiner armen Mähr' erhitzte Weichen
Bis an des Rädleins Knopf: so schoß er fort,
Und schien den Weg im Laufe zu verschlingen,
Nicht weiter Frage stehend.

Northumberland.

Ha! noch 'mal!
Sagt' er, des jungen Percy Sporn sei kalt?
Aus Heißsporn Kaltsporn? Und Rebellion
Hab' übles Glück?

Lord Bardolph.

Mylord, hört mich nur an:
Wenn euer Sohn nicht Herr des Tages ist,
So geb' ich meine Baronie, auf Ehre,
Für eine seid'ne Schnur; sprecht nicht davon.

Northumberland.

Weswegen hätte denn der Edelmann,
Der hinter Travers herkam, den Verlust
Mit solchen Punkten angegeben?

Lord Bardolph.

Der?
Das war ein Vagabunde, der sein Pferd
Gestohlen hatte, und, bei meinem Leben!
Sprach auf's Gerathewohl. Sieh da, mehr Zeitung.

(Morton kommt.)

Northumberland.

Ja, dieses Manns Stirn, wie ein Titelblatt,
Verkündigt eines trag'schen Buches Art.
So sieht der Strand aus, wo die stolze Flut

Ein Zeugniß angemaßter Herrschaft ließ. —
Sag' Morton, kommst du her von Shrewsbury?

Morton.

Ich lief von Shrewsbury, mein edler Herr,
Wo grauser Tod die ärgste Larve nahm,
Die unsrigen zu schrecken.

Northumberland.

Was macht mein Sohn und Bruder?
Du zitterst und die Blässe deiner Wange
Sagt deine Botschaft besser als dein Mund.
Ganz solch ein Mann, so matt, so ohne Leben,
So trüb, so todt im Blick, so hin vor Weh,
Zog Priam's Vorhang auf in tiefster Nacht,
Und wollt ihm sagen, halb sein Troja brenne;
Doch Priam fand das Feu'r, eh er die Zunge:
Ich meines Percy Tod, eh du ihn meldest.
Du wolltest sagen: eu'r Sohn that das und das;
Eu'r Bruder das; so focht der edle Douglas;
Mein gierig Ohr mit ihren Thaten stopfend:
Allein am Ende, recht mein Ohr zu stopfen,
Wehst du dieß Lob mit einem Seufzer weg,
Und endest: Bruder, Sohn und Alle todt.

Morton.

Der Douglas lebt und euer Bruder noch,
Doch euer edler Sohn —

Northumberland.

Ja, der ist todt!
Seht, welche fert'ge Zunge Argwohn hat!
Der, welcher fürchtet, was er wissen will,
Hat durch Instinct aus Andrer Augen Kenntniß,
Geschehn sei, was er fürchtet. Sprich nur, Morton:
Sag deinem Grafen, seine Ahnung lügt,
Ich will für einen süßen Schimpf es halten,
Und reich dich machen, weil du so mich kränkst.

Morton.

Ihr seid zu groß für meinen Widerspruch;
Eu'r Sinn und eure Furcht sind nur zu wahr.

Northumberland.

Trotz allem dem, sag nicht, daß Percy todt.
Ein wunderlich Bekenntniß nehm' ich war
In deinem Aug'; du schüttelst deinen Kopf,
Und achtest für Gefahr es, oder Sünde,
Die Wahrheit reden. Sag's, wenn er erschlagen;
Die Zung' ist schuldlos, die ihn todt berichtet,
Und Sünde ist's, von Todten falsch zu reden,
Nicht, wenn man sagt, der Todte lebe nicht.
Allein der Bringer unwillkommner Zeitung
Hat ein nachtheilig Amt, und seine Zunge
Klingt stets nachher wie eine dumpfe Glocke,
Die einst dem abgeschiednen Freund geläutet.

Lord Bardolph.

Ich kann's nicht denken, euer Sohn sei todt.

Morton.

Mich schmerzt, daß ich euch nöth'gen soll zu glauben,
Was, wollte Gott, ich hätt' es nie gesehn.
Doch diese meine Augen sahen ihn,
In blut'gem Stande, matt und athemlos,
Ohnmächtige Vergeltung nur erwiedernd
Dem Heinrich Monmouth, dessen rascher Grimm
Den nie verzagten Percy schlug zu Boden,
Von wo er nie lebendig sprang empor.
Und kurz, sein Tod (deß Seele Feuer lieh
Dem trägsten Knechte selbst in seinem Lager),
Sobald er ruchbar, raubte Feu'r und Hitze
Dem bestbewährten Muth in seinem Heer.
Denn sein Metall nur stählte die Partei:
Da es in ihm erweicht war, kehrten Alle
In sich zurück wie stumpfes schweres Blei.
Und wie ein Ding, das schwer ist an sich selbst,
Auf Nöthigung mit schnellster Eile fliegt:
So liehen unsre Leute, schwer gedrückt
Von dem Verluste Heißsporns, dem Gewicht
Durch ihre Furcht solch eine Leichtigkeit,

Daß Pfeile nie zum Ziele schneller flogen
Als unsre Krieger, zielend auf ihr Heil,
Vom Felde flohn; da ward der edle Worcester
Zu bald gefangen, und der wilde Schotte,
Der blut'ge Douglas, dessen eifernd Schwert
Drei Mal den Anschein eines Königs schlug,
Fing an entherzt zu werden, und beschönte
Die Schande derer, die den Rücken wandten;
Und da er in dem Fliehn aus Furcht gestrauchelt,
Ward er gefaßt. Die Summ' von Allem ist:
Der König hat gewonnen, und er sendet
Ein schleunig Heer, euch zu begegnen, Herr,
Unter des jungen Lancaster Befehl,
Und Westmoreland's; ihr hörtet damit Alles.

Northumberland.

Ich werde Zeit genug zum Trauern haben.
Im Gift ist Arzenei, und diese Zeitung,
Die, wär' ich wohl, mich hätte krank gemacht,
Macht, da ich krank bin, mich beinah gesund.
Und wie der Arme, fieberschwach von Gliedern,
Die wie gelähmte Angeln von der Last
Des Lebens niederhängen, ungeduldig
Des Anfalls, wie ein Feuer aus den Armen
Der Wächter bricht: so sind auch meine Glieder,
Geschwächt durch Leiden, tobend nun vor Leid,
Dreimal sie selbst; drum fort, du zarte Krücke!
Ein schupp'ger Handschuh muß mit Stahlgelenken
Mir decken diese Hand; fort, kranke Binde!
Du bist ein allzu üpp'ger Schutz dem Haupt,
Wonach, gereizt von Siegen, Fürsten zielen.
Bind't meine Stirn mit Eisen! und es nahe
Die rauhste Stunde nun der groll'nden Zeit,
Dem wüthenden Northumberland zu dräun!
Küss' Erde sich und Himmel, ihren Schranken
Entweiche wild die Flut! die Ordnung sterbe!
Und diese Welt sei länger keine Bühne,

Die Hader nährt in zögernder Verwicklung;
Es herrsch' Ein Geist des erstgebornen Kain
In allen Busen, daß wenn jedes Herz
Auf Blut gestellt, die rohe Scene schließe,
Und Finsterniß die todte Welt begrabe!

Travers.

Die Heftigkeit thut euch zu nah, Mylord.

Lord Bardolph.

Trennt Weisheit nicht von Ehre, bester Graf.

Morton.

Das Leben eurer liebenden Genossen
Hängt an dem euern, das, ergebt ihr euch
Der stürm'schen Leidenschaft, nothwendig leidet.
Ihr habt den Krieg berechnet, edler Herr,
Des Zufalls Summ' gezogen, eh ihr spracht:
Laßt uns entgegen stehn. Ihr habt vermuthet,
Im Drang der Streiche könnt eu'r Sohn auch fallen.
Ihr wußtet, daß er auf Gefahren wandle,
Am Abgrund, wo es minder glaublich war,
Er komm' hinüber, als er fall' hinein.
Euch war bekannt, es sei sein Fleisch empfänglich
Für Wund' und Narben, und sein kühner Geist
Werd' in's Gewühle der Gefahr ihn reißen;
Doch sagtet ihr: Zieh aus! und nichts hievon,
Auch noch so stark befürchtet, konnte hemmen
Eur festes Vorgehn: was ist denn geschehn,
Was brachte dieses kühne Unternehmen,
Als daß nun ist, was zu vermuthen war?

Lord Bardolph.

Wir Alle, die in den Verlust verstrickt,
Wir kannten diese See als so gefährlich,
Daß unsre Rettung Zehn wär' gegen Eins;
Doch wagten wir's, um den gehofften Lohn
Nicht achtend allen Anschein von Gefahr:
Und umgestürzt nun, wagen wir's noch 'mal.
Kommt! Alles dran gesetzt: Leib, Gut und Blut!

Morton.

Es ist die höchste Zeit; und, edler Herr,
Ich hör' als sicher, und ich rede wahr, —
Der fromme Erzbischof von York ist rege
Mit wohlversehner Macht; er ist ein Mann,
Der seine Leute bind't mit doppelter Gewähr.
Es hatt' eu'r edler Sohn die Körper bloß,
Schein und Gestalt von Männern nur, zum Kampf:
Denn dieses Wort, Rebellion, schied ganz
Die Handlung ihrer Leiber von den Seelen.
So fochten sie mit Ekel und gezwungen,
Wie man Arznei nimmt; nur die Waffen schienen
Auf unsrer Seite; die Gemüther hatte
Dieß Wort, Rebellion, so eingefroren
Wie Fisch' in einem Teich. Doch nun verwandelt
Der Bischof Aufruhr in Religion,
Man achtet ihn aufricht'gen, heil'gen Sinns,
Drum folgen sie mit Leib ihm und Gemüth.
Er nährt den Aufstand mit des theuren Richard
Von Pomfret's Steinen abgekratztem Blut,
Giebt Himmelsweihe seiner Fehd' und Sache,
Sagt ihnen, er beschirm' ein blutend Land,
Das unter Bolingbroke nach Leben ächzt,
Und Groß und Klein drängt sich ihm nachzufolgen.

Northumberland.

Ich wußte dieß zuvor: doch wahr zu reden,
Das jetz'ge Leid verwischt' es meinem Sinn.
Kommt mit herein, und jedermann berathe
Den besten Weg zur Sicherheit und Rache.
Werbt Freunde, sendet schnelles Aufgebot:
Nie waren sie so selten, nie so noth.

(Ab.)

Zweite Scene.

London, eine Straße.

(Falstaff tritt auf mit einem Pagen, der seinen Degen und Schild trägt.)

Falstaff.

He, du Riese! was sagt der Doctor zu meinem Wasser?

Page.

Er sagte, Herr, das Wasser an sich selbst wäre ein gutes gesundes Wasser, aber die Person, der es zugehörte, möchte mehr Krankheiten haben, als sie wüßte.

Falstaff.

Menschen von aller Art bilden sich was darauf ein, mich zu necken. Das Gehirn dieses närrisch zusammengekneteten Thones, der Mensch heißt, ist nicht im Stande, mehr zu erfinden, das zum Lachen dient, als was ich erfinde, oder was über mich erfunden wird. Ich bin nicht bloß selbst witzig, sondern auch Ursache, daß Andre Witz haben. Ich gehe hier vor dir her, wie eine Sau, die ihren ganzen Wurf aufgefressen hat, bis auf eins. Wenn der Prinz dich aus irgend einer andern Ursache bei mir in Dienst gegeben hat, als um gegen mich abzustechen, so habe ich keinen Menschenverstand. Du verwünschtes Alräunchen, ich sollte dich eher auf meine Mütze stecken, als daß du meinen Fersen folgst. Noch niemals bis jetzt hat mir ein Achat aufgewartet: aber ich will euch weder in Gold noch Silber fassen, sondern in schlechte Kleider, und euch wieder zu eurem Herrn zurücksenden, als ein Juwel, zu dem Juvenil, dem Prinzen, eurem Herrn, dessen Kinn noch nicht flügge ist. Mir wird eher ein Bart in der flachen Hand wachsen, als er einen auf der Backe kriegt, und doch trägt er kein Bedenken zu sagen, sein Gesicht sei ein Kronengesicht. Gott kann es fertig machen, wenn er will, noch ist kein Haar daran verdorben; er kann es beständig als ein Kronengesicht behalten, denn kein Barbier wird ein Paar Batzen daran verdienen; und doch macht er sich mausig, als wenn er für einen Mann gegolten hätte, seit sein Vater ein Junggeselle war. Er mag seine Gnade für sich behalten, er ist beinah aus der meinigen gefallen, das kann ich ihm versichern. — Was sagte Meister Dumbleton wegen des Atlasses zu meinem kurzen Mantel und Pluderhosen?

Page.

Er sagte, Herr, ihr solltet ihm bess're Bürgschaft stellen als Bardolph seine; er wollte seine Handschrift und eure nicht annehmen, die Sicherheit gefiele ihm nicht.

Falstaff.

Daß er verdammt wäre wie der reiche Mann! daß ihm die Zunge noch ärger am Gaumen klebte! — So'n verwetterter Achitophel! ein schuftischer Mit-Verlaub-Hans! Spiegelt einem Kavalier erst etwas vor, und besteht hinterher auf Sicherheit! — Die verwetterten Glattköpfe gehen jetzt nicht anders als mit hohen Schuhen, und einem Bund Schlüssel am Gürtel, und wenn sich nun einer auf redliches Borgen mit ihnen einläßt, da bestehen sie noch gar auf Sicherheit. Ich ließe mir eben so gern Rattenpulver in's Maul stecken, als daß sie mir's wollen stopfen mit Sicherheit. Ich dachte, er sollte mir zweiundzwanzig Ellen Atlas schicken, so wahr ich ein Ritter bin, und er schickt mir Sicherheit. Gut, er mag in Sicherheit schlafen, er hat das Horn des Ueberflusses, und seiner Frauen Leichtfertigkeit leuchtet hindurch; und doch kann er nicht sehen, ob er schon seine eigne Laterne hat, ihm zu leuchten. — Wo ist Bardolph?

Page.

Er ist nach Smithfield gegangen, um Euer Edlen ein Pferd zu kaufen.

Falstaff.

Ich kaufte ihn in der Paulskirche, und er will mir ein Pferd zu Smithfield kaufen. Könnte ich nur ein Weib im Bordell kriegen, so wäre ich bedient, beritten und beweibt.

(Der Oberrichter kommt mit einem Unterbeamten.)

Page.

Herr, da kommt der Lord, der den Prinzen verhaftete, weil er ihn Bardolph's wegen schlug.

Falstaff.

Folge mir auf dem Fuß, ich will ihn nicht sehen.

Oberrichter.

Wer ist das, der dort geht?

Unterbeamter.

Falstaff, zu Euer Gnaden Befehl.

Oberrichter.

Der wegen des Straßenraubs in Untersuchung war?

Unterbeamter.

Derselbe, gnädiger Herr, aber er hat seitdem zu Shrewsbury gute Dienste geleistet, und geht nun, wie ich höre, mit einem Auftrage zum Prinzen Johann von Lancaster.

Oberrichter.

Wie, nach York? Ruft ihn zurück.

Unterbeamter.

Sir John Falstaff!

Falstaff.

Junge, sag ihm, daß ich taub bin.

Page.

Ihr müßt lauter sprechen, mein Herr ist taub.

Oberrichter.

Ja, das glaub ich, wenn er irgend etwas Gutes hören soll. — Geht, zupft ihn am Ellbogen, ich muß mit ihm sprechen.

Unterbeamter.

Sir John, —

Falstaff.

Was? ein so junger Bursch und betteln? Giebts keine Kriege? giebt es keinen Dienst? braucht der König keine Unterthanen? haben die Rebellen keine Soldaten nöthig? Ob es wohl eine Schande ist, anderswo als auf der einen Seite zu sein, so ist es doch noch ärgere Schande zu betteln, als auf der ärgsten Seite zu sein, wäre sie auch noch ärger als der Name Rebellion es ausdrücken kann.

Unterbeamter.

Ihr irrt euch in mir, Herr.

Falstaff.

Ei, Herr, sagte ich, ihr wärt ein ehrlicher Mann? Mein Ritterthum und meine Soldatenschaft bei Seite gesetzt, hätte ich in meinen Hals hineingelogen, wenn ich das gesagt hätte.

Unterbeamter.

Dann bitte ich euch, Herr, setzt euer Ritterthum und eure Soldatenschaft bei Seite, und gebt mir Verlaub, euch zu sagen, daß ihr es in euern Hals hineinlügt, wenn ihr sagt, ich sei was anders als ein ehrlicher Mann.

Falstaff.

Ich dir Verlaub geben mir das zu sagen? Ich bei Seite setzen, was mir anhängt? Wenn du von mir Verlaub bekommst, so häng mich auf; wenn du dir Verlaub nimmst, so solltest du gehängt werden. Du Mäusefänger, fort! heb' dich weg!

Unterbeamter.

Der Lord will mit euch sprechen.

Oberrichter.

Sir John Falstaff, auf ein Wort.

Falstaff.

Mein bester Herr! — Gott erhalte Euer Gnaden in gutem Wohlsein! Es freut mich, Euer Gnaden außer Hause zu sehn, ich hörte, Euer Gnaden wären krank, ich hoffe, Euer Gnaden gehen nicht ohne Erlaubniß aus. Euer Gnaden sind zwar noch nicht ganz über die Jugend weg, aber sie haben doch schon einen kleinen Beischmack vom Alter, eine Würzung vom Salze der Zeit, und ich ersuche Euer Gnaden unterthänig, mit aller Sorgfalt über Dero Gesundheit zu wachen.

Oberrichter.

Sir John, ich habe vor eurem Abmarsch nach Shrewsbury nach euch geschickt.

Falstaff.

Mit Euer Gnaden Erlaubniß, ich höre, daß Seine Majestät mit einigem Ungemach von Wales zurückgekommen ist.

Oberrichter.

Ich rede nicht von seiner Majestät. — Ihr wolltet nicht kommen, da ich nach euch schickte.

Falstaff.

Und ich höre außerdem, daß Seine Hoheit von der hundsföttischen Apoplexie befallen ist.

Oberrichter.

Nun, der Himmel lasse ihn genesen! Ich bitte, laßt mich mit euch sprechen.

Falstaff.

Diese Apoplexie ist meines Bedünkens eine Art von Lethargie, wenn Euer Gnaden erlauben; eine Art von Schlafen im Blut, ein verwettertes Kitzeln.

Oberrichter.

Wie gehört das hierher? Es sei, was es wolle, —

Falstaff.

Es hat seinen Ursprung von vielem Kummer; von Studiren und Zerrüttungen des Gehirns. Ich habe die Ursache seiner Wirkungen beim Galenus gelesen: es ist eine Art von Taubheit.

Oberrichter.

So scheint's, ihr seid von dem Uebel befallen, denn ihr hört nicht, was ich euch sage.

Falstaff.

O sehr gut, gnädiger Herr, sehr gut! es ist vielmehr, wenn's euch beliebt, das Uebel des Nicht-Aufhorchens, die Krankheit des Nicht-Achtgebens, womit ich behaftet bin.

Oberrichter.

Euch an den Füßen zu strafen, würde die Aufmerksamkeit eurer Ohren verbessern, und es kommt mir nicht darauf an, einmal euer Arzt zu sein.

Falstaff.

Ich bin so arm wie Hiob, gnädiger Herr, aber nicht so geduldig. Euer Gnaden können mir den Trank der Verhaftung anbefehlen, in Betracht meiner Armuth; ob ich aber geduldig sein würde, eure Vorschriften zu befolgen, daran kann der Weise einen Gran von einem Scrupel, ja wohl gar einen ganzen Scrupel hegen.

Oberrichter.

Ich schickte nach euch, als Dinge wider euch auf Leib und Leben vorgebracht wurden, um mit mir darüber zu sprechen.

Falstaff.

Wie mir damals mein in den Gesetzen des Landdienstes erfahrner Sachwalter rieth, kam ich nicht.

Oberrichter.

Nun, die Wahrheit ist, Sir John, ihr überschreitet alles Maß.

Falstaff.

Wer meinen Gürtel umschnallt, kann nicht gut anders thun.

Oberrichter.

Eure Mittel sind schmal, und ihr lebt auf einem großen Fuß.

Falstaff.

Umgekehrt, um die Mitte bin ich breit, die Füße sind zu schwach, sie zu tragen.

Oberrichter.

Ihr habt den jungen Prinzen mißleitet.

Falstaff.

Der junge Prinz hat mich mißleitet; ich bin der Mann mit dem dicken Bauche, und er ist mein Hund.

Oberrichter.

Nun, ich will nicht gern eine neu geheilte Wunde aufreißen; eure Dienste am Tage bei Shrewsbury haben eure Heldenthaten bei Nacht zu Gadshill ein wenig übergüldet; ihr habt den unruhigen Zeiten zu danken, daß ihr über diese Klage so ruhig hinüber gekommen seid.

Falstaff.

Gnädiger Herr?

Oberrichter.

Doch da nun Alles gut ist, so erhaltet es dabei; weckt den schlafenden Wolf nicht auf.

Falstaff.

Einen Wolf aufwecken ist eben so schlimm, als einen Fuchs riechen.

Oberrichter.

Ei, ihr seid wie ein Licht, das beste Theil herunter gebrannt.

Falstaff.

Leider, gnädiger Herr, bestehe ich ganz aus Talg; ich kann mich auch mit einem Wachslicht vergleichen, weil ich immer noch in die Breite wachse.

Oberrichter.

Jedes weiße Haar auf euerm Gesicht sollte Zeugniß ablegen für eure Würde.

Falstaff.

Bürde, Bürde, Bürde!

Oberrichter.

Ihr geht mit dem jungen Prinzen aus und ein, wie sein böser Engel.

Falstaff.

Nicht doch, gnädiger Herr: so ein böser Engel ist allzu leicht, aber ich hoffe, wer mich ansieht, wird mich ohne Goldwage für voll annehmen; und doch, das muß ich gestehn, auf gewisse Weise bin ich nicht in Umlauf zu bringen. Ich weiß nicht, aber die Tugend wird in diesen Apfelkrämer=Zeiten so wenig geachtet, daß ächte Tapferkeit zum Bärenführer geworden ist; Scharfsinn ist zum Bierschenken gemacht und verschwendet seinen behenden Witz in Rechnungen; alle andern Gaben, die zum Menschen gehören, sind keine Johannisbeere werth, wie die Tücke des Zeitalters sie ummodelt. Ihr, die ihr alt seid, bedenkt nicht, was uns, die wir jung sind, möglich ist; und wir, die wir noch im Vortrab der Jugend stehen, sind freilich auch durchtriebene Schelme.

Oberrichter.

Setzt ihr euern Namen auf die Liste der Jugend, da ihr mit allen Merkzeichen des Alters eingeschrieben seid? Habt ihr nicht ein feuchtes Auge, eine trockne Hand, eine gelbe Wange, einen weißen Bart, ein abnehmendes Bein, einen zunehmenden Bauch? Ist nicht eure Stimme schwach? euer Athem kurz? euer Kinn doppelt? euer Witz einfach? und Alles um und an euch vom Alter verderbt? und doch wollt ihr euch noch jung nennen? Pfui, pfui, pfui, Sir John!

Falstaff.

Gnädiger Herr, ich wurde um drei Uhr Nachmittags geboren, mit einem weißen Kopf und einem gleichsam runden Bauch. Was meine Stimme betrifft, die habe ich mit lautem Chorsingen verdorben. Meine Jugend ferner darthun, das will ich nicht; die Wahrheit ist, daß ich bloß alt an Urtheil und Verstande bin, und wer mit mir für tausend Mark um die Wette Kapriolen schneiden will, der mag mir das Geld leihen und sich vorsehen. Was die Ohrfeige betrifft, die euch der Prinz gab, so gab er sie wie ein roher Prinz, und ihr nahmt sie wie ein feinsinniger Lord. Ich habe es ihm verwiesen, und der junge Löwe thut Buße, freilich nicht im Sack und in der Asche, sondern in altem Sekt und neuer Seide.

Oberrichter.

Nun, der Himmel sende dem Prinzen einen bessern Gesellschafter!

Falstaff.

Der Himmel sende dem Gesellschafter einen bessern Prinzen! ich kann ihn nicht los werdeu.

Oberrichter.

Nun, der König hat euch und Prinz Heinrich getrennt; ich höre, ihr zieht mit Prinz Johann von Lancaster gegen den Erzbischof und den Grafen Northumberland.

Falstaff.

Ja, das habe ich eurem allerliebsten feinen Witze zu danken. Aber betet nur ja, ihr Alle, die ihr Madame Ruhe zu Hause küßt, daß unsre Armeen sich nicht an einem heißen Tage treffen; denn bei Gott, ich nehme nur zwei Hemden mit, und ich denke nicht außerordentlich zu schwitzen; wenn es ein heißer Tag ist, und ich schwinge etwas Anderes als meine Flasche, so will ich niemals wieder weiß ausspucken. Es kann keine gefährliche Affaire aufducken, so werde ich gleich daran gesetzt. Nun, ich kann nicht immer vorhalten, aber es ist beständig der Tick unserer englischen Nation gewesen, wenn sie was Gutes haben, es zu gemein zu machen. Wenn ihr denn durchaus behauptet, ich sei ein alter Mann, so solltet ihr mir Ruhe gönnen. Wollte Gott, mein Name wäre dem Feind nicht so schrecklich, als er ist. Es wäre besser, daß mich der Rost verzehrte, als daß ich durch beständige Bewegung zu Tode gescheuert werde.

Oberrichter.

Nun, seid redlich! seid redlich! und Gott segne eure Unternehmung!

Falstaff.

Wollen Euer Gnaden mir zu meiner Ausrüstung tausend Pfund leihen?

Oberrichter.

Nicht einen Pfennig, nicht einen Pfennig; ihr seid nicht geduldig genug, um Kreuzer zu tragen. Lebt wohl und empfehlt mich meinem Vetter Westmoreland.

(Oberrichter und Unterbeamter ab.)

Falstaff.

Wenn ich das thue, so gebt mir mit einer Ramme Nasenstüber. Ein Mensch kann eben so wenig Alter und Filzigkeit, als junge Gliedmaßen und Lüderlichkeit trennen; aber das Podagra plagt jenes, und die Franzosen zwicken diese, und so kommen beide Lebensstufen meinen Flüchen zuvor. — Bursch!

Page.

Herr?

Falstaff.

Wie viel Geld ist in meinem Beutel?

Page.

Sieben Batzen und zwei Pfennige.

Falstaff.

Ich weiß kein Mittel gegen diese Auszehrung des Geldbeutels; Borgen zieht es bloß in die Länge, aber die Krankheit ist unheilbar. — Geh, bring diesen Brief an Mylord von Lancaster, diesen dem Prinzen, diesen dem Grafen von Westmoreland, und diesen der alten Frau Ursula, der ich wöchentlich geschworen habe, sie zu heirathen, seit ich das erste weiße Haar an meinem Kinn merkte. Macht nur, ihr wißt, wo ihr mich findet. (Der Page ab.) Daß die Franzosen in dieß Podagra führen! oder das Podagra in diese Franzosen! denn eins von beiden macht sich mit meinem großen Zehen lustig. Es macht nichts aus, ob ich hinke; ich habe den Krieg zum Vorwande, und meine Pension wird um so billiger scheinen. Ein guter Kopf weiß Alles zu benutzen, ich will Krankheiten zum Vortheil kehren.

(Ab.)

Dritte Scene.

York. Ein Zimmer im Palast des Erzbischofs.

(Der Erzbischof von York, die Lords Hastings, Mowbray und Bardolph treten auf.)

Erzbischof.

Ihr kennt nun unsre Sach' und unsre Mittel,
Und, edle Freund', ich bitt' euch allesammt,
Sagt frei von unsern Hoffnungen die Meinung.
Zuerst, Lord Marschall, was sagt ihr dazu?

Mowbray.

Den Anlaß unsrer Fehde geb' ich zu,
Allein ich wäre besser gern befriedigt,
Wie unsre Mittel wir erhöhen sollen,
Mit einer Stirne, keck und stark genug,
Der Macht des Königs in's Gesicht zu sehn.

Hastings.

Die jetz'gen Musterrollen steigen schon
Auf auserlesne zwanzig tausend Mann;
Und reichlich lebt die Hoffnung auf Verstärkung

Im mächtigen Northumberland, deß Busen
Vom ungestümen Feu'r der Kränkung brennt.

Lord Bardolph.

Demnach, Lord Hastings, steht die Frage so:
Ob mit den jetz'gen fünfundzwanzigtausend
Wir ohne ihn die Spitze bieten können?

Hastings.

Mit ihm gewiß.

Lord Bardolph.

Nun ja, da liegt es eben.
Doch finden wir uns ohne ihn zu schwach,
So denk' ich, sollten wir so weit nicht gehn,
Bis wir zur Hand erst seinen Beistand haben.
Denn bei Entwürfen von so blut'gem Antlitz,
Da darf Erwartung, Anschein, Muthmaßung
Unsichrer Hülfe nicht in Anschlag kommen.

Erzbischof.

Sehr wahr, Lord Bardolph! denn gewiß, dieß war
Des jungen Heißsporn Fall zu Shrewsbury.

Lord Bardolph.

Ja, gnäd'ger Herr; er speiste sich mit Hoffnung,
Verschlang die Luft auf zugesagten Beistand,
Sich schmeichelnd mit der Aussicht einer Macht,
Die kleiner ausfiel, als sein kleinster Traum.
So führt' er, voll von großen Einbildungen,
Dem Wahnwitz eigen, seine Macht zum Tod,
Und stürzte blindlings sich in das Verderben.

Hastings.

Allein verzeiht, es hat noch nie geschadet,
Wahrscheinlichkeit und Hoffnung zu erwägen.

Lord Bardolph.

Wohl hat es, wenn der jetz'ge Stand des Kriegs,
Des Augenblicks Entscheidung, und ein Werk
In vollem Gange so von Hoffnung lebt;
Das ist wie Frühlingsknospen, denen Hoffnung
So viel Gewähr nicht giebt, einst Frucht zu werden,
Als gänzliche Verzagung, daß sie Fröste

Ertödten werden. Wenn wir bauen wollen,
Beschaun wir erst den Platz, ziehn einen Riß;
Und sehn wir die Gestalt des Hauses nun,
Dann müssen wir des Baues Aufwand schätzen.
Ergiebt sich's, daß der über unsre Kräfte,
Was thun wir, als den Riß von neuem ziehn
Mit wenigern Gemächern, oder ganz
Abstehn vom Bau? Viel mehr noch sollten wir
Bei diesem großen Werk, das fast ein Reich
Danieder reißen heißt und eins errichten,
Des Platzes Lage und den Riß beschaun,
Zu einer sichern Gründung einig werden,
Baumeister fragen, unsre Mittel kennen,
Wie fähig, sich dem Werk zu unterziehn,
Den Gegner aufzuwiegen; sonst verstärken
Wir uns auf dem Papier nur und in Ziffern,
Und setzen statt der Menschen Namen bloß;
Wie, wer den Riß von einem Hause macht,
Das über sein Vermögen; der halb fertig,
Es aufgiebt, und sein halberschaffnes Gut
Als nacktes Ziel der Regenwolke läßt
Und Raub für grimmen Winters Tyrannei.

Hastings.

Gesetzt, die Hoffnung, die so viel verspricht,
Käm todt zur Welt, und wir besäßen schon
Den letzten Mann, der zu erwarten ist:
Doch denk' ich, unser Heer ist stark genug,
Es, wie wir sind, dem König gleich zu thun.

Lord Bardolph.

Wie? hat er denn nur fünfundzwanzigtausend?

Hastings.

Für uns nicht mehr, nein, nicht so viel, Lord Bardolph.
Denn seine Theilung, wie die Zeiten toben,
Ist dreifach; ein Heer wider die Franzosen,
Eins wider den Glendower, und ein drittes
Muß uns bestehn; so ist der schwache König

In drei zertheilt, und seine Koffer klingen
Vor Leerheit und vor hohler Dürftigkeit.

Erzbischof.

Daß er zusammen seine Truppen zöge,
Und rückte gegen uns mit ganzer Macht,
Braucht man nicht zu befürchten.

Hastings.

Thut er das,
So läßt er seinen Rücken unbewehrt.
Die Wälschen und Franzosen sitzen dann
Ihm gleich im Nacken; das besorgt nur nicht.

Lord Bardolph.

Wer, glaubt ihr, wird sein Heer hieher wohl führen?

Hastings.

Der Prinz von Lancaster, und Westmoreland;
Er selbst und Heinrich Monmouth wider Wales;
Wer wider die Franzosen ihn vertritt,
Bin ich nicht unterrichtet.

Erzbischof.

Laßt uns ziehn!
Und thun wir unsrer Fehde Anlaß kund.
Es krankt der Staat an seiner eignen Wahl,
Die gier'ge Liebe hat sich überfüllt.
Ein schwindlicht und unzuverlässig Haus
Hat der, so auf das Herz des Volkes baut.
O blöde Menge! mit wie lautem Jubel
Drang nicht dein Segnen Bolingbroke's zum Himmel,
Eh du, wozu du wolltest, ihn gemacht!
Und da er nun nach deiner Lust bereitet,
Bist du so satt ihn, viehischer Verschlinger,
Daß du ihn auszuspein dich selber reizest.
So, hundgeartet Volk, entludest du
Die Schlemmer=Brust vom königlichen Richard;
Nun möchtest du dein Weggebrochnes fressen,
Und heulst darnach. Worauf ist jetzt Verlaß?
Die Richard's Tod begehrten, als er lebte,
Sind nun verliebt geworden in sein Grab.

Du, der ihm Staub warf auf sein schönes Haupt,
Als durch das stolze London seufzend er
An Bolingbroke's gefei'rten Fersen kam,
Rufst nun: „O Erde, gieb uns jenen König
Zurück, nimm diesen hier!" Verkehrtes Trachten,
Vergangnes, Künft'ges hoch, nie Jetz'ges achten!

Mowbray.

So mustern wir das Volk, und rücken an?

Hastings.

Die Zeit befiehlt's, ihr sind wir unterthan.

(Ab.)

Zweiter Aufzug.

Erste Scene.

London. Eine Straße.

(Die Wirthin mit Klaue, Schlinge hinter ihnen.)

Wirthin.

Meister Klaue, habt ihr die Klage eingeschrieben?

Klaue.

Sie ist eingeschrieben.

Wirthin.

Wo ist euer Diener? Ist es ein tüchtiger Diener? Steht er seinen Mann?

Klaue.

Heda, wo ist Schlinge?

Wirthin

O Jemine! Der gute Meister Schlinge.

Schlinge.

Hier, hier!

Klaue.

Schlinge, wir müssen Sir John Falstaff verhaften.

Wirthin.

Ja, lieber Meister Schlinge, ich habe ihn verklagt, und alles mit einander.

Schlinge.

Das könnte leicht ein paaren von uns das Leben kosten, er wird nach uns stechen.

Wirthin.

Ach du meine Zeit! seht euch ja vor. Er hat nach mir in meinem eignen Hause gestochen, und das wahrhaftig recht viehischer Weise. Er fragt gar nicht darnach, was er für Unheil anrichtet, wenn er einmal blank gezogen hat, er stößt wie der Teufel, und schont weder Mann, Weib noch Kind.

Klaue.

Kann ich handgemein mit ihm werden, so frage ich nichts nach seinen Stößen.

Wirthin.

Ich auch nicht! ich will euch zur Hand sein.

Klaue.

Wenn ich ihn nur einmal packen kann, wenn er mir nur vor die Faust kommt, —

Wirthin.

Ich bin ruinirt, wenn er weggeht; ich versichre euch, er steht innorm hoch in meinem Buch. Lieber Meister Klaue, packt ihn fest! lieber Meister Schlinge, laßt ihn nicht entwischen! Er kommt in diesem Monument an die Pasteten-Ecke, mit Euer Mannhaften Verlaub, um einen Sattel zu kaufen; und er ist im Leoparden-Kopf in der Lombard-Straße bei Meister Glatt, dem Seidenhändler, zum Essen irritirt. Ich bitte euch, da mein Prozeß eingeleitet, und meine Geschichte so offenbar vor aller Welt bekannt ist, so bringt ihn zur Verantwortung. Hundert Mark borgen, wenn man sich selbst kaum zu bergen weiß, das ist viel für eine arme verlassene Frau; ich habe ausgehalten, und ausgehalten, und ausgehalten, und bin gefoppt, und gefoppt, und gefoppt, von einem Tage zum andern Tage, daß es eine Schande ist, wenn man daran denkt. Das ist kein ehrlicher Handel, wenn eine Frau nicht gar ein Esel sein soll, und ein Vieh, jeden Schelmes sein Unrecht zu tragen. —

(Falstaff, der Page und Bardolph kommen.)

Da kommt er, und mit ihm der Erzschelm mit der Burgunder-Nase, Bardolph. Thut eure Dienste, thut eure Dienste, Meister Klaue und Meister Schlinge; ihr müßt mich, und ihr müßt mich bedienen.

Falstaff.

Nun, wessen Gaul ist todt? was giebt's?

Klaue.

Sir John, ich verhafte euch auf die Klage der Frau Hurtig.

Falstaff.

Fort, ihr Schlingel! — Zieh, Bardolph! Hau mir des Schurken seinen Kopf herunter, wirf das Mensch in die Gosse.

Wirthin.

Mich in die Gosse werfen? Wart, ich will dich in die Gosse werfen! Das willst du? das willst du, unehrlicher Schelm? — Mord! Mord! O du bandieterischer Spitzbube! Willst du Gottes und des Königs seine Beamten umbringen? O du Schelm von Bandietrich! Du bist ein Bandietrich, ein Todtschläger und ein Frauenschläger.

Falstaff.

Halt sie ab, Bardolph!

Klaue.

Hülfe! Succurs!

Wirthin.

Lieben Leute, schafft Hülfe, sonst kommen wir zu kurz. — Sieh! sieh doch! das willst du? Ich will dich! Nur zu, du Schelm! Nur zu, du Bandietrich!

Falstaff.

Fort, du Wischhader! du Bagage! du Schlampalie! Ich will dir das Oberstübchen fegen.

(Der Oberrichter kommt mit Gefolge.)

Oberrichter.

Was giebt's? haltet Frieden hier! he!

Wirthin.

Bester Herr, sorgt für mein Bestes! Ich flehe euch an, steht mir bei.

Oberrichter.

Ei, ei, Sir John? Was? so hier im Gezänk?
Ziemt eurer Stelle, Zeit, Geschäften das?
Ihr solltet auf dem Weg nach York schon sein. —
Weg da, Gesell! Was hängst du so an ihm?

Wirthin.

O mein hochwürdigster Lord, mit Euer Gnaden Erlaubniß, ich bin eine arme Wittwe aus Eastcheap, und er wird auf meine Klage verhaftet.

Oberrichter.

Für was für eine Summe?

Wirthin.

Nichts von Summen, es ist Alles zusammen, Alles was ich habe. Er hat mich mit Haus und Hof aufgefressen, und mein ganzes Vermögen in seinen fetten Bauch da gesteckt, — aber ich will was davon wieder heraus haben, oder ich will dich des Nachts drücken wie der Alp.

Falstaff.

Ich denke, ich könnte eben so gut den Alp drücken, wenn des Orts Gelegenheit es giebt, daß ich aufkommen kann.

Oberrichter.

Wie kommt das, Sir John? Pfui, welcher rechtliche Mann möchte einen solchen Sturm von Ausrufungen über sich ergehen lassen? Schämt ihr euch nicht, daß ihr eine arme Wittwe zu so harten Mitteln zwingt, an das Ihrige zu kommen?

Falstaff.

Was ist denn die volle Summe, die ich schuldig bin?

Wirthin.

Mein Seel, wenn du ein ehrlicher Kerl wärst, dich selbst und das Geld dazu. Du schwurst mir auf einen vergoldeten Becher, in meiner Delphinkammer, an dem runden Tisch, bei einem Steinkohlenfeuer, am Mittwoch in der Pfingstwoche, als dir der Prinz ein Loch in den Kopf schlug, weil du seinen Vater mit einem Kantor von Windsor verglichst: da schwurst du mir, wie ich dir die Wunde auswusch, du wolltest mich heirathen, und mich zu deiner Frau Gemahlin machen. Kannst du es läugnen? Kam nicht eben Mutter Unschlitt, des Schlächters Frau, herein, und nannte mich Gevatterin Hurtig? Und kam sie nicht, um einen Napf Essig zu borgen, und sagte uns, sie hätte eine gute Schüssel Krabben, worauf du Appetit kriegtest, welche zu essen, worauf ich dir sagte, sie wären nicht gut bei einer frischen Wunde? Und befahlst du mir nicht an, wie sie die Treppe hinunter war, ich sollte mit so geringen Leuten nicht mehr so familiär thun? und sagtest, in kurzem sollten sie mich Madam nennen? Und küßtest du mich nicht, und hießest mich, dir dreißig Schillinge holen? Ich schiebe dir nun den Eid in dein Gewissen: läugn' es, wenn du kannst.

Falstaff.

Gnädiger Herr, sie ist eine arme unkluge Seele, und sie sagt aller Orten in der Stadt, ihr ältester Sohn sehe euch ähnlich; sie ist im Wohlstande gewesen, und die Wahrheit ist, Armuth hat sie verrückt gemacht. Was diese albernen Gerichtsdiener betrifft, so bitte ich euch, verschafft mir Genugthuung gegen sie.

Oberrichter.

Sir John, Sir John! ich bin wohl bekannt mit eurer Weise, eine gerechte Sache zu verdrehen. Keine zuversichtliche Miene, noch ein Haufen Worte, die ihr mit mehr als unverschämter Frechheit herausstoßt, können mich von einer unparteiischen Erwägung wegtreiben. Ihr habt, wie es mir klar ist, mit dem leicht verführten Sinn dieser Frau euer Spiel getrieben, und sie dahin gebracht, euch sowohl mit ihrem Beutel als mit ihrer Person zu dienen.

Wirthin.

Ja fürwahr, Mylord! —

Oberrichter.

Zahlt ihr die Schuld aus, die sie an euch zu fordern hat, und macht den Schurkenstreich wett, den ihr ihr gespielt habt; das Eine könnt ihr mit baarem Gelde, das Andre mit ächter Reue.

Falstaff.

Gnädiger Herr, ich will diesen Ausputzer nicht ohne Antwort hinnehmen. Ihr nennt edle Geradheit unverschämte Frechheit; wenn jemand Bücklinge macht und gar nichts sagt, dann ist er tugendhaft. Nein, gnädiger Herr, bei allem unterthänigen Respekt vor euch, will ich euch nicht den Hof machen. Ich sage euch, ich verlange Befreiung von diesen Gerichtsdienern, da ich in eiligen Geschäften für den König bin.

Oberrichter.

Ihr redet wie Einer, der Macht hat, Uebles zu thun, aber entsprecht eurem Rufe durch die That, und befriedigt die arme Frau.

Falstaff.

Komm her, Wirthin.

(Er zieht sie beiseit.)

(Gower kommt.)

Oberrichter.

Nun, Herr Gower, was giebt's?

Gower.

Mylord, der König und der Prinz von Wales
Sind nah zur Hand, das Weitre sagt dieß Blatt.

Falstaff.

So wahr ich ein Edelmann bin, —

Wirthin.

Ja, das habt ihr sonst auch schon gesagt.

Falstaff.

So wahr ich ein Edelmann bin, — kommt, kein Wort weiter.

Wirthin.

Bei diesem himmlischen Boden, worauf ich trete, ich muß mein Silbergeschirr und die Tapeten in meinen Eßzimmern versetzen.

Falstaff.

Du hast ja Gläser; es geht nichts über Gläser zum Trinken! Und was deine Wände betrifft, da ist irgend eine artige kleine Schnurre, die Geschichte vom verlornen Sohn, oder eine deutsche Jagd in Wasserfarben, mehr werth als tausend solche Bettvorhänge und mottenzerfressene Tapeten. Sieh zu, daß es zehn Pfund ausmacht, wenn du kannst. Wahrhaftig, wenn nicht deine Launen wären, so gäbe es kein besseres Weib in England. Wasch dein Gesicht, und nimm deine Klage zurück. Nein, du mußt keine solche Launen gegen mich annehmen! kennst du mich denn nicht? Nun, nun, ich weiß, daß du hiezu aufgehetzt bist.

Wirthin.

Bitte, Sir John, können es nicht zwanzig Nobel thun? Wahrhaftig, ich thue es nicht gerne, daß ich mein Silberzeug versetze, in allem Ernst.

Falstaff.

Laßt es bleiben, ich will es sonst schon kriegen. Ihr werdet doch immer eine Närrin bleiben.

Wirthin.

Gut, ihr sollt es haben, müßt' ich auch meinen Rock versetzen. Ich hoffe, ihr kommt zum Abendessen. Wollt ihr mir Alles zusammen bezahlen?

Falstaff.

Will ich das Leben behalten? — (zu Bardolph) Geh mit ihr, geh mit ihr! Häng' dich an! häng' dich an!

Wirthin.

Soll ich euch Dortchen Lakenreißer zum Abendessen bitten?

Falstaff.

Keine Worte weiter! Laß sie kommen.

(Wirthin, Bardolph und Gerichtsdiener ab.)

Oberrichter.

Ich habe bess're Neuigkeit gehört.

Falstaff.

Wie lauten die Neuigkeiten, gnädiger Herr?

Oberrichter.

Wo lag der König letzte Nacht?

Gower.

Zu Basingstoke.

Oberrichter.

Kommt seine ganze Macht zurück?

Gower.

Nein, funfzehnhundert Mann, fünfhundert Pferde
Sind ausgerückt zum Prinz von Lancaster,
Northumberland entgegen und dem Erzbischof.

Falstaff.

Kommt der König von Wales zurück, mein edler Herr?

Oberrichter.

Ich will euch unverzüglich Briefe geben.
Kommt, seid so gut und geht mit mir, Herr Gower.

Falstaff.

Gnädiger Herr!

Oberrichter.

Was giebt's?

Falstaff.

Herr Gower, darf ich euch auf den Mittag zum Essen bitten?

Gower.

Ich muß meinem gnädigen Herrn hier aufwarten, ich dank euch, lieber Sir John.

Oberrichter.

Sir John, ihr zaudert hier zu lange, da ihr in den Grafschaften, wie ihr durchkommt, Soldaten ausheben sollt.

Falstaff.

Wollt ihr mit mir zu Abend essen, Herr Gower?

Oberrichter.

Welcher alberne Lehrmeister hat euch diese Sitten gelehrt?

Falstaff.

Herr Gower, wenn sie mir nicht gut stehen, so war der ein Narr, der sie mir gelehrt hat. Dieß ist der wahre Fechter-Anstand, gnädiger Herr: Tick für Tack, und somit friedlich aus einander.

Oberrichter.

Nun, der Herr erleuchte dich! du bist selbst ein großer Narr.

(Alle ab.)

Zweite Scene.

Eine andre Straße in London.

(Prinz Heinrich und Poins treten auf.)

Prinz Heinrich.

Glaube mir, ich bin ungemein müde.

Poins.

Ist es dahin gekommen? Ich hätte nicht gedacht, daß Müdigkeit sich an Einen von so hohem Blute machen dürfte.

Prinz Heinrich.

Mein Treu, sie macht sich an mich, ob meine Hoheit gleich erröthen muß, es anzuerkennen. Nimmt es sich nicht gemein an mir aus, Verlangen nach Dünnbier zu haben?

Poins.

Ein Prinz sollte nicht so obenhin studirt haben, daß ihm eine so matte Composition nur in den Sinn käme.

Prinz Heinrich.

Vielleicht war dann mein Appetit nicht prinzlich erzeugt, denn fürwahr, jetzt kommt mir nur die arme Kreatur Dünnbier in den Sinn. Aber gewiß, diese niedrigen Betrachtungen verleiden mir meine Größe ganz. Welche Schmach ist es mir, mich deines Namens zu erinnern? Oder dein Gesicht morgen zu kennen? Oder mir zu merken, wie viel Paar seidene Strümpfe du hast, nämlich diese da und die weiland pfirsichblüthfarbenen? Oder das Register deiner Hemden zu führen, als: eins zum Ueberfluß und eins zum Gebrauch? — Aber das weiß der Wirth im Ballhause besser als ich, denn es ist niedrige Ebbe in deiner Wäsche, wenn du dort nicht das Raket führst. Du hast es nun eine lange Zeit her nicht gethan, weil der Rest deiner Niederlande deine holländischen Besitzungen zu verschlingen gesucht hat; und Gott weiß, ob die welche aus den Trümmern deiner Leinwand herausquäken, sein Reich erben werden. Aber die Hebammen sagen, die Kinder können nicht dafür; die Welt wird dadurch bevölkert, und die Verwandtschaften gewaltig verstärkt.

Poins.

Wie schlecht paßt sich's, daß ihr so müßige Reden führt, nachdem ihr so schwer gearbeitet habt! Sagt mir, wie viel junge Prinzen würden das wohl thun, deren Väter so krank wären, als eurer gegenwärtig ist?

Prinz Heinrich.

Soll ich dir etwas sagen, Poins?

Poins.

Ja, und daß es nur etwas Vortreffliches ist.

Prinz Heinrich.

Für Köpfe von deiner Bildungsstufe wird's gerade gut sein.

Poins.

Nur zu, ich bin schon auf das Etwas gerüstet, das ihr sagen wollt.

Prinz Heinrich.

Gut, ich sage dir also, es schickt sich nicht für mich, traurig zu sein, da mein Vater krank ist; wiewohl ich dir sagen kann: — als Einem, den es mir in Ermangelung eines besseren beliebt Freund zu nennen, — ich könnte traurig sein, und recht im Ernst traurig.

Poins.

Schwerlich bei einer solchen Veranlassung.

Prinz Heinrich.

Bei dieser Rechten, du denkst, ich stünde eben so stark in des Teufels Buch, als du und Falstaff, wegen Halsstarrigkeit und Verstocktheit. Das Ende wird's ausweisen. Ich sage dir aber, mein Herz blutet innerlich, daß mein Vater so krank ist; und daß ich so schlechten Umgang halte, wie du bist, hat mich mit gutem Grunde aller äußern Bezeugung des Kummers verlustig gemacht.

Poins.

Aus welchem Grunde?

Prinz Heinrich.

Was würdest du von mir denken, wenn ich weinte?

Poins.

Ich würde denken du seiest der fürstlichste Heuchler.

Prinz Heinrich.

Das würde jedermanns Gedanke sein, und du bist ein gesegneter Bursch, daß du denkst, wie jedermann denkt; keines Menschen Gedanken auf der Welt halten sich mehr auf der Heerstraße, als deine. Wirklich würde jedermann denken, ich sei ein Heuchler. Und was bewegt eure hochgeehrtesten Gedanken, so zu denken?

Poins.

Nun, weil ihr so lüderlich, und so sehr mit Falstaff verstrickt gewesen seid.

Prinz Heinrich.

Und mit dir.

Poins.

Beim Sonnenlicht, von mir spricht man gut, ich kann es mit meinen eignen Ohren hören. Das Schlimmste, was sie von mir sagen können, ist, daß ich ein jüngerer Bruder bin, und ein Bursch, der das Herz auf dem rechten Fleck hat, und ich gestehe, diese beiden Dinge kann ich nicht ändern. Ei der Tausend, da kommt Bardolph.

Prinz Heinrich.

Und der Junge, den ich dem Falstaff gab. Er hat ihn von mir als einen Christen bekommen, und sieh nur, ob der fette Schlingel nicht einen Affen aus ihm gemacht hat.

(Bardolph und der Page kommen.)

Bardolph.

Gott erhalte Euer Gnaden.

Prinz Heinrich.

Und Eure auch, mein sehr edler Bardolph.

Bardolph (zum Pagen).

Komm, du tugendhafter Esel, du verschämter Narr! Mußt du roth werden? Warum wirst du roth? Welch ein jüngferlicher Soldat bist du geworden! Ist es so eine große Sache, die Jungferschaft eines Bier=Nösel=Krugs zu erobern?

Page.

Jetzt eben, gnädiger Herr, rief er mich durch ein rothes Gitterfenster, und ich konnte gar nichts von seinem Gesicht vom Fenster unterscheiden; zuletzt wurde ich seine Augen gewahr, und ich dachte, er hätte zwei Löcher in der Bierschenkin ihren neuen Rock gemacht, und guckte da durch.

Prinz Heinrich.

Hat der Junge nicht zugelernt?

Bardolph.

Fort, du Blitz=Kaninchen auf zwei Beinen, fort!

Page.

Fort, du Schelm von Althäa's Traum, fort!

Prinz Heinrich.

Erkläre uns das Junge: was für ein Traum?

Page.

Ei, gnädiger Herr, Althäa träumte, sie käme mit einem Feuerbrande nieder, und darum nenne ich ihn ihren Traum.

Prinz Heinrich.

Ein Thalerswerth gute Auslegung, und da hast du ihn, Junge.
(Giebt ihm Geld.)

Poins.

O daß ich diese schöne Blüthe vor dem Wurm bewahren könnte! — Nun, da ist ein Batzen, um dich zu hüten.

Bardolph.

Wenn ihr beiden ihn nicht noch an den Galgen bringt, so hat der Henker nicht sein Recht.

Prinz Heinrich.

Und wie geht's deinem Herrn, Bardolph?

Bardolph.

Gut, gnädiger Herr. Er hörte, daß Euer Gnaden nach London kämen, da ist ein Brief an euch.

Poins

Mit gutem Anstande bestellt. — Und was macht der Martinstag, euer Herr?

Bardolph.

Gesunden Leibes, Herr.

Poins.

Freilich, sein unsterbliches Theil braucht einen Arzt, aber das kümmert ihn nicht; ist das schon krank, so stirbt es doch nicht.

Prinz Heinrich.

Ich erlaube dem Kropf, so vertraut mit mir zu thun, wie mein Hund, und er behauptet seinen Platz: denn seht nur, wie er schreibt.

Poins (liest).

„John Falstaff, Ritter," — jedermann muß das wissen, so oft er Gelegenheit hat, sich zu nennen. Grade wie die Leute, die mit dem König verwandt sind, denn die stechen sich niemals in den Finger, ohne zu sagen: da wird etwas von des Königs Blut vergossen. Wie geht das zu? sagt Einer, der so thut, als verstehe er nicht, und die Antwort ist so geschwind bei der Hand, wie eine geborgte Mütze: Ich bin des Königs armer Vetter, mein Herr.

Prinz Heinrich.

Ja, sie wollen mit uns verwandt sein, und wenn sie es von Japhet ableiten sollten. Aber den Brief!

Poins.

„Sir John Falstaff, Ritter, dem Sohne des Königs, der seinem Vater am nächsten, Heinrich Prinzen von Wales, Gruß." — Ei, das ist ein Attestat.

Prinz Heinrich.

Still!

Poins.

„Ich will den ruhmwürdigen Römer in der Kürze nachahmen:" — er meint gewiß, in der Kürze des Athems, — „ich empfehle mich dir, ich empfehle dich, und ich verlasse dich. Sei nicht zu vertraulich mit Poins, er mißbraucht deine Gunst so sehr, daß er schwört, du müssest seine Schwester Lene heirathen. Thu Buße in müßigen Stunden, wie du kannst, und somit gehab dich wohl."

„Der Deinige bei Ja und Nein (das will sagen, je nachdem du ihm begegnest), Hans Falstaff für meine vertrauten Freunde, John für meine Brüder und Schwestern, und Sir John für ganz Europa."

Mein Prinz, ich will diesen Brief in Sect tauchen, und ihn zwingen, ihn zu essen.

Prinz Heinrich.

Das hieße ihn zwingen, seine eignen Worte hinunter zu schlucken. Aber geht ihr so mit mir um, Eduard? Muß ich eure Schwester heirathen?

Poins.

Wäre der Dirne nur nichts Geringeres bescheert! Aber gesagt habe ich es nie.

Prinz Heinrich.

So treiben wir Possen mit der Zeit, und die Geister der Weisen sitzen in den Wolken, und spotten unser. — Ist euer Herr hier in London?

Bardolph.

Ja, gnädiger Herr.

Prinz Heinrich.

Wo ißt er zu Abend? — Mästet sich der alte Eber noch auf dem alten Koben?

Bardolph.

An dem alten Platze, gnädiger Herr: zu Eastcheap.

Prinz Heinrich.

Was hat er für Gesellschaft?

Page.

Ephesier, gnädiger Herr; von der alten Kirche.

Prinz Heinrich.

Essen Weiber mit ihm?

Page.

Keine, gnädiger Herr, als die alte Frau Hurtig und Jungfer Dortchen Lakenreißer.

Prinz Heinrich.

Was mag das für eine Heidin sein?

Page.

Eine artige Mamsell, Herr, und eine Verwandte meines Herrn.

Prinz Heinrich.

Grade so verwandt, wie die Gemeinde-Kühe dem Stadtbullen. — Sollen wir sie beim Abendessen beschleichen, Eduard?

Poins.

Ich bin euer Schatten, gnädiger Herr, ich folge euch.

Prinz Heinrich.

He! du Bursch, — und ihr, Bardolph! — sagt eurem Herrn kein Wort, daß ich schon in die Stadt gekommen bin. Da habt ihr was für euer Schweigen.

Bardolph.

Ich habe keine Zunge, Herr.

Page.

Und was meine betrifft, Herr, ich will sie regieren.

Prinz Heinrich.

Lebt denn wohl, geht!

(Bardolph und Page ab.)

Diese Dortchen Lakenreißer muß irgend eine Heerstraße sein.

Poins.

Das versichre ich euch, so gemein, wie der Weg von London nach St. Albans.

Prinz Heinrich.

Wie könnten wir den Falstaff heute Abend in seinen wahren Farben sehen, ohne selbst gesehen zu werden?

Poins.

Stecken wir 'uns in zwei lederne Wämser und Schürzen, und warten ihm bei Tische auf wie Küfer.

Prinz Heinrich.

Von einem Gott zu einem Stier? Eine schwere Herabsetzung! Sie war Jupiters Fall. Aus einem Prinzen in einen Kellerjungen! Eine niedrige Verwandlung! Sie soll die meinige sein, denn in jedem Dinge muß die Absicht mit der Thorheit auf die Wagschale gelegt werden. Folge mir, Eduard.

(Ab.)

Dritte Scene.

Warkworth. Vor der Burg.

(Northumberland, Lady Northumberland und Lady Percy treten auf.)

Northumberland.

Ich bitt' euch, liebend Weib und werthe Tochter,
Gebt meinen rauhen Händeln ebnen Weg;
Legt ihr nicht auch der Zeiten Miene an
Und seid wie sie dem Percy zur Beschwer.

Lady Northumberland.

Ich geb' es auf, ich will nicht weiter reden;
Thut, was ihr wollt, es leit' euch eure Weisheit.

Northumberland.

Ach, liebes Weib! die Ehre steht zum Pfand,
Und außer meinem Gehn kann nichts sie lösen.

Lady Percy.

Um Gottes willen, nicht in diesen Krieg!
Einst habt ihr, Vater, euer Wort gebrochen,
Da ihr ihm mehr verbunden wart als jetzt;
Als euer Percy, mein herzlieber Percy
Den Blick oft nordwärts wandt', ob nicht sein Vater
Zu Hülfe zöge, doch er harrt' umsonst.
Wer überredt' euch da, zu Haus zu bleiben?
Zwei Ehren fielen da, des Sohns und eure.
Die eure möge Himmelsglanz erleuchten!
Die seine — wie die Sonn' am blauen Himmel,
So strahlt' an ihm sie, daß bei ihrem Licht
Die ganze Ritterschaft von England kreiste

In Heldenbahnen; ja, er war der Spiegel,
Wovor die edle Jugend sich geschmückt.
Wer seinen Gang nicht annahm, war gelähmt,
Und hastig Sprechen, was sein Fehler war,
Das stand dem Munde jedes Tapfern wohl.
Denn die, so leis' und ruhig sprechen konnten,
Verkehrten ihren Vorzug in Gebrechen,
Ihm gleich zu sein: so daß in Sprach, in Gang,
In Lebensart, in Neigungen der Lust,
In Kriegskunst und in Launen des Geblüts,
Er Ziel und Spiegel, Buch und Vorschrift war,
Der Andre formte. Und ihn! — den Herrlichen!
Dieß Wunderwerk von Mann! — verließet ihr,
Der Keinem wich, von dem wicht ihr zurück,
Daß er den grausen Gott des Krieges mußte
Im Nachtheil schauen, und ein Feld behaupten,
Wo nichts, als nur der Klang von Heißsporns Namen
Noch wehrbar schien; so ganz verließt ihr ihn.
Drum nie, o nie! thut seinem Geist die Schmach,
Daß ihr auf eure Ehre strenger haltet
Mit Andern als mit ihm; laßt sie für sich.
Der Marschall und der Erzbischof sind stark:
Wenn mein Geliebter halb die Zahl nur hatte,
So könnt' ich heut, an Heißsporns Nacken hängend,
Von Monmouth's Grabe reden.

Northumberland.

Holde Tochter,
Verzeih euch Gott! ihr raubt mir allen Muth,
Indem ihr alte Fehler neu bejammert.
Doch ich muß gehn, und die Gefahr da treffen,
Sonst sucht sie andrer Orten mich, und findet
Mich schlechter noch gerüstet.

Lady Northumberland.

O flieht nach Schottland,
Bis erst die Edlen und das Volk in Waffen
Mit ihrer Macht ein wenig sich versucht.

Lady Percy.

Wenn sie dem König Boden abgewinnen,
So schließt euch an, wie eine Ribb' aus Stahl,
Die Stärke mehr zu stärken; aber erst,
Um unser Aller Liebe willen, laßt
Sie sich versuchen. Das that euer Sohn,
Das gab man zu bei ihm, so ward ich Wittwe,
Und nie wird lang genug mein Leben dauern,
Erinnrung mit den Augen zu bethaun,
Daß sie erwachs' und sprosse bis zum Himmel
Zum Angedenken meines edlen Gatten.

Northumberland.

Kommt, geht hinein mit mir, denn mein Gemüth
Ist wie die Flut, zu ihrer Höh geschwellt,
Die Stillstand macht, nach keiner Seite fließend.
Gern möcht' ich gehn, zum Erzbischof zu stoßen,
Doch tausend Gründe halten mich zurück.
Ich wende mich nach Schottland, dort zu weilen,
Bis Zeit und Vortheil andern Rath ertheilen.

(Alle ab.)

Vierte Scene.

London. Eine Stube in der Schenke zum wilden Schweinskopf in Eastcheap.

(Zwei Küfer kommen.)

Erster Küfer.

Was Teufel hast du da gebracht? arme Ritter? Du weißt, Sir John kann keine armen Ritter leiden.

Zweiter Küfer.

Wetter, du hast Recht. Der Prinz setzte ihm einmal eine Schüssel mit armen Rittern vor, und sagte ihm, da wären noch fünf andre Sir Johns, hierauf nahm er seinen Hut ab, und sagte: Ich empfehle mich diesen sechs altbacknen, kraftlosen, aufgequollnen armen Rittern. Es ärgerte ihn von ganzer Seele, aber das hat er nun vergessen.

Erster Küfer.

Nun, so decke, und setz sie hin; und sieh, ob du Schleicher's Bande antreffen kannst: Jungfer Lakenreißer möchte gern ein bischen Musik haben. Mach fort! Die Stube, wo sie gegessen haben, ist zu heiß, sie werden gleich kommen.

Zweiter Küfer.

Hör du, der Prinz wird bald hier sein und Herr Poins, und sie wollen zwei Wämser und Schürzen von uns anthun, und Sir John darf nichts davon wissen; Bardolph hat es bestellt.

Erster Küfer.

Potz Wetter, hier wird der Teufel los sein. Das wird einen herrlichen Spaß geben.

Zweiter Küfer.

Ich will sehen, ob ich Schleicher finden kann.

(Ab.)

(Wirthin und Dortchen Lakenreißer kommen.)

Wirthin.

Wahrhaftig, Herzchen, mich dünkt, jetzt seid ihr in einer vortrefflichen Tempramentur; euer Pülschen schlägt so ungemein, wie man sich's nur wünschen kann, und von Farbe, ihr könnt mir's glauben, seht ihr so frisch aus, wie eine Rose. Aber wahrhaftig, ihr habt zu viel Kanariensekt getrunken, und das ist ein verzweifelt durchschlagender Wein, der würzt euch das Blut, ehe man eine Hand umdreht. — Wie geht's euch nun?

Dortchen.

Besser als vorhin. Hem.

Wirthin.

Nun, das macht ihr schön, wenn das Herz nur gut ist. Seht, da kommt Sir John.

(Falstaff kommt singend.)

Falstaff.

Als Arthur erst am Hof —

Bringt den Nachttopf aus.

Und war ein würd'ger Herr.

(Küfer ab.)

Was macht ihr nun, Jungfer Dortchen?

Wirthin.

Ihr ist übel, es fehlt ihr an Beängstigungen; ja, meiner Seel.

Falstaff.

So sind alle Weibsbilder; wenn man sie nicht immer beängstigt, so wird ihnen übel.

Dortchen.

Ihr schmutziger Balg! ist das aller Trost, den ich von euch habe?

Falstaff.

Ihr macht aufgedunsene Bälge, Jungfer Dortchen.

Dortchen.

Ich mache sie? Fresserei und Krankheiten machen sie, ich nicht.

Falstaff.

Wenn der Koch die Fresserei machen hilft, so helft ihr die Krankheiten machen, Dortchen. Wir kriegen von euch ab, Dortchen, wir kriegen von euch ab: gieb das zu, liebe Seele, gieb das zu.

Dortchen.

Ja wohl, unsre Ketten und Juwelen.

Falstaff.

„Rubinen, Perlen und Karfunkeln," —

Denn ihr wißt, wer tapfer dient, kommt hinkend aus dem Felde; der kommt aus der Bresche, seine Pike tapfer eingelegt und tapfer zum Chirurgus; der geht tapfer auf geladne Feldkatzen los.

Dortchen.

Laßt euch hängen, garstiger Schweinigel, laßt euch hängen!

Wirthin.

Meiner Treu, das ist die alte Weise, ihr beiden kommt niemals zusammen, ohne daß ihr in Zank gerathet. Gewiß und wahrhaftig, ihr seid so widerhaarig, wie zwei geröstete Semmelscheiben ohne Butter, ihr könnt Einer des Andern Commoditäten nicht tragen. Du meine Zeit! Einer muß tragen, und das müßt ihr sein (zu Dortchen), ihr seid das schwächere Gefäß, wie man zu sagen pflegt, das ledige Gefäß.

Dortchen.

Kann ein schwaches, lediges Gefäß solch ein ungeheures, volles Oxhoft tragen? Er hat eine ganze Ladung von Bourdeauxschem Zeuge im Leibe, ich habe niemals einen Schiffsraum besser ausgestopft gesehen. — Komm, ich will gut Freund mit dir sein, Hans; du gehst jetzt in den Krieg, und ob ich dich jemals wieder sehen soll, oder nicht, da fragt kein Mensch darnach.

(Ein Küfer kommt.)

Küfer.

Herr, unten ist Fähndrich Pistol, und will mit euch sprechen.

Dortchen.

An den Galgen mit dem Schelm von Renommisten, laßt ihn nicht herein kommen, es giebt kein loseres Maul in ganz England.

Wirthin.

Wenn er renommirt, so laßt ihn nicht hereinkommen: nein, meiner Seele, ich muß mit meinen Nachbarn leben, ich will keine Renommisten, ich bin in guter Renommee bei den allerbesten Leuten. — Schließt die Thür zu, wir lassen hier keine Renommisten herein, ich habe es nicht so weit in der Welt gebracht, um nun hier renommiren zu lassen; schließt die Thür zu, ich bitte euch.

Falstaff.

Hörst du, Wirthin?

Wirthin.

Ich bitte, beruhigt euch, Sir John, wir lassen hier keine Renommisten herein.

Falstaff.

Hörst du? es ist mein Fähndrich.

Wirthin.

Wischewasche, Sir John, sagt mir da nicht von, euer Renommisten-Fähndrich soll nicht in meine vier Wände kommen. Ich wurde letzthin bei Herrn Zehrung, dem Kommissär, vorgefordert, und wie er mir sagte, — es ist nicht länger her als letzten Mittwoch, — „Nachbarin Hurtig," sagte er, Meister Stumm, unser Pfarrer, war auch dabei; „Nachbarin Hurtig," sagte er, „nehmt bloß ordentliche Leute auf; denn," sagte er, „ihr seid in üblem Rufe" — und ich weiß auch, warum er das sagte, „denn" sagte er, „ihr seid eine ehrliche Frau, und man denkt gut von euch: darum seht euch vor, was für Gäste ihr aufnehmt; nehmt keine renommirenden Gesellen auf," sagte er. — Ich lasse keine herein, ihr würdet euch kreuzigen und segnen, wenn ihr gehört hättet, was er sagte. Nein, ich will keine Renommisten!

Falstaff.

Er ist kein Renommist, Wirthin, ein zahmer Locker ist er; er läßt sich so geduldig von euch streicheln, wie ein Windspiel, er renommirt nicht gegen eine Truthenne, wenn sich ihre Federn irgend sträuben, um Widerstand zu drohen. — Ruf ihn herauf, Küfer,

Wirthin.

Locker nennt ihr ihn? nun, ich will keinem ehrlichen Mann das Haus verschließen, und keinem lockern auch nicht. Aber das Renommiren mag ich nicht leiden; meiner Treu, mir wird schlimm, wenn Einer sagt: Renommist. Fühlt nur an, liebe Herrn, wie ich zittre; seht, ihr könnt mir's glauben.

Dortchen.

Das thut ihr auch, Wirthin.

Wirthin.

Thu ich's nicht? Ja, wahrhaftig thu ich's, wie ein Espenlaub, ich kann die Renommisten nicht ausstehn.

(Pistol, Bardolph und Page kommen.)

Pistol.

Gott grüß euch, Sir John!

Falstaff.

Willkommen, Fähndrich Pistol! Hier, Pistol, ich lade dich mit einem Glase Sekt, gieb du dann der Frau Wirthin die Ladung.

Pistol.

Ich will ihr die Ladung geben, Sir John, mit zwei Kugeln.

Falstaff.

Sie ist pistolenfest, ihr werdet ihr schwerlich ein Leid zufügen.

Wirthin.

Geht, ich habe nichts mit euren Pistolen und Kugeln zu schaffen: ich trinke nicht mehr als mir gut bekömmt keinem Menschen zu lieb.

Pistol.

Dann zu euch, Jungfer Dorothee, ich will euch die Ladung geben.

Dortchen.

Mir die Ladung geben? Ja, kommt mir, Lausekerl! Was, so'n armer Schelm von Betrüger, der kein heiles Hemd auf dem Leibe hat! Packt euch, ihr abgestandener Schuft! fort! Ich bin ein Bissen für euren Herrn.

Pistol.

Ich kenne euch, Jungfer Dorothee.

Dortchen.

Packt euch, ihr Schurke von Beutelschneider! ihr garstiger Taschendieb, fort! Bei dem Wein hier, ich fahre euch mit meinem Messer zwischen die schimmlichten Kinnbacken, wenn ihr euch bei mir mausig machen wollt. Packt euch, ihr Bierschlingel! ihr lahmer Fechtboden-Springer ihr! — Seit wann, Herr, ich bitte euch? Ei, zwei Schnüre auf der Schulter! der Tausend!

Pistol.

Dafür will ich euren Kragen ermorden.

Falstaff.

Nicht weiter, Pistol, ich möchte nicht, daß du hier losgingest. Drücke dich aus unsrer Gesellschaft ab, Pistol.

Wirthin.

Nein, bester Hauptmann Pistol! nicht hier, schönster Hauptmann!

Dortchen.

Hauptmann! du abscheulicher, verdammter Betrüger, schämst du dich nicht, daß man dich Hauptmann nennt? Wenn Hauptleute so gesinnt wären, wie ich, so prügelten sie dich hinaus, weil du ihren Namen annimmst, ehe du ihn verdient hast. Ihr ein Hauptmann, ihr Lump! wofür? Weil ihr einer armen Hure in einem Bordell den Kragen zerrissen habt? Er ein Hauptmann? an den Galgen mit ihm! Er lebt von verschimmelten gesottnen Pflaumen und altbacknem Kuchen. Ein Hauptmann! Solche Spitzbuben werden das Wort Hauptmann noch ganz verhaßt machen, drum sollten Hauptleute ein Einsehn thun.

Bardolph.

Ich bitte dich, geh hinunter, bester Fähndrich.

Falstaff.

Pst! auf ein Wort, Jungfer Dortchen.

Pistol.

Ich nicht. Ich will dir was sagen, Korporal Bardolph: — ich könnte sie zerreißen, — ich will gerochen sein.

Page.

Ich bitte dich, geh hinunter.

Pistol.

Sie sei verdammt erst, — zu Pluto's grausem See, zur höll'schen Tiefe, mit Erebus und schnöden Qualen auch. Halt Lein' und Angel, sag ich. Fort, Hunde! fort, Gesindel! Ist nicht Irene hier?

Wirthin.

Lieber Hauptmann Pesel, seid ruhig! Es ist wahrhaftig schon sehr spät, ich bitte euch, forcirt euren Zorn.

Pistol.

Das wären mir Humore! Soll'n Packpferd.
Und hohl gestopfte Mähren Asiens,
Die dreißig Meilen nur des Tages laufen,
Mit Cäsarn sich und Kannibalen messen,
Und griech'schen Troern? Eh verdammt sie mit
Fürst Cerberus, und brüll' das Firmament!
Entzwei'n wir uns um Tand?

Wirthin.

Meiner Seel, Hauptmann, das sind recht harte Reden.

Bardolph.

Geht, guter Fähndrich, sonst wird noch eine Prügelei daraus.

Pistol.

Wie Hunde sterben Menschen; Kronen gebt
Wie Nadeln weg: ist nicht Irene hier?

Wirthin.

Auf mein Wort, Hauptmann, so eine ist gar nicht hier. Ei du liebe Zeit! denkt ihr, ich wollte sie euch verleugnen? Um Gottes willen, seid ruhig.

Pistol.

So iß und sei fett, schöne Calipolis!
Kommt, gebt uns Sekt!
Si fortuna me tormenta, sperato me contenta;
Scheu'n Salven wir? Nein, feur' der böse Feind!
Gebt mir was Sekt, und, Herzchen, lieg du da!
(Indem er den Degen ablegt.)
Sind wir am Schlußpunkt schon, und kein et caetera giebt's?

Falstaff.

Pistol, ich wäre gern in Ruhe.

Pistol.

Ich küsse deine Pfote, holder Ritter. Was? sahn wir nicht das Siebengestirn?

Dortchen.

Werft ihn die Treppe hinunter, ich kann so einen aufgestelzten Schuft nicht ausstehn.

Pistol.

Werft ihn die Treppe hinunter? Wir kennen Klepper ja!

Falstaff.

Schleudre ihn hinunter, Bardolph, wie einen Peilkenstein! Wenn er nichts thut, als Nichts sprechen, so soll er hier auch nichts vorstellen.

Bardolph.

Kommt, macht euch die Treppe hinunter.

Pistol.

So muß man Einschnitt machen? muß besudeln?
(Greift seinen Degen auf.)
Dann wieg mich, Tod, in Schlaf! Verbirg die Jammertage!
Dann sei'n durch schwere, grause, offne Wunden
Die Schwestern drei gelöst! Komm, sag ich, Atropos!

Wirthin.

Das sind mir herrliche Streiche!

Falstaff.

Gieb mir meinen Degen, Bursch.

Dortchen.

Ich bitte dich, Hans, ich bitte dich, zieh nicht.

Falstaff.

Packt euch die Treppe hinunter!
(Er zieht und jagt Pistol hinaus.)

Wirthin.

Das ist mir ein herrlicher Lärm! Ich will das Wirthschafthalten abschwören, lieber als daß ich so einen Schreck und Terrör haben will. Nu, das giebt Mord, glaubt mir's! — Ach Je! Ach Je! steckt eure bloßen Gewehre ein! steckt eure bloßen Gewehre ein!
(Pistol und Bardolph ab.)

Dortchen.

Ich bitte dich, Hans, sei ruhig! der Schuft ist fort. Ach du kleiner, tapfrer Blitzschelm du!

Wirthin.

Seid ihr nicht in der Weiche verwundet? Mich dünkt, er that einen gefährlichen Stoß nach eurem Bauche.

(Bardolph kommt zurück.)

Falstaff.

Habt ihr ihn zur Thür hinaus geworfen?

Bardolph.

Ja, Herr. Der Schuft ist besoffen, ihr habt ihn in die Schulter verwundet.

Falstaff.

So ein Schurke! mir zu trotzen!

Dortchen.

Ach, du allerliebster kleiner Schelm du! Ach, armer Affe, wie du schwitzest! Komm, laß mich dein Gesicht abwischen, — komm doch her, du närrische Schnauze! – Ach, Schelm! mein Seel, ich liebe dich. Du bist so tapfer wie der trojanische Hektor, fünf Agamemnons werth, und zehn Mal besser als die neun Helden. Ach, du Spitzbube!

Falstaff.

Ein niederträchtiger Schurke, ich will den Schelm auf einer Bettdecke prellen.

Dortchen.

Ja thu's, wenn du das Herz hast; wenn du's thust, so will ich dich zwischen zwei Laken vorkriegen.

(Musikanten kommen.)

Page.

Die Musikanten sind da, Herr.

Falstaff.

Laß sie spielen. — Spielt, Leute! — Dortchen, setz dich auf meinen Schooß. Ein elender Großprahler! der Schurke lief vor mir davon wie Quecksilber.

Dortchen.

Wahrhaftig, und du warst wie ein Kirchthurm hinter ihm drein. Du verwettertes, kleines, zuckergebacknes Weihnachts-Schweinchen, wann wirst du das Fechten bei Tage und das Raufen bei Nacht lassen, und anfangen, deinen alten Leib für den Himmel zurecht zu flicken?

(Im Hintergrunde erscheinen Prinz Heinrich und Poins, in Küfer verkleidet.)

Falstaff.

Still, liebes Dortchen! Sprich nicht wie ein Todtenkopf, erinnre mich nicht an mein Ende.

Dortchen.

Hör doch, von was für einem Humor ist denn der Prinz?

Falstaff.

Ein guter einfältiger junger Mensch. Er hätte einen guten Brodmeister abgegeben, er würde das Brod gut vorschneiden.

Dortchen.

Aber Poins soll einen feinen Witz haben.

Falstaff.

Der einen feinen Witz? Zum Henker mit dem Maulaffen! Sein Witz ist so dick wie Senf von Tewksbury, er hat nicht mehr Verstand, als ein Hammer.

Dortchen.

Weßwegen hat ihn denn der Prinz so gern?

Falstaff.

Weil der Eine so dünne Beine hat wie der Andre, und weil er gut Peilke spielt, und ißt Meeraal und Fenchel, und schluckt brennende Kerzen-Endchen im Wein hinunter, und trägt sich Huckepack mit den Jungen, und springt über Schemel, und flucht mit gutem Anstande, und trägt seine Stiefeln glatt an, wie an einem ausgehängten Bein auf einem Schilde, und stiftet keinen Zank durch Ausplaudern von feinen Geschichten, und mehr dergleichen Springergaben hat er, die einen schwachen Geist und einen geschickten Körper beweisen, weßwegen ihn der Prinz um sich leidet; denn der Prinz ist selbst eben so ein Gesell: das Gewicht eines Haars wird zwischen ihnen der einen Schaale den Ausschlag geben.

Prinz Heinrich.

Sollte man dieser Nabe von einem Rade nicht die Ohren abschneiden?

Poins.

Laßt uns ihn vor den Augen seiner Hure prügeln.

Prinz Heinrich.

Seht doch, läßt sich der welke Alte nicht den Kopf krauen wie ein Papagay?

Poins.

Ist es nicht wunderbar, daß die Begierde das Vermögen um viele Jahre überlebt?

Falstaff.

Küß mich. Dortchen.

Prinz Heinrich.

Saturn und Venus heuer in Conjunction! Was sagt der Kalender dazu?

Poins.

Seht nur, flüstert nicht auch sein Kerl, der feurige Triangel, mit dem alten Register seines Herrn, seiner Schreibtafel, seinem Denkbuche?

Falstaff.

Du giebst mir angenehme Schmätzchen.

Dortchen.

Ja wahrhaftig, ich küsse dich mit einem recht beständigen Herzen.

Falstaff.

Ich bin alt, ich bin alt.

Dortchen.

Ich habe dich lieber, als alle die jungen Gelbschnabel mit einander.

Falstaff.

Aus was für Zeug willst du eine Schürze haben? Auf den Donnerstag kriege ich Geld, du sollst morgen eine Mütze haben. Komm, ein lustiges Lied! Es wird spät, wir wollen zu Bett. Wenn ich weg bin, wirst du mich vergessen.

Dortchen.

Meiner Treu, du wirst mich zum Weinen bringen, wenn du das sagst; sieh zu, ob ich mich jemals hübsch kleide, bis du wieder zurück bist. Nun warte das Ende ab.

Falstaff.

Was Sekt, Franz!

Prinz Heinrich und Poins (hervortretend).

Gleich, Herr! gleich!

Falstaff.

Ha! ein Bastard-Sohn des Königs. Und bist du nicht des Poins Bruder?

Prinz Heinrich.

Ei, du Erdball von sündlichen Ländern, was für ein Leben führst du?

Falstaff.

Ein besseres als du: ich bin ein Mann von Stande, du ziehst Bier ab.

Prinz Heinrich.

Ganz richtig, Herr, und darum komme ich euch das Fell abzuziehn.

Wirthin.

O der Herr erhalte Eure wackre Gnaden! Meiner Treu, willkommen in London! — Nun, der Herr segne dieß dein holdes Angesicht! O Jesus, seid ihr aus Wales zurückgekommen?

Falstaff (indem er die Hand auf Dortchen legt).

Du verwettertes, tolles Stück Majestät, bei diesem leichtfertigen Fleisch und verderbten Blut, du bist willkommen!

Dortchen.

Was, ihr gemästeter Narr? ich frage nichts nach euch.

Poins.

Gnädiger Herr, er wird euch aus eurer Rache heraustreiben, und Alles in einen Spaß verwandeln, wenn ihr ihm nicht in der ersten Hitze zusetzt.

Prinz Heinrich.

Du verfluchte Talggrube, wie niederträchtig sprachst du nicht jetzt eben von mir vor diesem ehrbaren, tugendhaften, artigen Frauenzimmer?

Wirthin.

Gott segne euer gutes Herz, das ist sie auch, gewiß und wahrhaftig.

Falstaff.

Hast du es angehört?

Prinz Heinrich.

Ja, und ihr kanntet mich, wie damals, da ihr bei Gadshill davon lieft; ihr wußtet, daß ich hinter euch stand, und thatet es mit Fleiß, um meine Geduld auf die Probe zu stellen.

Falstaff.

Nein, nein, nein, das nicht, ich glaubte nicht, daß du mich hören könntest.

Prinz Heinrich.

So müßt ihr mir die vorsätzliche Beschimpfung eingestehn, und dann weiß ich, wie ich euch handhaben soll.

Falstaff.

Keine Beschimpfung, Heinz, auf meine Ehre, keine Beschimpfung!

Prinz Heinrich.

Nicht? mich herunter zu machen, und mich Brodmeister und Brodschneider, und ich weiß nicht was zu nennen!

Falstaff.

Keine Beschimpfung, Heinz!

Poins.

Keine Beschimpfung?

Falstaff.

Nein, Eduard, keine Beschimpfung auf der Welt; nicht die geringste, mein ehrlicher Eduard. Ich machte ihn herunter vor den Gottlosen, damit die Gottlosen sich nicht in ihn verlieben möchten; darin habe ich die Pflicht eines besorgten Freundes und eines redlichen Unterthans ausgeübt, und dein Vater hat mir dafür zu danken. Keine Beschimpfung, Heinz! nicht die geringste, Eduard! — nein, Kinder, nicht die geringste!

Prinz Heinrich.

Nun sieh einmal, bringt dich nicht bloße Furcht und ausgemachte Feigheit dahin, diesem tugendhaften Frauenzimmer zu nahe zu thun, um dich mit uns auszusöhnen? Ist sie von den Gottlosen? ist unsre Frau Wirthin da von den Gottlosen? oder ist der Bursch von den Gottlosen? oder der ehrliche Bardolph, dessen Andacht in seiner Nase brennt, von den Gottlosen?

Poins.

Antworte, du abgestorbne Rüster! antworte!

Falstaff.

Den Bardolph hat der böse Feind ohne Rettung gezeichnet, und sein Gesicht ist Luzifers Leibküche, wo er nichts thut, als Malzwürmer rösten. Was den Knaben betrifft, so ist ein guter Engel um ihn, aber der Teufel überbietet ihn auch.

Prinz Heinrich.

Was die Weiber betrifft, —

Falstaff.

Die eine von ihnen, — die ist schon in der Hölle und brennt arme Seelen. Was die andere betrifft, — ich bin ihr Geld schuldig, und ob sie dafür verdammt ist, weiß ich nicht.

Wirthin.

Nein, das will ich euch versichern.

Falstaff.

Ja, ich denke es auch nicht; ich denke, dessen bist du quitt. Es giebt aber noch eine andre Klage wider dich, daß du gegen die Verordnung in deinem Hause Fleisch essen lässest; dafür wirst du, denke ich, noch einmal heulen.

Wirthin.

Das thun alle Speisewirthe. Was will eine Schöpskeule oder ein Paar in der ganzen Fastenzeit sagen?

Prinz Heinrich.

Ihr, Frauenzimmer —

Dortchen.

Was sagen Euer Gnaden?

Falstaff.

Seine Gnade sagt etwas, wogegen sich sein Fleisch auflehnt.

Wirthin.

Wer klopft so laut an die Thüre? Sieh nach der Thüre, Franz.

(Peto kommt.)

Prinz Heinrich.

Peto, was giebt's? Was bringst du Neues?

Peto.

Der König, euer Vater, ist zu Westminster,
Und zwanzig müde und erschöpfte Boten
Sind aus dem Norden da; und wie ich herkam,
Traf ich und holt' ein Dutzend Hauptleut' ein,
Baarköpfig, schwitzend, an die Schenken klopfend,
Und alle frugen sie nach Sir John Falstaff.

Prinz Heinrich.

Beim Himmel, Poins, ich fühl' mich tadelnswerth,
So müßig zu entweihn die edle Zeit,
Wenn Wetter der Empörung wie der Süd
Von schwarzem Dunst getragen, schmelzen will,
Und träuft auf unser unbewehrtes Haupt.
Gieb Degen mir und Mantel — Falstaff, gute Nacht!

(Prinz Heinrich, Poins, Peto und Bardolph ab.)

Falstaff.

Nun kommt der leckerste Bissen der Nacht, und wir müssen fort und ihn ungenossen lassen.

(Man hört klopfen.)

Wieder an der Thür geklopft?

(Bardolph kommt zurück.)

Nun? was giebt's?

Bardolph.

Ihr müßt gleich fort, Herr, an den Hof, ein Dutzend Hauptleute warten an der Thür auf euch.

Falstaff (zum Pagen).

Bezahl die Musikanten, Bursch. — Leb wohl, Wirthin, — leb wohl, Dortchen. — Ihr seht, meine guten Weiberchen, wie Männer von Verdienst gesucht werden; der Unverdiente kann schlafen, während der tüchtige Mann aufgerufen wird. Lebt wohl, meine guten Weiberchen! — wenn ich nicht schleunig weggesandt werde, so will ich euch noch wieder besuchen, eh ich gehe.

Dortchen.

Ich kann nicht sprechen, — wenn mir das Herz nicht brechen will, — Nun herzliebster Hans, trage Sorge für dich selbst.

Falstaff.

Lebt wohl, lebt wohl!

(Falstaff und Bardolph ab.)

Wirthin.

Nun, so lebe wohl! Neunundzwanzig Jahre sind's nun, daß ich dich gekannt habe, wenn die grünen Erbsen wieder kommen; aber einen ehrlicheren Mann und ein treueres Gemüth, — Nun, so lebe wohl!

Bardolph (draußen).

Jungfer Lakenreißer!

Wirthin.

Was giebt's?

Bardolph (draußen).

Heißt Jungfer Lakenreißer zu meinem Herrn kommen.

Wirthin.

O lauf, Dortchen, lauf! Lauf! liebes Dortchen!

(Beide ab.)

Dritter Aufzug.

Erste Scene.

Ein Zimmer im Palast.

(König Heinrich kommt im Nachtkleide mit einem Pagen.)

König Heinrich.

Geh, ruf die Grafen Surrey her und Warwick,
Doch heiß zuvor sie diese Briefe lesen,
Und reiflich sie erwägen; thu's mit Eil.

(Page ab.)

Wie viel der ärmsten Unterthanen sind
Um diese Stund' im Schlaf! — O Schlaf! o holder Schlaf,
Du Pfleger der Natur, wie schreckt' ich dich,
Daß du nicht mehr zudrücken willst die Augen
Und meine Sinne tauchen in Vergessen?
Was liegst du lieber, Schlaf, in rauch'gen Hütten,
Auf unbequemer Streue hingestreckt,
Von summenden Nachtfliegen eingewiegt,
Als in der Großen duftenden Palästen,
Unter den Baldachinen reicher Pracht,
Und eingelullt von süßen Melodie'n?
O blöder Gott, was liegst du bei den Niedern
Auf eklem Bett, und läß'st des Königs Lager
Ein Schilderhaus und Sturmesglocke sein?
Versiegelst du auf schwindelnd hohem Mast

Des Schifferjungen Aug', und wiegst sein Hirn
In rauher, ungestümer Wellen Wiege
Und in der Winde Andrang, die beim Gipfel
Die tollen Wogen packen, krausen ihnen
Das ungeheure Haupt, und hängen sie
Mit tobendem Geschrei in's glatte Tauwerk,
Daß vom Getümmel selbst der Tod erwacht?
Giebst du, o Schlaf, parteiisch deine Ruh
Dem Schifferjungen in so rauher Stunde,
Und weigerst in der ruhig stillsten Nacht
Bei jeder Förderung sie einem König?
So legt, ihr Niedern, nieder euch, beglückt;
Schwer ruht das Haupt, das eine Krone drückt.

(Warwick und Surrey treten auf.)

Warwick.

Den schönsten Morgen Eurer Majestät!

König Heinrich.

Ist es schon Morgen, Lords?

Warwick.

Es ist Ein Uhr und drüber.

König Heinrich.

So habt denn guten Morgen. Liebe Lords,
Las't ihr die Briefe, die ich euch gesandt?

Warwick.

Ja, gnäd'ger Herr.

König Heinrich.

So kennt ihr nun den Körper unsers Reichs,
Wie angesteckt er ist, wie schlimme Uebel,
Dem Herzen nah, gefährlich in ihm gähren.

Warwick.

Noch ist es nur wie Unordnung im Körper,
Den guter Rath und wen'ge Arzenei
Zu seiner vor'gen Stärke bringen kann. —
Mylord Northumberland ist bald gekühlt.

König Heinrich.

O Himmel, könnte man im Buch des Schicksals
Doch lesen, und der Zeiten Umwälzung

Die Berge ebnen, und das feste Land,
Der Dichte überdrüssig, in die See
Wegschmelzen sehn! und sehn des Oceans
Umgürtend Ufer für Neptunus Hüften
Ein ander Mal zu weit! Wie Zufall spielt,
Und Wechsel der Verändrung Schale füllt
Mit mancherlei Getränk! O säh man das,
Der frohste Jüngling, schaut' er seine Bahn,
Wie hier Gefahr gedroht, dort Leiden nahn:
Er schlöss' das Buch, und setzte sich und stürbe.
Es sind noch nicht zehn Jahr,
Seit Richard und Northumberland als Freunde
Zusammen schmausten, und zwei Jahr nachher
Gab's zwischen ihnen Krieg; acht Jahr nur, seit
Der Percy meinem Herzen war der nächste,
Der wie ein Bruder sich erschöpft' für mich,
Und Lieb' und Leben mir zu Füßen legte,
Ja, meinetwillen, grad' in Richards Antlitz
Ihm Trotz bot. Doch, wer war dabei von euch
(Zu Warwick.)
(Ihr, Vetter Nevil, wie ich mich erinnre),
Als Richard, ganz von Thränen überfließend,
Damals gescholten vom Northumberland,
Die Worte sprach, die Prophezeiung wurden?
„Northumberland, du Leiter, mittelst deren
„Mein Vetter Bolingbroke den Thron besteigt;" —
Was da, Gott weiß, nicht in den Sinn mir kam,
Wenn nicht Nothwendigkeit den Staat so bog,
Daß ich und Größ' einander küssen mußten; —
„Es kommt die Zeit," dieß setzt' er dann hinzu,
„Es kommt die Zeit, daß arge Sünde, reifend,
Ausbrechen wird in Fäulniß," fuhr so fort,
Und sagte dieser Zeiten ganze Lage
Und unsrer Freundschaft Trennung uns vorher.

Warwick.

In jedes Menschen Leben ist Geschichte,
Abbildend der verstorbnen Zeiten Art:

Wer die beachtet, kann, zum Ziele treffend
Der Dinge Lauf im Ganzen prophezein,
Die, ungeboren noch, in ihrem Samen
Und schwachen Anfang eingeschachtelt liegen.
Dergleichen wird der Zeiten Brut und Zucht;
Auf die nothwend'ge Form hievon vermochte
Richard die sichre Muthmaßung zu baun,
Der mächtige Northumberland, ihm falsch,
Werd' aus der Saat zu größrer Falschheit wachsen,
Die keinen Boden, drein zu wurzeln, fände,
Als nur an euch.

König Heinrich.

Sind diese Dinge denn Nothwendigkeiten?
Bestehn wir sie auch wie Nothwendigkeiten!
Dieß selbe Wort ruft eben jetzt uns auf.
Man sagt, der Bischof und Northumberland
Sind funfzigtausend stark.

Warwick.

Es kann nicht sein, mein Fürst.
Gerücht verdoppelt, so wie Stimm' und Echo,
Die Zahl Gefürchteter. — Belieb' Eu'r Hoheit
Zu Bett zu gehn; bei meinem Leben, Herr,
Die Macht, die ihr schon ausgesendet habt,
Wird leichtlich diese Beute bringen heim.
Euch mehr zu trösten, so empfing ich jetzt
Gewisse Nachricht von Glendower's Tod.
Eu'r Majestät war krank seit vierzehn Tagen,
Und diese unbequemen Stunden müssen
Das Uebel mehren.

König Heinrich.

Ich folge eurem Rath.
Und läßt der innre Krieg uns freie Hand,
So ziehn wir, werthe Lords, in's heil'ge Land.

(Ab.)

Zweite Scene.

Hof vor dem Hause des Friedensrichters Schaal in Glocestershire.

(Schaal und Stille kommen von verschiednen Seiten; Schimmelig, Schatte, Warze, Schwächlich, Bullenkalb und Bediente im Hintergrunde.)

Schaal.

Sieh da, sieh da, sieh da! Gebt mir die Hand, Herr! gebt mir die Hand, Herr! Früh bei Wege, meiner Six! Nun, was macht denn mein guter Vetter Stille?

Stille.

Guten Morgen, guter Vetter Schaal!

Schaal.

Und was macht meine Muhme, eure Ehehälfte? Und unser allerliebstes Töchterchen, mein Pathchen Lene?

Stille.

Ach, das ist eine schwarze Amsel, Vetter Schaal.

Schaal.

Bei Ja und Nein, Herr, ich will drauf wetten, mein Vetter Wilhelm ist ein guter Lateiner geworden. Er ist noch zu Oxford, nicht wahr?

Stille.

Ja freilich, es kostet mir Geld.

Schaal.

Da muß er bald in die Rechtshöfe. Ich war auch einmal in Clemens-Hof, wo sie, denke ich, noch von dem tollen Schaal sprechen werden.

Stille.

Ihr hießt damals der muntre Schaal, Vetter.

Schaal.

Beim Element, ich hieß, wie man wollte, und ich hätte auch gethan, was man wollte, ja, wahrhaftig, und das frisch weg. Da war ich, und der kleine Johann Deut aus Staffordshire, und der schwarze Georg Kahl, und Franz Nagebein, und Wilhelm Quaake, ein Cotswolder — es gab seitdem keine vier solche Haudegen in allen den

Rechtshöfen zusammen, und ich kann's euch wohl sagen, wir wußten, wo lose Waare zu haben war, und hatten immer die beste zu unserm Befehl. Damals war Hans Falstaff, jetzt Sir John, ein junger Bursch, und Page bei Thomas Mowbray, Herzog von Norfolk.

Stille.

Derselbe Sir John, Vetter, der jetzt eben der Soldaten wegen herkommt?

Schaal.

Derselbe Sir John, eben derselbe. Ich habe ihn am Thor des Kollegiums dem Skogan ein Loch in den Kopf schlagen sehn, da er ein Knirps, nicht so hoch, war; grade denselben Tag schlug ich mich mit einem gewissen Simson Stockfisch, einem Obsthändler, hinter Gray's Hof. O die tollen Tage, die ich hingebracht habe! und wenn ich nun sehe, daß so viele von meinen alten Bekannten todt sind!

Stille.

Wir werden Alle nachfolgen, Vetter.

Schaal.

Gewiß, ja, das ist gewiß. Sehr sicher! sehr sicher! Der Tod, wie der Psalmist sagt, ist Allen gewiß, Alle müssen sterben. Was gilt ein gutes Paar Ochsen auf dem Markt zu Stamford?

Stille.

Wahrhaftig, Vetter, ich bin nicht da gewesen.

Schaal.

Der Tod ist gewiß. — Ist der alte Doppel, euer Landsmann, noch am Leben?

Stille.

Todt, Herr.

Schaal.

Todt? — Sieh! sieh! — er führte seinen guten Bogen — und ist todt! — er schoß seinen tüchtigen Schuß; Johann von Gaunt hatte ihn gern, und wettete viel Geld auf seinen Kopf. Todt! — Auf zweihundert und vierzig Schritt traf er in's Weiße, und trieb euch einen leichten Bolzen auf zweihundert und achtzig, auch neunzig Schritt, daß Einem das Herz im Leibe lachen mußte. — Wie viel gilt die Mandel Schaafe jetzt?

Stille.

Es ist nachdem sie sind; eine Mandel gute Schaafe kann wohl zehn Pfund werth sein.

Schaal.

Und ist der alte Doppel todt?

(Bardolph kommt und Einer mit ihm.)

Stille.

Hier kommen, denk ich, zwei von Sir John Falstaff's Leuten.

Bardolph.

Guten Morgen, wackre Herren! Ich bitte euch, wer von euch ist der Friedensrichter Schaal?

Schaal.

Ich bin Robert Schaal, Herr: ein armer Gutsbesitzer aus der Grafschaft, und einer von des Königs Friedensrichtern. Was steht zu eurem Befehl?

Bardolph.

Mein Hauptmann, Herr, empfiehlt sich euch; mein Hauptmann, Sir John Falstaff: ein tüchtiger Kavalier, beim Himmel, und ein sehr beherzter Anführer.

Schaal.

Ich danke für seinen Gruß. Ich habe ihn als einen guten Fechter gekannt. Was macht der gute Ritter? Darf ich fragen, was seine Frau Gemahlin macht?

Bardolph.

Um Verzeihung, Herr, ein Soldat ist besser akkommodirt ohne Frau.

Schaal.

Es ist gut gesagt, meiner Treu, Herr; in der That, recht gut gesagt. Besser akkommodirt! Es ist gut, ja, in allem Ernst; gute Phrasen sind und waren von jeher sehr zu rekommandiren. Akkommodirt! es kommt von accommodo, sehr gut! eine gute Phrase.

Bardolph.

Verzeiht mir, Herr, ich habe das Wort so gehört. Phrase nennt ihr es? Beim Element, die Phrase kenne ich nicht, aber das Wort will ich mit meinem Degen behaupten: daß es ein soldatenmäßiges Wort ist, und womit man erstaunlich viel ausrichten kann. Akkommodirt; das heißt, wenn ein Mensch, wie sie sagen, akkommodirt ist; oder wenn ein Mensch das ist — was maßen, — wodurch man ihn für akkommodirt halten kann, was eine herrliche Sache ist.

(Falstaff kommt.)

Schaal.

Sehr richtig! — Seht, da kommt der gute Sir John — gebt mir

eure liebe Hand, gebt mir euer Edlen liebe Hand! Auf mein Wort, ihr seht wohl aus, und tragt eure Jahre sehr wohl. Willkommen, bester Sir John.

Falstaff.

Ich bin erfreut, euch wohl zu sehen, guter Herr Robert Schaal; — Herr Gutspiel, wo mir recht ist?

Schaal.

Nein, Sir John; es ist mein Vetter Stille, und mein Kollege im Amte.

Falstaff.

Guter Herr Stille, es schickt sich gut für euch, daß ihr zum Friedensamte gehört.

Stille.

Euer Edlen sind willkommen!

Falstaff.

Daß dich, das ist heiße Witterung. — Meine Herren, habt ihr mir ein halb Dutzend tüchtige Leute geschafft?

Schaal.

Freilich haben wir das, Herr. Wollt ihr euch nicht setzen?

Falstaff.

Laßt mich sie sehn, ich bitte euch.

Schaal.

Wo ist die Liste? wo ist die Liste? wo ist die Liste? — Laßt sehn! laßt sehn! laßt sehn! So, so, so, so, — ja, was wollt' ich sagen, Herr: — Rolf Schimmelig, — daß sie vortreten, so wie ich sie aufrufe; daß sie mir's ja thun, daß sie mir's ja thun. — Laßt sehn! wo ist Schimmelig?

Schimmelig.

Hier, mit Verlaub.

Schaal.

Was meint ihr, Sir John? Ein wohlgewachsner Kerl, jung, stark, und aus einer guten Familie.

Falstaff.

Dein Name ist Schimmelig?

Schimmelig.

Ja, mit Verlaub.

Falstaff.

Desto mehr ist es Zeit, daß du gebraucht wirst.

Schaal.

Ha ha ha! ganz vortrefflich, wahrhaftig! Dinge, die schimmelig sind, müssen gebraucht werden. Ganz ungemein gut! — Wahrhaftig, gut gesagt, Sir John, sehr gut!

Falstaff (zu Schaal).

Streicht ihn an.

Schimmelig.

Damit macht ihr mir einen Strich durch die Rechnung, ihr hättet mich können gehen lassen. Meine alte Mutter hat nun niemand in der Gotteswelt, der ihre Wirthschaft und ihre Plackerei verrichtet. Ihr hättet mich nicht anzustreichen brauchen, es giebt Andere, die geschickter sind zu marschiren, als ich.

Falstaff.

Seht mir! Ruhig, Schimmelig, ihr müßt mit. Schimmelig, es ist Zeit, daß ihr verbraucht werdet.

Schimmelig.

Verbraucht?

Schaal.

Ruhig, Kerl, ruhig! Tretet beiseit! Wißt ihr auch, wo ihr seid? — Nun zu den Andern, Sir John! Laßt sehn: Simon Schatte.

Falstaff.

Ei ja, den gebt mir, um darunter zu sitzen: er wird vermuthlich ein kühler Soldat sein.

Schaal.

Wo ist Schatte?

Schatte.

Hier, Herr.

Falstaff.

Schatte, wessen Sohn bist du?

Schatte.

Meiner Mutter Sohn, Herr.

Falstaff.

Deiner Mutter Sohn! Das mag wohl sein: und deines Vaters Schatte; auf die Art ist der Sohn des Weibes der Schatte des Mannes; es ist oft so, in der That, aber nicht viel von des Vaters Kraft.

Schaal.

Gefällt er euch, Sir John?

Falstaff.

Schatte ist gut auf den Sommer, — streicht ihn an, denn wir haben eine Menge von Schatten, um die Musterrolle anzufüllen

Schaal.

Thomas Warze!

Falstaff.

Wo ist er?

Warze.

Hier, Herr.

Falstaff.

Ist dein Name Warze?

Warze.

Ja, Herr.

Falstaff.

Du bist eine sehr ruppige Warze.

Schaal.

Soll ich ihn anstreichen, Sir John?

Falstaff.

Es wäre überflüssig: sein Bündel ist ihm auf den Rücken gebaut, und die Beine, worauf die ganze Figur steht, sind selbst nur ein Paar Striche; also keinen Strich weiter!

Schaal.

Ha ha ha! ihr versteht es, Herr, ihr versteht es. Das muß man rühmen. — Franz Schwächlich?

Schwächlich.

Hier, Herr.

Falstaff.

Was für ein Gewerbe treibst du, Schwächlich?

Schwächlich.

Ich bin ein Frauenschneider, Herr.

Schaal.

Soll ich ihm einen Strich anfügen?

Falstaff.

Das thut nur; wenn er aber ein Mannsschneider wäre, so könnte er euch einen Strich anfügen. — Willst du so viel Löcher in die feindliche Schlachtordnung bohren, als du in einen Weiberrock gemacht hast?

Schwächlich.

Ich will nach besten Kräften thun, Herr, ihr könnt nicht mehr verlangen.

Falstaff.

Wohlgesprochen guter Frauenschneider! Wohlgesprochen, beherzter Schwächlich! Du wirst so tapfer sein, wie die ergrimmte Taube, oder allergroßmüthigste Maus. — Gebt dem Frauenschneider einen guten Strich, Herr Schaal; tüchtig, Herr Schaal!

Schwächlich.

Ich wollte, Warze wäre mitgegangen, Herr.

Falstaff.

Ich wollte, du wärst ein Mannsschneider, damit du ihn könntest flicken, und geschickt machen, mit zu gehn. Ich kann den nicht zum gemeinen Soldaten machen, der der Anführer von so vielen Tausenden ist. Laß dir das genügen, allergewaltigster Schwächlich.

Schwächlich.

Ich lasse es mir genügen, Herr.

Falstaff.

Ich bin dir sehr verbunden, ehrwürdiger Schwächlich. — Wer kommt zunächst?

Schaal.

Peter Bullenkalb von der Wiese.

Falstaff.

Ei ja, laßt uns Bullenkalb sehen.

Bullenkalb.

Hier, Herr.

Falstaff.

Weiß Gott, ein ansehnlicher Kerl! — Kommt, streicht mir Bullenkalb, bis er noch einmal brüllt.

Bullenkalb.

O Jesus! bester Herr Kapitän, —

Falstaff.

Was? brüllst du, eh du gestrichen wirst?

Bullenkalb.

O Jesus, Herr, ich bin ein kranker Mensch.

Falstaff.

Was für eine Krankheit hast du?

Bullenkalb.

Einen verfluchten Schnupfen, Herr; einen Husten, Herr; ich habe ihn vom Glockenläuten in des Königs Geschäften gekriegt, an seinem Krönungstage, Herr.

Falstaff.

Komm nur, du sollst in einem Schlafrock zu Felde ziehn, wir wollen deinen Schnupfen vertreiben, und ich will es so einrichten, daß deine Freunde für dich läuten sollen. — Sind das Alle?

Schaal.

Es sind schon zwei über die Zahl aufgerufen, ihr bekommt hier nur viere, Herr, und somit bitte ich euch, bleibt bei mir zum Essen.

Falstaff.

Wohlan, ich will mit euch eins trinken, aber die Mahlzeit kann ich nicht abwarten. Ich bin erfreut, euch zu sehn, auf mein Wort, Herr Schaal.

Schaal.

O Sir John, erinnert ihr euch noch, wie wir die ganze Nacht in der Windmühle auf St. Georgenfeld zubrachten.

Falstaff.

Nichts weiter davon, lieber Herr Schaal, nichts weiter davon!

Schaal.

Ha, das war eine lustige Nacht. Und lebt Hanne Nachtrüstig noch?

Falstaff.

Ja, sie lebt, Herr Schaal.

Schaal.

Sie konnte niemals mit mir auskommen.

Falstaff.

Niemals, niemals; sie pflegte immer zu sagen, sie könnte Herrn Schaal nicht ausstehn.

Schaal.

Weiß der Himmel, ich konnte sie bis auf's Blut ärgern. Sie war damals lose Waare. Hält sie sich noch gut?

Falstaff.

Alt, alt, Herr Schaal.

Schaal.

Freilich, sie muß alt sein, sie kann nicht anders als alt sein; alt ist sie ganz gewiß: sie hatte schon den Ruprecht Nachtrüstig vom alten Nachtrüstig, ehe ich nach Clemens Hof kam.

Stille.

Das ist fünfundfunfzig Jahre her.

Schaal.

Ach, Vetter Stille, wenn du das gesehen hättest, was dieser Ritter und ich gesehen haben! He, Sir John, hab' ich Recht?

Falstaff.

Wir haben die Glocken um Mitternacht spielen hören, Herr Schaal.

Schaal.

Ja, das haben wir, das haben wir, das haben wir; meiner Treu, Sir John, das haben wir! Unsere Parole war: He, Bursche! Kommt, laßt uns zu Tisch gehn, laßt uns zu Tisch gehn. O über die Tage, die wir gesehn haben! Kommt kommt!

(Falstaff, Schaal und Stille ab.)

Bullenkalb.

Lieber Herr Korperad Bardolph, legt ein gut Wort für mich ein, und hier sind auch vier Zehnschillingsstücke in französischen Kronen für euch. In rechtem Ernst, Herr, ich ließe mich eben so gern hängen, als daß ich mitgehe; zwar für meine Person frag' ich nichts darnach, sondern vielmehr, weil ich keine Lust habe, und für meine Person ein Verlangen trage, bei meinen Freunden zu bleiben; sonst, Herr, wollte ich für meine Person nicht so viel darnach fragen.

Bardolph.

Gut, tretet beiseit.

Schimmelig.

Und lieber Herr Korporal Kapitän, meiner alten Mutter wegen, legt ein gut Wort für mich ein. Sie hat niemanden, der ihr was verrichten kann, wenn ich weg bin, und sie ist alt und kann sich selbst nicht helfen; ihr sollt auch vierzig Schillinge haben, Herr.

Bardolph.

Gut, tretet beiseit.

Schwächlich.

Meiner Treu, ich frage nichts danach: ein Mensch kann nur einmal sterben, wir sind Gott einen Tod schuldig, ich will mich nicht schlecht halten, — ist es mein Schicksal, gut; wo nicht, auch gut; kein Mensch ist zu gut, seinem Fürsten zu dienen, und es mag gehn, wie es will, wer dieß Jahr stirbt, ist für das nächste quitt.

Bardolph.

Wohl gesprochen, du bist ein braver Kerl.

Schwächlich.

Mein Seel, ich will mich nicht schlecht halten.

(Falstaff kommt zurück mit Schaal und Stille.)

Falstaff.

Kommt, Herr, was soll ich für Leute haben?

Schaal.

Viere, was für welche ihr wollt.

Bardolph.

Herr, auf ein Wort! Ich habe drei Pfund von Schimmelig und Bullenkalb um sie frei zu lassen.

Falstaff.

Schon gut.

Schaal.

Wohlan, Sir John, welche viere wollt ihr?

Falstaff.

Wählt ihr für mich.

Schaal.

Nun dann: Schimmelig, Bullenkalb, Schwächlich und Schatte.

Falstaff.

Schimmelig und Bullenkalb! Ihr, Schimmelig, bleibt zu Hause, bis ihr nicht mehr zum Dienste taugt; — und was euch betrifft, Bullenkalb, wachst heran, bis ihr tüchtig seid; ich mag euch nicht.

Schaal.

Sir John, Sir John, ihr thut euch selber Schaden: es sind eure ansehnlichsten Leute, und ich möchte euch mit den besten aufwarten.

Falstaff.

Wollt ihr mich meine Leute auswählen lehren, Herr Schaal? Frage ich nach den Gliedmaßen, den Sehnen, der Statur, dem großen und starken Ansehn eines Menschen? Auf den Geist kommt es an, Herr Schaal. Da habt ihr Warze, — ihr seht, was es für eine ruppige Figur ist: der ladet und schießt euch so flink, wie ein Zinngießer hämmert: läuft auf und ab, geschwinder wie Einer, der des Brauers Eimer an den Schwengel hängt. Und der Gesell da mit dem Halbgesicht, Schatte, — gebt mir den Menschen! Er giebt dem Feinde keine Fläche zum Treffen; der Feind kann eben so gut auf die Schneide eines Federmessers zielen; und geht's zum Rückzuge, — wie geschwind wird dieser Schwächlich, der Frauenschneider, davon laufen! O gebt mir die unansehnlichen Leute, so will ich die großen gar nicht ansehn. — Gieb dem Warze eine Muskete in die Hand, Bardolph.

Bardolph.

Da, Warze, marschire: so, so, so.

Falstaff.

Komm her, handhabe mir einmal deine Muskete. So — recht gut! — nur zu! — sehr gut, außerordentlich gut! O, ich lobe mir so einen kleinen, magern, alten, runzligen, kahlen Schützen! — Brav, Warze, meiner Treu! du bist ein guter Schelm; nimm, da hast du einen Sechser.

Schaal.

Er ist noch nicht Meister im Handwerk, er versteht es nicht recht. Ich erinnre mich, als ich in Clemens-Hof war, auf der Mile-end-Wiese, — ich war damals Sir Dagonet in dem Spiel vom Arthur — da war ein kleiner, flinker Kerl, der regierte euch sein Gewehr so; und dann drehte er sich um und um, und dann kam er da, und dann kam er da; piff! paff! sagte er; bautz! sagte er; und dann ging er wieder weg, und dann kam er wieder her, — in meinem Leben seh ich so 'nen Kerl nicht wieder.

Falstaff.

Diese Leute sind schon zu gebrauchen, Herr Schaal. Gott erhalte euch, Herr Stille! ich will nicht viel Worte mit euch machen. Lebt beide wohl, ihr Herren! ich danke euch, ich muß heute Abend noch zwölf Meilen machen. — Bardolph, gieb den Soldaten Röcke.

Schaal.

Sir John, der Himmel segne euch, und gebe euren Sachen guten Fortgang, und sende uns Frieden! wenn ihr zurück kommt, besucht mein Haus, laßt uns die alte Bekanntschaft erneuern; vielleicht gehe ich mit euch an den Hof.

Falstaff.

Ich wollte, ihr thätet's, Herr Schaal.

Schaal.

Laßt mich machen! Ich habe es gesagt: ein Wort, ein Mann! Lebt wohl!

(Schaal und Stille ab.)

Falstaff.

Lebt wohl, ihr herrlichen Herrn! Weiter Bardolph, führe die Leute weg. (Bardolph mit den Rekruten ab.)
Wenn ich zurück komme, will ich diese Friedensrichter herumholen; den Friedensrichter Schaal habe ich schon ausgekostet. Lieber Gott, was wir alten Leute dem Laster des Lügens ergeben sind! Dieser schmächtige Friedensrichter hat mir in Einem fort von der Wildheit seiner Jugend vorgeschwatzt, und von den Thaten, die er in Turnbull-straße ausgeführt hat; und um's dritte Wort eine Lüge, dem Zuhörer richtiger ausgezahlt, als der Tribut dem Großtürken. Ich erinnere mich seiner in Clemens-Hof, da war er wie ein Männchen, nach dem Essen aus einer Käserinde verfertigt; wenn er nackt war, sah er natürlich aus, wie ein gespaltner Rettig, an dem man ein lächerliches Gesicht mit dem Messer geschnitzt hat; er war so schmächtig, daß ein stumpfes Gesicht gar keine Breite und Dicke an ihm wahrnehmen konnte. Der wahre Genius des Hungers, dabei so geil wie ein Affe, und die Huren nannten ihn Alräunchen; er war immer im Nachtrabe der Mode, und sang schmierigen Weibsbildern die Melodien vor, die er von Fuhrleuten hatte pfeifen hören, und schwor darauf: es wären seine eignen Einfälle oder Ständchen. Und nun ist diese Narren-pritsche ein Gutsbesitzer geworden, und spricht so vertraulich von Johann von Gaunt, als wenn er sein Dutzbruder gewesen wäre, und ich will darauf schwören, er hat ihn nur ein einziges Mal gesehen, im Turnierplatz: und da schlug er ihm ein Loch in den Kopf, weil er sich zwischen des Marschalls Leute drängte. Ich sah es, und sagte zu Johann von Gaunt: sein Stock prügelte einen andern. Denn man hätte ihn und seine ganze Bescheerung in eine Aalhaut packen können; ein Hoboen-Futteral war eine Behausung für ihn, ein Hof! und nun hat er Vieh und Ländereien. Gut, ich will mich mit ihm bekannt machen, wenn ich zurück komme, und es müßte schlimm zu-gehen, wenn ich nicht einen doppelten Stein der Weisen aus ihm mache. Wenn der junge Gründling ein Köder für den alten Hecht ist, so sehe ich nach dem Naturrecht keinen Grund, warum ich nicht nach ihm schnappen sollte. Kommt Zeit, kommt Rath, und damit gut.
(Ab.)

Vierter Aufzug.

Erste Scene.

Ein Wald in Yorkshire.

(Der Erzbischof von York, Mowbray, Hastings und Andere treten auf.)

Erzbischof.

Wie heißt hier dieser Wald?

Hastings.

'S ist Gualtree-Wald, mit Eurer Gnaden Gunst.

Erzbischof.

Hier haltet, Lords, und sendet Späher aus,
Die Anzahl unsrer Feinde zu erfahren.

Hastings.

Wir sandten schon sie aus.

Erzbischof.

'S ist wohl gethan.
Ihr Freund' und Brüder bei dem großen Werk,
Ich muß euch melden, daß ich frische Briefe
Empfangen habe von Northumberland;
Ihr kalter Sinn und Inhalt lautet so:
Er wünschet sich hier in Person zu sein,
Mit einer Macht, die seinem Rang gemäß;
Die konnt' er nicht versammeln, zog hierauf,
Sein wachsend Glück zu reifen, sich zurück
Nach Schottland; und er schließt, Gott herzlich bittend,

Daß euer Anschlag die Gefahr bestehe
Im Stoß auf seinen furchtbar'n Widersacher.

Mowbray.

So fällt, was wir von ihm gehofft, zu Boden,
Und schmettert sich in Stücke.

(Ein Bote kommt.)

Hastings.

Nun, was giebt's?

Bote.

Westlich vom Wald, kaum eine Meile weit,
Rückt in geschloss'nem Zug der Feind heran,
Und nach dem Boden, den er einnimmt, schätz' ich
Ihn dreißigtausend oder nah daran.

Mowbray.

Genau die Anzahl, wie wir sie vermuthet.
Ziehn wir denn fort, und treffen sie im Feld.

(Westmoreland tritt auf.)

Erzbischof.

Welch wohlbewehrter Führer naht sich da?

Mowbray.

Ich denk', es ist der Lord von Westmoreland.

Westmoreland.

Habt Heil und Gruß von unserm General,
Dem Prinz Johann, Herzog von Lancaster.

Erzbischof.

Sprecht friedlich weiter, Lord von Westmoreland,
Worauf zielt euer Kommen?

Westmoreland.

Wohl, Mylord,
So wend' ich ganz den Inhalt meiner Rede
An Euer Gnaden. Käme Rebellion
Sich selber gleich, in niedern schnöden Haufen,
Mit Wuth verbrämt, geführt von blut'ger Jugend,
Von Bettelei und Buben unterstützt:
Ich sag', erschien verdammter Aufruhr so
In angeborner, eigenster Gestalt,
So wäret ihr nicht hier, ehrwürd'ger Vater,
Noch diese edlen Lords, die ekle Bildung

Der blutigen Empörung zu bekleiden
Mit euren Ehren. Ihr, Herr Erzbischof,
Deß Stuhl durch Bürgerfrieden wird beschützt,
Deß Bart des Friedens Silberhand berührt,
Deß Wissen und Gelahrtheit Fried' erzogen,
Deß weiße Kleidungen auf Unschuld deuten,
Des Friedens Taub' und ächten Segensgeist;
Was übersetzt ihr selber euch so übel
Aus dieser Friedenssprache voller Huld
In die geräusch'ge, rauhe Zung' des Kriegs?
Verkehrt in Beinharnische eure Bücher,
Die Dint' in Blut, in Lanzen eure Federn,
Und eurer Zunge geistliche Belehrung
In schmetternde Trompet' und Kriegsgetön?

Erzbischof.

Weßwegen ich dieß thu? — So steht die Frage.
Zu diesem Ende: wir sind Alle krank,
Und unser schwelgendes und wüstes Leben
Hat in ein hitzig Fieber uns gebracht,
Wofür wir bluten müssen; an dem Uebel
Starb unser König Richard, angesteckt.
Allein, mein edler Lord von Westmoreland,
Ich gebe hier für keinen Arzt mich aus,
Noch schaar' ich wie ein Feind des Friedens mich
In das Gedränge kriegerischer Männer:
Vielmehr erschein' ich wie der drohnde Krieg
Auf eine Zeit lang, üppige Gemüther
Zu heilen, die an eignem Glücke kranken,
Zu rein'gen die Verstopfung, welche schon
Die Lebensadern hemmt. Hört mich bestimmter.
Ich hab' in gleicher Wage recht gewogen,
Was unser Krieg für Uebel stiften kann,
Was wir für Uebel dulden: und ich finde
Die Klagen schwerer als die Uebertretung.
Wir sahn, wohin der Lauf der Zeiten geht,
Und werden aus der stillen Ruh gerissen

Von der Gelegenheit gewalt'gem Strom;
Auch setzten wir all' unsre Klagen auf,
Zu rechter Zeit Artikel vorzuweisen,
Die wir schon längst dem König dargeboten,
Allein durch kein Gesuch Gehör erlangt;
Geschieht zu nah uns, und wir wollen klagen,
So weigern die den Zutritt uns zu ihm,
Die selbst am meisten uns zu nah gethan.
Theils die Gefahren erst vergangner Tage,
Die ihr Gedächtniß mit noch sichtbar'm Blut
Der Erde eingeschrieben; dann die Fälle,
Die jegliche Minute jetzt noch liefert,
Sie haben diese übelstehnden Waffen
Uns angelegt, nicht zu des Friedens Bruch,
Noch des Geringsten was dazu gehört;
Nein, einen Frieden wirklich hier zu stiften,
Der es der Art nach wie dem Namen sei.

Westmoreland.

Wann ward euch jemals schon Gehör versagt?
Worin seid ihr vom König wohl gekränkt?
Was für ein Pair ward wider euch verhetzt,
Daß ihr auf dieß gesetzlos blut'ge Buch
Der Rebellion ein göttlich Siegel drückt,
Und heiliget des Aufruhrs scharfe Schneide?

Erzbischof.

Den allgemeinen Bruder, unsern Staat,
Macht häuslich Unrecht am gebornen Bruder
Zu meinem Zwist noch insbesondre mir.

Westmoreland.

Es braucht hier keiner solchen Herstellung,
Und wär' es auch, so kommt sie euch nicht zu.

Mowbray.

Warum nicht ihm zum Theil und sämmtlich uns,
Die wir die Schäden vor'ger Tage fühlen,
Und leiden, daß der Zustand dieser Zeiten
Mit einer schweren ungerechten Hand
Auf unsre Ehre drückt?

Westmoreland.

O mein Lord Mowbray.
Nach ihrer Nothdurft legt die Zeiten aus,
Und sagen werdet ihr, es sei die Zeit,
Und nicht der König, der euch Unrecht thut.
Allein, was euch betrifft, so scheint mir's nicht.
Daß ihr ein Zollbreit eines Grundes hättet,
Um Klagen d'rauf zu baun; seid ihr nicht hergestellt
In alle Herrlichkeiten eures Vaters,
Herzogs von Norfolk edlen Angedenkens?

Mowbray.

Was büßt' an Ehre denn mein Vater ein,
Das neu in mir belebt zu werden brauchte?
Der König liebt' ihn, doch so stand der Staat,
Daß er gezwungen ward, ihn zu verbannen;
Und da, als Heinrich Bolingbroke und er —
Im Sattel beide festgeschwungen nun,
Die Rosse wiehernd und des Sporns gewärtig,
Die Stangen eingelegt, Visiere nieder,
Die Augen sprühend durch des Stahles Gitter,
Und die Trompete sie zusammen blasend;
Da, da, als nichts vermochte meinen Vater
Vom Busen Bolingbroke's zurück zu halten,
O, als der König seinen Stab herabwarf,
Da hing sein eignes Leben an dem Stab;
Da warf er sich herab und Aller Leben,
Die durch Verklagung und Gewalt des Schwerts
Seitdem verunglückt unter Bolingbroke.

Westmoreland.

Ihr sprecht, Lord Mowbray, nun, ihr wißt nicht, was;
Der Graf von Hereford galt zu jener Zeit
In England für den bravsten Edelmann:
Wer weiß, wem da das Glück gelächelt hätte?
Doch blieb in Coventry eur Vater Sieger,
Nie ward und nirgend sonst er dessen froh.
Denn wie mit Einer Stimme schrie das Land

Haß wider ihn; all ihr Gebet und Liebe
Wandt' auf den Hereford sich, der ward vergöttert,
Gesegnet und geehrt mehr als der König.
Doch dieß ist Abschweifung von meinem Zweck —
Ich komme hier vom Prinzen, unserm Feldherrn,
Zu hören, was ihr klagt, und euch zu melden,
Daß er Gehör euch leih'n will, und worin
Sich eure Forderungen billig zeigen,
Sollt ihr euch ihrer freuen; ganz beseitigt,
Was irgend nur als Feind' euch achten läßt.

Mowbray.

Er zwang uns, dieß Erbieten abzudringen,
Und Politik, nicht Liebe, gab es ein.

Westmoreland.

Ihr überschätzt euch, Herr, wenn ihr das denkt.
Von Gnade, nicht von Furcht, kommt sein Erbieten;
Denn seht! im Angesicht liegt unser Heer,
Auf meine Ehre, zu voll Zuversicht,
Von Furcht nur den Gedanken zuzulassen.
Mehr Namen sind in unsrer Schlachtordnung,
Geübter unsre Männer in den Waffen,
Gleich stark die Rüstung, unsre Sache besser:
Drum heißt Vernunft auch gleich beherzt uns sein.
Nennt das Erbieten denn nicht abgedrungen.

Mowbray.

Gut, geht's nach mir, so gilt kein Unterhandeln.

Westmoreland.

Damit beweist ihr nur des Fehltritts Schande:
Ein fauler Schade leidet kein Betasten.

Hastings.

Hat denn der Prinz Johann vollständ'gen Auftrag
In seines Vaters Machtvollkommenheit,
Um anzuhören, schließlich zu entscheiden,
Was für Bedingungen man uns verspricht?

Westmoreland.

Das liegt ja in des Feldherrn Namen schon,
Ich wundre mich, daß ihr so eitel fragt.

Erzbischof.

Dann, Lord von Westmoreland, nehmt diesen Zettel,
Denn er enthält die allgemeinen Klagen.
Wenn jeder Punkt hierin erledigt ist,
All' unsre Mitgenossen, hier und sonst,
Die sich dem Unternehmen einverleibt,
Nach ächter gült'ger Weise losgesprochen,
Und schnelle Ausführung von unserm Willen
Uns zugesichert ist und unsrer Sache,
So treten wir in des Gehorsams Schranken,
Und weih'n dem Arm des Friedens unsre Macht.

Westmoreland.

Ich will's dem Feldherrn zeigen. Laßt uns, Lords,
Im Angesicht der beiden Heer' uns treffen,
Daß wir's in Frieden enden, wie Gott gebe,
Wo nicht, zum Ort des Streits die Schwerter rufen,
Die es entscheiden müssen.

Erzbischof.

Ja, Mylord.

(Westmoreland ab.)

Mowbray.

In meiner Brust lebt etwas, was mir sagt,
Daß kein Vertrag des Friedens kann bestehn.

Hastings.

Das fürchtet nicht: wenn wir ihn schließen können
Auf so entschied'ne ausgedehnte Rechte,
Wie unsern Forderungen es gemäß,
So wird der Friede stehn wie Felsenberge.

Mowbray.

Ja, doch wir werden so geachtet werden,
Daß jede leichte, falsch gewandte Ursach,
Ja, jeder eitle und spitzfind'ge Grund
Dem König schmecken wird nach dieser That;
Daß, würd' auch unsre Treu zur Märterin,
Man wird uns worfeln mit so rauhem Wind,
Daß unser Korn so leicht wie Spreu erscheint,
Und Gut und Böses keine Scheidung findet.

Erzbischof.

Nein, nein, Mylord: bedenkt, der König ist
So ekler kleinlicher Beschwerden satt.
Er fand, durch Tod die eine Furcht beenden,
Das weckt zwei größre in des Lebens Erben.
Und darum will er rein die Tafel wischen,
Und keinen Klätscher dem Gedächtniß halten,
Der den Verlust zu stetiger Erinnrung
Ihm wiederhole: denn er weiß gar wohl,
Daß er sein Land nicht so genau kann gäten,
Als ihm sein Argwohn immer Anlaß giebt.
So eng verwachsen sind ihm Freund und Feind,
Daß, wenn er reißt, den Gegner zu entwurzeln,
Er einen Freund auch los' und wankend macht;
So daß dieß Land ganz wie ein trotzend Weib,
Das ihn erzürnt, mit Streichen ihr zu drohn,
Wie er nun schlägt, sein Kind entgegen hält,
Und schweben macht entschloss'ne Züchtigung
Im Arm, der schon zur Ausführung erhoben.

Hastings.

Auch hat der König alle seine Ruthen
An vor'gen Uebertretern aufgebraucht,
Ihm fehlen nun Werkzeuge selbst zum Strafen,
Daß seine Macht, ein klauenloser Löwe,
Drohn, doch nicht fassen kann.

Erzbischof.

Das ist sehr wahr,
Und darum glaubt nur, werthester Lord Marschall,
Wird jetzt die Aussöhnung zu Stand gebracht,
So wird, wie ein geheiltes Bein, der Friede
Nur stärker durch den Bruch.

Mowbray.

Es mag denn sein.
Da kommt der Lord von Westmoreland zurück.

(Westmoreland kommt zurück.)

Westmoreland.

Der Prinz ist in der Näh; gefällt's Eu'r Edlen,

In gleichem Abstand zwischen unsern Heeren
Den gnäd'gen Herrn zu treffen?

Mowbray.

Eu'r Hochwürden
Von York, so brecht in Gottes Namen auf.

Erzbischof.

Bringt unsern Gruß zuvor; Mylord, wir kommen.

(Alle ab.)

Zweite Scene.

Ein anderer Theil des Waldes.

(Von einer Seite treten auf Mowbray, der Erzbischof, Hastings und Andre; von der andern Prinz Johann von Lancaster, Westmoreland, Offiziere und Gefolge.)

Prinz Johann.

Ihr seid willkommen hier, mein Vetter Mowbray; —
Habt guten Tag, lieber Herr Erzbischof, —
Und ihr, Lord Hastings, Alle insgesammt.
Mylord von York, es stand euch besser an,
Wie eure Heerd', auf eurer Glocke Ruf,
Euch rings umgab, mit Ehrfurcht anzuhören
Vom heilgen Texte eure Auslegung,
Als daß ihr hier erscheint, ein eh'rner Mann,
Mit eurer Trommel Meutervolk ermunternd,
Die Lehr' in Wehr, in Tod das Leben wandelnd.
Der Mann, der dem Monarchen thront im Herzen,
Und reift im Sonnenscheine seiner Gunst,
Wenn er des Königs Schutz mißbrauchen wollte,
Ach, welches Unheil stiften könnt' er nicht
Im Schatten solcher Hoheit! Mit euch, Herr Bischof,
Ist's eben so; wer hat nicht sagen hören,
Wie tief ihr in den Büchern Gottes seid?
Uns seid ihr Sprecher seines Parlaments,
Uns die geglaubte Stimme Gottes selbst,
Der wahre Offenbarer und Vermittler

Zwischen der Gnad' und Heiligkeit des Himmels
Und unserm blöden Sinn. Wer wird nicht glauben,
Daß ihr die Würde des Berufs mißbraucht,
Des Himmels Schutz und Gnade so verwendet,
Wie falsche Günstlinge der Fürsten Namen
Zu ehrenlosen Thaten? Ihr verhetzt,
Durch einen vorgegeb'nen Eifer Gottes,
Das Volk dem König, seinem Stellvertreter,
Treibt, seinem und des Himmels Frieden trotzend,
Sie hier zusammen.

Erzbischof.

Werther Prinz von Lancaster,
Nicht wider eures Vaters Frieden komm' ich.
Wie ich dem Lord von Westmoreland gesagt,
Der Zeit Verwirrung, nach gemeinem Sinn,
Zwängt uns in diese mißgeschaff'ne Form,
Zu unsrer Sicherheit. Ich sandt, Eu'r Gnaden
Die Theile und Artikel unsrer Klage,
Die man mit Hohn vom Hofe weggeschoben,
Was diesen Hydra-Sohn, den Krieg, erzeugt,
Deß drohend Aug' in Schlaf sich zaubern läßt
Durch die Gewährung so gerechter Wünsche,
So daß Gehorsam, dieses Wahnsinns frei,
Der Majestät sich zahm zu Füßen legt.

Mowbray.

Wo nicht, so wagen wir's mit unserm Glück
Bis auf den letzten Mann.

Hastings.

Und fallen wir schon hier,
Wir haben Hülfsmacht, uns zu unterstützen;
Schlägt's dieser fehl, so stützt die ihre sie:
So wird von Unheil eine Reih' geboren,
Und Erb' auf Erb' erhält den Zwist im Gang,
So lang als England noch Geschlechter hat.

Prinz Johann.

Ihr seid zu seicht, Lord Hastings, viel zu seicht,
Der Folgezeiten Boden zu ergründen.

Westmoreland.

Beliebt's Eu'r Gnaden, ihnen zu erklären,
Wie weit ihr die Artikel billiget?

Prinz Johann.

Ich bill'ge alle und genehm'ge sie,
Und schwöre hier bei meines Blutes Ehre,
Der Wille meines Vaters ist mißdeutet,
Und Ein'ge um ihn haben allzu frei
Mit seiner Meinung und Gewalt geschaltet.
Mylord, die Klagen werden abgestellt,
Sie werden's, auf mein Wort. Genügt euch das,
Entlaßt eu'r Volk, zu seiner Grafschaft jedes,
Wie unsres wir; hier zwischen beiden Heeren
Laßt einen Trunk uns thun und uns umarmen,
Daß Aller Augen heim die Zeichen tragen
Von hergestellter Lieb' und Einigkeit.

Erzbischof.

Ich nehm' eu'r prinzlich Wort der Abstellung.

Prinz Johann.

Ich geb' es euch, und will mein Wort behaupten,
Und hierauf trink' ich Euer Gnaden zu.

Hastings (zu einem Offizier).

Geht, Hauptmann, überbringt dem Heer die Zeitung
Des Friedens, laßt sie Sold und Abschied haben;
Ich weiß, sie werden froh sein; eil dich, Hauptmann.
(Der Offizier ab.)

Erzbischof.

Eu'r Wohlsein, edler Lord von Westmoreland.

Westmoreland.

Ich thu' Bescheid Eu'r Gnaden; wüßtet ihr,
Mit welcher Müh ich diesen Frieden schaffte,
So tränkt ihr frei: doch meine Lieb' zu euch
Soll offenbarer sich hernach beweisen.

Erzbischof.

Ich zweifle nicht an euch.

Westmoreland.

Das freut mich sehr.
Gesundheit meinem edlen Vetter Mowbray!

Mowbray.

Ihr wünscht Gesundheit zu geleg'ner Zeit,
Denn plötzlich fühl' ich mich ein wenig schlimm.

Erzbischof.

Vor einem Unfall ist man immer froh,
Doch Schwermuth meldet glücklichen Erfolg.

Westmoreland.

Seid, Vetter, also froh, weil plötzlich Sorgen
Nur sagen will: es kömmt was Gutes morgen.

Erzbischof.

Glaubt mir, ich bin erstaunlich leichten Muths.

Mowbray.

Wenn eure Regel wahr ist, um so schlimmer.

(Jubelgeschrei hinter der Scene.)

Prinz Johann.

Der Frieden wird verkündet: hört sie jauchzen!

Mowbray.

Dieß wär' erfreulich nach dem Sieg gewesen.

Erzbischof.

Ein Fried' ist seiner Art nach wie Erobrung,
Wo beide Theile rühmlich sind besiegt,
Und keiner etwas einbüßt.

Prinz Johann.

Geht, Mylord,
Und laßt auch unser Heer den Abschied haben —

(Westmoreland ab).

Und, werther Herr, laßt unsre Truppen doch
Vorbeiziehn, daß wir so die kennen lernen,
Womit uns Kampf bevorstand.

Erzbischof.

Geht, Lord Hastings,
Und eh man sie entläßt, laßt sie vorbeiziehn.

(Hastings ab.)

Prinz Johann.

Ich hoffe, Lords, wir sind heut Nacht beisammen.

(Westmoreland kommt zurück.)

Nun, Vetter, warum steht denn unser Heer?

Westmoreland.

Die Führer, weil ihr sie zu stehn befehligt,
Gehn nicht, bevor sie euer Wort gehört.

Prinz Johann.

Sie kennen ihre Pflicht.

(Hastings kommt zurück.)

Hastings.

Herr, unser Heer ist allbereits zerstreut,
Wie junge losgejochte Stiere nehmen
Sie ihren Lauf nach Ost, West, Süd und Nord,
Oder wie eine aufgehobne Schule
Stürzt jeder sich zum Spielplatz und nach Haus.

Westmoreland.

Lord Hastings, gute Zeitung! — und zum Lohn
Verhaft' ich dich um Hochverrath, Verräther; —
Und euch, Herr Erzbischof, — und euch Lord Mowbray,
Um peinlichen Verrath greif ich euch Beide.

Mowbray.

Ist dieß Verfahren ehrlich und gerecht?

Westmoreland.

Ist's euer Bund etwa?

Erzbischof.

So brecht ihr euer Wort?

Prinz Johann.

Ich gab euch keins,
Versprach nur der Beschwerden Abstellung,
Worüber ihr geklagt: was ich, auf Ehre,
Mit christlichem Gewissen will vollziehn.
Doch ihr, Rebellen, hofft den Sold zu kosten,
Den Rebellion und solches Thun verdient.
Eur Kriegszug endet, wie ihr ihn begannt,
Dumm hergeführt und thöricht fortgesandt.
Rührt unsre Trommeln, folgt der Flücht'gen Tritten.
Nicht wir, der Himmel hat für uns gestritten.
Bewahrt dem Blocke der Verräther Haupt,
Dem würd'gen Bett, das schnell den Odem raubt.

(Alle ab.)

Dritte Scene.

Ein andrer Theil des Waldes.

(Getümmel. Angriffe. Falstaff und Colevile kommen von verschiedenen Seiten.)

Falstaff.

Wie ist euer Name, Herr? von welchem Stande seid ihr und von welchem Orte, wenn's euch beliebt?

Colevile.

Ich bin ein Ritter, Herr, und mein Name ist Colevile vom Thal.

Falstaff.

Nun gut, Colevile ist euer Name, ein Ritter ist euer Rang, und euer Ort das Thal; Colevile soll auch ferner euer Name sein, ein Verräther euer Rang, und der Kerker euer Wohnort, — ein Ort, der tief genug liegt: so werdet ihr immer noch Colevile vom Thal sein.

Colevile.

Seid ihr nicht Sir John Falstaff?

Falstaff.

Ein eben so guter Mann als er, Herr, wer ich auch sein mag. Ergebt ihr euch, Herr, oder muß ich euretwegen schwitzen? Wenn ich schwitze, so werden es die Tropfen deiner Freunde sein, die um deinen Tod weinen: deßwegen erwecke Furcht und Zittern in dir, und huldige meiner Gnade.

Colevile.

Ich glaube, ihr seid Sir John Falstaff, und in diesem Glauben ergebe ich mich.

Falstaff.

Ich habe eine ganze Schule voll Zungen in diesem meinem Bauch, und keine einzige von allen spricht ein ander Wort, als meinen Namen. Hätte ich nur einen einigermaßen leidlichen Bauch, so wäre ich schlechtweg der rüstigste Kerl in Europa: mein Wanst, mein Wanst, mein Wanst ruinirt mich! — Da kommt unser General.

(Prinz Johann von Lancaster, Westmoreland und Andere treten auf.)

Prinz Johann.

Die Hitze ist vorbei, verfolgt nicht weiter; —
Ruft, Vetter Westmoreland, das Volk zurück.

(Westmoreland ab.)

Nun, Falstaff, wo wart ihr die ganze Zeit?
Wenn Alles schon vorbei, dann kommt ihr an?
Die trägen Streiche brechen noch einmal,
Bei meinem Leben, eines Galgens Rücken.

Falstaff.

Es sollte mir Leid thun, gnädiger Herr, wenn das nicht geschähe: ich wußte es nie anders, als daß Tadel und Vorwürfe der Lohn der Tapferkeit waren. Haltet ihr mich für eine Schwalbe, einen Pfeil oder eine Kanonenkugel? Habe ich bei meinem kümmerlichen und alten Fortkommen die Schnelligkeit des Gedankens? Mit dem alleräußersten Zollbreit der Möglichkeit bin ich hierher geeilt, ich habe hundert und achtzig und etliche Postpferde zu Schanden geritten, und hier, erschöpft von Reisen wie ich bin, habe ich in meiner reinen und unbefleckten Tapferkeit Sir John Colevile vom Thal zum Gefangenen gemacht, einen wüthenden Ritter und tapfern Feind. Doch was will das sagen? Er sah mich und ergab sich, so daß ich mit Recht wie der krummnasige Kerl von Rom sagen kann: ich kam, sah und siegte.

Prinz Johann.

Es war mehr Höflichkeit von ihm als euer Verdienst.

Falstaff.

Ich weiß nicht, hier ist er, und hier überliefere ich ihn; und ich ersuche Euer Gnaden, laßt es mit den übrigen Thaten des heutigen Tages aufzeichnen, oder bei Gott, ich will mir sonst eine besondere Ballade darauf schaffen, mit meinem eignen Bildniß oben drüber, dem Colevile die Füße küssen soll. Wenn ich zu dieser Maßregel genöthigt werde, und ihr nehmt euch nicht Alle wie vergoldete Zweihellerstücke gegen mich aus, und ich überscheine euch nicht am lichten Himmel des Ruhms so sehr, wie der Vollmond die glimmernden Funken des Firmaments, die sich wie Nadelknöpfe gegen ihn ausnehmen, so glaubt keinem Edelmann mehr auf sein Wort. Darum gebt mir mein Recht, und das Verdienst steige.

Prinz Johann.

Deins ist zu schwer zum Steigen.

Falstaff.

So laßt es leuchten.

Prinz Johann.

Deins ist zu dick, um zu leuchten.

Falstaff.

So laßt es irgend was thun, gnädigster Herr, was zu meinem Besten gereicht, und nennt es, wie ihr wollt.

Prinz Johann.

Dein Nam' ist Colevile?

Colevile.

Ja, gnäd'ger Herr.

Prinz Johann.

Ein künd'ger Meuter bist du, Colevile.

Falstaff.

Und ein künd'ger treuer Unterthan nahm ihn gefangen.

Colevile.

Ich bin nur, Herr, was meine Obern sind,
Die mich hieher geführt; wenn sie mir folgten,
So hättet ihr viel theurer sie gewonnen.

Falstaff.

Ich weiß nicht, um welchen Preis sie sich verkauft haben, aber du hast dich wie ein guter Mensch umsonst weggegeben, und ich danke dir für dich.

(Westmoreland kommt zurück.)

Prinz Johann.

Nun, habt ihr nachzusetzen aufgehört?

Westmoreland.

Der Rückzug ist geschehn und Halt gemacht.

Prinz Johann.

Schickt Colevile sammt seinen Mitverschworenen
Nach York, zu ihrer schleun'gen Hinrichtung.
Blunt, führt ihn weg, bewahrt mir sicher ihn.

(Einige mit Colevile ab.)

Nun laßt znm Hof uns eilen, werthe Lords:
Mein Vater, wie ich höre, ist schwer krank.
Die Zeitung geh' voraus zu Seiner Majestät,
Ihr, Vetter, sollt sie bringen, ihn zu trösten,
Wir folgen euch in mäß'ger Eile nach.

Falstaff.

Gnädiger Herr, erlaubt mir, durch Glostershire zu gehen, und wenn ihr an den Hof kommt, so seid doch mein gewogner Herr mit einem günstigen Bericht.

Prinz Johann.

Lebt wohl denn, Falstaff; ich an meiner Stelle
Will besser von euch reden, als ihr's werth seid.

(Prinz Johann mit Gefolge ab.)

Falstaff.

Ich wollte, ihr hättet nur den Witz dazu, das wäre besser, als euer Herzogthum. — Meiner Treu, dieser junge Knabe von nüchternem Geblüt liebt mich nicht, auch kann ihn kein Mensch zum Lachen bringen; aber das ist kein Wunder, er trinkt keinen Wein. Es wird niemals aus diesen bedächtigen Burschen etwas Rechtes, denn das dünne Getränk und die vielen Fisch=Mahlzeiten kühlen ihr Blut so übermäßig, daß sie in eine Art von männlicher Bleichsucht verfallen, und wenn sie dann heirathen, zeugen sie nichts wie Dirnen; sie sind sammt und sonders Narren und feige Memmen, — was einige von uns auch sein würden, wenn's nicht die Erhitzung thäte. Ein guter spanischer Sekt hat eine zwiefache Wirkung an sich. Er steigt euch in das Gehirn, trocknet da alle die albernen und rohen Dünste, die es umgeben, macht es sinnig, schnell und erfinderisch, voll von behenden, feurigen und ergötzlichen Bildern; wenn diese dann der Stimme, der Zunge überliefert werden, was ihre Geburt ist, so wird vortrefflicher Witz daraus. Die zweite Eigenschaft unsers vortrefflichen Sekts ist die Erwärmung des Bluts, welches, zuvor kalt und ohne Bewegung, die Leber weiß und bleich ließ, was das Kennzeichen der Kleinmüthigkeit und Feigheit ist: aber der Sekt erwärmt es, und bringt es von den innern bis zu den äußersten Theilen in Umlauf. Er erleuchtet das Antlitz, welches wie ein Wachfeuer das ganze kleine Königreich, Mensch genannt, zu den Waffen ruft, und dann stellen sich alle die Insassen des Leibes und die kleinen Lebensgeister aus den Provinzen ihrem Hauptmann, dem Herzen, welches, durch dieß Gefolge groß und aufgeschwellt, jegliche That des Muthes verrichtet. Und diese Tapferkeit kommt vom Sekt, so daß Geschicklichkeit in den Waffen nichts ist ohne Sekt: denn der setzt sie in Thätigkeit; und Gelahrtheit ist ein bloßer Haufe Goldes von einem Teufel verwahrt, bis Sekt sie promovirt und in Gang und Gebrauch setzt. Daher kommt es, daß Prinz Heinrich tapfer ist, denn das kalte Blut, daß er natürlicher Weise von seinem Vater erben mußte, hat er wie magres, unfruchtbares und dürres Land gedüngt, gepflügt und beackert, mit ungemeiner Bemühung des Trinkens von gutem und vielem fruchtbaren Sekt, so daß er sehr hitzig und tapfer geworden ist. Wenn ich tausend Söhne hätte, der erste menschliche Grundsatz, den ich ihnen lehren wollte, sollte sein, dünnes Getränk abzuschwören und sich dem Sekt zu ergeben.

(Bardolph kommt.)

Wie steht's, Bardolph?

Bardolph.

Die ganze Armee ist entlassen und auseinander gegangen.

Falstaff.

Laß sie gehn. Ich will durch Glostershire, und da will ich Herrn Robert Schaal Esquire besuchen; er wird mir schon weich zwischen dem Finger und Daumen, und bald will ich mit ihm siegeln. Komm mit.

(Beide ab.)

Vierte Scene.

Westminster. Ein Zimmer im Palast.

(König Heinrich, Prinz Clarence, Prinz Humphrey, Warwick und Andere treten auf.)

König Heinrich.

Nun, Lords, beendigt nur der Himmel glücklich
Den Zwist, der jetzt an unsern Thoren blutet,
So führen wir in höhres Feld die Jugend,
Und ziehn nur Schwerter, die geheiligt sind.
Die Flotte ist bereit, die Macht versammelt,
Bestallt im Absein unsre Stellvertreter,
Und jedes Ding bequemt sich unserm Wunsch.
Nur fehlt uns etwas körperliche Kraft,
Und Muße, bis die jetzigen Rebellen
Dem Joch des Regiments sich unterziehn.

Warwick.

Gewiß wird beides Eure Majestät
Gar bald erfreun.

König Heinrich.

Humphrey, mein Sohn von Gloster,
Wo ist der Prinz, eu'r Bruder?

Prinz Humphrey.

Ich denk', er ging zur Jagd, mein Fürst, nach Windsor.

König Heinrich.

Und wer begleitet ihn?

Prinz Humphrey.

Das weiß ich nicht, mein Fürst.

König Heinrich.

Ist nicht sein Bruder, Thomas Clarence, bei ihm?

Prinz Humphrey.

Nein, gnäd'ger Herr, der ist hier gegenwärtig.

Clarence.

Was will mein Herr und Vater?

König Heinrich.

Nichts will ich, als dein Wohl, Thomas von Clarence.
Wie kommt's, daß du nicht bei dem Prinzen bist?
Er liebt dich, aber du versäumst ihn, Thomas;
Du hast den besten Platz in seinem Herzen
Vor allen deinen Brüdern: heg ihn, Kind,
So mögen edle Dienste der Vermittlung,
Nachdem ich todt bin, zwischen seiner Hoheit
Und deinen andern Brüdern dir gelingen.
Darum versäum' ihn nicht, stoß ihn nicht ab,
Verliere nicht den Vortheil seiner Gunst,
Indem du kalt und achtlos um ihn scheinst.
Denn er ist hold, bemüht man sich um ihn:
Er hat des Mitleids Thrän' und eine Hand,
So offen wie der Tag der weichen Milde;
Jedoch, wenn er gereizt, ist er von Stein,
So launisch, wie der Winter, und so plötzlich,
Wie eis'ge Winde beim Beginn des Tags.
Drum muß man wohl auf seine Stimmung achten:
Schilt ihn um Fehler, thu es ehrerbietig,

Siehst du sein Blut zur Fröhlichkeit geneigt;
Doch, wenn er finster, laß ihn frei gewähren,
Bis seine Leidenschaften selber sich,
So wie ein Walfisch auf dem festen Boden,
Zernichten durch ihr Treiben. Lern' das, Thomas,
Und deinen Freunden wirst du dann ein Schirm,
Ein goldner Reif, der deine Brüder bindet,
Daß eures Bluts gemeinsames Gefäß,
Vermischt mit Gifte fremder Eingebung,
Was doch durchaus die Zeit hinein wird gießen,
Nie leck mag werden, wirkt' es auch so stark,
Als Aconitum oder lodernd Pulver.

Clarence.

Mit Sorg' und Liebe will ich auf ihn achten.

König Heinrich.

Warum bist du nicht mit in Windsor, Thomas?

Clarence.

Er ist nicht dorten heut, er speist in London.

König Heinrich.

Und in was für Begleitung? Weißt du das?

Clarence.

Mit Poins und Andern, die ihm immer folgen.

König Heinrich.

Am meisten Unkraut trägt der fettste Boden,
Und er, das edle Bildniß meiner Jugend,
Ist überdeckt damit: darum erstreckt
Mein Gram sich jenseit meiner Todesstunde.
Mir weint das Blut vom Herzen, denk' ich mir
In Einbildungen die verwirrten Tage,
Die faulen Zeiten, die ihr werdet sehn,
Wenn ich entschlafen bin bei meinen Ahnen.
Wenn nichts mehr die unbänd'ge Wüstheit zügelt,
Wenn Gier und heißes Blut ihm Räthe sind,
Wenn Mittel sich und üpp'ge Sitten treffen:
Mit welchen Schwingen wird sein Hang dann fliegen
In trotzende Gefahr und droh'nden Fall!

Warwick.

Mein gnäd'ger König, ihr verkennt ihn ganz.
Der Prinz studirt nur seine Spießgesellen
Wie eine fremde Sprache, der zu lieb
Nothwendig man das unehrbarste Wort
Ansehn und lernen muß; einmal erlangt,
Weiß Eure Hoheit, braucht man es nicht weiter,
Als daß man's kennt und haßt. So wird der Prinz
Bei reifrer Zeit wie grober Redensarten
Sich der Gefährten abthun; ihr Gedächtniß
Wird nur als Muster leben oder Maaß,
Womit er Andrer Leben messen kann,
Vormal'ges Uebel kehrend zum Gewinn.

König Heinrich.

Es läßt die Biene selten ihre Waben
Im todten Aas — Wer kommt da? Westmoreland?

(Westmoreland tritt auf.)

Westmoreland.

Heil meinem Oberherrn! und neues Glück,
Zu dem gefügt, das ich berichten soll!
Der Prinz Johann küßt eurer Hoheit Hand:
Mowbray, der Bischof Scroop, Hastings und Alle
Sind unter des Gesetzes Zucht gebracht;
Und kein Rebellen-Schwert ist mehr entblößt,
Es sproßt des Friedens Oelzweig überall.
Die Art, wie dieß Geschäft vollführt ist worden,
Kann Eure Hoheit hier bei Muße lesen,
Des Weitern angezeigt nach dem Verlauf.

König Heinrich.

O Westmoreland, du bist ein Sommervogel,
Der an des Winters Fersen immerdar
Des Tages Aufgang singt. Seht, noch mehr Neues!

(Harcourt tritt auf.)

Harcourt.

Der Himmel schütz' Eu'r Majestät vor Feinden,
Und wer da aufsteht wider euch der falle
Wie die, wovon ich euch zu melden komme!

Der Graf Northumberland und der Lord Bardolph
Mit großer Macht von Englischen und Schotten
Sind durch den Sheriff von Yorkshire besiegt.
Die Weis' und jeden Hergang des Gefechts
Berichtet dieß Packet, wenn's euch beliebt.

König Heinrich.

Und muß so gute Zeitung krank mich machen?
Kommt nie das Glück mit beiden Händen voll?
Schreibt seine schönsten Wort' in garst'gen Zügen?
Es giebt entweder Eßlust ohne Speise,
Wie oft dem Armen; oder einen Schmaus,
Und nimmt die Eßlust weg; so ist der Reiche,
Der Fülle hat und ihrer nicht genießt.
Ich sollte mich der guten Zeitung freun,
Und nun vergeht mir das Gesicht und schwindelts.
O weh! kommt um mich, denn mir wird so schlimm.
(Er fällt in Ohnmacht)

Prinz Humphrey.

Der Himmel tröste Eure Majestät.

Clarence.

O mein königlicher Vater!

Westmoreland.

Mein hoher Herr, ermuntert euch! blickt auf!

Warwick.

Seid ruhig, Prinzen; solch ein Anfall ist
Bei Seiner Hoheit, wißt ihr, sehr gewöhnlich.
Entfernt euch, gebt ihm Luft; gleich wird ihm besser.

Clarence.

Nein, nein, er hält nicht lang die Qualen aus;
Die ew'ge Sorg' und Arbeit des Gemüths
Hat so die Mau'r, die es umschließt, vernutzt,
Das Leben blickt schon durch und will heraus.

Prinz Humphrey.

Die Leute schrecken mich, denn sie bemerken
Verhaßte Ausgeburten der Natur
Und vaterlose Erben; es verändern
Die Zeiten ihre Sitt', als ob das Jahr
Monate schlafend fand und übersprang.

Clarence.

Dreimal ohn' Ebbe hat der Strom geflutet,
Und alte Leute, kind'sche Zeitregister,
Versichern, dieß sei kurz zuvor geschehn,
Eh unser Aeltervater, Eduard, krankt' und starb.

Warwick.

Sprecht leiser, Prinzen, er erholt sich wieder.

Prinz Humphrey.

Gewiß wird dieser Schlag sein Ende sein.

König Heinrich.

Ich bitt' euch, nehmt mich auf und tragt mich fort
In eine andre Kammer: sanft, ich bitte!

(Sie tragen den König in einen innern Theil des Zimmers und legen ihn auf ein Bett.)

Laßt keinen Lärm hier machen, liebe Freunde,
Wenn eine dumpfe günst'ge Hand nicht etwa
Musik will flüstern meinem müden Geist.

Warwick.

Ruft die Musik her in das andre Zimmer.

König Heinrich.

Legt mir die Krone auf mein Kissen hier.

Clarence.

Sein Aug' ist hohl, er hat sich sehr verwandelt.

Warwick.

O still doch! still!

(Prinz Heinrich tritt auf.)

Prinz Heinrich.

Wer sah den Herzog Clarence?

Clarence.

Hier bin ich, Bruder, voller Traurigkeit.

Prinz Heinrich.

Wie nun? Im Hause regnet's und nicht draußen?
Was macht der König?

Prinz Humphrey.

Er ist äußerst schlecht.

Prinz Heinrich.

Hat er die gute Zeitung schon gehört?
Sagt sie ihm.

Prinz Humphrey.

Wie er sie hörte, hat er sich verwandelt.

Prinz Heinrich.

Ist er vor Freuden krank,
So wird er ohn' Arznei schon besser werden.

Warwick.

Nicht so viel Lärm, Mylords! sprecht leise, Prinz!
Der König, euer Vater, wünscht zu schlafen.

Clarence.

Ziehn wir in's andre Zimmer uns zurück.

Warwick.

Beliebt es Euer Gnaden, mitzugehn?

Prinz Heinrich.

Ich will hier sitzen und beim König wachen.

(Alle ab, außer Prinz Heinrich.)

Weßwegen liegt die Kron' auf seinem Kissen,
Die ein so unruhvoller Bettgenoß?
O glänzende Zerrüttung! goldne Sorge!
Die weit des Schlummers Pforten offen hält
In mancher wachen Nacht! — nun damit schlafen!
Doch so gesund nicht, noch so lieblich tief
Als der, deß Stirn mit grobem Tuch umwunden,
Die nächt'ge Zeit verschnarcht. O Majestät!
Wenn du den Träger drückst, so sitzest du,
Wie reiche Waffen in des Tages Hitze,
Die schützend sengen. Bei des Odems Thoren
Liegt ihm ein Federchen, das sich nicht rührt;
Und athmet' er, der leichte, lose Flaum
Bewegte sich. — Mein gnäd'ger Herr! mein Vater! —
Der Schlaf ist wohl gesund: dieß ist ein Schlaf,
Der manchen König Englands hat geschieden
Von diesem goldnen Zirkel. Dein Recht an mich
Sind Thränen, tiefe Trauer deines Bluts,
Was dir Natur, und Lieb', und Kindessinn,
O theurer Vater, reichlich zahlen soll.
Mein Recht an dich ist diese Herrscherkrone,
Die als dem Nächsten deines Rangs und Bluts,

Mir sich vererben muß. Hier sitzt sie, seht!
(Er setzt sie auf sein Haupt.)
Der Himmel schütze sie; — nun legt die Stärke
Der ganzen Welt in Einen Riesenarm,
Er soll mir diese angestammte Ehre
Nicht mit Gewalt entreißen: dieß von dir
Lass' ich den Meinen, wie du's ließest mir.
(Ab.)

König Heinrich.

Warwick! Gloster! Clarence!
(Warwick kommt mit den Uebrigen zurück.)

Clarence.

Ruft der König?

Warwick.

Was wünscht Eu'r Majestät? wie ist Eu'r Gnaden?

König Heinrich.

Weswegen ließt ihr so allein mich, Lords?

Clarence.

Wir ließen hier den Prinzen, meinen Bruder,
Der's übernahm an eurem Bett zu wachen.

König Heinrich.

Der Prinz von Wales? Ich will ihn sehn; wo ist er?
Er ist nicht hier.

Warwick.

Die Thür ist offen, dort ist er hinaus.

Clarence.

Er kam nicht durch das Zimmer, wo wir waren.

König Heinrich.

Wo ist die Krone? wer nahm sie vom Kissen?

Warwick.

Mein Fürst, beim Weggehn ließen wir sie hier.

König Heinrich.

Der Prinz nahm sie mit weg: geht, sucht ihn auf.
Ist er so eilig, daß er glaubt, es sei
Mein Schlaf mein Tod? —
Lord Warwick, findet ihn, schmählt ihn hieher.
(Warwick ab.)
Dieß Thun von ihm vereint sich mit dem Uebel,
Und hilft mich enden. — Seht, Söhne, was ihr seid!

Wie schleunig die Natur in Aufruhr fällt,
Wird Gold ihr Gegenstand!
Und dafür brachen thöricht bange Väter
Mit Denken ihren Schlaf, den Kopf mit Sorge,
Mit Arbeit ihr Gebein;
Dafür vermehrten sie und thürmten auf
Die falschen Haufen fremd erworb'nen Goldes,
Dafür bedachten sie, die Söhn' in Künste
Und kriegerische Uebung einzuweihn:
Denn, wie die Biene, jede Blume schatzend
Um ihre süße Kraft,
Die Schenkel voller Wachs, den Mund voll Honig,
So bringen wir's zum Korb: und wie die Bienen
Erwürgt man uns zum Lohn. Den bittern Schmack
Beut sein Erwerb dem Vater, welcher scheidet.

(Warwick kommt zurück.)

Nun, wo ist der, der nicht so lang will warten,
Bis sein Freund Krankheit mir ein Ende macht?

Warwick.

Ich fand den Prinzen, Herr, im nächsten Zimmer,
Mit Thränen mild die holden Wangen waschend,
In solchem tiefen Anschein großer Trauer,
Daß Tyrannei, die immer Blut nur zecht,
Bei seinem Anblick waschen würd' ihr Messer
Mit milden Augentropfen. Er kommt her.

König Heinrich.

Allein, warum nahm er die Krone weg?

(Prinz Heinrich kommt zurück.)

Da kommt er, seht. — Hieher komm zu mir, Heinrich! —
Räumt ihr das Zimmer, laßt uns hier allein.

(Clarence, Prinz Humphrey, Lords und Uebrige ab.)

Prinz Heinrich.

Ich dachte nicht, euch noch einmal zu hören.

König Heinrich.

Dein Wunsch war des Gedankens Vater, Heinrich.
Ich zögre dir zu lang', ermüde dich.

So hungerst du nach meinem led'gen Stuhl,
Daß du dich mußt in meine Ehren kleiden,
Eh noch die Stunde reif? O blöder Jüngling!
Die Größe, die du suchst, wird dich erdrücken.
Wart' nur ein wenig: denn die Wolke meiner Würde
Hält ein so schwacher Wind vom Fallen ab,
Daß sie bald sinken muß; mein Tag ist trübe.
Du stahlst mir das, was nur nach wenig Stunden
Dein ohne Schuld war, und bei meinem Tod
Hast du mir die Erwartung noch besiegelt:
Dein Leben zeigte, daß du mich nicht liebtest,
Und du willst, daß ich deß versichert sterbe.
In deinem Sinne birgst du tausend Dolche,
Die du am Felsenherzen dir gewetzt,
Ein Stündchen meines Lebens zu ermorden.
Wie? kannst du nicht ein Stündchen auf mich warten?
So mach dich fort und grabe selbst mein Grab,
Heiß deinem Ohr die frohen Glocken tönen,
Daß du gekrönt wirst, nicht daß ich gestorben.
Die Thränen, die den Sarg bethaun mir sollten,
Laß Balsamtropfen sein, dein Haupt zu weihen;
Mich mische nur mit dem vergess'nen Staub,
Gieb das den Würmern, was dir Leben gab.
Setz meine Diener ab, brich meine Schlüsse,
Nun ist die Zeit da, aller Form zu spotten:
Heinrich der Fünfte ist gekrönt! — Wohlauf,
Ihr Eitelkeiten! nieder, Königswürde!
Ihr weisen Räthe, macht euch alle fort!
Und nun versammelt euch an Englands Hof
Von jeder Gegend, Affen eitlen Tands!
Nun, Grenznachbarn, schafft euren Abschaum weg!
Habt ihr 'nen Wüstling, welcher flucht, zecht, tanzt,
Die Nächte schwärmt, raubt, mordet, und verübt
Die ältesten Sünden auf die neuste Art:
Seid glücklich, er belästigt euch nicht mehr,
England wird zwiefach seine Schuld vergolden;
England wird Amt ihm geben, Ehre, Macht;

Der fünfte Heinrich nimmt gezäumter Frechheit
Des Zwanges Maulkorb, und das wilde Thier
Wird seinen Zahn an jeder Unschuld weiden.
O armes Reich du, krank von Bürgerstreichen!
Wenn deinen Unfug nicht mein Sorgen hemmte,
Was wirst du thun, wenn Unfug für dich sorgt!
O du wirst wieder eine Wildniß werden,
Bewohnt von Wölfen, deinen alten Bürgern!

Prinz Heinrich (knieend).

Mein Fürst, verzeiht mir! Wären nicht die Thränen,
Die feuchten Hindernisse meiner Rede,
So hätt' ich vorgebaut der harten Rüge,
Eh ihr mit Gram geredt, und ich so weit
Den Lauf davon gehört. Hier ist die Krone,
Und er, der seine Kron' unsterblich trägt,
Erhalte lang' sie euch! Wünsch' ich sie mehr
Als eure Ehre und als euren Ruhm,
So mög' ich nie von dem Gehorsam aufstehn,
Den treuster, innerlich ergebner Sinn
Mich lehrt, der unterwürf'gen, äußern Beugung!
Der Himmel sei mein Zeuge, wie ich kam,
Und keinen Odem fand in Eurer Majestät,
Wie es mein Herz betroffen! Wenn ich heuchle,
O mög' ich in der jetz'gen Wildheit sterben,
Und der ungläub'gen Welt den edlen Tausch,
Den ich mir vorgesetzt, nie darthun können!
Zu euch hier kommend, denkend, ihr seid todt,
Und todt beinah, zu denken, daß ihr's war't,
Sprach ich zur Kron', als hätte sie Gefühl,
Und schalt sie so: Die Sorge, so dir anhängt,
Hat meines Vaters Körper aufgezehrt;
Drum bist du, bestes Gold, von Gold das schlechtste.
Andres, das wen'ger fein, ist köstlicher,
Bewahrt in trinkbarer Arznei das Leben;
Doch du, das feinste, ruhm- und ehrenreichste,
Verzehrtest deinen Herrn. So, mein Gebieter,

Verklagt' ich sie, und setzte sie auf's Haupt,
Mit ihr als einem Feind, der meinen Vater
Vor meinem Angesicht ermordet hätte,
Den Streit des ächten Erben auszumachen.
Doch wenn sie mir das Blut mit Lust erhitzt,
Geschwellt zu stolzer Hoffahrt die Gedanken,
Wenn irgend ein rebell'scher, eitler Geist
In mir, mit des Willkommens kleinster Regung,
Der Macht derselben gern entgegenkam:
So halte Gott sie stets vom Haupt mir fern,
Und mache mich zum niedrigsten Vasallen,
Der voller Schreck und Ehrfurcht vor ihr kniet!

König Heinrich.

O mein Sohn!
Der Himmel gab dir ein, sie wegzunehmen,
Daß du des Vaters Liebe mehr gewönnest,
Da du so weise deine Sache führst.
Komm her denn, Heinrich, setz dich an mein Bett,
Und hör' den letzten Rathschlag, wie ich glaube,
Den ich je athmen mag. Gott weiß, mein Sohn,
Durch welche Nebenschlich' und krumme Wege
Ich diese Kron' erlangt; ich selbst weiß wohl,
Wie lästig sie auf meinem Haupte saß.
Dir fällt sie heim nunmehr in bess'rer Ruh,
Mit bess'rer Meinung, besserer Bestät'gung;
Denn jeder Flecken der Erlangung geht
Mit mir in's Grab. An mir erschien sie nur
Wie eine Ehr', erhascht mit heft'ger Hand;
Und Viele lebten noch, mir vorzurücken,
Daß ich durch ihren Beistand sie gewonnen;
Was täglich Zwist und Blutvergießen schuf,
Dem vorgegebnen Frieden Wunden schlagend.
All diese dreisten Schrecken, wie du siehst,
Hab' ich bestanden mit Gefahr des Lebens:
Denn all' mein Regiment war nur ein Auftritt,
Der diesen Inhalt spielte; nun verändert
Mein Tod die Weise: denn was ich erjagt,

Das fällt dir nun mit schönerm Anspruch heim,
Da du durch Erblichkeit die Krone trägst.
Doch, stehst du sichrer schon, als ich es konnte,
Du bist nicht fest genug, so lang' die Klagen
So frisch noch sind; und allen meinen Freunden,
Die du zu deinen Freunden machen mußt,
Sind Zähn' und Stachel kürzlich nur entnommen,
Die durch gewaltsam Thun mich erst befördert,
Und deren Macht wohl Furcht erregen konnte
Vor neuer Absetzung; was zu vermeiden
Ich sie verdarb und nun des Sinnes war,
Zum heil'gen Lande Viele fortzuführen,
Daß Ruh und Stilleliegen nicht zu nah
Mein Reich sie prüfen ließ. Darum, mein Heinrich,
Beschäft'ge stets die schwindlichten Gemüther
Mit fremdem Zwist, daß Wirken in der Fern'
Das Angedenken vor'ger Tage banne.
Mehr wollt' ich, doch die Lung' ist so erschöpft,
Daß Kraft zu reden gänzlich mir versagt ist.
Wie ich zur Krone kam, o Gott vergebe,
Daß sie bei dir in wahrem Frieden lebe!

Prinz Heinrich.

Mein gnäd'ger Fürst,
Ihr trugt, erwarbt, bewahrtet, gabt sie mir:
Klar ist daher auch mein Besitz an ihr,
Den wider alle Welt nach vollen Rechten,
Mit nicht gemeiner Müh' ich will verfechten.

(Prinz Johann von Lancaster, Warwick, Lords und Andere treten auf.)

König Heinrich.

Seht, hier kommt mein Johann von Lancaster.

Prinz Johann.

Gesundheit, Friede, Glück mit meinem Vater!

König Heinrich.

Du bringst mir Glück und Frieden, Sohn Johann;
Gesundheit, ach! die floh mit jungen Schwingen
Den kahlen welken Stamm; bei deinem Anblick

Stehn meine weltlichen Geschäfte still. —
Wo ist Mylord von Warwick?

Prinz Heinrich.

Mylord von Warwick!

König Heinrich.

Kommt irgend ein besondrer Name zu
Dem Zimmer, wo ich erst in Ohnmacht fiel?

Warwick.

Es heißt Jerusalem, mein edler Herr.

König Heinrich.

Gelobt sei Gott! — hier muß mein Leben enden.
Vor vielen Jahren ward mir's prophezeit,
Ich würde sterben in Jerusalem,
Was fälschlich ich vom heil'gen Lande nahm.
Doch bringt mich zu der Kammer, dort zu ruhn:
In dem Jerusalem stirbt Heinrich nun.

(Alle ab)

Fünfter Aufzug.

Erste Scene.

Glostershire. Ein Zimmer in Schaals Hause.

(Schaal, Falstaff, Bardolph und Page treten auf.)

Schaal.

Der Tausend noch einmal! Herr, ihr sollt heute Nacht nicht weg. — He, David, sag' ich!

Falstaff.

Ihr müßt mich entschuldigen, Herr Robert Schaal.

Schaal.

Ich will euch nicht entschuldigen; ihr sollt nicht entschuldigt sein; Entschuldigungen sollen nicht zugelassen werden; keine Entschuldigung soll was gelten; ihr sollt nicht entschuldigt sein. — Nun, David!

(David kommt.)

David.

Hier, Herr.

Schaal.

David, David, David, — laß mich sehn, David, laß mich sehn, — ja wahrhaftig; Wilhelm, der Koch, den heiß mir herkommen. — Sir John, ihr sollt nicht entschuldigt sein.

David.

Ja, Herr, das war's: die Verhaftsbefehle hier sind nicht anzubringen; und dann, Herr: — sollen wir das Querland mit Waizen besäen?

Schaal.

Mit rothem Waizen, David. Aber wegen Wilhelm, dem Koch, — sind keine jungen Tauben da?

David.

Ja, Herr. — Hier ist nun des Schmidts Rechnung für's Beschlagen und die Pflugeisen.

Schaal.

Zieh die Summe und bezahl' es. — Sir John, ihr sollt nicht entschuldigt sein.

David.

Ferner, Herr, wir müssen durchaus eine neue Kette an dem Eimer haben; — und, Herr, denkt ihr dem Wilhelm was von seinem Lohn zurückzuhalten wegen des Sacks, den er letzthin auf dem Markt zu Hinkley verloren hat?

Schaal.

Er muß es ersetzen. — Einige Tauben, David, ein Paar kurzbeinige Hennen, eine Schöpskeule, und sonst ein allerliebstes, kleines Allerlei: sag das Wilhelm dem Koch.

David.

Bleibt der Kriegsmann den ganzen Abend hier, Herr?

Schaal.

Ja, David, ich will ihm gut begegnen: ein Freund am Hofe ist besser als ein Pfennig im Beutel. Begegne seinen Leuten gut, David, denn es sind ausgemachte Schelme, und schwärzen Einen hinter dem Rücken an.

David.

Nicht ärger, als sie selbst hinter dem Rücken angeschwärzt sind, Herr, denn sie haben erschrecklich schmutzige Wäsche an.

Schaal.

Ein schöner Einfall, David! An deine Arbeit, David.

David.

Ich bitte euch, Herr, Wilhelm Visor von Woncot gegen Clemens Perkes vom Berge zu unterstützen.

Schaal.

Gegen den Visor kommen viele Klagen ein, David; der Visor ist ein ausgemachter Schelm, so viel ich weiß.

David.

Ich gestehe Euer Edlen zu, daß er ein Schelm ist, Herr; aber da sei Gott vor, Herr, daß ein Schelm nicht auf die Fürsprache eines Freundes einige Unterstützung finden sollte. Ein ehrlicher Mann, Herr, kann für sich selbst sprechen, wenn ein Schelm es nicht kann. Ich habe Euer Edlen treulich seit acht Jahren gedient, Herr, und wenn ich nicht ein oder ein Paar Mal in einem Vierteljahr einem Schelm gegen einen ehrlichen Mann durchhelfen kann, so habe ich auch gar zu wenig Kredit bei Euer Edlen. Der Schelm ist mein ehrlicher Freund, Herr, darum bitte ich Euer Edlen, laßt ihm Unterstützung angedeihen.

Schaal.

Gieb dich zufrieden; ich sage, ihm soll nichts geschehen. Sieh nach Allem.

(David ab.)

Wo seid ihr, Sir John? Kommt, die Stiefeln abgelegt! Gebt mir die Hand, Herr Bardolph.

Bardolph.

Ich freue mich Euer Edlen zu sehn.

Schaal.

Ich danke dir von ganzem Herzen, mein lieber Herr Bardolph; — (Zu dem Pagen.) und willkommen, mein starker Mann. Kommt, Sir John.

(Schaal ab.)

Falstaff.

Ich komme nach, lieber Herr Robert Schaal. Bardolph, sieh nach unsern Pferden.

(Bardolph und Page ab.)

Wenn ich in Portionen gesägt würde, so könnte man vier Dutzend solcher bärtigen Klausnerstöcke aus mir machen, wie Meister Schaal. Es ist ein wunderliches Ding, den gegenseitigen Zusammenhang zwischen dem Geist seiner Leute und dem seinigen zu sehn: sie, indem sie ihn beobachten, betragen sich wie alberne Friedensrichter; er wird durch den Umgang mit ihnen in einen friedensrichterlichen Bedienten verwandelt; ihr Wesen ist durch den geselligen Verkehr so mit einander vermählt, daß sie sich immer einträchtig zusammenhalten wie ein Haufen wilder Gänse. Hätte ich ein Gesuch bei Meister Schaal, so wollte ich seine Leute damit guter Laune machen, daß ich ihnen Einfluß bei ihrem Herrn zuschriebe; bei seinen Leuten, so wollte ich

Meister Schaal damit kitzeln, daß niemand seinen Bedienten besser zu befehlen wisse. Es ist gewiß, sowohl weises Betragen als einfältige Aufführung nimmt Einer vom Andern an, wie Krankheiten anstecken: deßwegen mag sich jeder mit seiner Gesellschaft vorsehen. Ich will aus diesem Schaal Stoff genug ziehn, um Prinz Heinrich in beständigem Gelächter zu erhalten, sechs neue Moden hindurch, was so lange dauert als vier Gerichtstermine, oder zwei Schuldklagen, und er soll ohne Intervallum lachen. O, es ist viel, was eine Lüge mit einem leichten Schwur und ein Spaß mit ernster Stirn bei einem Burschen vermögen, der niemals Schulternweh gefühlt hat! O ihr sollt ihn lachen sehn, bis sein Gesicht aussieht wie ein nasser schlecht zusammen gefalteter Mantel.

Schaal (draußen).

Sir John!

Falstaff.

Ich komme, Herr Schaal! ich komme, Herr Schaal!

(Ab.)

Zweite Scene.

Westminster. Ein Zimmer im Palast.

(Warwick und der Oberrichter treten auf.)

Warwick.

Wie nun, Herr Oberrichter, wo hinaus?

Oberrichter.

Wie geht's dem König?

Warwick.

Ausnehmend gut, sein Sorgen hat ein Ende.

Oberrichter.

Nicht todt, hoff' ich.

Warwick.

Er ging des Fleisches Weg,
Und hier für unsre Welt lebt er nicht mehr.

Oberrichter.

Daß Seine Majestät mich mitgenommen hätte!
Der Dienst, den ich ihm treulich that im Leben,
Läßt jeder Kränkung nun mich bloßgestellt.

Warwick.

Der junge König, denk' ich, liebt euch nicht.

Oberrichter.

Ich weiß, daß er's nicht thut, und waffne mich,
Der neuen Zeit Bewandtniß zu begrüßen,
Die scheußlicher auf mich nicht blicken kann,
Als meine Fantasei sie vorgestellt.

(Prinz Johann, Prinz Humphrey, Clarence, Westmoreland und Andere.)

Warwick.

Da kommt des todten Heinrich's trauriges Geschlecht.
O hätte doch der Heinrich, welcher lebt,
Die Sinnesart des schlechtsten der drei Herren!
Wie manchem Edlen bliebe dann sein Platz,
Der niedern Geistern muß die Segel streichen.

Oberrichter.

Ach! Alles, fürcht' ich, wird zu Grunde gehn.

Prinz Johann.

Guten Morgen, Vetter Warwick.

Prinz Humphrey und Clarence.

Guten Morgen, Vetter!

Prinz Johann.

Wir haben, scheint's, die Sprache ganz vergessen.

Warwick.

Sie ist uns noch im Sinn, doch unser Vorwurf
Ist zu betrübt, viel Reden zu gestatten.

Prinz Johann.

Wohl, Frieden ihm, der uns betrübt gemacht!

Oberrichter.

Uns Frieden, daß wir nicht betrübter werden!

Prinz Humphrey.

O bester Lord, euch starb ein Freund, fürwahr;
Ich schwöre drauf, ihr borgt nicht diese Miene
Scheinbaren Leids, sie ist gewiß eu'r eigen.

Prinz Johann.

Weiß Keiner gleich, wie er in Gunst wird stehn,
Euch bleibt die kälteste Erwartung doch.
Es thut mir leid, ich wollt', es wäre anders.

Clarence.

Ja wohl, nun müßt ihr Sir John Falstaff schmeicheln,
Und das schwimmt gegen eurer Würde Strom.

Oberrichter.

In Ehren that ich Alles, werthe Prinzen,
Gelenkt von unparteiischem Gemüth,
Und niemals sollt ihr sehen, daß ich bettle
Um halbe, widerwillige Verzeihung.
Hilft Redlichkeit mir nicht und offne Unschuld,
So will ich meinem Herrn dem König nach,
Und will ihm melden, wer mich nachgesandt.

Warwick.

Da kommt der Prinz!

(König Heinrich der Fünfte tritt auf.)

Oberrichter.

Guten Morgen! Gott erhalt' Euer Majestät.

König.

Dieß neue prächt'ge Staatskleid, Majestät,
Sitzt mir nicht so gemächlich, wie ihr denkt.
Brüder, ihr mischt mit ein'ger Furcht die Trauer.
Dieß ist der Englische, nicht Türk'sche Hof,
Hier folgt nicht Amurath auf Amurath,
Auf Heinrich Heinrich. Doch trauert, lieben Brüder;
Die Wahrheit zu gestehn, es ziemt euch wohl:
Das Leid erscheint in euch so königlich,
Daß ich nicht außen blos, nein tief im Herzen
Die Tracht hinfort will tragen. Wohl denn, trauert,
Doch zieht's nicht mehr euch an, geliebte Brüder,
Als eine Last, uns Allen auferlegt.
Was mich betrifft, beim Himmel, seid versichert,
Ich will euch Vater und auch Bruder sein.
Gebt eure Lieb', ich nehme eure Sorgen;
Doch weint, daß Heinrich todt ist, ich will's auch.
Doch Heinrich lebt, der alle diese Thränen
In so viel Stunden Glücks verwandeln wird.

Prinz Johann und die Uebrigen.

So hoffen wir's von Eurer Majestät.

König.

Ihr blickt auf mich befremdet; ihr am meisten.
(Zum Oberrichter.)
Ich denk', ihr seid gewiß, ich lieb' euch nicht.

Oberrichter.

Ich bin gewiß, wenn man gerecht mich mißt,
Hat Eure Majestät zum Haß nicht Ursach.

König.

Nicht?
Wie könnt' ein Prinz von meiner Anwartschaft
So großen zugefügten Schimpf vergessen?
Was? schelten, schmähn und hart gefangen setzen
Den nächsten Erben Englands! War das nichts?
Läßt sich's im Lethe waschen und vergessen?

Oberrichter.

Da übt' ich die Person von eurem Vater,
Ich trug an mir das Abbild seiner Macht,
Und da ich bei Verwaltung des Gesetzes
Geschäftig war für das gemeine Wesen,
Gefiel's Eur Hoheit, gänzlich zu vergessen
Mein Amt und des Gesetzes Majestät,
Das Bild des Königs, welchen ich vertrat,
Und schlugt mich recht auf meinem Richtersitz:
Worauf, als den Beleid'ger eures Vaters,
Ich, kühnlich meines Ansehns mich bedienend,
Euch in Verhaft nahm. War die Handlung schlecht,
So wünscht euch, da ihr nun die Krone tragt,
Auch einen Sohn, der eurer Schlüsse spottet,
Gerechtigkeit von eurem Sitze reißt,
Den Lauf des Rechtes stürzt, und stumpft das Schwert,
Das eure Sicherheit und Frieden schirmt;
Noch mehr, eur hohes Bild mit Füßen tritt,
Und höhnt eur Werk in einem Stellvertreter. —
Fragt euren hohen Sinn, setzt euch den Fall:
Seid nun ein Vater, denkt euch einen Sohn,
Hört eure eigne Würde so entweiht,
Die furchtbarsten Gesetze keck verachtet,

Seht so euch selbst von einem Sohn entwürdigt;
Dann stellt euch vor, ich führe eure Sache,
Und bring' aus eurer Vollmacht euren Sohn
Gelind zum Schweigen: meinen Spruch ertheilt
Mir nun nach dieser kühlen Ueberlegung.
So wahr ihr König, sprecht nach eurer Würde:
Was that ich wohl, das meinem Amt, Person
Und Dienstpflicht gegen meinen Herrn mißziemte?

König.

Ihr habt Recht, Richter, und erwägt dieß wohl.
Führt denn hinfort die Waagschaal und das Schwert;
Und mögen eure Ehren immer wachsen,
Bis ihr's erlebt, daß euch ein Sohn von mir
Beleidigt und gehorchet, wie ich that.
Dann werd' ich meines Vaters Worte sprechen:
Beglückt bin ich, solch kühnen Mann zu haben,
Der Recht an meinem Sohn zu üben wagt;
Beglückt nicht minder, daß ein Sohn mir ward,
Der seiner Größe zu des Rechtes Handen
Sich so entäußert. — Ihr habt mich gepfändet,
Darum verpfänd' ich nun in eure Hand
Dieß reine Schwert, das ihr zu führen pfleget,
Mit dieser Mahnung: daß ihr selbes braucht,
So kühn, gerecht und unpartei'schen Sinns,
Wie damals wider mich. Hier meine Hand,
Ihr sollt ein Vater meiner Jugend sein;
Was ihr mir einhaucht, soll mein Mund verkünden,
Und meinen Willen unterwerf' ich gern
So wohlerfahrnen, weisen Anleitungen.
Und, all' ihr Prinzen, glaubt es mir, ich bitt' euch:
Wild ist mein Vater in sein Grab gegangen,
In seiner Gruft ruhn meine Leidenschaften,
Und in mir überlebt sein ernster Geist,
Um die Erwartung aller Welt zu täuschen,
Propheten zu beschämen, auszulöschen
Die faule Meinung, die mich niederschrieb

Nach meinem Anschein. Der Strom des Bluts in mir
Hat stolz bis jetzt in Eitelkeit gefluter:
Nun kehrt er um und ebbt zurück zur See,
Wo er sich mit der Fluten Haupt soll mischen,
In ernster Majestät forthin zu fließen.
Berufen wir nun unsern hohen Hof
Des Parlaments, und wählen solche Glieder
Des edlen Rathes, daß der große Körper
Von unserm Staat in gleichem Range steh'
Selbst mit der bestregierten Nation;
Daß Krieg und Frieden, oder beides auch
Zugleich, bekannt uns und geläufig sei;

(Zum Oberrichter.)

Wobei ihr, Vater, sollt den Vorsitz führen.
Nach unsrer Krönung rufen wir zusammen,
Wie wir zuvor erwähnt, den ganzen Staat;
Und stimmt der Himmel meinem Willen bei,
So soll noch Prinz, noch Pair, mit Grunde sagen:
Gott kürze was an Heinrich's frohen Tagen.

(Alle ab.)

Dritte Scene.

Glostershire. Der Garten bei Schaal's Hause.

(Falstaff, Schaal, Stille, Bardolph, der Page und David kommen.)

Schaal.

Nein, ihr müßt meinen Baumgarten sehn, da wollen wir uns in eine Laube setzen, und einen Pippin vom vorigen Jahre essen, den ich selbst gepfropft habe, nebst einem Teller Konfekt und so weiter; — nun kommt, Vetter Stille, und dann zu Bett.

Falstaff.

Weiß Gott, ihr habt hier einen trefflichen, reichen Wohnsitz.

Schaal.

Mager, mager, mager! Allesammt Bettler, allesammt Bettler,

Sir John! — Ei nun, die Luft ist gut. — Decke, David; decke David; das machst du gut, David.

Falstaff.

Der David leistet euch gute Dienste; er ist euer Aufwärter und euer Wirthschafter.

Schaal.

Ein guter Bursch, ein guter Bursch, ein sehr guter Bursch, Sir John. — Beim Sacrament, ich habe beim Essen zu viel Sekt getrunken; — ein guter Bursch. Nun setzt euch nieder! setzt euch nieder! Kommt, Vetter.

Stille.

Ei der Tausend, das mein' ich; wir wollen

(Er singt.)

Nichts thun, als essen, und Keiner was spar'
Und preisen den Himmel für's lustige Jahr,
Wo wohlfeil das Fleisch und die Mädel rar,
Und munteres Völklein hier schwärmet und dar,
So freudiglich
Und immerzu so freudiglich.

Falstaff.

Das ist mir ein fröhliches Herz! — Lieber Herr Stille, dafür will ich sogleich eure Gesundheit trinken.

Schaal.

Gieb dem Herrn Bardolph Wein, David.

David.

Schönster Herr, setzt euch;

(Er setzt Bardolph und dem Pagen Stühle an einen andern Tisch.)

ich bin gleich wieder bei euch, — schönster Herr, setzt euch. — Herr Page, lieber Herr Page, setzt euch; Prosit! Was euch an Essen abgeht, wollen wir mit Trinken ersetzen. Aber ihr müßt vorlieb nehmen: der gute Wille ist die Hauptsache.

(Ab.)

Schaal.

Seid lustig, Meister Bardolph, — und ihr da, mein kleiner Soldat, seid lustig.

Stille (singt).

Seid lustig, seid lustig, die Frau mag auch schrein:
Denn Weiber sind Hexen, so große wie klein.
Wo Männer allein, geht's drauf und drein,

Und lustige Fastnacht willkommen!
Seid lustig, seid lustig, u. s. w.

Falstaff.

Ich hätte nicht gedacht, daß Herr Stille ein Mann von dem Feuer wäre.

Stille.

Wer? ich? Ich bin wohl schon ein oder ein Paar Mal in meinem Leben lustig gewesen.

David (kommt zurück).

Da ist ein Teller voll Pelzäpfel für euch.

(Setzt sie vor Bardolph hin.)

Schaal.

David!

David.

Euer Edlen! (Zu Bardolph.) Ich will gleich bei euch sein. — Ein Gläschen Wein, Herr?

Stille (singt).

Ein Gläschen Wein, der stark und rein,
Und trink' es zu der Liebsten mein,
Und ein fröhliches Herz lebt am längsten.

Falstaff.

Wohlgesprochen, Herr Stille.

Stille.

Und wir wollen fröhlich sein, das Beste von der Nacht geht nun erst an.

Falstaff.

Eure Gesundheit und langes Leben, Herr Stille!

Stille (singt).

Füllt das Glas, ich trink' es leer,
Und wär's eine Meil' auf den Boden.

Schaal.

Ehrlicher Bardolph, willkommen! Wenn dir irgend was fehlt, und du forderst nicht, so mach' es mit dir selber aus. — (Zu dem Pagen.) Willkommen, mein allerliebster kleiner Schelm! ja wahrhaftig, recht sehr willkommen! — Ich will zu Ehren des Herrn Bardolph trinken und aller Kavaliere in London.

David.

Ich hoffe, London noch einmal vor meinem Tode zu sehen.

Bardolph.

Wenn ich euch da sehen könnte, David, —

Schaal.

Beim Sacrament, ihr stächet gewiß ein Quart mit einander aus. Ha! nicht wahr, Meister Bardolph?

Bardolph.

Ja, Herr, in einer Vier-Nösel-Kanne.

Schaal.

Alle Hagel, ich bedanke mich! Der Schelm sitzt euch doch immer im Nacken, das muß man sagen; er will nicht heraus, er steckt im Blut.

Bardolph.

Ich will ihm auch im Nacken sitzen, Herr.

Schaal.

Das heißt wie ein König gesprochen. Laßt euch nichts abgehn, seid lustig. (Es wird draußen geklopft.) Seht, wer da an der Thür ist. He, wer klopft? (David ab.)

Falstaff (zu Stille, der ein gestrichnes Glas austrinkt).

So, nun habt ihr mir Bescheid gethan.

Stille (singt).

Bescheid mir thu,
Schlag mich Ritter dazu;
Samingo.

Ist es nicht so?

Falstaff.

Ja, so ist's.

Stille.

Ist es so? Nun, so sagt, daß ein alter Mann auch was kann.

(David kommt zurück.)

David.

Wenn's Euer Gnaden beliebt, da ist ein gewisser Pistol mit Neuigkeiten vom Hofe.

Falstaff.

Vom Hofe? Laßt ihn hereinkommen.

(Pistol tritt auf.)

Wie steht's, Pistol?

Pistol.

Gott erhalte euch, Sir John!

Falstaff.

Welch ein Wind hat dich hergeblasen, Pistol?

Pistol.

Der schlimme nicht, der Keinem bläst zum Heil. — Herzens-Ritter, du bist nun einer der größten Leute im Königreich.

Stille.

Sapperment, das denke ich auch, außer Gevatter Puff von Barson.

Pistol.

Puff?
Puff in die Zähne dir, höchst schnöde Memme!
Sir John, ich bin dein Freund und dein Pistol,
Und holterpolter ritt ich her zu dir,
Und Zeitung bring' ich und beglückte Lust,
Und goldne Zeit, und Neuigkeit von Werth.

Falstaff.

Ich bitte dich, melde sie nun wie ein Mensch von dieser Welt.

Pistol.

Ein Pfifferling für Welt und Weltling schnöde!
Von Afrika red' ich und goldner Lust.

Falstaff.

O du Assyr'scher Wicht, was bringst du Neues?
König Cophetua will die Wahrheit wissen.

Stille (singt).

Und Robin Hood, Scharlach und Hans.

Pistol.

Soll Hundebrut den Heliconen trotzen?
Und höhnt man gute Zeitung?
So leg dein Haupt, Pistol, in Furien-Schooß!

Schaal.

Mein ehrlicher Herr, ich kenne eure Lebensart nicht.

Pistol.

Nun so wehklage drum!

Schaal.

Verzeiht mir, Herr, wenn ihr mit Neuigkeiten vom Hofe kommt, so giebt es meines Bedünkens nur zwei Wege: entweder ihr bringt sie vor, oder ihr behaltet sie bei euch. Ich stehe unter dem Könige, Herr, in einiger Autorität.

Pistol.

Doch unter welchem König, du Hallunk?
Sprich, oder stirb!

Schaal.

Unter König Heinrich.

Pistol.

Heinrich dem Vierten oder Fünften?

Schaal.

Heinrich dem Vierten.

Pistol.

Ein Pfifferling dann für dein ganzes Amt!
Sir John, dein zartes Lamm ist König nun;
Heinrich der Fünfte heißt's! Ich rede wahr:
Thut dieß mir, lügt Pistol, gebt mir die Feigen,
So wie der stolze Spanier.

Falstaff.

Was? ist der alte König todt?

Pistol.

Wie Maus im Loch; das, was ich sag', ist richtig.

Falstaff.

Fort, Bardolph, sattle mein Pferd! — Herr Robert Schaal, wähle dir, welches Amt im Lande du willst, es ist dein. — Pistol, ich will dich doppelt mit Würden laden.

Bardolph.

O freudiger Tag! Ich tausche mein Glück mit keinem Ritter.

Pistol.

Was? bring' ich gute Zeitung?

Falstaff.

Bringt Herrn Stille zu Bett. — Herr Schaal, Mylord Schaal, sei was du willst, ich bin des Glückes Haushofmeister. Zieh deine Stiefeln an, wir wollen die Nacht durch reiten. — O allerliebster Pistol! — Fort, Bardloph! (Bardolph ab.) Komm, Pistol, erzähl' mir noch mehr, und denke zugleich auf Etwas, das du gern hättest. — Stiefeln, Stiefeln, Herr Schaal! ich weiß, der junge König ist krank vor Sehnsucht nach mir. Laßt uns Pferde nehmen, wessen sie auch sind: die Gesetze Englands stehen mir zu Gebote. Glücklich sind die, welche meine Freunde waren, und wehe dem Herrn Oberrichter!

Pistol.

Laßt schnöde Gey'r die Lung' ihm fressen ab!
Wo ist mein vorig Leben? sagen sie.
Hier ist's; willkommen diese frohen Tage.

(Alle ab.)

Vierte Scene.

London. Eine Straße.

(Büttel, welche die Wirthin Hurtig und Dortchen Lakenreißer herbeischleppen.)

Wirthin.

Nein, du Erzschelm! Ich wollte, ich stürbe, damit du gehängt würdest. Du hast mir die Schulter ganz aus dem Gelenke gerissen.

Erster Büttel.

Die Gerichtsdiener haben mir sie überliefert, und sie soll genug mit Peitschen bewillkommt werden, dafür stehe ich ihr; es sind ihretwegen seit kurzem ein oder ein Paar Menschen todtgeschlagen.

Dortchen.

Aepfelstange, Aepfelstange, du lügst! Komm nur, ich will dir was sagen, du verdammter Schuft mit dem Kaldaunengesicht. Wenn das Kind, womit ich schwanger gehe, zu Schaden kommt, so wäre dir besser, du hättest deine Mutter geschlagen, du Spitzbube von Papiergesicht.

Wirthin.

O Jemine, daß Sir John doch zurück wäre! Ich weiß wohl, wem er einen blutigen Tag machen würde. Aber ich bitte Gott, daß die Frucht ihres Leibes zu Schaden kommen mag.

Erster Büttel.

Wenn das geschieht, so sollt ihr ein Dutzend Kissen wieder haben; ihr habt jetzt nur noch elfe. Kommt, ihr müßt beide mit mir gehn: der Mann ist todt, den ihr und Pistol beide unter euch geprügelt habt.

Dortchen.

Ich will dir was sagen, du ausgedörrter Knecht Ruprecht, dafür sollt ihr mir tüchtig ausgewalkt werden, ihr Schuft von Blaurock! ihr garstiger, hungriger Zuchtmeister! Wenn ihr nicht geprügelt werdet, so will ich keine kurzen Schürzen wieder tragen.

Erster Büttel.

Kommt, kommt, ihr irrende Ritterin! kommt!

Wirthin.

O daß Recht die Gewalt so unterdrücken muß! Nun, aus Leiden kommen Freuden.

Dortchen.

Kommt, ihr Schelm! kommt, bringt mich vor einen Friedensrichter.

Wirthin.

Ja, kommt, ihr ausgehungerter Bluthund.

Dortchen.

Gevatter Tod! Gevatter Beingerippe!

Wirthin.

Du Skerlett du!

Dortchen.

Kommt, ihr magres Ding! kommt, ihr spitziger Bube.

Erster Büttel.

Es ist schon gut.

(Alle ab.)

Fünfte Scene.

Ein öffentlicher Platz bei der Westminsterabtei.

(Zwei Kammerdiener, die Binsen streuen.)

Erster Kammerdiener.

Mehr Binsen! mehr Binsen!

Zweiter Kammerdiener.

Die Trompeten haben schon zwei Mal geblasen.

Erster Kammerdiener.

Es wird zwei Uhr, ehe sie von der Krönung kommen Mach zu! mach zu!

(Beide ab.)

(Falstaff, Schaal, Pistol, Bardolph und der Page kommen.)

Falstaff.

Steht hier neben mir, Herr Robert Schaal, ich will machen, daß euch der König Gnade erzeigt. Ich will ihn anblinzeln, wie er vorbei geht, und merkt nur auf die Miene, die er mir machen wird.

Pistol.

Gott segne deine Lunge, guter Ritter!

Falstaff.

Komm her, Pistol, stell dich hinter mich! (Zu Schaal.) O hätte ich nur die Zeit gehabt, neue Livreien machen zu lassen, ich hätte die von euch geliehenen tausend Pfund daran verwandt. Aber es thut nichts: dieser armselige Aufzug ist besser: es beweist den Eifer, den ich hatte, ihn zu sehn.

Schaal.

Das thut's.

Falstaff.

Es zeigt die Herzlichkeit meiner Zuneigung.

Schaal.

Das thut's.

Falstaff.

Meine Ergebenheit.

Schaal.

Das thut's, das thut's, das thut's.

Falstaff.

So Tag und Nacht zu reiten, nicht zu überlegen, nicht zu denken, nicht die Geduld zu haben mich anders anzuziehn.

Schaal.

Das ist sehr gewiß.

Falstaff.

Schmutzig von der Reise dazustehn, schwitzend vor Begierde, ihn zu sehn, an nichts anders gedacht, alles Andre der Vergessenheit übergeben, als ob gar nichts Anders zu thun wäre, als ihn sehen.

Pistol.

'S ist semper idem, denn absque hoc nihil est:
'S ist Alles überall.

Schaal.

Es ist so, in der That.

Pistol.

Ich will dein' edle Brust entflammen, Ritter,
Dich wüthen machen.
Dein Dortchen, deines edlen Sinnes Helena,
Ist in Verhaftung schnöd' und gift'gem Kerker,
Hieher geschleppt
Von allerniedrigster und schmutz'ger Hand.
Weck' auf die Rach' aus schwarzer Kluft mit Schlang' Alekto's Grimm,
Denn Dortchen sitzt: Pistol spricht Wahrheit nur.

Falstaff.

Ich will sie befreien (Trompeten.)

Pistol.

Da brüllt' die See, und scholl Trompetenklang.

(Der König kommt mit seinem Zuge, darunter der Oberrichter.)

Falstaff.

Heil, König Heinz! mein königlicher Heinz!

Pistol.

Der Himmel hüte dich, erhabner Ruhmesspross!

Falstaff.

Gott schütz' dich, Herzensjunge!

König.

Sprecht mit dem eitlen Mann, Herr Oberrichter.

Oberrichter.

Seid ihr bei Sinnen, wißt ihr, was ihr sagt?

Falstaff.

Mein Fürst! mein Zeus! dich red' ich an, mein Herz!

König.

Ich kenn' dich, Alter, nicht; an dein Gebet!
Wie schlecht steht einem Schalksnarrn weißes Haar!
Ich träumte lang' von einem solchen Mann,
So aufgeschwellt vom Schlemmen, alt und ruchlos:
Doch, nun erwacht, veracht' ich meinen Traum.
Den Leib vermindre, mehre deine Gnade,
Laß ab vom Schwelgen: wisse, daß das Grab
Dir dreimal weiter gähnt als andern Menschen.
Erwiedre nicht mit einem Narrenspaß,
Denk' nicht, ich sei das Ding noch, das ich war;
Der Himmel weiß, und merken soll's die Welt,
Daß ich mein vor'ges Selbst hinweggethan,
Wie nun auch die, so mir Gesellschaft hielten.
Vernimmst du, daß ich sei wie ich gewesen,
Dann komm, und du sollst sein, was du mir warst,
Der Lehrer und der Pfleger meiner Lüste.
Bis dahin bann' ich dich bei Todesstrafe,
Und all' die Andern auch, die mich mißleitet,
Zehn Meilen weit von unserer Person.
Was Unterhalt betrifft, den sollt ihr haben,
Daß Dürftigkeit euch nicht zum Bösen zwinge;
Und wie wir hören, daß ihr euch bekehrt,

So wollen wir nach eurer Kraft und Fähigkeit
Beförderung euch ertheilen. Sorgt, Mylord,
Daß unsres Wortes Inhalt werd' erfüllt.
Zieht weiter!

(Der König und sein Zug ab.)

Falstaff.

Herr Schaal, ich bin euch tausend Pfund schuldig.

Schaal.

Ja wahrhaftig, Sir John, und ich bitte euch, sie mir mit nach Hause zu geben.

Falstaff.

Das kann schwerlich geschehen, Herr Schaal. Bekümmert euch hierüber nicht, man wird mich insgeheim zu ihm rufen: seht, er muß sich vor der Welt dieß Ansehn geben. Fürchtet nichts wegen eurer Beförderung, ich bin immer noch der Mann, der euch groß machen kann.

Schaal.

Ich kann nicht begreifen, wie; ihr müßtet mir denn euer Wams geben, und mich mit Stroh ausstopfen. Ich bitte euch, guter Sir John, gebt mir nur fünfhundert von meinen tausend.

Falstaff.

Herr, ich will euch mein Wort noch halten: was ihr eben gehört habt, war nur eine angenommene Maske.

Schaal.

Aber eine Maske, fürchte ich, worin ihr bis an euren Tod stecken werdet, Sir John.

Falstaff.

Macht euch nichts aus so einer Maske, kommt mit mir zum Essen. Komm, Lieutenant Pistol! komm, Bardolph! Ich werde heut Abend bald gerufen werden.

(Prinz Johann, der Oberrichter, Offiziere u. s. w. kommen zurück.)

Oberrichter.

Geht, bringt den Sir John Falstaff in's Gefängniß,
Nehmt seine ganze Brüderschaft mit fort.

Falstaff.

Mylord, Mylord, —

Oberrichter.

Ich kann nicht jetzo, bald will ich euch hören.
Nehmt sie mit weg.

Pistol.

Si fortuna me tormenta, spero me contenta.

(Falstaff, Schaal, Pistol, Bardolph, Page und Offiziere ab.)

Prinz Johann.

Mir steht dieß edle Thun des Königs an:
Er will, daß seine vorigen Begleiter
Versorgt zum besten alle sollen sein,
Doch alle sind verbannt, bis sich ihr Umgang
Bescheidner zeigt und weiser vor der Welt.

Oberrichter.

Das sind sie auch.

Prinz Johann.

Der König hat sein Parlament berufen.

Oberrichter.

Das hat er.

Prinz Johann.

Was wettet ihr? wir tragen nun noch heuer
Das Bürgerschwert und angeborne Feuer
Bis Frankreich hin: es sang ein Vogel so,
Deß Ton, so schien's, den König machte froh.
Kommt, wollt ihr mit?

(Beide ab.)

Epilog.

Erst meine Furcht, dann meine Verbeugung, zuletzt meine Rede. Meine Furcht ist euer Mißfallen, meine Verbeugung, meine Schuldigkeit, und meine Rede eine Bitte um Verzeihung. Wenn ihr jetzt eine gute Rede erwartet, so bin ich verloren, denn was ich sagen werde, ist eigne Arbeit, und was ich sagen sollte und nicht sage, wol das Beste dran. Doch zur Sache, und frisch gewagt. Ihr müßt wissen (und wißt es ja auch sehr gut) ich war neulich hier am Schluß eines durchgefallenen Stücks, um euch um Nachsicht zu bitten und ein besseres zu versprechen. Aufrichtig, ich gedachte euch mit diesem zu bezahlen; schlägt mir die Speculation damit fehl, so mache ich Bankrott, und ihr, meine lieben Gläubiger, habt den Verlust. Hier versprach ich mich wieder einzustellen, und so übergebe ich euch meine Person auf Gnade und Ungnade; laßt mir ein Theil ab, und ich will euch ein Theil bezahlen, und wie es Schuldner meistens thun, euch Versprechungen über Versprechungen machen.

Wenn meine Zunge euch nicht zum Erlaß bewegen kann, wollt ihr, daß ich meine Füße gebrauchen soll! Das wäre doch leichte Zahlung, sich aus eurer Schuld herauszutanzen. Indessen ein gutes Gewissen möchte alles Mögliche thun, den Gläubiger zu befriedigen, und so auch ich. Alle Damen hier haben mir vergeben; thun es die Herren nicht, so sind Herren und Damen mit einander uneins, dergleichen in einer solchen Versammlung noch niemals erlebt worden.

Noch Ein Wort, wenn es vergönnt ist. Falls ihr von fetter Speise nicht überladen seid, gedenkt unser gehorsamster Verfasser, die

Geschichte fortzusetzen, wobei Sir John mitspielen und die schöne Katharina von Frankreich euch erheitern soll; so viel ich weiß, wird Falstaff sich darin zu Tode schwitzen, wenn er nicht schon durch euer strenges Urtheil todt ist; denn Oldcastle starb als Märtyrer, und dieß ist nicht der Mann. Meine Zunge ist müde; wenn meine Füße es auch sind, will ich euch gute Nacht sagen, und so vor euch niederknieen, — in Wahrheit aber, um für die Königin zu beten.

Erläuterungen und Bemerkungen.

Prolog.

S. 18. „wo Heißsporns alter Vater
Northumberland, den Kranken spielend, weilt".
Where Hotspur's father, old Northumberland, lies crafty-sick. Schlegel hatte: „Wo Heiß'sporns alter Vater Northumberland schwer krank darnieder liegt". Crafty-sick, eigentlich listig-krank, heißt: sich krank stellend. Vgl. John IV, 1, 53: Nay, you may think my love was crafty love and call it cunning. Für die Bedeutung von lie „sich aufhalten, wohnen" mögen folgende Stellen genügen: Two Gentl. IV, 2, 137. Henry VI, 1. P. II, 2, 41. III, 2, 129. Taming of the Shr. IV, 4, 56. All's well III. 5, 34. Tw: Night III, 1, 8. etc. Daß Northumberland's Krankheit verstellt war, beweist übrigens gleich die erste Scene des Stücks, und noch deutlicher die dritte Scene des zweiten Acts.

1. Aufzug. 1. Scene.

S. 19. „Beliebt's Eur Edlen, klopft nur an der Pforte,
So wird er selber öffnen".
Knock but at the gate, and he himself will answer. Schlegel: „Klopft nur an dem Thor, so giebt er selbst euch Antwort". Daß Northumberland dem Lord Bardolph in Person Rede stehn würde, konnte nie zweifelhaft sein. Answer the door oder auch answer absolut heißt ganz gewöhnlich: einem Klopfenden öffnen. „Pforte" ist das dem englischen gate entsprechende Wort, wenn es den Eingang zu einem Garten bezeichnet.

S. 21. „Ja, dieses Manns Stirn, wie ein Titelblatt,
Verkündigt eines trag'schen Buches Art".
In Shakespeare's Zeit war es Sitte, alle leeren Seiten einer Elegie und über-

haupt jedes Buchs von tragischem Inhalt, also auch die vordersten Blätter, schwarz zu bedrucken.

S. 22. „Ganz solch ein Mann, so matt, so ohne Leben". Even such a man, so faint, so spiritless. Schlegel hatte: „so matt, so athemlos", was spiritless nicht heißen kann. Die Erstorbenheit des Blicks und der Miene war es, was durch das Wort bezeichnet werden sollte.

„Eur Sinn und eure Furcht sind nur zu wahr". Your spirit is too true, your fears too certain Schlegel's Uebersetzung: „Eur Sinn ist wahrhaft, eure Furcht gewiß", ist ungenau.

S. 23. „Und Sünde ist's, von Todten falsch zu reden". And he doth sin that doth belie the dead. Schlegel: „Und Sünde ist's, die Todten zu belügen". Wir verweisen auf die Bemerkungen zu Richard II.

S. 24. „ihr hörtet damit Alles". This is the news at full. Schlegel: „Da habt ihr den Bericht", eine Uebersetzung, welche nicht blos den Sinn des Originals verfehlt, sondern auch am Schluß der Rede einen eigenthümlichen, vom Dichter nicht beabsichtigten drastischen Effect macht.

„so sind auch meine Glieder,
Geschwächt durch Leiden, tobend nun vor Leid,
Dreimal sie selbst".

Even so my limbs, weaken'd with grief, being now enrag'd with grief, are thrice themselves. Schlegel: „so sind auch meine Glieder, geschwächt vom Leid, und wüthend nun vor Leid, dreimal sie selbst". Grief bezeichnet nicht nur geistiges, sondern auch körperliches Leiden (vgl. mit unsrer Stelle John IV, 1, 48, Henry IV, 1. P. V, 1, 134); das deutsche „Leid" aber nur das erstere. Das Wortspiel des Originals konnte demnach nur in der von uns in den Text aufgenommenen Form wiedergegeben werden. Für „wüthend", was von Gliedern schwerlich gesagt werden kann, haben wir „tobend" gesetzt. Das englische rage bezeichnet nicht allein, und kaum vorzugsweise, den höchsten Grad des Zorns und der Leidenschaft, sondern ebensowohl jedes wilde äußere Gebahren (vgl. zu Heinrich IV, 1. Thl. I, 3). Vom Toben des Fieberkranken wird es auch in K. John gebraucht V, 7, 11: Doth he still rage? He is more patient.

„und es nahe
Die rauhste Stunde nun der groll'nden Zeit".

And approach the raggedst hour that time and spite dare bring. Schlegel: „und nun nahe die rauhste Stund, die Zeit und Trotz kann bringen". Spite ist nicht das deutsche „Trotz", wenn gleich in spite of der deutschen Präposition „trotz" entspricht; es heißt vielmehr Groll, Haß. Vgl. Lucr. 762. Sonn. 37, 3. 90, 3. Henry VI, 1 P. IV. 1, 185. 2 P. I, 3, 218. 3 P. IV, 6, 19.

Taming of the Shr. IV, 3, 2 etc. Time and spite ist ein bei Sh. häufiges ἓν διὰ δυοῖν. S. Lucr. 336 shelves and sands Sandbänke; Mids. II, 1, 254 lull'd in these flowers with dances and delight mit anmuthigen Tänzen; Winter's Tale I, 2, 189 Contempt and clamour will be my knell Hohngeschrei; Richard II. II, 3, 12 The tediousness and process of my travel für the tedious process of my travel die Langweiligkeit der Reise; Henry IV, 2 P. IV, 5, 149 This prostrate and exterior bending diese äußerlich demüthige Haltung; Henry V. II, 4, 14 These fatal and neglected English diese zu unserm Verderben verachteten Engländer; u. s. w.

S. 25. „die rohe Scene schließe,
Und Finsterniß die todte Welt begrabe".

The rude scene may end, and darkness be the burier of the dead. D. h. Finsterniß soll selbst das Grab sein, welches die vernichtete Menschheit einhüllt. Schlegel hatte: „und Finsterniß die Todten senk' ins Grab", als wenn das Grab noch ein zweites neben der Finsterniß wäre, in welches die letztere die Todten versenken soll.

„nichts . . . . konnte hemmen
Eur festes Vorgehn".

None of this . . . could rest ain the stiff-borne action. Schlegel: nichts konnte hemmen den starren Schluß". Action ist die Handlung, Unternehmung.

S. 26. Der fromme Erzbischof von York ist rege
Mit wohlversehner Macht".

The gentle Archbishop of York is up etc. Schlegel: „Der wackre Erzbischof" u. s. w. Wacker ist an dieser Stelle ein zu unbestimmter Ausdruck für gentle, in welchem der Sinn liegt, daß der Erzbischof sonst ein Mann des Friedens und gütlichen Verfahrens war, aber unter den obwaltenden Umständen sich gegen seine Neigung gedrungen fühlte, zum Schwert zu greifen.

„Giebt Himmelsweihe seiner Fehd' und Sache,
Sagt ihnen, er beschirm' ein blutend Land".

Derives from heaven his quarrel and his cause, tells them he doth bestride a bleeding land. Den ersten Vers hat Schlegel, wohl aus Versehen, unübersetzt gelassen; im zweiten giebt er bestride mit „beschreite" wieder, worüber wir auf Heinrich IV, 1. Th. V, 1 verweisen.

1. Aufzug. 2. Scene.

S. 27. „Du verwünschtes Alräunchen".

Der Alraunwurzel, welche die Form der menschlichen Gestalt haben sollte, schrieb der Aberglaube besondre Heilkräfte zu. Betrüger schnitten aus Rüben menschliche Figuren aus und verkauften sie für Alraunwurzeln. Das Wort diente dann sehr gewöhnlich zur Bezeichnung kleiner Leute, wie auch das nachfolgende agate (Achat), worunter man ursprünglich die in Achat geschnittenen Figuren auf Siegelringen verstand.

S. 28. „Spiegelt einem Kavalier erst etwas vor, und besteht hinterher auf Sicherheit". To bear a gentleman in hand, and then stand upon security! Schlegel: „Hat einen Edelmann unter Händen, und besteht noch auf Sicherheit!" Die Bedeutung von to bear one in hand scheint Schlegel nicht gegenwärtig gewesen zu sein; es heißt: einem falsche Hoffnungen machen. Meas. I, 52: the duke ... bore many gentlemen in hand, and hope of action. Much Ado IV, 1, 306: What, bear her in hand until they come to take hands; and then, with public accusation, uncovered slander, unmitigated rancour, — etc. Taming of the Shrew IV, 2, 3: I tell you, sir, she bears me fair in hand.

„Ich kaufte ihn in der Paulskirche, und er will mir ein Pferd zu Smithfield kaufen". Die Paulskirche in London war der allgemeine Sammelplatz der Müßiggänger. Hier wurden öffentliche Anzeigen angeschlagen, Käufe abgeschlossen, Dienstboten gemiethet u. s. w. In einem gleichzeitigen Buche (Gent's Choice of Change, 1598) heißt es: Drei Dinge muß man nicht an drei Orten wählen: ein Weib in Westminster, einen Diener in St. Paul, und ein Pferd in Smithfield; sonst bekommt man ein Nickel, einen Spitzbuben und eine Schindmähre.

„Folge mir auf dem Fuß, ich will ihn nicht sehen".

Wait close; I will not see him. Schlegel (den Ausdruck wol mit keep close verwechselnd): „halt dich still, ich will ihn nicht sehen". Falstaff setzt sich, so schnell er es vermag, in Bewegung, um dem Oberrichter zu entgehen, und befiehlt dem Pagen, sich dicht an ihn zu halten, um nicht beim Nachzügeln gefaßt und zur Rede gestellt zu werden.

S. 30. „Und ich höre außerdem, daß Seine Hoheit von der hundsföttischen Apoplexie befallen ist". And I hear, moreover, his highness is fallen into this same whoreson apoplexie. Schlegel: .. „Daß Seine Hoheit von der alten verwünschten Apoplexie befallen ist". Er verkannte die Bedeutung von this same, welches sehr häufig (wie auch that same) in tadelndem Sinn vor Substantiven steht. Man sehe im vorliegenden Stück III, 2, 283: And this same half-faced fellow, Shadow, give me this man. IV, 3, 94: Good faith, this same young sober-blooded boy doth not love me. I, 1, 194: My lord your son had only but the corpse, but shadows and the shows of men, to fight; for that same word, rebellion, did divide the action of their bodies from their souls. Diese Stellen werden ausreichend beweisen, daß der Dichter keineswegs die Apoplexie als ein altes Leiden des Königs bezeichnen wollte.

S. 31. „Nun, die Wahrheit ist, Sir John, ihr überschreitet alles Maß. — Wer meinen Gürtel umschnallt, kann nicht gut anders thun". You live in great infamy. He that buckles him in my belt, cannot live in less. Schlegel: „ihr lebt in großer Schande. Wer meinen Gürtel umschnallt, kann nicht in geringerer leben". Der Dichter beabsichtigte ein, freilich nicht mehr recht verständliches Wortspiel.

S. 32. „so ein böser Engel ist allzu leicht". Engel war der Name einer Goldmünze, zehn Schillinge an Werth. Vgl. Kaufm. v. Vened. II, 7.

1. Aufzug. 3. Scene.

S. 35. „Allein ich wäre besser gern befriedigt,
Wie unsre Mittel wir erhöhen sollen".

How in our means we should advance ourselves. Schlegel: wie wir's bei unsern Mitteln machen sollen. Daß dies nicht der richtige Sinn ist, bedarf keiner Erläuterung.

S. 36. „Allein verzeiht, es hat noch nie geschadet,
Wahrscheinlichkeit und Hoffnung zu erwägen".
Lord B. „Wohl hat es, wenn der jetz'ge Stand des Kriegs,
Des Augenblicks Entscheidung, und ein Werk
In vollem Gange so von Hoffnung lebt;
Das ist wie Frühlingsknospen" u. s. w.

Yes, if this present quality of war, indeed the instant action, a cause on foot, lives so in hope, as in an early spring we see the appearing buds; which to prove fruit etc. Schlegel: „Ja, wenn die jetz'ge Eigenschaft des Kriegs sogleich zu handeln trieb'; ein Werk im Gang lebt so auf Hoffnung, wie im frühen Lenz wir Knospen sehn erscheinen". Es scheint, als ob Schlegel die Conjectur induced für indeed adoptirt und darnach übersetzt hat, während die Lesart der Folio nicht nur verständlich, sondern jener wie allen übrigen Emendationen der Stelle entschieden vorzuziehen ist.

S. 37. „sonst verstärken
Wir uns auf dem Papier nur und in Ziffern".

Or else we fortify in paper and in figures. Schlegel: „und in Figuren". Figure in der Bedeutung Ziffer Henry V, Prol. 15; Lov. Lab. L. I, 2, 58 etc.

„und sein halberschaffnes Gut
Als nacktes Ziel der Regenwolke läßt".

And leaves his part-created cost a naked subject to the weeping clouds.

Schlegel: „als nackten Knecht den trüben Wolken läßt". Subject ist nicht blos der Unterthan im eigentlichen Sinne, sondern bezeichnet auch jedes Verhältniß der Bedingtheit durch etwas. Weeping clouds sind mehr als blos trübe Wolken, welche letztere dem unvollendeten Bau keinen Schaden thun würden. Im folgenden Vers haben wir das Schlegelsche Lieblingswort „schnöde" mit „grimm" vertauscht, weil es wol nur einer unsichern Auffassung des englischen churlish (rauh) seine Stelle verdankt. Vgl. As you like it II, 1, 7; John II, 76; III, 1, 303; Henry IV, 1 P. V, 1, 16.

S. 38. „Die Wälschen und Franzosen sitzen dann
Ihm gleich im Nacken".

The French and Welsh baying him at the heels. Schlegel verwechselte zwei verschiedene Verba to bay: bellen, und hetzen, und übersetzte: „die Wälschen und Franzosen bellen dann ihm an den Fersen".

„So, hundgeartet Volk, entludest du
Die Schlemmerbrust" u. s. w.

So, so, thou common dog. Schlegel: „So, du gemeiner Hund" u. s. w. Common dog ist soviel als „Volkshund", d. h. das einem Hunde ähnliche Volk.

2. Aufzug. 1. Scene.

S. 41. „Er kommt in diesem Monument an die Pasteten-Ecke".

A comes continuantly to Pie-Corner, sagt die Hurtig statt incontinently. Schlegel'st Uebersetzung „continuirlich" führt auf kein Wort, mit dem es verwechselt sein konnte. — Im Folgenden giebt Schlegel die Verdrehung honey-seed (statt homicide) mit „Bandhüter" wieder, das eine Corruption von Bandit sein soll; aber Bandit ist ein auch dem gemeinen Mann nicht unbekanntes Wort, Bandhüter dagegen unverständlich. Wir haben daher eine komische Corruption von Bandit an dessen Stellen gesetzt, und uns erlaubt, Klaue's Ruf „Hülfe!" in „Succurs" zu verändern, was sich die Hurtig dann mit „Zukurz" verständlich macht. Das Komische beruht im Original in allen diesen Fällen auf dem Verhältniß des gemeinen Mannes zu den romanischen Sprach-Elementen; mit dem Worte rescue wußte Frau Hurtig nichts anzufangen, weil es französischen Ursprungs ist; wenn aber ein Deutscher das Wort Hülfe nicht versteht, so ist das nicht komisch, sondern höchstens ein Zeichen von Blödsinn.

S. 43. „Was ist denn die volle Summe, die ich dir schuldig bin?"

What is the gross sum that I owe thee? Schlegel: „Was ist denn die große Summe" u. s. w. Daß the gross sum in kaufmännischer Sprache die volle Summe bedeutet, ist bekannt; bei Shakespeare hat es keinen andern Sinn, wenn gleich auch Tieck in Love's Lab. Lost. I, 2, 49 es mißverstanden Vgl. As you like it IV, 1, 199 (wo chosen out of the gross band of the unfaithful nicht — mit Schlegel — den großen Haufen der Ungetreuen, sondern die Gesammtheit aller Ungetreuen bezeichnet).

S. 44. „können mich von einer unparteiischen Erwägung wegtreiben"; can thrust me from a level consideration. Schlegel: von einer billigen Erwägung.

„Ihr habt, wie es mir klar ist, mit dem leicht verführten Sinn dieser Frau euer Spiel getrieben". Dieser Ausdruck, nicht der Schlegelsche: „Ihr habt ... dem nachgiebigen Gemüth dieser Frau zugesetzt", entspricht dem englischen: You have ... practised upon the easy-yielding spirit of this woman.

„Zahlt ihr die Schuld aus, die sie an euch zu fordern hat, und macht den Schurkenstreich wett, den ihr ihr gespielt habt". Pay her the debt you owe her, and unpay the villany you have done her. Schlegel: ... „und nehmt die Schande zurück, die ihr mit ihr verübt habt". Da das Wortspiel zwischen pay und unpay einmal verloren ging, war die wortgetreuste Uebersetzung die beste.

„Ihr nennt edle Geradheit unverschämte Frechheit". You call honourable boldness impudent sauciness. Schlegel: edle Kühnheit. Bold und boldness bezeichnen ganz gewöhnlich Dreistigkeit, Freimüthigkeit; Kühnheit ist ein dieser Stelle fremder Begriff.

S. 45. „Wahrhaftig, wenn nicht deine Launen wären" u. s. w. Come, an't were not for thy humours. Hier und in dem Rest von Falstaff's Rede hatte Schlegel das in sehr mannichfaltigem Sinn gebrauchte und fast wie eine Interjection behandelte come mit „komm" übersetzt.

2. Aufzug. 2. Scene.

S. 47. „Diese niedrigen Betrachtungen verleiden mir meine Größe ganz". These humble considerations make me out of love with my greatness. Schlegel: „diese demüthigen Rücksichten machen mir meine Größe ganz zuwieder".

S. 48. „Für Köpfe von deiner Bildungsstufe wird's gerade gut sein". It shall serve among wits of no higher breeding than thine. Schlegel: „Es reicht hin für witzige Köpfe, die nicht vornehmer sind als du". Vgl. zu Heinrich V, III. A. 6. Sc.

S. 49. „und ein Bursch, der das Herz auf dem rechten Fleck hat".
Schlegel: „ein tüchtiger Geselle auf meine eigne Hand", mit verzeihlichem Mißverständniß des Ausdrucks a proper fellow of my hands, dessen Sinn auch von den Commentatoren falsch aufgefaßt ist. Johnson erklärt es im Ganzen richtig mit a stout fighting man; die von uns gegebene Wendung dürfte ihm im Deutschen am nächsten kommen. In Merry Wives I, 4, 27 sagt Simpel: he is as tall a man of his hands as any is between this and his head; he hath fought with a warrener. Wint. Tale V, 2, 176: I'll swear to the prince thou art a tall fellow of thy hands and that thou wilt not be drunk; but I know thou art no tall fellow of thy hands and that thou wilt be drunk: but I'll swear it, and I would thou wouldst be a tall fellow of thy hands. In den Famous Victories of Henry the Fift (Ed. Steevens p. 331) heißt es: I tell you he is a man of his hands. I, gogs wounds, that I am, try me who dare.

„Du Schelm von Althäa's Traum". Der Page verwechselt Meleagers Mutter Althäa, die einen wirklichen verhängnißvollen Feuerbrand besaß, mit der trojanischen Hecuba, welche vor der Geburt des Paris träumte, daß sie mit einem Feuerbrande niederkäme.

S. 50. „Wenn ihr beiden ihn nicht noch an den Galgen bringt, so hat der Henker nicht sein Recht". An you do not make him hanged among you, the gallows shall have wrong. Schlegel: „Wenn ihr nicht sorgt, daß ihr ihn unter euch aufhängt, so geschieht dem Galgen zu nah"; mit Verkennung des Anglicismus among you, der auch V, 4, 19 wiederkehrt: the man is dead that you and Pistol beat among you; und Much Ado V, 1, 194: you have among you killed a sweet and innocent lady. Häufiger ist in diesem Sinne allerdings between.

„Was macht der Martinstag, euer Herr?" d. h. der Spätsommer, der Alte mit jugendlichen Leidenschaften.

S. 50. „Einer, der so thut, als verstehe er das nicht". He that takes upon him not to conceive. Schlegel: „Einer, der sich heraus nimmt, nicht zu begreifen". To take upon one heißt zwar gewöhnlich: sich etwas herausnehmen; aber auch ohne tadelnden Nebenbegriff: eine Rolle übernehmen. Mids. Dr. I, 2, 46: you must take Thisbe on you. Two Gentl. IV, 4, 13: I would have, as one should say, one that takes upon him to be a dog indeed, to be, as it were, a dog at all things. Am nächsten kommt der vorliegenden Stelle Twelfth Night I, 5, 149: I told him you were sick: he takes on him to understand so much, and therefore comes to speak with you (geradezu: er giebt vor, behauptet).

S. 51. „Ich will dem ruhmwürdigen Römer in der Kürze

nachahmen". Damit würde natürlich Cäsars Veni vidi vici gemeint sein. Die alten Ausgaben lesen aber sämmtlich Romans im Plural: den ruhmwürdigen Römern. Einen Halbgebildeten wie Falstaff die Römer, aus deren Geschichte er nicht viel mehr kennen mochte als ein paar Anecdoten, mit den Spartanern, von deren Laconismus er einmal gehört, vermengen zu lassen, ist echt shakespearesch.

S. 52. „Ephesier, gnädiger Herr, von der alten Kirche". Ein Ausdruck, der auch in den lustigen Weibern vorkommt, ohne Zweifel so viel als lustige Brüder, gute Trinker.

2. Aufzug. 3. Scene.

S. 53. „Die seine — wie die Sonn' am blauen Himmel" u. s. w.

For his, it stuck upon him as the sun in the grey vault of heaven, and by his light did all the chivalry of England move to do brave acts. Schlegel: „Die seine stand ihm schön, so wie die Sonne am blauen Firmament, und durch ihr Licht bewog sie alle Ritterschaft von England zu wackern Thaten". Schlegel nahm move als transitives Verbum und the chivalry als sein Object. Dies ist aber Subject, und move intransitiv in der ihm wie dem Substantiv motion eigenthümlichen Bedeutung des Kreisens der Gestirne. Vgl. Henry VI, 1 P. I. 2, 1: Mars his true moving . . . is not known. John V, 7, 74: You stars that move in your right spheres, where be your powers? Henry IV, 1 P. V, 1, 17: Will you . . . . move in that obedient orb again where you did give a fair and natural light . . ? Sonn. 26, 9: till whatsoever star that guides my moving points on me graciously. All's well II, 1, 56: they . . . eat, speak, and move under the influence of the most received star.

S. 54. „Und hastig Sprechen, was sein Fehler war,
Das stand dem Munde jedes Tapfern wohl".

And speaking thick, which nature made his blemish, became the accents of the valiant. Schlegel, mit seltsamem Mißverständniß: „Und Stottern, was ein Fehler der Natur bei ihm, ward der Accent der Tapfern nun". So wunderlich ein stotternder Heißsporn dem Unbefangenen erscheinen muß, hat man es doch verstanden, ihn psychologisch zu construiren.

S. 55. „Und nimmer leb' ich lang genug, die Blume
Erinnrung mit den Augen zu bethaun".

And never shall have lenght of life enough to rain upon remembrance with mine eyes. Remembrance hieß der Rosmarin, welcher wie das deutsche

Vergißmeinnicht das Symbol der Erinnerung war. Schlegel's Uebersetzung läßt das liebliche Bild ganz fallen.

2. Aufzug. 4. Scene.

S. 60. „Schämst du dich nicht, daß man dich Hauptmann nennt?
Art thou not ashamed to be called captain? Schlegel: „schämst du dich nicht, Hauptmann zu heißen?"

„Er lebt von verschimmelten gesottnen Pflaumen und altbackenem Kuchen"; d. h. vom Abfall in lüderlichen Häusern.

„Ist nicht Irene hier?" Diese wie die folgenden bombastischen Phrasen Pistol's sind fast sämmtlich Brocken aus zeitgenössischen Tragödien.

S. 63. „Ah, du Spitzbube!" Ah, villain! So allein richtig die Folios. Schlegel: „Ein Spitzbube!" nach den Quartos, deren a villain vielleicht aber ah, v. bedeuten sollte, denn a für ah kommt häufig in den alten Drucken vor. Villain findet sich auch sonst bei Shakespeare als Liebkosungswort, z. B. Wint. Tale I, 2, 136: sweet villain! most dear'st! my collop! Twelfth Night II, 5, 16. here comes the little villain. cf. Com. of Errors I, 2, 19.

S. 64. „und ißt Meeraal und Fenchel, und schluckt brennende Kerzen-Endchen im Wein hinunter". Meeraal und Fenchel stärkten nach der allgemeinen Meinung das männliche Vermögen. Brennende Stoffe mit einem Trunk auf das Wohl der Geliebten hinabzuschlucken, galt für das Merkmal eines resoluten Liebhabers, zumal wenn man dazu einen so unangenehmen Stoff wählte wie ein Lichtstümpfchen.

„Saturn und Venus heuer in Conjunction", was sonst nie der Fall ist. Der feurige Triangel (trigonum igneum, die Verbindung der drei oberen Planeten) ist Bardolph, welcher der Frau Hurtig den Hof macht.

S. 65. „Und bist du nicht des Poins Bruder?" And art not thou Poins his brother? Schlegel, mit Verkennung der jetzt veralteten Ausdrucksweise: Und bist du nicht Poins, sein Bruder?

S. 67. „die ist schon in der Hölle und brennt arme Seelen".
Schlegel, einer unnöthigen Emendation folgend: „Und brennt, die arme Seele!" Die Geschlechtskrankheit, mit welcher Dortchen ihre Liebhaber ansteckte, hieß burning, das Brennen.

„daß du gegen die Verordnung in deinem Hause Fleisch essen läßt" Es war den Speisewirthen ausdrücklich verboten, Fleisch in der Fastenzeit zu verkaufen. Falstaff hat natürlich noch etwas Andres im Sinn, aber Frau Hurtig, deren Stärke nicht der Witz ist, nimmt seine Drohung wörtlich und spricht in aller Unschuld von a joint of mutton (Hammelkeule), über deren Bedeutung die beiden Veroneser 1. A. 1. Sc. zu vergleichen sind.

3. Aufzug. 1. Scene.

S. 72. „Der frohste Jüngling, schaut' er seine Bahn" u. s. w. The happiest youth, viewing his progress through etc. Schlegel hatte: „Diesen Fortgang schauend"; aber this für his ist weder durch eine Autorität noch durch den Sinn unterstützt. Zu weiterer Aenderung forderte der ohne Zweifel nicht zufällige Reim auf.

„In jedes Menschen Leben ist Geschichte". There is a history in all men's lives. Schlegel: „Ein Hergang ist in aller Menschen Leben".

3. Aufzug. 2. Scene.

S. 74. „Wilhelm Quaake, einer aus Cotswold". Zu Cotswold in Glocestershire fanden alljährlich gymnastische Wettkämpfe und Wettjagden mit Windhunden statt, zu denen der ebene Torfboden vorzüglich geeignet war. A Cotswold man, wie es im Original heißt, bezeichnet darum wol nicht „einen aus Cotswold", sondern was heute a gentleman of the turf ist, einen Mann, der sich an den fashionablen Wettspielen betheiligte.

S. 75. „Ich habe ihn .... dem Scogan ein Loch in den Kopf schlagen sehn". Die bekannteste Person dieses Namens war der Hofnarr Eduards IV, doch gab es auch einen Dichter S. zur Zeit Heinrich's IV.

S. 78. „Meine alte Mutter hat nun niemand in der Gotteswelt" u. s. w. My old dame etc. Schlegel: meine alte Hausfrau. Dame kommt auch sonst als der Ehrenname der Mutter vor. Rape of Lucr. 1477: And here in Troy, for trespass of thine eye, the sire, the son, the dame, and daughter die.

S. 83. „geschwinder wie Einer, der des Brauers Eimer an den Schwengel hängt". He that gibbets on the brewer's bucket. Schlegel: „am Schwengel trägt".

S. 84. „Ich war damals Sir Dagonet in dem Spiel vom Arthur".

Das Spiel vom Arthur war ein Masken-Aufzug der Londoner Schützengesellschaft, deren Mitglieder die verschiedenen Helden der Tafelrunde darstellten. Schaal spielte den Sir Dagonet, den Hofnarren Arthur's.

„Ich lobe mir so einen kleinen, magern, alten, runzligen, kahlen Schützen“. Für „runzligen“ hatte Schlegel „gestutzten“, nicht recht verständlich, und jedenfalls mit Verkennnng des engl. chopped, welches die von harter Arbeit oder auch vom Alter zersprungene Haut bezeichnet. In As you like it II, 4, 50 sagt Touchstone: I remember the kissing of her batlet and the cow's dugs that her pretty chopt hands had milked. Jul. Caes. I, 2, 245: the rabblement hooted and clapped their chopt hands etc. Sonn. 62, 10: beated and chopp'd with tann'd antiquity. Die modernen Herausgeber lesen ohne alle Befugniß chapped. — Im Folgenden würden wir für: „Warze, du bist ein guter Schelm“ (Wart, thou art a good scab) lieber setzen: Warze, du bist eine gute Pustel.

S. 85. „in Turnbullstraße“, einer übel berüchtigten Localität, dem Sammelplatz alles lüderlichen Gesindels.

„seine eignen Einfälle oder Ständchen“; wol besser: seine eignen Liebeslieder (fancies) oder Ständchen.

4. Aufzug. 1. Scene.

S. 87. „Daß euer Anschlag die Gefahr bestehe
Im Stoß auf seinen furchtbar'n Widersacher“.

That your attemps may overlive the hazard and fearful meeting of their opposite. Schlegel's Uebersetzung: „Und furchtbar Stoßen auf den Gegentheil“, ist unverständlich.

S. 89. „Mit einer schweren ungerechten Hand
Auf unsre Ehre drückt“.

To lay a heavy and unequal hand upon our honours. Schlegel: „mit einer schweren und ungleichen Hand“. Unequal in der Bedeutung „ungerecht“ findet sich auch in Ant. and Cleop. II, 5, 101: To punish me for what you make me do seems much unequal.

S. 90. „Die Rosse wiehernd und des Sporns gewärtig“; eigentlich „die Rosse mit Wiehern den Sporn herausfordernd“, their neighing courses daring of the spur. Schlegel: Ihr wiehernd Streitroß reizend mit dem Sporn.

„Doch blieb in Coventry eur Vater Sieger,
Nie ward und nirgend sonst er dessen froh“.

But if your father had been victor there, he ne'er had borne it out of Coventry. Schlegel: „Doch wär' eur Vater Sieger dort gewesen, nie hätt' er's fortgebracht aus Coventry“; wort-, aber nicht sinn-getreu. To bear heißt mitunter: etwas als Siegespreis davon tragen, es gewinnen. So V, 2, 58: let me but bear your loves, I'll bear your cares. To bear it Sieger sein in einer Wette, in einem Kampfspiel. Taming of the Shr. V, 2, 79: I'll have no halves; I'll bear it all myself. — Der Sinn des Verses He ne'er had borne it out of Coventry ist demnach: er wäre an keinem andern Orte als C. (out of C.) Sieger gewesen.

S. 91. „Ihr überschätzt euch, Herr, wenn ihr das denkt". Mowbray, you overween to take it so. Schlegel: Mowbray, ihr blendet euch, wenn ihr's so nehmt. In Bezug auf overween bedarf die Aenderung keiner Rechtfertigung. Daß to take it bei Shakespeare ganz gewöhnlich „denken, meinen" bedeutet, mögen folgende Stellen beweisen: All's well V, 1, 28; 3, 88; Wint. Tale II, 1, 198; Henry IV, 2 P. I, 2, 126; V, 3, 114; Henry V, IV, 7, 22 etc.

S. 92. „Dann, Lord von Westmoreland, nehmt diesen Zettel" u. s. w.

Then take, my Lord of Westmoreland, this schedule, for this contains our general grievances: Each several article herein redress'd, all members of our cause, both here and hence, that are insinewed to this action, acquitted by a true substantial form, and present execution of our wills to us and to our purposes confined, we come within our awful banks again, and knit our powers to the arm of peace. Bei Schlegel lautete die Stelle so:

Dann, Lord von Westmoreland, nehmt diesen Zettel,
Denn er enthält die **sämmtlichen Beschwerden.**
Wenn jeder Punkt hierin **verbessert** ist,
All unsre Mitgenossen, hier und sonst,
Die dieser Handlung Sehnen angespannt,
Nach ächter gült'ger Weise losgesprochen,
Und schnelle Ausführung von unserm Willen
Uns zugesichert ist, **von unserm Zweck,**
So treten wir in **unsrer Demuth** Schranken,
Und fesseln unsre Macht im Arm des Friedens.

Die durch den Druck hervorgehobenen Abweichungen mögen für sich selbst sprechen.

S. 93. „Er fand, durch Tod die eine Furcht beenden" u. s. w. For he hath found to end one doubt by death etc. Schlegel: den einen Zweifel enden. Doubt ist häufig bei Sh. Argwohn, Besorgniß. Richard II, I, 4, 20; III, 4, 69; Love's Lab. L. V, 2, 101; Henry VI, 3 P. IV, 8, 37; Pass. Pilgr. 184. Ebenso bedeutet das Verbum to doubt oft argwöhnen, fürchten: Sonn. 75, 6. Henry IV, 3 P. IV, 3, 19; John, IV, 1, 19; 2, 102; V, 6, 44; Henry IV, 1 P. I, 2, 203; 2 P. V, 5, 122.

4. Aufzug. 2. Scene.

S. 95. „Vermittler
Zwischen der Gnad' und Heiligkeit des Himmels
Und unserm blöden Sinn".

And our dull workings giebt Schlegel mit: Und unserm blöden Thun. Working braucht Shakespeare gern substantivisch von der Thätigkeit der Seelenkräfte. Henry VI, 1 P. V, 5, 86: I am sick with working of my thoughts. Sonn. 93, 11: Whate'er thy thoughts or thy heart's workings be, thy looks should nothing thence but sweetness tell. Love's Lab. Lost IV, 1, 33: we bend to that the working of the heart. As you like it I, 2, 215: his will hath in it a more modest working. Meas. for Meas. II, 1, 10: in the working of your own affections. Im vorliegenden Stück IV, 4, 41: till that his passions, like a whale on ground, confound themselves with working; und V, 2, 90: to spurn at your most royal image and mock your workings in a second body.

„So wird von Unheil eine Reih' geboren".

So schrieb Schlegel ohne Zweifel (success of mischief); in allen Ausgaben steht das sinnlose Rach' für Reih'.

S. 97. „Der Frieden wird verkündet: hört sie jauchzen!" The word of peace is render'd. Schlegel: Des Friedes Wort hallt wieder.

S. 98. „Eur Kriegszug endet, wie ihr ihn begannt,
Dumm hergeführt und thöricht fortgesandt".

Most shallowly did you these wars commence, fondly brought here, and foolishly sent hence. Schlegel: Einfältig wart ihr, als ihr Krieg begannt, dumm hergelockt und thöricht fortgesandt. — Brought und sent sind offenbar Appositionen zu wars, nicht zu you; und brought heißt nicht „hergelockt".

4. Aufzug. 3. Scene.

S. 102. „sammt und sonders Narren". Nur dies kann generally fools heißen, nicht „gemeiniglich Narren", wie S. übersetzt.

S. 103. „mit ungemeiner Bemühung des Trinkens von gutem und vielem fruchtbaren Sekt". With excellent endeavour of drinking good and good store of fertile sherris. Schlegel: „mit ungemeiner Bemühung wackern Trinkens, und gutem Vorrath von fruchtbarem Sekt". Drinking good kann nicht wackres Trinken heißen, sondern good gehört zum folgenden sherris. Store ist auch nicht blos „Vorrath", sondern ebenso oft Fülle, reichliches Vorhandensein.

4. Aufzug. 4. Scene.

S. 104. „Drum muß man wohl auf seine Stimmung achten".

Dieser Vers war von Schlegel ausgelassen.

S. 105. Als Aconitum oder lodernd Pulver". Schlegel hatte: rasches Pulver (rash gunpowder); es lag dabei zu nahe, an ein Medicament zu denken.

S. 106. „Es läßt die Biene selten ihre Waben im todten Aas".

'Tis seldom when the bee doth leave her comb in the dead carrion. Schlegel: Nicht leicht verläßt die Biene ihre Waben im todten Aas.

S. 108. „Die Weis' und jeden Hergang des Gefechts Berichtet dies Packet".

Schlegel: die Weis' und wahre Ordnung des Gefechts *c.; im Engl. and true order of the fight. Vgl. über den Gebrauch des Worts order: Henry VI, 2 P. III, 2, 129: Myself have calm'd their spleenful mutiny, until they hear the order of his death. Jul. Caes. I, 2, 26: will you go see the order of the course?

S. 110. „Der's übernahm an eurem Bett zu wachen".

Schlegel: „der übernommen bei euch aufzusitzen", worin der Begriff einer Nachtwache liegen würde, wie ihn der engl. Text nicht enthält (who undertook to sit and watch by you). Der folgende Vers lautete bei Schlegel: „Der Prinz von Wales? Wo ist er? Laßt mich sehn!" (the Prince of Wales! Where is he? let me see him.)

S. 111. „Den bittern Schmack
Beut sein Erwerb dem Vater, welcher scheidet".

This bitter taste yields his engrossments to the ending father. Schlegel, durch die Singularform yields verführt (obgleich nach Rowe's Vorgang alle Herausgeber yield hineincorrigirt haben) und mit einer Deutung des Worts engrossments, die sich schwerlich belegen läßt: „Der bittre Schmack beut seine Last dem Vater, welcher scheidet". — Daß Shakespeare yield schreiben und diese jetzige ausschließliche Singularform doch das Prädicat des Plurals engrossments sein konnte, oder mit andern Worten: daß der Plural des Präsens zur Zeit des Dichters seine Flexionsformen noch nicht völlig abgeworfen hatte, mag hier nur beiläufig angedeutet sein.

„Tyrannei, die immer Blut nur zecht".

Wir würden lieber „Grausamkeit" schreiben statt Tyrannei. Tyrant und tyranny, von Schlegel wol durchweg mit Tyrann und Tyrannei übersetzt, bezeichnen bei Sh. sehr häufig Härte, Gefühllosigkeit, Grausamkeit. Wir begnügen uns mit folgenden Beispielen: Sonn. 120, 7: For if you were by my unkindness shaken as I by yours, you've passed a hell of time, and I, a tyrant, have no leisure taken to weigh how once I suffer'd in your crime. Richard III. I, 3, 186: Tyrants themselves wept when it was reported. Merch. of Venice IV, 1, 13: I do oppose my patience to his fury, and am arm'd to suffer, with a quietness of spirit, the very tyranny and rage of his. Richard III. III, 8, 9: his tyranny for trifles.

Zur Characteristik der früheren Redactionen führen wir an, daß in den folgenden Reden des Königs die offenbarsten und sinnlosesten Druckfehler in allen Ausgaben unverbessert geblieben sind: „gezähmter Frechheit" statt „gezäumter Frechheit" (curbed license): „Den vorgegebnen Feinden Wunden schlagend" statt „Dem vorgegebnen Frieden" (wounding supposed peace).

S. 115. „Daß Kraft zu reden gänzlich mir versagt ist". That strength of speech is utterly denied me. Schlegel: „Daß kräft'ge Rede gänzlich mir versagt ist".

5. Aufzug. 1. Scene.

S. 119. „so wollte ich seine Leute damit guter Laune machen, daß ich ihnen Einfluß bei ihrem Herrn zuschriebe". Schlegel: „daß ich ihnen Aehnlichkeit mit ihrem Herrn zuschriebe". Diesen Sinn kann das englische of being near their master nicht haben, da near für like sich wohl nicht nachweisen läßt. To be near one hat häufig die Bedeutung: einem nahe stehn, viel bei ihm gelten. Meas. for meas. V, 123: Shall we thus permit a blasting and a scandalous breath to fall on him so near us? Much Ado II, 1, 169: you are very near my brother in his love. Vgl. Rich. III. III, 4, 14: you and he are near in love. Wint. Tale I, 2, 236: the nearest things to my heart.

S. 120. „O, es ist viel, was eine Lüge mit einem leichten Schwur und ein Spaß mit ernster Stirn bei einem Burschen vermögen, der niemals Schulternweh gefühlt hat!" O! it is much, that a lie with a slight oath, and a jest with a sad brow, will do with a fellow that never had the ache in his shoulders. Schlegel: „O, es ist viel, daß eine Lüge mit einem leichten Schwur und ein Spaß mit einer gerunzelten Stirn bei einem Burschen, der niemals Schulternweh gefühlt hat, ihrer Sachen gewiß sind!" That ist Relativ, nicht Conjunction; sad heißt ernst.

5. Aufzug. 2. Scene.

S. 120. „Und hier für unsre Welt lebt er nicht mehr". And to our purposes he lives no more. Schlegel: „Und unsrer Weise nach lebt er nicht mehr".

S. 122. „Und niemals sollt ihr sehen, daß ich bettle
Um halbe, widerwill'ge Verzeihung".

A ragged and forestall'd remission. Schlegel, durchaus nicht im Sinn des Originals: „Um eitle schimpfliche Begnadigung".

„Hier folgt nicht Amurath auf Amurath".

Der Sultan Amurath III. hatte bei seiner Thronbesteigung seine neun lebenden Brüder und alle Schwangern im Harem ermorden lassen; ihm folgte 1595 sein Sohn Muhamed III. welcher den Tod seines Vaters so lange geheim hielt, bis er sich seiner neunzehn Brüder bei einem Gastmahl entledigt hatte. Seit der Zeit war dies Verfahren in Konstantinopel Maxime. Die That Muhamed's mußte Shakespeare noch in frischem Andenken sein.

„Das Leid erscheint in euch so königlich,
Daß ich nicht außen blos, nein tief im Herzen,
Die Tracht hinfort will tragen".

Sorrow so royally in you appears, that I will deeply put the fashion on, and wear it in my heart. Schlegel: „daß ich der Sitte ganz mich will ergeben, und sie im Herzen tragen". — Daß fashion hier nicht die Sitte heißt, sondern die Tracht, zeigt theils der Zusammenhang, theils die Verbindung mit den Verbis to put on und to wear; deeply bereitet das Folgende in my heart vor und bildet zur äußeren Trauer den Gegensatz, den wir nicht anders als negativ wiedergeben konnten.

S. 123. „Gerechtigkeit von eurem Sitze reißt". Schlegel: Gerechtigkeit vom ernsten Sitze reißt. Ganz genau: von eurem ernsten Sitze Das Possessivpronomen erschien aber wichtiger als das Adjectiv.

5. Aufzug. 3. Scene.

S. 126. „Ei nun, die Luft ist gut". Marry, good air, ein Bruchstück von einem stehenden Witz: Es ist eine gute Luft, es laufen mehr draus weg als drin sterben.

S. 128. Alle Hagel, ich bedanke mich" u. s. w. By God's leggins, I thank thee. The knave will stick by thee, I can assure thee that: he will not out, he is true bred. Schlegel übersetzte die Stelle, indem er knave auf David bezog: Ich danke dir. Der Schelm wird sich an dich halten, das kann ich Dir versichern; der wankt und weicht nicht, es ist ein treues Blut". Der unübersetzt gebliebene Fluch by God's leggins, den Schaal in den Mund nimmt, um den ganzen Mann zu zeigen, steht dieser Auffassung entgegen; die Wendungen he will not out und he is true bred machen sie vollends unmöglich. Die ganze Rede ist eine Antwort auf Bardolph's Prahlerei, daß er nur in a pottle pot Sekt trinken will. The knave will stick by thee für: du bist und bleibst der alte Schelm, ist eine ächt shakespearesche Ausdrucksweise. Vgl. im ersten Theil Heinrich's IV, V, 3, 22: A fool go with thy soul, whither it goes! fahre hin, als der Narr, der du bist! In den Merry Wives I, 4, 10 sagt Frau Hurtig von Rugby: An honest, willing, kind fellow, as ever servant shall come in house withal, ein so ehrlicher Bursch als je ein Diener einen mitbringen, d. h. sein wird. Vgl. noch Timon V, 1, 111.

S. 128. „Bescheid mir thu,
Schlag' mich Ritter dazu,
Samingo".

Bruchstücke eines damals üblichen Trinkliedes. Der weinselige Friedensrichter Stille macht Samingo aus Domingo oder San Domingo, der als Schutzpatron der Zecher auch in einem alten lateinischen Liede gefeiert wird: Sanctus Dominicus sit nobis semper amicus, cui canimus, siccatis ante lagenis, fratres qui non curant nisi ventres.

S. 130. „gebt mir die Feigen, so wie der stolze Spanier".

Der Spanier sagt dar higas Feigen geben, für Esel bohren oder Rübchen schaben.

5. Aufzug. 4. Scene.

S. 131. „Sie soll genug mit Peitschen bewillkommt werden". She shall have whipping-cheer enough. Vielleicht besser: sie soll genug Prügelsuppe haben.

„O daß Recht so die Gewalt unterdrücken muß!" That right should thus overcome might! Frau Hurtig will natürlich das Gegentheil sagen. Die Uebersetzung würde in folgender Fassung präciser sein: daß Recht so vor Macht gehen muß!

König Heinrich der Fünfte.

Uebersetzt von

A. W. von Schlegel.

Durchgesehen, eingeleitet und erläutert von

A. Schmidt.

Kaum von einem andern Drama des Dichters läßt sich das Jahr der Abfassung mit gleicher Genauigkeit angegeben wie von dem vorliegenden. Der Chorus des fünften Acts erwähnt den Feldzug des Grafen Essex gegen die irischen Insurgenten als ein gleichzeitiges Ereigniß und spricht die Hoffnung auf eine baldige siegreiche Heimkehr des Feldherrn aus; er muß demnach im Sommer 1599 geschrieben sein. Man kann wol mit Gewißheit annehmen, daß das ganze Stück demselben Jahre seine Entstehung verdankte, um so mehr, da Francis Meres in seiner Palladis Tamia (1598) es noch nicht kennt.

Eine Quart-Ausgabe erschien 1600 im Verlage Millington's und Busby's, neu aufgelegt 1602 und 1608. Sie ist unvollständig und für die Text-Kritik werthlos. Collier u. A. vermuthen mit gutem Grund, daß sie ohne Wissen und Willen des Dichters, dessen Name auf dem Titelblatt auch nicht genannt ist, aus hastigen Nachschriften während der theatralischen Aufführung hervorgegangen sei; diese Annahme hat jedenfalls mehr Wahrscheinlichkeit für sich als die Ansicht, daß wir hier, wenn auch in vernachlässigter Form, die erste und ursprüngliche Gestalt des Dramas vor uns haben. Für die Feststellung des Textes kann allein die Folio-Ausgabe zur Richtschnur dienen.

Die historischen Thatsachen des Stücks sind, wie in den vorhergehenden Dramen, der Chronik Holinshed's entlehnt, welche Beginn und Verlauf des französischen Kriegs folgendermaßen erzählt:

„Im ersten Regierungsjahre des Königs, und zwar in der Fastenzeit, wo er sich gerade in Killingworth*) befand, kamen vom französischen Dauphin Karl Gesandte zu ihm und überreichten ihm im Namen ihres Herrn eine Tonne voll Pariser Bälle zum Geschenk. Dies ward sehr übel aufgenommen, als sollte es eine Verhöhnung sein und bedeuten, daß es sich für den König besser passe, seine Zeit mit solchen kindischen Uebungen hinzubringen, als an würdige Unternehmungen zu denken. Darum schrieb der König an den Dauphin, er werde ihm alsbald einige Londoner Bälle

*) Die alte, auch von Shakespeare ausschließlich gebrauchte Namensform für Kenilworth.

zuwerfen, die die Mauern des besten Ballhofs in Frankreich wankend machen sollten.

„Am letzten April im zweiten Jahre seiner Regierung berief König Heinrich sein hohes Parlament nach der Stadt Leicester, und in diesem Parlament wurden viele wohlthätige Gesetze beschlossen und mancherlei Anträge gemacht, wenn auch zum Theil noch vertagt. Darunter befand sich einer, daß eine Bill, die im elften Regierungsjahre Heinrich's IV eingebracht, aber wegen der damaligen bürgerlichen Unruhen beiseite gelegt worden war, nunmehr in Erwägung gezogen und zur Beschlußfassung gebracht werden möchte. Ihr Inhalt war, daß die der Kirche geschenkten und von der Geistlichkeit übel verwalteten weltlichen Güter dem Könige anheimfallen sollten, da sie gar wohl ausreichten, zur Ehre des Königs und zum Schutz des Reichs funfzehn Grafen, funfzehnhundert Ritter, sechstausend zweihundert Esquires, und hundert Armenhäuser zur Unterstützung arbeitsunfähiger und bedürftiger Personen zu unterhalten, abgesehen davon daß der König noch 20,000 Pfund baar in seinen Schatz erhalten würde nebst vielem andern werthvollen Besitz, den ich übergehe. Diese Bill erregte bei der Geistlichkeit, welche sie zunächst anging, große Aufmerksamkeit und Besorgniß, und es wollte dieselbe nichts unversucht lassen, sie zu vereitlen; zu dem Zwecke hielt man es für's beste, des Königs Sinn für einen neuen verführerischen Plan einzunehmen, daß er auf die Vorstellungen der Gemeinen nicht hörte. Demnach hielt Heinrich Chichely, Erzbischof von Canterbury, eines Tags im Parlament eine bündige Rede, worin er auseinandersetzte, daß nicht nur die Herzogthümer Normandie und Aquitanien mit den Grafschaften Anjou und Maine und dem Gascogner-Lande nach unzweideutigem Recht dem Könige gehörten als ihrem gesetzlichen und einzigen Erben, sondern auch das ganze Königreich Frankreich sein sei als Erbschaft seines Urgroßvaters Eduard's des Dritten.*) In dieser Rede erging er sich in heftigen Worten gegen das fälschliche salische Gesetz, welches die Franzosen immer anführen, wenn es gilt, den gerechten Anspruch der englischen Könige auf die französische Krone zu bestreiten. Der Wortlaut dieses angeblichen Gesetzes ist: In terram Salicam mulieres ne succedant, d. h. salisches Land soll sich nicht auf Frauen vererben. Salisches Land sollte nach ihrer Deutung Frankreich sein, und das Gesetz vom Könige Pharamund herrühren, während doch ihre eignen Geschichtschreiber bestätigen, daß das salische Land in Deutschland liegt zwischen den Flüssen Elbe und Sala, und daß Karl der Große nach der Unterjochung der Sachsen

*) Zur Veranschaulichung der englischen Erbansprüche an Frankreich diene die auf S. 161 folgende Stammtafel.

dort Franzosen ansiedelte, welche aus Geringschätzung gegen die unehrbaren Sitten der deutschen Frauen ein Gesetz gaben, wonach weibliche Personen

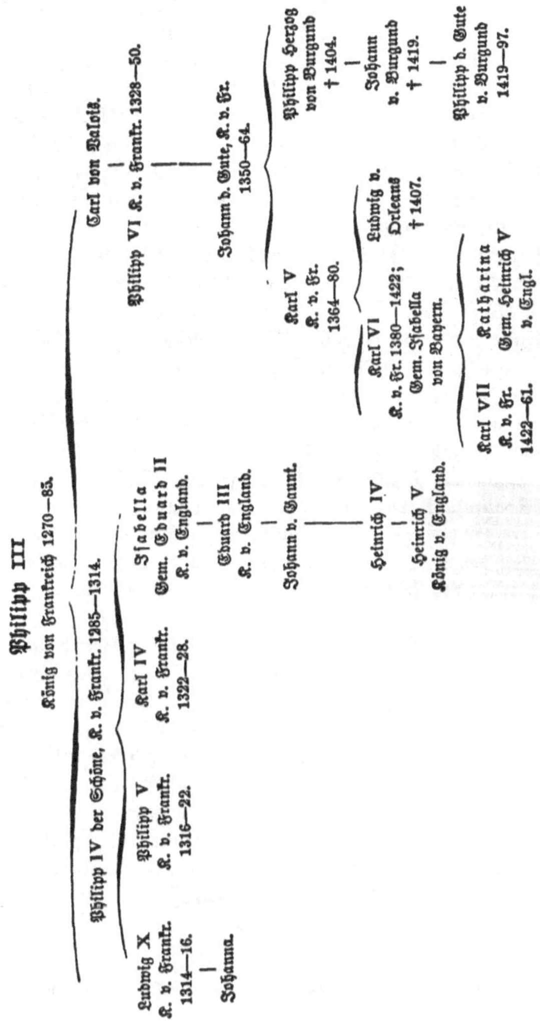

von jeder Art Erbschaft ausgeschlossen wurden in dem Lande, welches jetzt Meißen heißt. Wenn dem so ist, so ward das Gesetz nicht für das Königreich Frankreich gegeben; auch kamen die Franzosen erst 421 Jahre nach dem Tode Pharamund's, des angeblichen Urhebers des salischen Gesetzes, in den Besitz des salischen Landes, denn dieser Pharamund starb im J. 426, und Karl der Große unterjochte die Sachsen und siedelte Franzosen jenseits der Sala an im J. 805. Ueberdies geht aus ihren eignen Geschichtschreibern hervor, daß König Pipin, welcher Childerich absetzte, als Nachkomme und Erbe Blithild's, der Tochter Chlothar's I, auf die französische Krone Anspruch erhob; auch Hugo Capet, welcher Karl von Lothringen, den einzigen männlichen Erben aus dem Stamme Karl's des Großen, vom Thron verdrängte, berief sich auf seine Abstammung von der Lady Lingard, der Tochter Karlmann's, eines Sohnes von Kaiser Ludwig, der ein Sohn war Karl's des Großen. König Ludwig der Zehnte*) ferner, dem man den Beinamen des Heiligen gegeben, ein Nachkomme der erwähnten Usurpators Hugo Capet, konnte sein Gewissen über den Besitz der französischen Krone nicht eher beruhigen, bis er unterrichtet und völlig überführt war, daß seine Großmutter Isabella in gerader Linie von der Lady Ermengard abstammte, der Tochter und Erbin des obengenannten Herzogs Karl von Lothringen, durch welche Heirath das Blut und der Stamm Karl's des Großen wiederum zum Thron und Scepter Frankreichs gelangte. So ist es denn klarer als das Sonnenlicht, daß das Recht König Pipin's, der Anspruch Hugo Capet's, der Besitz Ludwig's und aller französischen Könige bis auf den heutigen Tag von weiblichen Erben hergeleitet sind, obgleich man jetzt unter dem Vorgeben eines solchen erdichteten Gesetzes die Könige und Prinzen dieses Reiches England von ihrer rechtmäßigen Erbschaft ausschließen möchte. Der Erzbischof führte ferner aus dem Buch Numeri den Spruch an: Wenn ein Mann ohne Sohn stirbt, soll das Erbe auf seine Tochter übergehen. Nachdem er endlich genug gesagt zum Beweise für das Recht des Königs an die französische Krone, ermahnte er ihn, sein Banner zu erheben, um sein Erbe zu kämpfen, und nicht Blut, noch Feuer und Schwert zu schonen, da der Krieg gerecht, seine Sache gut und sein Anspruch ächt sei. Und zum Beweise, wie bereit und willig die treuen und gehorsamen Unterthanen geistlichen Standes seien, Seiner Majestät zu seinem alten guten Recht zu verhelfen, erklärte der Erzbischof, daß sie in ihrer geistlichen Convocation ihm eine solche Summe Geldes bewilligt, wie sie noch nie zuvor einem Fürsten geschenkt oder dargeliehen worden.

*) Es sollte heißen: Ludwig der Neunte. Shakespeare nahm den Irrthum unveränder in sein Stück hinüber.

„Als der Erzbischof seine wohl vorbereitete Rede beendigt hatte, erhob sich Rafe Nevil Graf von Westmoreland, der damals Lord Warden (Gouverneur) war in den Marken gegen Schottland. Er wußte wohl, daß der König vor Verlangen brannte, sein Recht in Frankreich wiederzugewinnen, und entschlossen war, den Krieg zu unternehmen, aber er hielt es für gut ihn zu bewegen, daß er erst mit Schottland beginnen möchte. Es würde, sagte er, ein Leichtes sein, dort eine Eroberung zu machen, und diese würde die gewünschte Unterjochung der Franzosen nicht wenig fördern. Er schloß seine Auseinandersetzung mit dem alten Sprüchwort: Wer da Frankreich will gewinnen, muß mit Schottland erst beginnen. Sehr vieles führte er an, um einerseits zu zeigen, wie nothwendig die Eroberung Schottlands sei, und andrerseits, wie triftigen Grund der König habe, sie zu versuchen; und wohl hoffte er den König und alle übrigen für seine Meinung zu stimmen.

„Doch nachdem er geschlossen, sprach der Herzog von Exeter, ein Onkel des Königs und überaus gelehrter und kluger Mann (sein Vater hatte ihn einst zum Priester bestimmt und nach Italien geschickt) gegen den Grafen von Westmoreland, und sagte umgekehrt, wer Schottland gewinnen wolle, müsse erst mit Frankreich beginnen. Denn wenn der König die Eroberung von Frankreich durchgesetzt, könne Schottland nicht lange widerstehen. Wo sollten die Schotten wol Staats- und Kriegskunst lernen, wenn sie nicht mehr ihre Erziehungsanstalt und hohe Schule in Frankreich hätten? In welche Lage müßte der schottische Adel gerathen, wenn die französischen Jahrgelder ausblieben? Nehmt darum Frankreich fort, und die Schotten werden bald zahm sein, denn Frankreich ist für Schottland dasselbe was für den Baum der Saft, ohne welchen er nothwendig verwelken und absterben muß.

„Kurz, der Herzog von Exeter brachte für seine Ansicht so dringende und bündige Gründe vor, daß am Schluß seiner Rede die ganze Versammlung in den Ruf ausbrach: Krieg, Krieg! Frankreich, Frankreich! Dadurch wurde die Bill in Bezug auf die Einziehung geistlicher Häuser ganz in Vergessenheit gebracht.

„Der Herzog von Exeter ging nun an der Spitze einer glänzenden Gesandtschaft nach Paris, um für Heinrich die Hand der Prinzessin Katharina und mit ihr die Abtretung Frankreichs zu verlangen. Er erhielt den Bescheid, daß man seine Erklärung durch eigne Gesandte nach England schicken werde. Bald darauf wurde der Erzbischof von Bourges mit dieser Gesandtschaft beauftragt und vom englischen König in Westminster empfangen.

„Zur anberaumten Zeit erschien der Erzbischof von Bourges vor dem

Könige, welcher auf seinem Throne saß, und sprach lange und beredt zum Lobe des Friedens und zur Abmahnung vom Krieg. Er bot dem Könige eine große Geldsumme, mit verschiedenen Ländereien (die allerdings nur unbedeutend und armselig waren) als Mitgift der Lady Katharina, unter der Bedingung daß er seine Armee auflöste und die Soldaten entließe, die er ausgehoben und in Kriegsbereitschaft gesetzt. Als seine Rede zu Ende war, ließ der König die Gesandten festlich bewirthen und wies ihnen Plätze an an seinem eigenen Tisch. Und Tags darauf ertheilte in derselben Halle der Erzbischof von Canterbury ihnen Antwort, und erklärte, wenn der französische König nicht die Herzogthümer Aquitanien, Anjou und alle andern Herrschaften, die ehemals Eigenthum der edlen Vorvordern des Königs von England gewesen, seiner Tochter als Heirathsgut mitgebe, so würde letzterer sein Heer nicht entlassen und von seinem Zuge nicht abstehn, sondern in aller Eile in Frankreich einfallen, das Volk niedermachen, das Land verwüsten und die Städte mit Blut, Feuer und Schwert verheeren, und nicht ruhen, bis er sein altes Recht wiederhergestellt und sein gesetzmäßiges Erbe in seinen Besitz gebracht. Der König bestätigte, daß der Erzbischof in seinem Sinne geredet, und gab sein fürstlich Wort darauf, darnach zu handeln bis zum Aeußersten.

„Der Erzbischof von Bourges, aufgebracht, daß seine Botschaft so wenig Beachtung fand, stieß in seiner Leidenschaft einige prahlerische Worte aus, da er sich mehr auf sein Prälatenthum zu gute hielt als es ihm geziemt hätte, wenn er bedachte, zu wem er sprach und was sich zu sagen schickte. Darnach bat er um freies Geleit für seine Reise. Dies gewährte ihm der König auf's freundlichste und fügte folgende Worte hinzu: Ich achte eure französischen Prahlereien gering, und noch geringer eure Macht und Stärke; mir ist vollkommen mein Recht auf mein Land bekannt, das ihr unbefugt euch anmaßt, und euch nicht minder, wenn ihr nicht die offenbare Wahrheit verleugnen wollt; wollt ihr es nicht kennen, so kennt es doch Gott und die Welt. Die Macht eures Herrn habt ihr mit Augen gesehn, aber von der meinigen habt ihr noch keine Probe erfahren. Wenn er ergebene Unterthanen hat, so bin ich, Gott sei Dank, nicht arm daran; und das sage ich euch, ehe ein Jahr vergeht, hoffe ich die höchste Krone eures Landes in den Staub zu beugen und dem stolzesten Bischofshut Demuth zu lehren. Inzwischen sagt dem Usurpator eurem Herrn dies: in drei Monaten will ich in Frankreich einziehn als in mein wahres und rechtmäßiges Erbe und es mein eigen machen, nicht mit ruhmredigen Worten, sondern mit Mannesthaten und der Gewalt des Schwertes, so mir Gott hilft, auf den ich all mein Vertrauen setze. Weiteres habe ich euch gegenwärtig nicht mitzutheilen, außer daß ihr meine Bürgschaft habt zu sichrer und ungefährdeter Rückkehr in euer Vaterland, wo ich euch früher zu besuchen gedenke als ihr Ursach haben sollt, mich willkommen zu heißen.

„Als König Heinrich seine Flotte mit Mannschaft, Kriegsbedarf und andern Vorräthen vollständig ausgerüstet hatte, und er wahrnahm, daß seine Hauptleute nichts so sehr verdroß als Säumniß, beschloß er die Truppen einzuschiffen und abzusegeln. Doch wie es sich so trifft, — in der Nacht vor dem Tage der Abfahrt erhielt er zuverlässige Kunde, daß Richard Graf von Cambridge, ein Bruder des Herzogs Eduard von York, und der Lord Schatzmeister Heinrich Lord Scroop von Masham, mit Thomas Grey, einem Ritter aus Northumberland, sich zu seinem Tode verbündet und verschworen hatten, weßhalb er sie verhaften ließ. Der besagte Lord Scroop stand beim Könige in solcher Gunst, daß er ihn mitunter zu seinem Bettgenossen nahm, und auf seine Treue baute er so unbedingt, daß er in jedem geheimen oder öffentlichen Rath viel auf seine Stimme gab. Denn in seiner Haltung lag so viel Würde, in seinem Betragen solche Bescheidenheit, in seiner Rede ein so gottseliger Eifer für die Tugend, daß Alles was er sagte, für ein untrügliches Richtmaß des Handelns galt. Diese Gefangenen gestanden in ihrem Verhör, daß sie vom französischen Könige eine große Geldsumme empfangen, um den König entweder lebendig in die Hand seiner Feinde zu liefern, oder ihn vor seiner Ankunft im Herzogthum Normandie zu ermorden. Als König Heinrich Alles gehört, was er wissen wollte, ließ er seinen ganzen Adel vor sich kommen und dann die Verbrecher vorführen, zu welchen er Folgendes sprach: Da ihr euch so verschworen habt, mich zu tödten und auszurotten, der ich das Haupt des Reichs und der Regierer des Volkes bin, so habt ihr ohne Zweifel auch das Verderben aller derjenigen, welche hier mit mir sind, und den Untergang eures eigenen Vaterlandes gelobt. Welchen Abscheu, o Gott! muß ein treues englisches Herz darüber empfinden, daß eure Nichtswürdigkeit euch so weit verführen konnte, einem fremden Feinde zu Gefallen eure Hände in euer Blut zu tauchen und euer eignes angestammtes Land zu Grunde zu richten! Ich suche keine Rache für meine Person, aber um eurer Sicherheit willen, meine theuren Freunde, und zum Schutz für alle Stände muß ich kraft meines Amtes ein Beispiel aufstellen. Begebt euch darum hinweg, ihr armen Elenden, und empfangt euren gerechten Lohn, und Gottes Majestät sei euch gnädig nach seiner Barmherzigkeit und eurer Reue um eure schweren Verbrechen. Darnach wurden sie sofort zur Hinrichtung abgeführt.

„Als diese Sache abgethan war, berief der König seine Lords wieder vor sich und sprach zu ihnen mit wenigen und anmuthigen Worten. Er stellte ihnen die Ehre und den Ruhm seiner Unternehmung dar, woran sie mit ihm Theil haben sollten, sprach das große Vertrauen aus, das er zu ihrem Edelsinn hegte, und erinnerte sie an die glorreichen Thaten ihrer Ahnen in Frankreich, deren Kunde zum Andenken für ewige Zeiten verzeichnet stehe. Gottes Barmherzigkeit habe ihm so gnädig den Verrath in seiner Nähe enthüllt, und dadurch zugleich die Treue derjenigen, welche er vor sich sehe, in so hellem Lichte erscheinen lassen, daß sie sich überzeugt halten könnten, er werde es nie vergessen. Die mögliche Gefahr sei nichts gegen die gewisse Ehre, die ihnen winke, und er selbst wolle, wie sie sähen, in eigner Person mit Gottes Beistand ihr Feldherr und Führer sein. Wie der Allwissenheit des Höchsten die Gerechtigkeit seiner Sache bekannt sei, so stelle er seiner Barmherzigkeit allein den Ausgang seines Kriegszuges anheim. Als er ausgeredet, knieten alle Anwesenden nieder und gelobten, ihm zu folgen bis in den Tod.

„Wie nun der Wind günstig wurde, ließ der König die Anker lichten und die Segel spannen, stach mit 1000 Schiffen am heiligen Abend vor Mariä Himmelfahrt in See, und landete ohne Widerstand bei Caux, da wo der Fluß Seine sich in's Meer ergießt. Sobald er an's Land kam, erließ er eine Proclamation, daß niemand bei Todesstrafe es wagen sollte, Kirchen-Eigenthum zu entwenden oder gegen Priester, Frauen und Unbewaffnete und Wehrlose Gewalt zu üben, auch daß niemand einen Streit beginnen sollte, woraus dem Heere Beunruhigung erwachsen könnte.

„Den folgenden Tag zog er nach der Stadt Harfleur, welche zwischen zwei Bergen an der Seine liegt, und schloß sie auf allen Seiten mit Bollwerken und Schanzen ein, in welche er die beiden Grafen von Kent und Huntington, mit Cornwall, Gray, Steward und Porter legte. Auf der Seeseite stand der König selbst mit seinen Truppen, und auf der entgegengesetzten Seite nach Rouen der Herzog von Clarence. In der Stadt befanden sich die Herren de Louteuil, Gaucourt u. a., welche nichts versäumten, die Belagerung abzuschlagen und dem Feinde Schaden zu thun; sie dämmten den Fluß ab, welcher durch die Stadt strömt, und das Wasser stieg zwischen dem Lager des Königs und dem des Herzogs von Clarence so hoch, daß die Engländer genöthigt waren, ihr Geschütz von einer Seite zurückzuziehen.

„Der französische König sandte auf die Nachricht, daß König Heinrich an jener Küste gelandet sei, in aller Eile den Connetable de la Breth, den Seneschall von Frankreich, den Marschall Boucicquault, den Seneschall von Henault, den Fürsten Ligny u. a., auf der ganzen Seegränze die Städte mit Mannschaft, Lebensmitteln und Geschütz zu versehen. Da sie hörten, daß Harfleur belagert wurde, kamen sie nach dem Schlosse Caudebec in der Nähe der Stadt, um den Belagerten mit List oder Gewalt zu Hülfe zu kommen, aber ihnen und Allem, was sie thun konnten, zum Trotz durchstreiften die Engländer das Land, plünderten die Dörfer und brachten manche reiche Beute in's Lager zurück. Die Stadt wurde täglich berannt, denn der Herzog von Gloster, welchem die Leitung der Belagerung anvertraut war, legte drei unterirdische Minen an, näherte sich den Mauern mit seinen Maschinen und Geschützen, und ließ den Belagerten keinen Augenblick Ruhe.

„Endlich, da der König von Frankreich sich außer Stande erklärte, die Stadt zu entsetzen, ergab sie sich an die Engländer. König Heinrich war nun Anfangs Willens, zur Eroberung anderer Städte und Festungen vorzugehn; da es jedoch in den Winter ging, beschloß er in Uebereinstimmung mit seinem Staatsrath, in aller möglichen Eile aufzubrechen und zu Lande nach Calais zu marschiren, damit seine Heimkehr in solcher Zeit nicht von bösen Zungen eine Flucht genannt würde. Doch wurde dieser Marsch als gefährlich anerkannt, da die Zahl seiner Truppen durch die Ruhr und andre Fieberkrankheiten, welche über 1500 Leute hinrafften, sehr vermindert worden, was denn auch der Grund war, den Rückmarsch um so früher anzutreten.

„Als der französische König erfuhr, daß die Stadt Harfleur erobert und der König von England auf dem Marsch in's Innere von Frankreich war, sandte er Proclamationen aus, brachte von allen Seiten Truppen auf und übergab den Oberbefehl an seinen Sohn den Dauphin und Herzog von Aquitanien, welcher sofort die Brücken abbrechen und die Uebergänge besetzen ließ. Auch wurden Getreide und Lebensmittel überall fortgeschafft oder vernichtet, wo man die Engländer erwartete. Doch der englische König ließ sich dadurch nicht stören, sondern setzte seinen Marsch mitten durch feindliches Land fort, zwang die Einwohner von Städten und Burgen zu Lieferungen, und zeigte sich den Feinden so schrecklich, daß sie es nicht wagten, ihm eine Schlacht anzubieten.*) Zwischen Corbie und Peronne ging er auf einer bis dahin unbekannten Furth über die Somme und gedachte nun rasch auf Calais zu ziehn, unter möglichster Vermeidung einer Schlacht, da sein Heer durch Krankheit so sehr zusammengeschmolzen war, daß er nur 2000 Reiter und 13,000 Bogenschützen, Hellebardiere und sonstiges Fußvolk übrig hatte. Die Truppen litten großen Mangel, da die Feinde vor ihrer Ankunft alles Getreide vernichtet hatten; Ruhe fanden sie keine, da sie beständig alarmirt wurden; bei Tage regnete es, bei Nacht fror es, an Brennholz war großer Mangel, an Ruhr großer Ueberfluß; Geld hatte man genug, aber es war nichts dafür zu haben. Doch bei all dieser großen Noth wurde das arme Volk des Landes nicht geplündert, auch nichts ohne Zahlung genommen, und keine Ausschreitung verübt, außer in einem Fall, wo ein Soldat aus einer Kirche eine Monstranz entwandte, was den König

*) Die von Holinshed mitgetheilten kleinen Scharmützel, namentlich das bei Corbie zwischen Bromley und Bourchier, können wir füglich übergehen, da Shakespeare keinen Gebrauch von ihnen gemacht hat.

so aufbrachte, daß er sich nicht fortrührte, bis die Büchse wieder zurückgestellt, und der Schuldige gehenkt war.

„Der französische König, welcher sich zu Rouen befand, als er die Nachricht vom Uebergange der Engländer über die Somme erhielt, war darüber nicht wenig betroffen und versammelte seinen Rath, fünfunddreißig an Zahl um zu berathschlagen, was zu thun sei. Davon waren dreißig Eines Sinns, daß man den Engländern eine Schlacht bieten müsse, fünf stimmten für das Gegentheil, aber die Mehrheit entschied. So wurde denn Montjoie der Wappenkönig abgesandt, dem englischen Könige als dem Feinde Frankreichs eine Herausforderung zu überbringen und anzuzeigen, daß er sich in kurzem auf eine Schlacht gefaßt zu machen habe. König Heinrich antwortete mit Bedacht: Mein Vorhaben ist zu thun, wie es Gott gefällt. Ich will euern Herrn in diesem Augenblick nicht aufsuchen, wenn er oder die Seinigen aber mich aufsuchen, will ich, so Gott will, ihnen begegnen. Versucht es einer eurer Nation, mich auf meinem jetzigen Marsche nach Calais aufzuhalten, so geschieht es auf seine Gefahr, und doch wünschte ich, daß mich niemand vorwitziger Weise nöthigte, euren dunkeln Boden mit eurem rothen Blut zu färben. Nach diesen Worten gab er dem Herold einen fürstlichen Lohn und verabschiedete ihn.

„Als der Herold mit dieser Antwort zurückgekehrt war, erließ man sofort auf französischer Seite einen Aufruf, daß alle Kriegsleute sich zum Connetable zu begeben hätten, um gegen den König von England zu fechten. Darauf zogen alle Waffenfähigen und Ehrbegierigen in's Feld. Auch der Dauphin wünschte sehr am Kampfe theilzunehmen, doch sein Vater untersagte es ihm. Ebenso wäre Graf Philipp von Charolois gern dabei gewesen, wenn sein Vater der Herzog von Burgund es geduldet hätte. Viele von seinen Leuten entwichen heimlich zu den Franzosen. Auf die Nachricht daß die Franzosen sich näherten, und daß noch ein andrer Fluß auf einer Brücke zu überschreiten sei, schickte der englische König, um der Abbrechung der Brücke zuvorzukommen, einige Hauptleute voraus, um sie bis zu seiner Ankunft zu besetzen. Diese fanden die Franzosen bereits mit dem Abbrechen beschäftigt, griffen sie aber mit solchem Ungestüm an, daß sie sie gänzlich niederwarfen und theils gefangen nahmen, theils tödteten; so wurde die Brücke erhalten, und der König ging mit der ganzen Armee hinüber. Das geschah am 22. October. Der Herzog von York, welcher die Vorhut führte, zog dann mit seinen Leuten auf die Höhe eines Berges und schickte Kundschafter aus, welche ihm anzeigten, daß ein großes Heer Franzosen in nächster Nähe sei und gegen sie anrücke. Der Herzog setzte davon den König in Kenntniß, und dieser, ohne alle Furcht oder Unruhe, ließ die Truppen halten, welche er selbst führte, und ritt sogleich voraus, die Feinde in Augenschein zu nehmen, und als er das gethan, kehrte er zu seinen Leuten zurück, hieß sie mit heitrer Miene sich in Schlachtordnung stellen, wies jedem Hauptmann seinen Platz an, und blieb so stehen, bis die Nacht einbrach, worauf er beschloß, einen Lagerplatz zu suchen. Die Hauptführer der französischen Streitmacht waren folgende: der Connetable von Frankreich, der Marschall, der Admiral, der Befehlshaber der Armbrustschützen Rambures, und andre vom französischen Adel. Sie pflanzten ihre Standarten und Banner in der Grafschaft St. Paul auf, auf dem Gebiet von Agincourt, und hatten in ihrem Heer, wie einige berichten, allein 60,000 Mann zu Pferde, das Fußvolk und den Troß nicht eingerechnet.

„Sie lagen gerade auf dem Wege, den die Engländer nach Calais nehmen mußten, und brachten die ganze Nacht nach ihrer Ankunft in großem Jubel, unter Spiel, Scherz und Lustigkeit zu. Auch die Engländer ihrerseits waren guten Muths und keineswegs niedergeschlagen, so sehr sie auch durch Hunger, Ermüdung und Erkältungskrankheiten litten Sie versöhnten sich durch Beichte und Abendmahl mit Gott, dem einzigen Geber des Siegs, und waren entschlossen, lieber zu sterben als sich zu ergeben oder zu fliehen. Der folgende Tag war der 25. October des Jahres 1415, damals ein Freitag und das Fest des Crispin und Crispinian, ein schöner und glücklicher Tag für die Engländer, aber traurigen und unseligen Andenkens für die Franzosen.

„Am Morgen bildeten die französischen Führer drei Heeresabtheilungen; im Vordertreffen sah man 8000 Helme von Rittern und Knappen, 4000 Schützen und 1500 mit Armbrüsten, unter Führung des Connetables de la Breth, bei dem sich die Herzoge von Orleans und Bourbon, die Grafen von Eu und Richmond, der Marschall Bouciquault, der Befehlshaber der Armbrustschützen, der Admiral Dampierre u. a. befanden. Das Mitteltreffen war ebenso stark, und stand unter dem Befehl der Herzoge von Bar und Alençon, der Grafen Nevers, Vaudemont, Blamont, Salinges, Grandpré und Cussy.

„König Heinrich schickte insgeheim 200 Bogenschützen nach einer niedrig gelegenen Wiese in der Nähe der feindlichen Vorhut, aber von dieser durch einen breiten Graben getrennt, und befahl ihnen, sich still zu verhalten, bis sie ein Zeichen erhielten, die Feinde zu beschießen. Zum Befehlshaber seiner Vorhut ernannte er den Herzog Eduard von York, welcher hohen Muthes selbst um diesen Posten gebeten. Unter ihm standen die Lords Beaumont, Willoughby und Fanhope, und diese Heeresabtheilung bestand ganz aus Bogenschützen. Das Mitteltreffen, aus Hellebardieren gebildet, befehligte der König selbst, mit seinem Bruder dem Herzog von Gloster und den Grafen Marshall, Oxford und Suffolk. Der Herzog von Exeter, ein Oheim des

Königs, führte den Nachtrab, gemischt aus Hellebardieren und Bogenschützen. Die Reiter standen gleich Flügeln auf jeder Seite des Heers.

„Als Alles so geordnet war, rief der König Hauptleute und Soldaten um sich und hielt an sie eine würdevolle Ansprache, worin er sie ermahnte, sich als Männer zu bewähren und so einen glorreichen Sieg zu gewinnen. Darauf dürften sie um so zuversichtlicher hoffen, wenn sie der gerechten Sache eingedenk wären, für welche sie föchten, und sich erinnerten, daß sie es mit demselben kleinmüthigen Volk zu thun hätten, das ihre Vorfahren so oft überwunden. Kurz, er sprach viele kraftvolle Worte, um ihren Mannesmuth zu beleben, und gab ihnen die Versicherung, England sollte nie für ihn ein Lösegeld zu zahlen haben, und kein Franzose über ihn als Gefangenen triumphiren, denn entweder durch ehrenvollen Tod oder durch rühmlichen Sieg wolle er mit Gottes Gnade Ruhm und Ehre gewinnen. Man erzählt, daß er einen im Heer zu einem andern sagen hörte: Wollte Gott, es wären jetzt mit uns so viele gute Soldaten als es in dieser Stunde in England giebt! und daß er darauf antwortete: Ich möchte keinen einzigen Mann mehr herbeiwünschen als ich habe; wir sind zwar wenige im Vergleich mit den Feinden, aber wenn Gott in seiner Huld, wie ich vertraue, mit uns und unsrer gerechten Sache ist, wird uns Alles wohl gelingen. Niemand aber schreibe den Sieg unsrer Stärke und Macht zu, sondern einzig dem Beistande Gottes, welchem wir, wie ich nicht zweifle, gebührenden Dank dafür werden abzutragen haben.

„Während der König noch so redete, konnten beide Heere, welche sich nun offen gegenüberstanden, ihren Haß nicht zurückhalten, und Alles rief: Vorwärts, vorwärts! die Herzoge Clarence, Gloster und York waren derselben Meinung, aber der König zauderte noch eine Weile aus Besorgniß, irgend eine Gefahr nicht bedacht zu haben. Die Franzosen inzwischen stimmten, als ob sie des Sieges sicher wären, ein großes Triumphiren an, denn ihre Hauptleute hatten schon im voraus die Vertheilung der Beute bestimmt, und die Soldaten in der Nacht vorher um die Engländer gewürfelt. Die Edelleute hatten sich einen Wagen ausgedacht, worauf sie den gefangenen König im Triumph nach Paris führen wollten, und riefen den Soldaten zu: Frisch auf und eilt zu Ruhm, Ehre und Beute! wenig ahnend (das weiß Gott) wie bald ihre Prahlereien weggeblasen werden sollten.

„Hier können wir es nicht mit Stillschweigen übergehn, wie die Franzosen in ihrer Ausgelassenheit an König Heinrich einen Herold schickten, um zu fragen, welches Lösegeld er biete. Er antwortete darauf, er hoffe, daß in zwei bis drei Stunden die Franzosen froh sein würden, mit den Engländern um ihr Lösegeld zu verhandeln, statt umgekehrt; er für seine Person gebe das Versprechen, daß eher sein todter Leichnam eine Beute der Franzosen sein als sein lebendiger Leib Lösegeld zahlen sollte."

Sir Thomas Erpingham gab durch Aufwerfen eines Kommandostabes (warder) das Zeichen zum Angriff. Der Kampf blieb drei Stunden lang ohne vollständige Entscheidung, bis er sich auf die Seite der Engländer neigte. „Während die Schlacht noch tobte, die Engländer aber schon viele Gefangene gemacht hatten, kam es zu den Ohren einiger Franzosen, die beim Fliehen allen voran gewesen, unter ihnen Robinet von Borneville, Rifflart von Clamas, Isambert von Agincourt u. a., im Ganzen 600 Rittersleute zu Pferde, daß die englischen Zelte ein gutes Stück von der Armee ohne hinlängliche Bedeckung standen, und sei es Beutelust oder Rachsucht, sie überfielen das Lager des Königs, plünderten die Zelte, brachen Kisten und Kasten auf und machten die Knechte nieder, welche Widerstand leisteten. Als das Geschrei der Knechte und Buben, welche vor den Plünderern flohen, dem König zu Ohren kam, fürchtete er, daß die Feinde sich zu neuem Kampf sammelten, und in der Besorgniß, daß die Gefangenen ihnen helfen und ihren Hütern die gefährlichsten Feinde werden könnten, ließ er gegen seine gewohnte Milde bei Trompetenschall ausrufen, daß jeder bei Todesstrafe sofort seinen Gefangenen erschlagen sollte. Als dieser grausame Befehl verkündigt war, war es kläglich anzusehn, wie einige Franzosen plötzlich mit Dolchen niedergestochen, andern mit Streitäxten oder Keulen der Schädel eingeschlagen, noch andern die Kehle abgeschnitten oder der Bauch aufgeschlitzt wurde, so daß in der That, im Verhältniß zu ihrer großen Zahl, wenig Gefangene am Leben blieben.'

„Nach Beendigung dieses traurigen Gemetzels stellten sich die Engländer von neuem in Schlachtordnung und warfen sich mit großer Gewalt auf die Grafen von Marle und Faulconbridge und die Herren von Luraie und Thine, welche mit 600 Rittern sich den ganzen Tag gehalten hatten, aber jetzt im Nu übergerannt und niedergemacht wurden. Einige Schriftsteller erzählen, daß der König an einer Stelle die Feinde sich sammeln sah, als ob sie zur Rettung der Gefangenen die Schlacht erneuern wollten, und ihnen durch einen Herold sagen ließ, sie sollten entweder abziehn oder sich sofort zum Kampf stellen; im letzteren Falle würden nicht nur die schon gemachten Gefangenen, sondern auch alle, die in dem neuen Kampf in seine Hände fielen, unwiderruflich des Todes sterben. Diese furchtbare Drohung bewog die Franzosen, ohne weitern Verzug das Feld zu räumen. Und so ließ der König um vier Uhr Nachmittags, als er keine Feinde mehr sah, zum Rückzug blasen, versammelte das Heer auf einem Platz und brachte dem allmächtigen Gott Dank für einen so glücklichen Sieg, wobei er seine Prälaten und Kapläne den Psalm In exitu Israel de Aegypto singen und alle Soldaten bei dem Verse niederknieen ließ: Non nobis, domine, non nobis, sed nomini tuo da gloriam. Hierauf befahl er das Te deum anzustimmen und gab Gott Lob und Preis, statt sich seiner eignen Kraft oder irgend welcher menschlichen Macht zu rühmen.

„Am Morgen kam Montjoie der Wappenkönig und noch vier andere französische Herolde zum König, um die Zahl der Gefangenen zu erfahren und Bestattung der Todten zu erbitten. Bevor er ihnen Antwort gab, fragte er sie, warum sie diese Bitte an ihn thäten, da er nicht wüßte, ob der Sieg sein sei oder ihrer. Als Montjoie zum hohen Lobe des Königs diesen Zweifel aufrichtig und wahrheitsgemäß gehoben hatte, fragte letzterer ihn nach dem Namen der benachbarten Burg, und als er hörte, daß sie Agincourt heiße, sagte er: So soll dieser Kampf den Namen Schlacht bei Agincourt führen. Er bewirthete die französischen Wappenherolde und ließ sie nach Wunsch das Feld nach Erschlagenen durchsuchen. Mit ihnen gingen auch Engländer, welche manche leichter Verwundete als Gefangene in ihre Zelte brachten. Und als der König sich und seine Truppen hinlänglich erfrischt hatte, brach er mit den Gefangenen in guter Hoffnung nach seiner Stadt Calais auf.

„Unter den Gefangenen befand sich der Herzog Karl von Orleans, ein Neffe des französischen Königs, der Herzog Johann von Bourbon, der Marschall Bouciquault (welcher später in England starb) und viele andere Herren und Ritter, mindestens 1500 außer dem gemeinen Volk. Gefallen waren auf französischer Seite etwa 10,000, darunter 126 Fürsten und Edelleute, welche Banner führten; außerdem 8400 vom Ritterstande (500 davon in der Nacht vor der Schlacht zu Rittern geschlagen), von Leuten niederen Standes nicht mehr als 1600. Die vornehmsten unter den Gebliebenen waren folgende: der Connetable Karl de la Breth, der Admiral Jaques de Chatillon Seigneur von Dampierre, der Führer der Armbrustschützen Seigneur de Rambures, der Großmeister von Frankreich Guichard Dauphin, der Herzog Johann von Alençon, Herzog Anton von Brabant, Bruder des Herzogs von Burgund, Herzog Eduard von Bar, der Graf von Nevers (ein zweiter Bruder des Herzogs von Burgund), nebst den Grafen von Marle, Baudemont, Beaumont, Grandpré u. s. w.

„Auf englischer Seite fielen der Herzog Eduard von York, der Graf von Suffolk, Sir Richard Kikely, und Davy Gamme Esquire, und außer diesen, wie einige erzählen, im Ganzen nicht mehr als 25 Menschen; doch andre glaubwürdigere Geschichtschreiber geben die Zahl der Todten auf 5 bis 600 an."

Den Empfang des Königs in London berichtet Holinshed so: „Der Mayor und die Aldermen von London, in Scharlach gekleidet, und 400 Bürger in dunkelrother Tracht, alle wohlberitten und mit reichem Geschirr, zogen dem König bis Blackheath entgegen; und die Geistlichkeit von London, mit reichen Kreuzen, kostbaren Chorröcken und massiven Rauchfässern empfing ihn in feierlichem Aufzuge bei St. Thomas of Waterings. Der König, würdevoll und besonnen wie er war, und stets dessen eingedenk, der ihm den Sieg verliehen, schien das für ihn veranstaltete Triumphgepränge wenig zu beachten und duldete es nicht, daß ihm sein Helm vorgetragen wurde, an welchem das Volk die Schläge und Beulen hätte sehn können, die er empfangen, auch gestattete er es nicht, Lieder auf seinen glorreichen Sieg zu singen, wollte vielmehr, daß nur Gott allein Preis und Dank dafür empfangen sollte."

Was sich hier zunächst bei Holinshed anschließt, die Friedensvermittelung des Kaisers Sigismund, die innern Zwistigkeiten in Frankreich, den Fortgang der kriegerischen Unternehmungen erst unter Bedfords, seit 1417 unter König Heinrich's eigner Führung, hat Shakespeare kaum andeutungsweise in sein Drama verwebt. Wir gehen deshalb sogleich zu der durch den Herzog von Burgund vermittelten Zusammenkunft der beiden Könige zu Meulan über.

„Als der festgesetze Tag, welches der letzte Mai war, heran kam, betrat der englische König den für ihn abgesteckten, mit Schranken eingeschlossenen Grund, auf welchem seine Zelte mit fürstlicher Pracht aufgeschlagen waren; in seiner Begleitung befanden sich seine Brüder, die Herzoge von Clarence und Gloster, seine Oheime, der Herzog von Exeter und der spätere Bischof von Winchester und Kardinal Heinrich Beaufort, die Grafen von March, Salisbury u. a., im Ganzen 1000 Rittersleute. Von französischer Seite erschien die Königin Isabella statt der Königs, welcher in seine Geisteskrankheit zurückgefallen war, begleitet vom Herzog von Burgund und Grafen von Saint Paul; auch befand sich in ihrer Gesellschaft ihre Tochter, die schöne Prinzessin Katharina mit sechsundzwanzig Edelfrauen und Fräuleinen; und ihr wie dem englischen Könige folgten 1000 Kriegsleute. Die Prinzessin Katharina war von ihrer Mutter nur zu dem Zwecke mitgebracht worden, daß der König von England ihre ausgezeichnete Schönheit gewahren und von Liebe zu ihr entbrennen möchte; dann, hoffte man, würde er im Verlangen, sie zum Weibe zu haben, sich desto eher zu einem billigen Frieden und Vergleich verstehn. Aber obgleich man zu acht verschiedenen Malen zusammenkam und viele Worte wechselte, gelangte man doch zu keinem Abschluß, und beide Theile nahmen nach fürstlicher Sitte Abschied von einander und begaben sich von dannen, die Engländer nach Mante, die Franzosen nach Pontoise. Das einzige Ergebniß der Zusammenkunft und Besprechung war ein Funke brennender Liebe, der sich in des Königs Herzen beim Anblick der Prinzessin Katharina entzündet hatte."

Erst neue Verhandlungen und eine wiederholte Zusammenkunft in Troyes hatten einen Frieden zur Folge, in welchem die Vermählung Heinrich's mit Katharina und seine Einsetzung zum Erben des französischen Königs stipulirt wurden.

Die in den Einleitungen zu Heinrich dem Vierten bereits erwähnten Famous Victories of Henry the Fift schließen sich der Holinshedschen Darstellung noch enger an als es Shakespeare thut, z. B. in dem Umstande, daß der Dauphin auf Befehl seines Vaters dem Kampfe fern bleibt, und daß die erste Friedensverhandlung zwischen den Königen erfolglos ist. Im Uebrigen ist das Verhältniß dieses Stücks zum vorliegenden Drama dasselbe wie zu dem vorhergehenden. Daß Shakespeare es kannte und es nicht verschmähte, Einzelnes daraus zu benutzen, freilich in solcher Weise, daß es sein volles Eigenthum wurde, gilt hier wie bei Heinrich IV. So würde die Scene zwischen Pistol und dem Monsieur le Fer vielleicht nicht entstanden sein, wenn nicht ein ähnlicher Auftritt in den Famous Victories zwischen Derick, der komischen Figur des Stücks, und einem englisch radebrechenden Franzosen, die sich gegenseitig in Feigheit und List überbieten, das Beispiel dazu gegeben hätte. Auch fand Shakespeare dort den Zug, daß der Dauphin, welcher im Kampf am wenigsten leistet, im Kriegsrath am übermüthigsten und prahlendsten seine Verachtung der Engländer ausspricht. Aber Alles ist in dem ältern Stück so roh und ungeschlacht, daß sich kaum eine Zeile darin findet, welche, unverändert in den Shakespeareschen Text übertragen, sich nicht wie ein Schmutzfleck auf einem reinen Gewande ausnehmen würde.

König Heinrich der Fünfte.

Personen:

König Heinrich der Fünfte.

Herzog von Gloster, | Brüder des Königs.
Herzog von Bedford, |

Herzog von Exeter, Oheim des Königs.

Herzog von York, Vetter des Königs.

Graf von Salisbury.

Graf von Westmoreland.

Graf von Warwick.

Erzbischof von Canterbury.

Bischof von Ely.

Graf von Cambridge, |
Lord Scroop, | Verschworne gegen den König.
Sir Thomas Grey, |

Sir Thomas Erpingham, |
Gower, |
Fluellen, | Officiere in Heinrich's Armee.
Macmorris, |
Jamy, |

Bates, Court, Williams, Soldaten in derselben.

Nym, Bardolph, Pistol, ehemals Bediente Fallstaff's, jetzt ebenfalls Soldaten in derselben.

Ein Bursch, der sie bedient.

Carl der Sechste, König von Frankreich.

Louis, der Dauphin.

Herzog von Burgund.

Herzog von Orleans.

Herzog von Bourbon.

Der Connetable von Frankreich.

Rambures und Grandpré, französische Edelleute.

Befehlshaber von Harfleur.

Montjoie, ein französischer Herold.

Gesandte an den König von England.

Isabelle, Königin von Frankreich.

Katharina, Tochter Carl's und Isabellens

Alice, ein Fräulein im Gefolge der Prinzessin Katharina.

Wirthin Hurtig, Pistol's Frau.

Herren und Frauen von Adel, Officiere, Französische und Englische Soldaten, Boten und Gefolge.

(Die Scene ist anfangs in England, nachher ununterbrochen in Frankreich.)

Chorus (tritt ein).

O eine Feuermuse, die hinan
Den hellsten Himmel der Erfindung stiege!
Ein Reich zur Bühne, Prinzen drauf zu spielen,
Monarchen, um der Scene Pomp zu schaun!
Dann käm', sich selber gleich, der tapfre Heinrich
In Marsgestalt; wie Hund' an seinen Fersen
Gekoppelt würde Hunger, Feu'r und Schwert
Um Dienst sich schmiegen. Doch verzeiht, ihr Theuren
Dem schwunglos seichten Geiste, der's gewagt,
Auf dieß unwürdige Gerüst zu bringen
Solch großen Vorwurf. Diese Hahnengrube
Faßt sie die Ebnen Frankreichs? stopft man wohl
In dieses O von Holz die Helme nur,
Wovor bei Azincourt die Luft erbebt?
O so verzeiht, weil ja in engem Raum
Ein krummer Zug für Millionen zeugt;
Und laßt uns, Nullen dieser großen Summe,
Auf eure einbildsamen Kräfte wirken.
Denkt euch im Gürtel dieser Mauern nun
Zwei mächt'ge Monarchien eingeschlossen,
Die, mit den hocherhobnen Stirnen dräuend,
Der furchtbar enge Ocean nur trennt,
Ergänzt mit den Gedanken unsre Mängel,
Zerlegt in tausend Theile einen Mann,
Und schaffet eingebild'te Heereskraft.

Denkt, wenn wir Pferde nennen, daß ihr sie
Den stolzen Huf seht in die Erde prägen.
Denn euer Sinn muß unsre Kön'ge schmücken:
Bringt hin und her sie, überspringt die Zeiten,
Verkürzet das Ereigniß manches Jahrs
Zum Stundenglase. Daß ich dieß verrichte,
Nehmt mich zum Chorus an für die Geschichte,
Der als Prolog euch bittet um Geduld;
Hört denn und richtet unser Stück mit Huld.

Erster Aufzug.

Erste Scene.

London. Ein Vorzimmer im Palast des Königs.

(Der Erzbischof von Canterbury und Bischof von Ely treten auf.)

Canterbury.

Mylord, ich sag' euch, der Gesetz-Entwurf
Wird jetzt betrieben, der im elften Jahr
Von der Regierung des verstorbnen Königs
Beinahe wider uns wär' durchgegangen,
Wenn die verworrne, unruhvolle Zeit
Aus weitrer Frage nicht verdrängt ihn hätte.

Ely.

Doch sagt, Mylord, wie wehrt man jetzt ihn ab?

Canterbury.

Man muß drauf denken. Geht er durch, so büßen
Wir unsrer Güter bess're Hälfte ein.
Denn all' das weltlich' Land, das fromme Menschen
Im Testament der Kirche zugetheilt,
Will man uns nehmen; nämlich so geschätzt:
So viel, um für des Königs Staat zu halten
An funfzehn Grafen, funfzehnhundert Ritter,
Sechs tausend und zwei hundert gute Knappen;
Zum Trost für Sieche dann und schwaches Alter,

Für dürft'ge Seelen, leiblich unvermögend,
Ein hundert wohlbegabte Armenhäuser;
Und sonst noch, in des Königs Schatz, des Jahrs
Ein tausend Pfund: so lautet der Entwurf.

Ely.

Das wär' ein starker Zug.

Canterbury.

Der schlänge Kelch und Alles mit hinab.

Ely.

Allein wie vorzubeugen?

Canterbury.

Der König ist voll Huld und milder Rücksicht.

Ely.

Und ein wahrhafter Freund der heil'gen Kirche.

Canterbury.

Sein Jugendwandel zwar verhieß es nicht.
Doch kaum lag seines Vaters Leib entseelt,
Als seine Wildheit auch, in ihm ertödtet,
Zu sterben schien: ja in dem Augenblick
Kam bess're Ueberlegung wie ein Engel,
Und peitscht' aus ihm den sünd'gen Adam weg,
Daß wie ein Paradies sein Leib nun blieb,
Das Himmelsgeister aufnimmt und umfaßt.
Nie ward so schnell ein Zögling noch gebildet:
Nie hat noch Besserung mit einer Flut
So raschen Stromes Fehler weggeschwemmt,
Und nie hat hydraköpf'ger Eigensinn
So bald den Sitz verloren, und mit eins,
Als jetzt bei diesem König.

Ely.

Die Umwandlung ist segensvoll für uns.

Canterbury.

Hört ihn nur über Gottsgelahrheit reden,
Und, ganz Bewundrung, werdet ihr den Wunsch
Im Innern thun, der König wär' Prälat;
Hört ihn verhandeln über Staatsgeschäfte,
So glaubt ihr, daß er einzig das studirt;

Horcht auf sein Kriegsgespräch, und grause Schlachten
Vernehmt ihr vorgetragen in Musik.
Bringt ihn auf einen Fall der Politik,
Er wird desselben gord'schen Knoten lösen,
Vertraulich wie sein Knieband; daß, wenn er spricht,
Die Luft, der ungebundne Wüstling, schweigt.
Und stumm Erstaunen lauscht in Aller Ohren.
Die honigsüßen Sprüche zu erhaschen,
So daß des Lebens Kunst und praktisch Theil
Der Meister dieser Theorie muß sein.
Ein Wunder, wie sie Seine Hoheit auflas,
Da doch sein Hang nach eitlem Wandel war,
Sein Umgang ungelehrt, und roh und seicht,
Die Stunden hingebracht in Saus und Braus,
Und man nie ernsten Fleiß an ihm bemerkt,
Auch kein Zurückziehn, keine Sonderung
Von freiem Zulauf und von Volksgewühl.

Ely.

Es wächst die Erdbeer' unter Nesseln auf,
Gesunde Beeren reifen und gedeihn
Am besten neben Früchten schlechtrer Art;
Und so verbarg der Prinz auch die Betrachtung
Im Schleier seiner Wildheit; ohne Zweifel
Wuchs sie wie Sommergras bei Nacht am schnellsten,
Das ungesehn doch kräft'gen Wachsthum hat.

Canterbury.

Es muß so sein, denn Wunder giebt's nicht mehr,
Deßhalb muß man die Mittel eingestehn,
Wie was zu Stande kommt.

Ely.

Doch, bester Lord,
Was nun zu thun zur Mildrung dieses Vorschlags,
Den die Gemeinen thun? Ist Seine Majestät
Für oder wider?

Canterbury.

Er scheint unbestimmt,

Doch neigt er mehr auf unsre Seite sich,
Als daß er wider uns den Antrag fördert.
Denn ein Erbieten that ich Seiner Majestät
Auf unsre geistliche Zusammenrufung,
Und in Betracht von jetzt vorhandnen Gründen,
Die Seiner Hoheit näher ich eröffnet,
Anlangend Frankreich: eine größre Summe
Zu geben, als die Geistlichkeit noch je
Auf einmal seinen Vorfahr'n ausgezahlt.

Ely.

Wie nahm man dieß Erbieten auf, Mylord?

Canterbury.

Sehr wohl, auf Seiten Seiner Majestät,
Nur war nicht Zeit genug, um anzuhören
(Was Seine Hoheit, merkt' ich, gern gethan,)
Das Näh're und die klare Ableitung
Von seinem Recht an ein'ge Herzogthümer,
Und überhaupt an Frankreichs Kron' und Land
Von Eduard, seinem Aeltervater, her.

Ely.

Was war die Hindrung, die dieß unterbrach?

Canterbury.

Den Augenblick bat Frankreichs Abgesandter
Gehör sich aus; die Stund' ist, denk' ich, da,
Ihn vorzulassen. Ist es nicht vier Uhr?

Ely.

Ja.

Canterbury.

Gehn wir hinein, die Botschaft zu erfahren,
Die ich jedoch gar leichtlich rathen wollte,
Eh der Franzose noch ein Wort gesagt.

Ely.

Ich folg' euch, mich verlangt sie anzuhören. (Ab.)

Zweite Scene.

Ein Audienzsaal im Palast.

(König Heinrich, Gloster, Bedford, Exeter, Westmoreland und Gefolge.)

König Heinrich.

Wo ist der würd'ge Herr von Canterbury?

Exeter.

Nicht gegenwärtig.

König Heinrich.

Sendet nach ihm, Oheim.

Westmoreland.

Mein König, soll man den Gesandten rufen?

König Heinrich.

Noch nicht, mein Vetter; Dinge von Gewicht
Betreffend uns und Frankreich, liegen uns
Im Sinne, über die wir Auskunft wünschen,
Eh wir ihn hören.

(Der Erzbischof von Canterbury und Bischof von Ely treten auf.)

Canterbury.

Gott sammt seinen Engeln
Beschirme euren heil'gen Thron, und gebe,
Daß ihr ihn lange ziert.

König Heinrich.

Wir danken euch.
Wohlan, wir bitten, mein gelehrter Herr,
Erklärt rechtmäßig und gewissenhaft,
Ob uns das Salische Gesetz in Frankreich
Von unserm Anspruch ausschließt oder nicht.
Und Gott verhüte, mein getreuer Herr,
Daß ihr die Einsicht drehn und modeln solltet
Und deutelnd euren kund'gen Sinn beschweren
Durch Vortrag eines mißerzeugten Anspruchs,
Deß eigne Farbe nicht zur Warheit stimmt.
Denn Gott weiß, wie so mancher, jetzt gesund,

Sein Blut zu deß Bewährung noch vergießt,
Wozu uns Eu'r Hochwürden treiben wird.
Darum gebt Acht, wie ihr uns selbst verpfändet,
Wie ihr des Krieges schlummernd Schwert erweckt; —
In Gottes Namen mahn' ich euch: gebt Acht!
Denn niemals stritten noch zwei solche Reiche,
Daß nicht viel Blut floß: deß unschuld'ge Tropfen
Ein jeglicher ein Weh und bittre Klage
Sind über den, der schuldig Schwerter wetzte,
Die so die kurze Sterblichkeit verheeren.
Nach der Beschwörung sprecht, mein würd'ger Herr;
Wir wollen's merken, und im Herzen glauben,
Das, was ihr sagt, sei im Gewissen euch
So rein wie Sünde bei der Tauf' gewaschen.

Canterbury.

So hört mich, gnädiger Monarch, und Pairs,
Die diesem Herrscherthron euch selbst und Dienst
Und Leben schuldig seid: nichts einzuwenden
Ist wider Eurer Hoheit Recht an Frankreich,
Als dieß, was sie vom Pharamund ableiten:
In terram Salicam mulieres ne succedant,
Auf Weiber soll nicht erben Salisch Land:
Dieß Sal'sche Land nun deuten die Franzosen
Als Frankreich fälschlich aus, und Pharamund
Als Stifter dieser Ausschließung der Frauen.
Doch treu bezeugen ihre eignen Schreiber.
Daß dieses Sal'sche Land in Deutschland liegt,
Zwischen der Sala und der Elbe Strömen,
Wo Karl der Große, nach der Unterjochung
Der Sachsen, Franken angesiedelt ließ,
Die, aus Geringschätzung der Deutschen Frau'n,
Als die in unehrbaren Sitten lebten,
Dort dieß Gesetz gestiftet, daß kein Weib
Je Erbin sollte sein im Sal'schen Land,
Das, wie ich sagte, zwischen Elb' und Sala
In Deutschland heut zu Tage Meißen heißt.
So zeigt sich's klar, das Salische Gesetz

Ward nicht ersonnen für der Franken Reich;
Noch auch besaßen sie das Sal'sche Land,
Als erst vierhundert einundzwanzig Jahre
Nach dem Hinscheiden König Pharamund's,
Den man den Stifter des Gesetzes wähnt.
Er starb im Jahr nach unsers Heilands Kunft
Vierhundert sechsundzwanzig; Karl der Große
Bezwang die Sachsen, setzte Franken ein
Jenseit des Flusses Sala, in dem Jahr
Achthundert fünf. Dann sagen ihre Schreiber,
König Pipin, der Childrich abgesetzt,
Gab Recht und Anspruch vor an Frankreichs Krone,
Als allgemeiner Erbe, von Blithilden
Der Tochter stammend Königes Clotar.
Auch Hugo Capet, der die Kron' entriß
Herzogen Carl von Lothring, einz'gem Erben
Vom ächten Haus und Mannsstamm Karl's des Großen,
Mit ein'gem Schein den Anspruch zu beschönen,
Der doch in Wahrheit schlecht und nichtig war,
Gab sich als Erben aus von Frau Lingaren,
Der Tochter Karlmann's, der von Kaiser Ludwig
Der Sohn war, so wie Ludewig der Sohn
Von Karl dem Großen. Auch Ludewig der Zehnte,
Des Usurpators Capet ein'ger Erbe,
Konnt' im Gewissen keine Ruhe haben
Bei Frankreichs Krone, bis man ihm erwies,
Daß Isabell', die schöne Königin,
Von der er Enkel war, in grader Reih
Abstamme von Frau Irmengard, der Tochter
Des vorerwähnten Herzogs Karl von Lothring;
Durch welche Eh' die Linie Karl's des Großen
Mit Frankreichs Krone neu vereinigt ward, —
So daß so klar wie Sonnenlicht erscheint:
Das Recht Pipin's und Hugo Capet's Vorwand,
Und Ludewig's Beruhigung, sie gründen
Sich auf der Frauen Recht und Anspruch alle;
Wie Frankreichs Kön'ge thun bis diesen Tag,

Wiewohl sie gern das Salische Gesetz
Behaupten möchten, Eurer Hoheit Anspruch
Von Frauen Seite damit auszuschließen,
Und lieber sich verstricken in ein Netz,
Als die verdrehten Rechte bloß zu legen,
Die euch und euren Vordern man entwandt.

König Heinrich.

Kann ich nach Pflicht und Recht die Fordrung thun?

Canterbury.

Die Sünde auf mein Haupt, gestrenger Fürst!
Denn in dem Buch der Numeri steht geschrieben:
Der Tochter sei das Erbe zugewandt,
Wenn der Sohn stirbt. Behauptet, gnäd'ger Herr,
Was euch gebührt; entrollt eur Blutpanier,
Schaut euch nach euren mächt'gen Ahnen um,
Geht, Herr, zu eures Aeltervaters Gruft,
Auf den ihr euch mit eurer Fordrung stützt;
Ruft seinen tapfern Geist und Eduard's an,
Des schwarzen Prinzen, eures Großoheims,
Der dort auf Fränk'schem Grund ein Trauerspiel,
Die Macht von Frankreich schlagend, aufgeführt,
Indeß sein großer Vater lächelnd stand
Auf einer Höh, und seinen jungen Löwen
Sich weiden sah im Blut des Fränk'schen Adels.
O edle Englische, die trotzen konnten
Mit halbem Heere Frankreichs ganzem Stolz,
Und lachend stand dabei die andre Hälfte,
Ganz kühl und unbeschäftigt bei dem Kampf.

Ely.

Weckt die Erinnrung dieser tapfern Todten,
Mit mächt'gem Arm erneuet ihre Thaten.
Ihr seid ihr Erb', ihr sitzt auf ihrem Thron,
Das Blut, der Muth rinnt in den Adern euch,
Der sie erhob; mein dreimal mächt'ger Fürst
Ist in dem Maienmorgen seiner Jugend,
Zu That und großer Unternehmung reif.

Canterbury.

Die Herrn der Erde, eure Mitmonarchen,
Erwarten alle, daß ihr euch ermannt,
So wie die vor'gen Löwen eures Bluts.

Westmoreland.

Sie wissen, ihr habt Grund, und Macht und Mittel:
Die hat Eu'r Hoheit auch; kein König Englands
Hat einen reichern Adel je gehabt,
Noch treure Unterthanen, deren Herzen
Die Leiber hier in England heim gelassen,
Und sich in Frankreichs Feldern schon gelagert.

Canterbury.

O laßt die Leiber folgen, bester Fürst,
Gewinnt eur Recht mit Blut und Feu'r und Schwert,
Wozu wir von der Geistlichkeit Eur Hoheit
Solch eine starke Summ' erheben wollen,
Als nie die Klerisei mit Einem Mal
Noch einem eurer Ahnen zugebracht.

König Heinrich.

Man muß nicht bloß sich wider die Franzosen
Zum Angriff rüsten, auch zum Widerstand
Die Vorkehrungen gegen Schottland treffen,
Das einen Zug sonst wider uns wird thun
Mit allem Vortheil.

Canterbury.

Die an den Marken dort, mein gnäd'ger Fürst,
Sind stark genug zur Mau'r, das innre Land
Vor Plünderern der Grenze zu beschützen.

König Heinrich.

Wir meinen nicht die leichten Streifer bloß,
Die Hauptgewalt des Schotten fürchten wir,
Der stets für uns ein wilder Nachbar war.
Denn ihr könnt lesen, daß mein Aeltervater
Mit seinen Truppen nie nach Frankreich zog,
Daß nicht der Schott' in's unbewehrte Reich

Hereinbrach, wie die Flut in einen Riß,
Mit reicher Ueberfülle seiner Kraft,
Das leere Land mit heißem Angriff plagend,
Die Städt' und Burgen mit Belagrung gürtend,
Daß unsre Landschaft, aller Wehr entblößt,
Gebebt vor solcher üblen Nachbarschaft.

Canterbury.

Sie hatte dann mehr Schreck als Schaden, Herr,
Denn hört sie nur bewähret durch sich selbst:
Als ihre Ritterschaft in Frankreich war,
Und sie betrübte Wittwe ihrer Edlen,
Hat sie nicht bloß sich selber gut vertheidigt,
Sie fing der Schotten König, sperrt' ihn ein,
Sandt' ihn nach Frankreich dann, um Eduard's Ruhm
Zu füllen mit gefang'ner Kön'ge Zahl,
Und ihre Chronik reich an Preis zu machen,
Wie Meeres Schlamm und Boden ist an Trümmern
Gesunkner Schiff' und Schätzen ohne Maaß.

Westmoreland.

Doch giebt es einen Spruch, sehr alt und wahr:
So du Frankreich willt gewinnen,
Mußt mit Schottland erst beginnen.
Denn ist der Adler England erst auf Raub,
So kommt das Wiesel Schottland angeschlichen
Zu seinem unbewachten Nest, und saugt
Ihm so die königlichen Eier aus;
Es spielt die Maus, die, wenn die Katze fort,
Besudelt und verdirbt, was sie nicht frißt.

Exeter.

Die Katze muß demnach zu Hause bleiben;
Doch diese Nöth'gung ist nicht unbedingt.
Giebt's Schlösser doch, den Vorrath zu verwahren,
Und feine Fallen für die kleinen Diebe.
Indeß die Hand bewaffnet auswärts ficht,
Wehrt sich zu Hause das berath'ne Haupt:
Denn Regiment, zwar hoch, und tief und tiefer

Vertheilt an Glieder, hält den Einklang doch,
Und stimmt zu einem vollen reinen Schluß,
So wie Musik.

Canterbury.

Sehr wahr; drum theilt der Himmel
Des Menschen Stand in mancherlei Beruf,
Und setzt Bestrebung in beständ'gen Gang,
Dem als zum Ziel Gehorsam ist gestellt.
So thun die Honigbienen, Creaturen,
Die durch die Regel der Natur uns lehren
Zur Ordnung fügen ein bevölkert Reich.
Sie haben einen König, und Beamte
Von unterschiednem Rang, wovon die einen,
Wie Obrigkeiten, Zucht zu Hause halten,
Wie Kaufleut' andre auswärts Handel treiben,
Noch andre, wie Soldaten, mit den Stacheln
Bewehrt, die sammtnen Sommerknospen plündern,
Und dann den Raub mit lust'gem Marsch nach Haus
Zum Hauptgezelte ihres Kaisers bringen;
Der, emsig in der Majestät, beachtet
Wie Maurer singend goldne Dächer baun;
Die stillen Bürger ihren Honig kneten;
Wie sich die armen Tagelöhner drängen
Mit schweren Bürden an dem engen Thor;
Wie, mürrisch summend, der gestrenge Richter
Die gähnende und faule Drohne liefert
In bleicher Henker Hand. Ich folgre dieß:
Daß viele Dinge, die zusammen stimmen
Zur Harmonie, verschieden wirken können,
Wie viele Pfeile da und dorthin fliegen
Zu Einem Ziel;
Wie viel verschiedne Weg' in Eine Stadt,
Wie viele frische Ström' in Eine See,
Wie viele Linien in den Mittelpunkt
An einer Sonnenuhr zusammen laufen:
So, erst im Gang, kann tausendfaches Wirken
Zu Einem Zweck gedeihn, wohl durchgeführt

Und ohne Mangel. Drum nach Frankreich, Herr!
Theilt euer glücklich England in vier Theile:
Ein Viertel nehmt davon nach Frankreich hin,
Ihr könnt damit ganz Gallien zittern machen.
Wenn wir mit dreimal so viel Macht zu Haus
Die eigne Thür dem Hund nicht wehren können,
So laßt uns zausen, und dieß Volk verliere
Den Ruhm der Tapferkeit und Politik.

König Heinrich.

Ruft die vom Dauphin hergesandten Boten.

(Einer vom Gefolge ab. Der König besteigt den Thron.)

Wir sind entschlossen, und mit Gottes Hülfe
Und eurer (unsrer Stärke edlen Sehnen),
Da Frankreich unser, wollen wir vor uns
Es beugen, oder ganz in Stücke brechen;
Wir wollen dort entweder waltend sitzen,
In weiter hoher Herrschaft über Frankreich
Und die fast königlichen Herzogthümer;
Sonst ruhe dieß Gebein in schlechter Urne,
Grablos und ohne Denkmal über ihm.
Wenn die Geschichte nicht mit vollem Mund
Kühn meine Thaten spricht, so sei mein Grab
Gleich einem türk'schen Stummen ohne Zunge,
Nicht mit papiernem Epitaph geehrt.

(Die französischen Gesandten treten auf.)

Wir sind bereit, was unserm Vetter Dauphin
Beliebt, nun zu vernehmen; denn wir hören;
Von ihm ist euer Gruß, vom König nicht.

Gesandter.

Geruhn Eu'r Majestät, uns zu erlauben,
Frei zu bestellen, was der Auftrag ist,
Wie, oder sollen schonend wir von fern
Des Dauphins Meinung, unsre Botschaft zeigen?

König Heinrich.

Nicht ein Tyrann, ein christlicher Monarch
Sind wir, und unsre Leidenschaft der Gnade

So unterworfen, wie in unsern Kerkern
Gefesselte Verbrecher: darum sagt
Mit freier ungehemmter Offenheit
Des Dauphins Meinung aus.

Gesandter.

Dann kürzlich so:
Eur Hoheit, neulich hin nach Frankreich sendend,
Sprach dort gewisse Herzogthümer an,
Kraft eures großen Vorfahr'n Eduard des Dritten.
Zur Antwort nun sagt unser Herr, der Prinz,
Daß ihr zu sehr nach eurer Jugend schmeckt,
Und heißt euch wohl bedenken, daß in Frankreich
Mit muntern Tänzen nichts gewonnen wird;
Ihr könnt euch nicht in Herzogthümer schwärmen.
Drum schickt er, angemess'ner eurem Geist,
Euch dieser Tonne Schatz, begehrt dafür,
Ihr wollet fernerhin die Herzogthümer
Nicht von euch hören lassen. So der Dauphin.

König Heinrich.

Der Schatz, mein Oheim?

Exeter.

Federbälle, Herr.

König Heinrich.

Wir freun uns, daß der Dauphin mit uns scherzt.
Habt Dank für eure Müh und sein Geschenk.
Wenn wir zu diesen Bällen die Raquetten
Erst ausgesucht, so wollen wir in Frankreich
Mit Gottes Gnad' in einer Spielpartie
Des Vaters Kron' ihm in die Schanze schlagen;
Sagt ihm, er ließ sich ein mit solchem Streiter,
Daß alle Höfe Frankreichs ängsten wird
Der Bälle Sprung. Und wir verstehn ihn wohl,
Wie er uns vorhält unsre wildern Tage,
Und nicht ermißt, wozu wir sie benutzt.
Wir schätzten niemals diesen armen Sitz
Von England hoch; drum in der Ferne lebend,

Ergaben wir uns wilder Ausschweifung,
Wie Menschen immer es zu halten pflegen,
Daß sie am lustigsten vom Hause sind.
Doch sagt dem Dauphin, daß ich meinen Rang
Behaupten will, gleich einem König sein,
Und meiner Größe Segel will entfalten,
Erheb' ich mich auf meinen Fränk'schen Thron.
Ich legte meine Majestät bei Seit',
Und plagte mich gleich einem Werktags-Mann:
Doch dort steh ich in voller Glorie auf,
Die alle Augen Frankreichs blenden soll,
Ja auch den Dauphin selbst mit Blindheit schlagen.
Und sagt dem muntern Prinzen, dieß Gespött
Verwandle seine Bäll' in Büchsensteine,
Und seine Seele lade schwer auf sich
Die Schuld verheerungsvoller Rache, die
Mit ihnen ausfliegt: denn viel tausend Wittwen
Wird dieß Gespött um werthe Gatten spotten,
Um Söhne Mütter, Burgen niederspotten,
Und mancher jetzt noch ungeborne Sohn
Wird künftig fluchen auf des Dauphins Hohn.
Doch dieß beruht in Gottes Willen Alles,
Auf den ich mich beruf', und in deß Namen
Sagt ihr dem Dauphin, daß ich komme, mich
Zu rächen, wie ich kann, und auszustrecken
In heil'ger Sache den gerechten Arm.
So zieht in Frieden hin, und sagt dem Dauphin,
Sein Spaß wird nur wie schaler Witz erscheinen,
Wenn tausend mehr als lachten, drüber weinen. —
Gebt ihnen sicheres Geleit. — Lebt wohl!

(Gesandte ab.)

Exeter.

Gar eine lust'ge Botschaft.

König Heinrich.

Wir hoffen ihren Sender roth zu machen.

(Er steigt vom Thron.)

Drum, Lords, versäumet keine günst'ge Stunde,
Die unser Unternehmen fördern mag.
Denn mein Gedank' ist einzig Frankreich nun,
Nur der an Gott geht dem Geschäfte vor.
Laßt denn zu diesem Krieg bald unsre Mittel
Versammelt sein, und Alles wohl bedacht,
Was Federn unsern Schwingen leihen kann
Zu weiser Schnelligkeit: denn, Gott voraus,
Straf ich den Dauphin in des Vaters Haus.
Drum strenge jeder seinen Geist nun an,
Dem edlen Werk zu schaffen freie Bahn

(Alle ab.)

Zweiter Aufzug.

(Chorus tritt auf.)

Chorus.

Nun ist die Jugend Englands ganz in Glut,
Und seid'ne Buhlschaft liegt im Kleiderschrank;
Die Waffenschmiede nun gedeihn, der Ehre
Gedanke herrscht allein in Aller Brust.
Sie geben um das Pferd die Weide feil,
Dem Spiegel aller Christen-Kön'ge folgend,
Beschwingten Tritts, wie Englische Merkure.
Denn jetzo sitzt Erwartung in der Luft,
Und birgt ein Schwert vom Griff bis an die Spitze
Mit Kaiserkronen, Herrn- und Grafen-Kronen,
Heinrich und seinen Treuen zugesagt.
Die Franken, welche gute Kundschaft warnt
Vor dieser Schreckens-Rüstung, schütteln sich
In ihrer Furcht, und bleiche Politik
Bemüht sich, Englands Zwecke abzulenken.
O England! Vorbild deiner innern Größe,
Gleich einem kleinen Leib mit mächt'gem Herzen,
Was könntest du nicht thun, was Ehre will,
Wär' jedes deiner Kinder gut und ächt!
Doch sieh nur! Frankreich fand in dir ein Nest
Von hohlen Busen, und das füllt es an

Mit falschen Kronen. Drei verderbte Männer:
Der eine, Richard Graf von Cambridge, dann
Heinrich, Lord Scroop von Masham, und der dritte
Sir Thomas Grey, Northumberlandscher Ritter,
Sie sind um fränk'schen Sold (o Schuld, nicht Sold!)
Eidlich verschworen mit dem bangen Frankreich.
Und dieser Ausbund aller Kön'ge muß
Von ihren Händen sterben (wenn ihr Wort
Verrath und Hölle halten), eh' er sich
Nach Frankreich eingeschifft, und in Southampton.
Verlängt noch die Geduld, so ordnen wir
Der Ferne Mißbrauch nach des Spieles Zwang.
Die Summe ist bezahlt; die Frevler einig;
Der König fort von London, und die Scene
Ist nun verlegt, ihr Theuren, nach Southampton.
Da ist das Schauspielhaus, da müßt ihr sitzen;
Von da geleiten wir nach Frankreich euch,
Und bringen sicher euch zurück, beschwörend
Die schmale See, daß sanfte Ueberfahrt
Sie euch gewährt; denn gehn nach uns die Sachen,
So soll dieß Spiel nicht Einen seekrank machen.
Doch wenn der König kommt, und nicht zuvor,
Rückt unsre Scene nach Southampton vor.

(Ab.)

Erste Scene.

London. Straße in Eastcheap.

(Nym und Bardolph begegnen einander.)

Bardolph.

Willkommen, Corporal Nym.

Nym.

Guten Morgen, Lieutenant Bardolph.

Bardolph.

Sagt, seid ihr und Fähndrich Pistol wieder gute Freunde?

Nym.

Ich für mein Theil frage nicht danach, ich sage wenig, aber wenn die Zeit kommt, kann es freundlich zugehen; doch das mag sein, wie es will. Fechten mag ich nicht, aber ich kann die Augen zuthun, und meinen Spieß vorhalten. Er ist nur ganz einfältig, aber was thut's? Man kann Käse daran rösten, und er hält die Kälte aus, so gut, wie andrer Menschen Degen auch, und damit Basta.

Bardolph.

Ich will ein Frühstück daran wenden, euch zu guten Freunden zu machen, und dann wollen wir alle als geschworne Brüder nach Frankreich ziehn. Bietet dazu die Hand, guter Corporal Nym.

Nym.

Mein Treu, ich will so lange leben, als es geht, das ist ausgemacht, und wenn ich nicht länger leben kann, so will ich sehen, wie ich es mache. Das ist mein Schluß, das ist das laus deo dabei.

Bardolph.

Es ist gewiß, Corporal, daß er mit Lene Hurtig verheirathet ist, und gewißlich, er that euch Unrecht, denn ihr wart mit ihr versprochen.

Nym.

Ich weiß es nicht, die Sachen müssen gehn, wie sie können: es kann kommen, daß Leute schlafen, und daß sie zu der Zeit ihre Gurgel bei sich haben, und Etliche behaupten, Messer haben Schneiden. Es muß gehen, wie es kann. Ist Geduld schon eine abgetriebene Mähre, so schleppt sie sich doch fort. Es muß eine Endschaft werden. Nun, ich weiß es nicht.

(Pistol und Frau Hurtig kommen.)

Bardolph.

Da kommt Fähndrich Pistol und seine Frau. Guter Corporal, nun haltet euch ruhig. — Nun, wie steht's, Herr Wirth?

Pistol.

Du Zecke, nennst mich Wirth?
Bei dieser Hand, das ist für mich kein Name,
Noch herbergt meine Lene.

Frau Hurtig.

Wenigstens nicht lange, meiner Treu, denn wir können nicht ein Dutzend Frauenzimmer oder was drüber in Wohnung und Kost haben, die sich ehrbar vom Stich ihrer Nadeln ernähren, ohne daß man gleich denkt, wir hielten ein lüderliches Haus. (Nym zieht den Degen.) O seht, er zieht vom Leder — nun haben wir hier vorsätzlichen Ehebruch und Mord.

Bardolph.

Guter Lieutenant! guter Corperal! keine Gewalt!

Nym.

Pah!

Pistol.

Pah dir, Isländ'scher Hund! Du kecker Spitz von Island!

Frau Hurtig.

Guter Corporal Nym, zeige was du kannst und steck den Degen ein.

Nym.

Willst du abziehn? ich möchte dich solus haben.
(Steckt den Degen in die Scheide.)

Pistol

Solus, du ungemeiner Hund? O Viper!
Das solus in dein seltsamlich Gesicht,
Das solus in die Zähn' und Kehle dir,
In deine schnöde Lunge, ja, in deinen Magen,
Und was noch schlimmer, in den garst'gen Mund!
Dein solus schleudr' ich dir in's Eingeweide,
Denn losgehn kann ich, und der Hahn Pistols
Ist schon gespannt, und blitzend Feuer folgt.

Nym.

Ich bin nicht Barbason, ihr könnt mich nicht beschwören. Ich bin im Humor euch leidlich derb zu klopfeu; wenn ihr mir Schimpf anthut, so will ich euch mit meinem Rappier fegen, wie ich in allen Ehren thun darf; wollt ihr davon gehn, so möchte ich euch ein bischen in die Gedärme prickeln, wie ich nach guter Sitte thun darf, und das ist der Humor davon.

Pistol.

O Prahler feig, verdammter grimm'ger Wicht!
Es gähnt das Grab, und Tod ist ächzend nah;
Drum hol' heraus! (Pistol und Nym ziehen.)

Bardolph (zieht).

Hört mich an, hört an, was ich sage: wer den ersten Streich thut, dem renn' ich den Degen bis an's Gefäß in den Leib, so wahr ich ein Soldat bin.

Pistol.

Ein Schwur von sondrer Kraft, und legen soll sich Wuth.
Gieb deine Faust, den Vorderfuß mir gieb:
Dein Muth ist kernhaft stark.

Nym.

Ich will dir die Kehle abschneiden, über kurz oder lang, in allen Ehren, das ist der Humor davon.

Pistol.

So heißt es, coupe la gorge? — Ich trotze dir auf's neu.
O Hund von Creta, hoffst du auf mein Weib?
Nein; geh in das Spital,
Und hol' vom Pökelfaß der Schande dir
Den eklen Gey'r von Cressida's Gezücht,
Genannt mit Namen Dortchen Lakenreißer;
Die nimm zur Eh'; ich hab' und will behaupten
Die quondam Hurtig als die einz'ge Sie;
Und pauca, damit gut!

(Der Bursch kommt.)

Bursch.

Herr Wirth Pistol, ihr müßt zu meinem Herrn kommen, — ihr auch Wirthin; — er ist sehr krank und will zu Bett. — Guter Bardolph, steck die Nase zwischen seine Bettlaken, und verrichte den Dienst eines Bettwärmers; wahrhaftig, ihm ist sehr schlimm.

Bardolph.

Fort, du Schelm.

Hurtig.

Meiner Treu, er wird nächster Tage den Krähen eine fette Mahlzeit geben; der König hat ihm das Herz gebrochen. — Lieber Mann, komm gleich nach Hause.

(Frau Hurtig und der Bursch ab.)

Bardolph.

Kommt, soll ich euch beide zu Freunden machen? Wir müssen zusammen nach Frankreich: was Teufel sollen wir Messer führen, einander die Gurgeln abzuschneiden?

Pistol.

Die Flut schwell' an, die Hölle heul' um Raub!

Nym.

Wollt ihr mir die acht Schillinge bezahlen, die ich euch in einer Wette abgewann?

Pistol.

Ein schnöder Knecht bezahlt.

Nym.

Die will ich jetzo haben, das ist der Humor davon.

Pistol.

Wie Mannheit Ausspruch thut. Stoß zu!

Bardolph.

Bei diesem Schwert! wer den ersten Stoß thut, den bring' ich um; bei diesem Schwert! das thu ich.

Pistol.

Schwert ist ein Schwur, und Recht der Schwüre gilt.

Bardolph.

Corporal Nym, willst du gut Freund sein, so sei gut Freund; willst du nicht, nun, so mußt du auch mit mir Feind sein. Bitte, steck ein.

Nym.

Soll ich meine acht Schillinge haben, die ich euch in einer Wette abgewann?

Pistol.

Sollst einen Nobel haben, und das baar,
Und will Getränk dir gleichermaßen geben,
Und Freundschaft sei vereint und Brüderschaft;
Ich lebe nun bei Nym, und Nym bei mir.
Ist's so nicht recht? — Denn ich will Marketender
Dem Lager sein, und Vortheil fließt mir zu.
Gieb mir die Hand.

Nym.

Ich soll meinen Nobel haben?

Pistol.

In Baarschaft wohl bezahlt.

Nym.

Gut denn, das ist der Humor davon.

(Frau Hurtig kommt zurück.)

Frau Hurtig.

So wahr ihr von Weibern hergekommen seid, kommt hurtig zu Sir John herein. Ach die arme Seele! ein brennendes Quotidian-Tertian-Fieber rüttelt ihn so zusammen, daß es höchst kläglich anzusehen ist. Herzensmänner, kommt zu ihm.

Nym.

Der König hat üble Humore mit ihm gespielt, das ist das Wahre von der Sache.

Pistol.

Nym, du hast wahr geredt,
Gebrochen ist sein Herz und restaurirt.

Nym.

Der König ist ein guter König, aber man muß es nehmen, wie es kommt. Er nimmt allerlei Humore und Sprünge vor.

Pistol.

Klagt um den Ritter weh; wir leben nun als Lämmer.

(Alle ab.)

Zweite Scene.

Southampton. Ein Raths-Saal.

(Exeter, Bedford und Westmoreland treten auf.)

Bedford.

Wie traut nur seine Hoheit den Verräthern!

Exeter.

In kurzem werden sie verhaftet sein.

Westmoreland.

Wie gleißnerisch und glatt sie sich geberden,
Als säß' Ergebenheit in ihrem Busen,
Mit Treu gekrönt und fester Biederkeit.

Bedford.

Der König weiß von ihrem ganzen Anschlag,
Durch Kundschaft, die sie sich nicht träumen lassen.

Exeter.

Nein, aber daß sein Bettgenoß, der Mann,
Den er mit Fürstengunst hat überhäuft,
Um fremdes Gold das Leben seines Herrn
So dem Verrath und Tod verkaufen konnte!

(Trompeten. König Heinrich, Scroop, Cambridge, Grey, Lords und Gefolge.)

König Heinrich.

Der Wind ist günstig, laßt uns nun an Bord.
Mylord von Cambridge, und bester Lord von Masham,

Und ihr, mein werther Ritter, gebt uns Rath;
Denkt ihr nicht, daß die Truppen, so wir führen,
Durch Frankreichs Macht den Weg sich bahnen werden,
Der That und der Vollführung Gnüge leistend,
Wozu wir sie in Heereskraft vereint?

Scroop.

Kein Zweifel, Herr, thut nur das Seine jeder.

König Heinrich.

Das zweifl' ich nicht; denn wir sind überzeugt,
Wir nehmen nicht ein Herz mit uns von hinnen,
Das nicht in Einstimmung mit unserm lebt,
Und lassen keins dahinten, das nicht wünscht,
Daß uns Erfolg und Sieg begleiten mag.

Cambridge.

Kein Fürst ward mehr gefürchtet und geliebt
Als Eure Majestät; kein einz'ger Unterthan,
So denk' ich, sitzt in Unruh und Verdruß
Im süßen Schatten eures Regiments.

Grey.

Selbst die, so eures Vaters Feinde waren,
Die Gall' in Honig tauchend, dienen euch
Mit Herzen, ganz aus Treu und Pflicht gebaut.

König Heinrich.

So haben wir viel Grund zur Dankbarkeit,
Und werden eh' die Dienste unsrer Hand
Vergessen, als Vergeltung des Verdienstes
Zufolge seiner Größ' und Würdigkeit.

Scroop.

So wird der Dienst gestählte Sehnen spannen,
Und Mühe wird mit Hoffnung sich erfrischen,
Eur Gnaden unablässig Dienst zu thun.

König Heinrich.

Man hofft nicht minder. — Oheim Exeter,
Laßt frei den Mann, der gestern ward gesetzt,
Der wider uns geschmäht hat; wir erwägen,
Daß Uebermaß von Wein ihn angereizt,
Und da er sich besinnt, verzeihn wir ihm.

Scroop.

Das ist zwar gnädig, doch zu sorgenlos.
Laßt ihn bestrafen, Herr, daß nicht das Beispiel
Durch seine Duldung mehr dergleichen zeuge.

König Heinrich.

O laßt uns dennoch gnädig sein!

Cambridge.

Das kann Eu'r Hoheit und doch strafen auch.

Grey.

Ihr zeigt viel Gnade, schenkt ihr ihm das Leben,
Nachdem er starke Züchtigung erprobt.

König Heinrich.

Ach, eure große Lieb' und Sorg' um mich
Sind schwere Bitten wider diesen Armen.
Darf man ein klein Versehn aus Trunkenheit
Nicht übersehn, wie muß der Blick es rügen,
Erscheint vor uns, gekäut, verschluckt, verdaut
Ein Hauptverbrechen? — Wir lassen doch ihn frei;
Ob Cambridge, Scroop und Grey, aus theurer Sorge
Und wacher Hütung unserer Person,
Gestraft ihn wünschen. Nun zu der Fränkschen Sache:
Wem wurde letzthin Vollmacht zugetheilt?

Cambridge.

Mir eine, gnäd'ger Herr.
Ihr hießt mich, heute sie von euch begehren.

Scroop.

Mich auch, mein Fürst.

Grey.

Mich auch, mein königlicher Herr.

König Heinrich.

Da, Richard Graf von Cambridge, habt ihr eure. —
Da ihr, Lord Scroop von Masham; — und Herr Ritter
Grey von Northumberland, das hier ist eure: —
Lest, und erkennt, ich kenne euren Werth.
Mylord von Westmoreland, und Oheim Exeter,
Wir gehn zu Nacht an Bord. — Wie nun, ihr Herrn,
Was steht in den Papieren, daß ihr euch
So gar entfärbt? — Seht, wie sie sich verwandeln!

Die Wangen sind Papier. — Was lest ihr nur,
Das euer feiges Blut so hat verjagt
Aus eurem Antlitz?

Cambridge.

Ich gesteh die Schuld,
Und beuge mich vor Eurer Hoheit Gnade.

Grey und Scroop.

An die wir all' uns wenden.

König Heinrich.

Die Gnade die noch eben in uns lebte,
Hat euer Rath erdrückt und umgebracht.
Schämt euch, uud wagt von Gnade nicht zu sprechen;
Es fallen eure Gründ' auf euch zurück,
Wie Hunde, die den eignen Herrn zerfleischen. —
Seht, meine Prinzen, nnd ihr edlen Pairs,
Den Abschaum Englands! Mylord von Cambridge hier, —
Ihr wißt, wie willig unsre Liebe war,
Mit allem Zubehör ihn zu versehn,
Das seiner Ehre zukam; und der Mann
Hat, leichtgesinnt, um wenig leichte Kronen
Mit Frankreichs Ränken sich verschworen, uns
In Hampton hier zu morden! was mit ihm
Der Ritter dort, nicht wen'ger meiner Güte
Als jener schuldig, auch beschwor, — Doch, o!
Was sag' ich erst von dir, Lord Scroop? du wilde,
Grausame, undankbare Creatur!
Du, der die Schlüssel meines Rathes trug,
Der meiner Seele sah bis auf den Grund,
Der mich beinah in Gold ausprägen mochte,
Hättst du um Vortheil dich bei mir bemüht:
Ist's möglich, daß aus dir die fremde Löhnung
Nur einen Funken Uebels konnte ziehn,
Den Finger mir zu kränken? 'S ist so seltsam,
Daß, sticht die Wahrheit gleich so derb hervor,
Wie schwarz auf weiß, mein Aug' sie kaum will sehn.
Verrath und Mord, sie hielten stets zusammen,

Wie ein Gespann von einverstandneu Teufeln,
So plump auf ein natürlich Ziel gerichtet,
Daß die Verwundrung über sie nicht schrie;
Du aber wider alles Ebenmaß,
Läss'st dem Verrath und Mord Erstaunen folgen;
Und was es für ein schlauer Feind auch war,
Der so verkehrt auf dich hat eingewirkt,
Die Hölle hat den Preis ihm zugesprochen;
Denn andre Teufel, die Verrath eingeben,
Staffiren, stutzen die Verdammniß auf
Mit Flicken, falschen Farben, Schaugepränge,
Vom Gleißnerschein der Frömmigkeit entlehnt;
Doch er, der dich gemodelt, hieß dich aufstehn,
Gab keinen Grund dir, den Verrath zu üben,
Als weil er nur dich zum Verräther schlug.
Wenn dieser Dämon, der dich so berückt,
Mit seinem Löwenschritt die Welt umginge,
Zum öden grausen Tartarus zurück
Würd' er sich wenden, um den Legionen
Zu sagen: keine Seele werd' ich je
So leicht als dieses Englischen gewinnen.
O wie hast du mit Argwohn nun vergällt
Die Süßigkeit des Zutrauns! Zeigt sich jemand treu?
Nun wohl, du auch. Scheint er gelehrt und ernst?
Nun wohl, du auch. Stammt er aus edlem Blut?
Nun wohl, du auch. Scheint er voll Andacht?
Nun wohl, du auch. Ist er im Leben mäßig,
Von wildem Ausbruch frei in Lust und Zorn,
Von Geiste fest, nicht schwärmend mit dem Blut;
Geziert mit schönem Ebenmaß der Form,
Dem Aug' nicht folgend ohne das Gehör,
Und ohne reifes Urtheil keinem trauend, —
So, und so fein gesichtet, schienest du.
So ließ dein Fall auch einen Fleck zurück,
Den reichst- und bestbegabten Mann zu zeichnen
Mit ein'gem Argwohn. Ich will um dich weinen,
Denn dieses dein Empören dünket mich

Ein zweiter Sündenfall. — Die Schuld ist klar,
Verhaftet sie zum Stehen vor Gericht,
Und spreche Gott sie ihrer Ränke los!

Exeter.

Ich verhafte dich um Hochverrath bei dem Namen Richard Graf von Cambridge.

Ich verhafte dich um Hochverrath bei dem Namen Heinrich Lord Scroop von Masham.

Ich verhafte dich um Hochverrath bei dem Namen Thomas Grey, Ritter von Northumberland.

Scroop.

Gerecht hat unsern Anschlag Gott entdeckt,
Es reut mein Fehler mehr mich als mein Tod;
Ich bitt' Eur Hoheit mir ihn zu verzeihn,
Obschon mein Leib den Lohn dafür bezahlt.

Cambridge.

Mich hat das Gold von Frankreich nicht verführt,
Wiewohl als Antrieb ich es gelten ließ,
Was ich entworfen, schneller auszuführen.
Doch Gott sei Dank für die Zuvorkommung,
Der ich mich herzlich will im Leiden freun,
Anflehend Gott und euch, mir zu vergeben.

Grey.

Nie freut ein treuer Unterthan sich mehr,
Weil man gefährlichen Verrath entdeckt,
Als ich in dieser Stunde über mich,
Gehindert an verruchtem Unternehmen.
Verzeiht, Herr, meine Schuld, nicht meinem Leib.

König Heinrich.

Gott sprech' euch gnädig los! Hört euren Spruch:
Ihr habt auf unsre fürstliche Person
Verschwörung angestiftet, euch verbündet
Mit dem erklärten Feind, und habt aus seinen Kisten
Das goldne Handgeld unsers Tods empfangen.
Ihr wolltet euren Herrn dem Mord verkaufen,
Der Knechtschaft seine Prinzen, seine Pairs,

Der Schmach, dem Drucke seine Unterthanen,
Und der Verheerung sein ganz Königreich.
Wir suchen keine Rache für uns selbst,
Doch liegt uns so das Heil des Reiches ob,
Deß Fall ihr suchtet, daß wir dem Gesetz
Euch überliefern müssen. Drum macht euch fort,
Elende arme Sünder, in den Tod,
Wovon den Schmack euch Gott aus seiner Gnade
Geduld zu kosten geb' und wahre Reu'
Für eure Missethaten! — Schafft sie fort!

(Die Verschworenen werden mit Wache abgeführt.)

Nun, Lords, nach Frankreich, welches Unternehmen
Für euch wie uns wird eben glorreich sein.
Wir zweifeln nicht an einem günst'gen Krieg;
Da Gott so gnädig an das Licht gebracht
Den Hochverrath, an unserm Wege lauernd,
Um den Beginn zu stören, zweifl' ich nicht,
Daß jeder Anstoß nicht geschlichtet sei.
Wohl auf denn, liebe Landsgenossen! Laßt
In Gottes Hand uns geben unsre Macht,
Indem wir gleich sie zur Vollstreckung führen.
Fröhlich zur See! Die Fahnen fliegen schon;
Kein König Englands ohne Frankreichs Thron!

(Alle ab.)

Dritte Scene.

London. Vor dem Hause der Frau Hurtig in Eastcheap.

(Pistol, Frau Hurtig, Nym, Bardolph und der Bursch kommen.)

Frau Hurtig.

Ich bitte dich, mein honigsüßer Mann, laß mich dich bis Staines begleiten.

Pistol.

Nein, denn mein männlich Herz klopft weh.
Bardolph, getrost! Nym, weck die Prahler-Ader!

Bursch, krause deinen Muth! denn Falstaff, der ist todt,
Und uns muß weh drum sein.

Bardolph.

Ich wollte, ich wäre bei ihm, wo er auch sein mag, im Himmel oder in der Hölle.

Frau Hurtig.

Nein, gewiß, er ist nicht in der Hölle; er ist in Arthur's Schooß, wenn jemals einer in Arthur's Schooß gekommen ist. Er nahm ein so schönes Ende, und schied von hinnen, als wenn er ein Kind im Westerhemdchen gewesen wäre. Just zwischen zwölf und eins fuhr er ab, grade, wie es zwischen Flut und Ebbe stand; denn wie ich ihn die Bettlaken zerknüllen sah, und mit Blumen spielen, und seine Fingerspitzen anlächeln, da wußte ich, daß ihm der Weg gewiesen wäre; denn seine Nase war so spitz, wie eine Schreibfeder, und faselte von grünen Feldern. Nun, Sir John? sagte ich; ei, Mann, seid gutes Muths; damit rief er aus: Gott! Gott! Gott! ein Stücker drei oder vier Mal. Ich sagte, um ihn zu trösten, er möchte nicht an Gott denken, ich hoffte, es thäte ihm noch nicht Noth, sich mit solchen Gedanken zu plagen. Damit bat er mich, ihm mehr Decken auf die Füße zu legen. Ich steckte meine Hand in das Bett, und befühlte sie, und sie waren so kalt, wie ein Stein, darauf befühlte ich seine Knie, und so immer weiter und weiter hinauf, und alles war so kalt wie ein Stein.

Nym.

Sie sagen, er hätte über den Sekt einen Ausruf gethan.

Frau Hurtig.

Ja, das that er auch.

Bardolph.

Und über die Weibsbilder.

Frau Hurtig.

Ne, das that er nicht.

Bursch.

Ja, das that er wohl, und sagte, sie wären eingefleischte Teufel.

Frau Hurtig.

Ja, was in's Fleisch fiel, das konnte er nicht leiden; die Fleischfarbe war ihm immer zuwider.

Bursch.

Er sagte einmal, der Teufel würde seiner noch wegen der Weibsbilder habhaft werden.

Frau Hurtig.

Auf gewisse Weise handthierte er freilich mit Weibsbildern: aber da war er rheumatisch und sprach von der Hure von Babylon.

Bursch.

Erinnert ihr euch nicht, wie er einen Floh auf Bardolph's Nase sitzen sah, daß er sagte: es wäre eine schwarze Seele, die im höllischen Feuer brennte?

Bardolph.

Nun, das Brennholz ist zu Ende, das dieß Feuer unterhielt, das ist der ganze Reichthum, den ich in seinem Dienst erworben habe.

Nym.

Sollen wir abziehen? Der König wird von Southampton schon weg sein.

Pistol.

Kommt, laßt uns fort. — Mein Herz, gieb mir die Lippen.
Acht' auf den Hausrath und mein fahrend Gut.
Laß Sinne walten; „zecht und zahlt!" so heißt's.
Trau keinem:
Ein Eid ist Spreu, und Treu' und Glaube Waffeln,
Pack an, das ist der wahre Hund, mein Täubchen;
Drum laß caveto dir Rathgeber sein.
Geh, trockne deine Perlen. — Waffenbrüder,
Laßt uns nach Frankreich! Wie Blutigel, Kinder,
Zu saugen, saugen, recht das Blut zu saugen.

Bursch.

Und das ist eine ungesunde Nahrung, wie sie sagen.

Pistol.

Rührt ihren sanften Mund noch, und marschirt.

Bardolph.

Leb wohl, Wirthin!

(Küßt sie.)

Nym.

Ich kann nicht küssen, und das ist der Humor davon, aber lebt wohl!

Pistol.

Laß walten Hauswirthschaft! halt fest, gebiet' ich dir!

Frau Hurtig.

Lebt wohl! adieu! (Ab.)

Vierte Scene.

Frankreich. Ein Saal im Palast des Königs.

(König Carl mit Gefolge, der Dauphin, Herzog von Burgund, der Connetable und Andere.)

König Carl.

So nahn die Englischen mit Heereskraft,
Und über alle Sorgen liegt uns ob,
Zu unsrer Wehr uns königlich zu stellen;
Drum soll Herzog von Berry, von Bretagne,
Von Orleans und Brabant, ziehn in's Feld,
Und ihr, Prinz Dauphin, mit der schnellsten Eil,
Um unsre Kriegesplätze neu zu rüsten
Mit tapfern Männern und mit wehrbar'm Zeug.
Denn England ist in seinem Andrang rasch,
Wie Wasser, das ein Wirbel in sich saugt.
Es ziemt uns denn, die Vorsicht so zu üben,
Wie Furcht uns lehrt an manchem frischen Beispiel,
Das Englands Volk, zum Unheil nichts geachtet,
Auf unsern Feldern ließ.

Dauphin.

Großmächt'ger Vater,
Es ist gar recht uns auf den Feind zu rüsten;
Denn Friede selbst muß nicht ein Königreich
So schläfrig machen (wenn auch nicht die Rede
Von Kriege wär und ausgemachtem Streit),
Daß Landwehr, Musterung und Rüstung nicht
Verstärkt, gehalten und betrieben würde,
Als wäre die Erwartung eines Kriegs.
Drum heiß' ich's billig, daß wir alle ziehn,
Die schwachen Theile Frankreichs zu besehn;
Das laßt uns thun mit keinem Schein von Furcht,
Ja, mit nicht mehr, als hörten wir, daß England
Sich schick' auf einen Mohrentanz zu Pfingsten.
Denn, bester Herr, so eitel prangt sein Thron,

Und seinen Scepter führet so fantastisch
Ein wilder, seichter, launenhafter Jüngling,
Daß ihm kein Schrecken folgt.

Connetable.

O still, Prinz Dauphin!
Ihr irrt euch allzusehr in diesem König.
Frag' Eure Hoheit die Gesandten nur,
Mit welcher Würd' er ihre Botschaft hörte,
Wie wohl mit edlen Räthen ausgestattet,
Wie ruhig im Erwidern, und zugleich
Wie schrecklich in entschloss'ner Festigkeit;
Ihr werdet sehn, sein vorig eitles Wesen
War nur des Röm'schen Brutus Außenseite,
Vernunft in einen Thorenmantel hüllend,
Wie oft mit Koth der Gärtner Wurzeln deckt,
Die früh und zart vor allen treiben sollen.

Dauphin.

Herr Connetable, ei, dem ist nicht so,
Doch nehmen wir's so an, es schadet nicht.
Im Fall der Gegenwehr ist es am besten,
Den Feind für mächt'ger halten als er scheint;
So füllet sich das Maaß der Gegenwehr,
Die sonst, bei schwachem, kärglichem Entwurf,
Gleich einem Filz, ein wenig Tuch zu sparen,
Den Rock verdirbt.

König Carl.

Gut, halten wir den König Heinrich stark,
Und, Prinzen, rüstet stark euch wider ihn.
Denn sein Geschlecht hat unser Fleisch gekostet,
Und er stammt ab von dieser blut'gen Reih',
Die auf den heim'schen Pfaden uns verfolgt.
Deß zeugt die zu gedächtnißwürd'ge Schmach,
Als Cressy's Schlacht verderblich ward geschlagen,
Und unsre Prinzen alle in die Hände
Dem schwarzen Namen Eduard fielen,
Dem schwarzen Prinz von Wales, indeß sein Vater,
Des Berges Fürst, auf einem Berge stehend

Hoch in der Luft, gekrönt von goldner Sonne,
Den Heldensprößling sah, und ihn mit Lächeln
Die Werke der Natur verstümmeln sah,
Und Bildnisse verlöschen, welche Gott
Und Fränk'sche Väter zwanzig Jahr hindurch
Geschaffen hatten. Dieser ist ein Zweig
Von jenem Siegerstamm, und läßt uns fürchten
Die angeborne Kraft und sein Geschick.

(Ein Bote tritt auf.)

Bote.

Gesandte Heinrichs, Königes von England,
Begehren Zutritt zu Eur Majestät.

König Carl.

Wir geben ihnen gleich Gehör. — Geht, holt sie.

(Bote und einige Herren vom Hofe ab.)

Ihr seht die Jagd wird heiß betrieben, Freunde.

Dauphin.

Macht Halt und bietet Stirn! denn feige Hunde
Sind mit dem Maul am freisten, wenn ihr Wild
Schon weit voraus läuft. Bester Fürst, seid kurz
Mit diesen Englischen, und laßt sie wissen,
Von welcher Monarchie das Haupt ihr seid.
Selbstliebe, Herr, ist nicht so schnöde Sünde,
Als Selbstversäumniß.

(Die Herren kommen mit Exeter und Gefolge zurück.)

König Carl.

Von unserm Bruder England?

Exeter.

Von ihm; so grüßt er Eure Majestät.
Er heischt in des allmächt'gen Gottes Namen,
Daß ihr euch abthun und entkleiden sollt
Erborgter Hoheit, die durch Gunst des Himmels,
Durch der Natur und Völker Recht ihm zusteht
Und seinen Erben: eurer Krone nemlich,
Und aller Ehrenfülle, welche Sitte
Und Anordnung der Zeiten zugetheilt
Der Krone Frankreichs. Daß ihr wissen mögt,

Dieß sei kein loser ungereimter Anspruch,
Entdeckt im Wurmfraß längst verschwundner Tage,
Vom Staube der Vergessenheit gescharrt,
Schickt er euch diese höchst denkwürd'ge Reih,

(Ueberreicht ein Papier.)

In jedem Zweige wahrhaft überzeugend,
Und heißt euch diesen Stammbaum überschaun;
Und wenn ihr grade abgestammt ihn findet
Vom rühmlichsten der hochberühmten Ahnen,
Eduard dem Dritten, heißt er euch Verzicht
Auf Kron' und Reich thun, die ihr unrechtmäßig
Ihm als gebornem Eigner vorenthaltet.

König Carl.

Sonst, was erfolgt?

Exeter.

Der blut'ge Zwang; denn wenn ihr selbst die Krone
In eurem Herzen bärg't, er stört nach ihr.
Deßwegen kommt er an in wildem Sturm,
In Donner und Erdbeben, wie ein Zeus,
Auf daß er nöth'ge, wenn kein Mahnen hilft;
Und heißt euch beim Erbarmen Gott des Herrn,
Die Krone abstehn, und der armen Seelen,
Für welche dieser gier'ge Krieg den Rachen
Schon öffnet, schonen; und auf euer Haupt
Wälzt er der Waisen Schrei, der Wittwen Thränen,
Der Todten Blut, verlass'ner Mädchen Aechzen
Um Gatten, Väter und um Anverlobte,
Die diese Zwistigkeit verschlingen wird.
Dieß ist sein Recht, sein Drohn und meine Botschaft,
Wo nicht der Dauphin gegenwärtig ist,
Den ich ausdrücklich zu begrüßen habe.

König Carl.

Was uns betrifft, wir wollen dieß erwägen;
Wir geben morgen den Bescheid euch mit
An unsern Bruder England.

Dauphin.

Was den Dauphin,
So steh ich hier für ihn: was schickt ihm England?

Exeter.

Des Trotzes, der Verachtung und des Hohns
Und alles deß, was nicht mißziemen mag
Dem großen Sender, schätzet er euch werth.
So spricht mein Fürst: wenn eures Vaters Hoheit
Nicht durch Gewährung aller Forderungen
Den bittern Spott versüßt, den ihr an ihn gesandt,
Wird er zu heißer Rechenschaft euch ziehn,
Daß Frankreichs bauchige Gewölb' und Höhlen
Euch schelten sollen, und den Spott zurück
In seiner Stücke zweitem Hall euch geben.

Dauphin.

Sagt, wenn mein Vater freundlich Antwort giebt,
Sei's wider meinen Willen; denn mir liegt
An nichts als Zwist mit England: zu dem Ende,
Als seiner eitlen Jugend angemessen,
Sandt' ich ihm die Pariser Bälle zu.

Exeter.

Dafür wird eur Pariser Louvre zittern,
Wär's auch Europa's hoher Oberhof.
Und glaubt, ihr werdet einen Abstand finden
(Wie wir, sein Volk, erstaunt gefunden haben),
Von der Verheißung seiner jüngern Tage,
Und denen, die er jetzt zu meistern weiß.
Er wägt die Zeit jetzt auf ein Körnchen ab,
Was ihr in euren eignen Niederlagen
Erfahren sollt, wenn er in Frankreich steht.

König Carl.

Auf morgen sollt ihr unsre Meinung wissen.

Exeter.

Entlaßt uns eilig, daß nicht unser König
Nach dem Verzug zu fragen selber komme,
Denn Fuß hat er im Lande schon gefaßt.

König Carl.

Ihr sollt entlassen werden alsobald
Mit einem bill'gen Antrag; eine Nacht
Ist nur ein Odemzug und kurze Frist,
Um auf so wicht'ge Dinge zu erwidern.

(Alle ab.)

Dritter Aufzug.

(Chorus tritt auf.)

Chorus.

So fliegt auf eingebild'ten Fittigen
Die rasche Scene mit nicht minder Eil
Als der Gedanke. Stellt euch vor, ihr saht
Am Hampton-Damm den wohlversehnen König
Sein Königthum einschiffen, sein Geschwader
Den jungen Tag mit seidnen Wimpeln fächeln.
Spielt mit der Phantasie, und seht in ihr
Am hänf'nen Tauwerk Schifferjungen klettern;
Die helle Pfeife hört, die Ordnung schafft
Verwirrten Lauten; seht die Leinensegel,
Die unsichtbare Winde schleichend heben,
Durch die gefurchte See die großen Kiele,
Den Fluten trotzend, ziehn. O denket nur,
Ihr steht am Strand und sehet eine Stadt
Hintanzen auf den unbeständ'gen Wogen;
Denn so erscheint die majestät'sche Flotte,
Den Lauf nach Harfleur wendend. Folgt ihr! folgt ihr!
Hakt euch im Geist an dieser Flotte Steuer,
Verlaßt eu'r England, still wie Mitternacht,
Bewacht von Greisen, Kindern, alten Frau'n,
Wo Mark und Kraft noch fehlt und schon verging;
Denn wer, dem nur ein einzig keimend Haar

Das Kinn begabt, ist nicht bereit nach Frankreich
Der auserles'nen Ritterschaft zu folgen?
Auf, auf, im Geist! Seht einer Stadt Belagrung,
Seht das Geschütz auf den Laffetten stehn,
Auf Harfleur mit den Mündern tödtlich gähnend.
Denkt, der Gesandt' aus Frankreich sei zurück,
Und meld' an Heinrich, daß der König ihm
Antrage seine Tochter Catharina,
Mit ihr zum Brautschatz ein paar Herzogthümer,
So klein und unersprießlich. Das Erbieten
Gefällt nicht und der schnelle Kanonier
Rührt mit der Lunte nun die höll'schen Stücke,
(Getümmel. Es werden Kanonen abgefeuert.)
Die alles niederschmettern. Bleibt geneigt!
Eur Sinn ergänze, was die Bühne zeigt.
(Ab.)

Erste Scene.

Frankreich. Vor Harfleur.

(Getümmel. König Heinrich, Exeter, Bedford, Gloster und Soldaten mit Sturmleitern.)

König Heinrich.

Noch einmal stürmt, noch einmal, lieben Freunde!
Sonst füllt mit todten Englischen die Mauer.
Im Frieden kann so wohl nichts einen Mann
Als Sanftmuth und bescheidne Stille kleiden,
Doch bläst des Kriegs Drommete euch in's Ohr,
Dann ahmt dem Tiger nach in seinem Thun;
Spannt eure Sehnen, ruft das Blut herbei,
Entstellt die liebliche Natur mit Wuth,
Dann leiht dem Auge einen Schreckensblick,
Und laßt es durch des Hauptes Bollwerk spähn
Wie ehernes Geschütz; die Braue schatt' es
So furchtbarlich, wie ein zerfreßner Fels

Weit vorhängt über seinen schwachen Fuß,
Vom wilden wüsten Ocean umwühlt.
Nun knirscht die Zähne, schwellt die Nüstern auf,
Den Athem hemmt, spannt alle Lebensgeister
Zur vollen Höh. — Auf, Englische von Adel!
Das Blut von kriegsbewährten Vätern hegend,
Von Vätern, die, wie so viel Alexander,
Von früh bis Nacht in diesen Landen fochten,
Und nur weil Stoff gebrach, die Schwerter bargen!
Entehrt nicht eure Mütter; nun bewährt,
Daß, die ihr Väter nanntet, euch erzeugt.
Seid nun ein Vorbild Menschen gröbern Bluts,
Und lehrt sie kriegen. — Ihr auch, wackres Landvolk,
In England groß gewachsen, zeigt uns hier
Die Kraft genoss'ner Nahrung; laßt uns schwören,
Ihr seid der Pflege werth, was ich nicht zweifle;
Denn so gering und schlecht ist euer Keiner,
Daß er nicht edlen Glanz im Auge trüg'.
Ich seh' euch stehn, wie Jagdhund' an der Leine,
Gerichtet auf den Sprung; das Wild ist auf,
Folgt eurem Muthe, und bei diesem Sturm
Ruft: Gott mit Heinrich! England! Sankt Georg!
(Alle ab. Getümmel und Kanonenschüsse.)

Zweite Scene.

Ebendaselbst.

(Truppen marschiren über die Bühne; dann kommen Nym, Bardolph, Pistol und Bursch.)

Bardolph.

Zu, zu, zu, zu! in die Bresche! in die Bresche!

Nym.

Ich bitte dich, Corporal, halt! Die Püffe sind zu hitzig, und ich für mein Theil habe nicht ein Paar Leben; der Humor davon ist zu hitzig, das ist die wahre Litanei davon.

Pistol.

Die Litanei ist recht; Humore sind im Schwang,
Gehn Püff und kommen, Gottes Knechte sterben,
Und Schwert und Schild
Im Blutgefild
Erwirbt sich ew'gen Ruhm.

Bursch.

Ich wollte, ich wäre in einer Bierschenke in London! Ich wollte meinen ganzen Ruhm für einen Krug Bier und Sicherheit geben.

Pistol.

Ich auch:
Wenn Wünsche könnten helfen mir,
An Eifer sollt's nicht fehlen mir,
Ich eilte stracks dahin.

Bursch.

So klar, doch nicht so wahr, wie Vöglein auf dem Zweige singt.

(Fluellen kommt.)

Fluellen.

Gotts Plitz! — Hinauf in die Presche, ihr Schufte! wollt ihr hinauf in die Presche!

(Treibt sie vorwärts.)

Pistol.

Sei Erdensöhnen gnädig, großer Herzog!
Laß nach mit Wüthen! laß dein männlich Wüthen!
Laß, großer Herzog, nach!
Mein Männchen, keine Wuth! mit Milde liebstes Kind!

Nym.

Das sind gute Humore! So 'ne Ehre bringt schlechte Humore ein.

(Nym, Pistol und Bardolph ab. Fluellen ihnen nach.)

Bursch.

So jung ich bin, habe ich diese Schwadronirer doch schon beobachtet. Ich bin Bursch bei allen Dreien, aber alle Drei, wenn sie mir aufwarten wollten, könnten doch nicht mein Kerl sein: denn wahrhaftig, drei solche Fratzen machen zusammen keinen Kerl aus. Was Bardolph betrifft, der ist weiß von Leber und roth von Gesicht, vermöge dessen er verwegen drein sieht, aber nicht ficht. Pistol, der hat eine wilde Zunge und einen stillen Degen, vermöge deren er

Worten den Hals bricht und seine Waffen heil erhält. Nym, der hat gehört, daß Männer von wenig Worten die besten sind, und deßwegen schämt er sich, sein Gebet herzusagen, damit man ihn nicht für eine feige Memme halte. Aber seine wenigen schlechten Worte sind mit eben so wenigen guten Thaten gepaart, denn er schlug nie keines Menschen Kopf entzwei, als seinen eignen, und das geschah gegen einen Pfosten, als er betrunken war. Sie stehlen was ihnen vorkommt, und das nennen sie Handel und Wandel. Bardolph stahl einen Lautenkasten, trug ihn zwölf Stunden weit und verkaufte ihn für drei Kreuzer. Nym und Bardolph sind geschworne Brüder im Mausen, und in Calais stahlen sie eine Feuerschaufel: ich sah wohl an diesem Probestücke, daß die Kerle Herumstörer wären. Sie wollen mich so vertraut mit andrer Leute Taschen haben als ihre Handschuhe oder Schnupftücher, was meiner Mannheit sehr entgegen ist; wenn ich aus der Tasche eines Andern nehmen sollte, um es in meine zu stecken: das hieße geradezu Unrecht einstecken. Ich muß sie verlassen und mir einen bessern Dienst suchen: ihre Schelmerei ist meinem schwachen Magen zuwider, ich muß sie von mir geben.

(Bursch ab.)

(Fluellen kommt zurück und Gower nach ihm.)

Gower.

Capitän Fluellen, ihr müßt unverzüglich zu den Minen kommen; der Herzog von Gloster will mit euch sprechen.

Fluellen.

Zu den Minen? Sagt ihr dem Herzog, daß es nicht gar zu gut ist, zu den Minen zu kommen; denn, seht ihr, die Minen sein nicht der Kriegsdisciplin gemäß, die Concavität derselben sein nicht hinreichend; denn, seht ihr, der Feind, wie ihr dem Herzoge erläutern könnt, seht ihr, ist vier Ellen tief unter die Conterminen eingegraben. Bei Jeßus, ich denke, er werden Alles in die Luft sprengen, wenn da keine bessere Directionen sein.

Gower.

Der Herzog von Gloster, der den Befehl bei der Belagerung führt, wird ganz von einem Irländer geleitet, einem sehr braven Manne, wahrhaftig.

Fluellen.

Es ist der Capitän Macmorris, nicht wahr?

Gower.

Ich denke, der ist's.

Fluellen.

Bei Jeßus, er sein ein Esel, wie einer in der Welt, das will ich ihm in seinen Bart hinein bezeugen. Er hat nicht mehr Ordonnanz in der wahren Kriegsdisciplin, seht ihr, was römische Disciplinen sein, als ein Geldschnabel haben thut.

(Macmorris und Jamy treten in der Entfernung auf.)

Gower.

Da kommt er, und der Schottische Capitän, Capitän Jamy, mit ihm.

Fluellen.

Capitän Jamy ist ein erstaunendlich prafer Mann, das ist gewiß, und von großer Fertigkeit und Wissenschaft in den alten Kriegen, nach meiner absonderlichen Wissenschaft seiner Ordonnanzen; bei Jeßus, er behauptet sein Argument so gut, als irgend ein Kriegesmann, was Disciplinen aus den vormaligen Kriegen der Römer sein.

Jamy.

Ich sage guoten Tag, Capitän Fluellen.

Fluellen.

Gott grüße Euer Edlen, Capitän Jamy.

Gower.

Wie stehts, Capitän Macmorris? Habt ihr die Minen verlassen? Haben es die Schanzgräber aufgegeben?

Macmorris.

Bei Chrischtus, 's ischt übel gethan; die Arbeit ischt aufgegeben, die Trompeten blasen zum Rückzuge. Bei meiner Hand schwöre ich, und bei meines Vaters Seele, die Arbeit ischt übel gethan, sie ischt aufgegeben: ich hätte die Stadt in die Luft gesprengt, so mir Chrischtus helfe, binnen einer Stunde. O, 's ischt übel gethan, 's ischt übel gethan, bei meiner Hand, 's ischt übel gethan.

Fluellen.

Capitän Macmorris, ich ersuche euch nun, wollt ihr mir, seht ihr mir, einige wenige Disputationen mit euch erlauben, als zum Theil betreffend oder angehend die Disciplin des Krieges, was Römische Kriege sein; auf dem Wege des Argumentirens, seht ihr, und freundlichen Communizirens: theils um meine Meinung zu rechtfertigen, und theils, seht ihr, zur Rechtfertigung meiner Gesinnung, was die Ordonnanz der Kriegesdisciplin anlangt; das ist der wahre Punkt.

Jamy.

Das wird sehr guot sein, ihr guoten Capitäns beide, und ich will auch mainen Verlaub nehmen, wenn's die Gelegenheit giebt, das will ich mainer Treu.

Macmorris.

Es ischt keine Zeit zum Reden, so mir Chrischtus helfe, der Tag ischt heiß, und das Wetter, und der Krieg, und der König, und die Herzoge; es ischt keine Zeit zum Reden. Die Stadt wird berannt, und die Trompete ruft uns zur Bresche; und wir sprechen, und thun, bei Chrischtus, gar nichts; 's ischt Schande für uns Alle, so mir Gott helfe, 's ischt Schande, still zu stehn, 's ischt Schande, bei meiner Hand; und da hat sich's Kehlen abzuschneiden, und Arbeiten zu thun, und es wird nischt gethan, so mir Chrischtus helfe.

Jamy.

Beim Sakrament, eher diese maine Augen in Schlaf fallen, will ich guoten Dienst verrichten, oder ich will davor im Aerdboden liegen, ja, oder zum Tode gehen; und ich will es so tapfer bezahlen, wie ich kann, das ist das Kurze und das Lange davon. Main Treu, ich hätte gern ein Gespräch zwischen euch beiden angehört.

Fluellen.

Capitän Macmorris, ich denke, seht ihr, unter eurer Genehmhaltung, es sein nicht viele von eurer Nation —

Macmorris.

Meiner Nation? Was ischt meine Nation? Ischt ein Hundsfott, und ein Bastard, und ein Schelm und ein Schurke. Was ischt meine Nation? wer spricht von meiner Nation?

Fluellen.

Seht ihr, wenn ihr die Sache anders nehmt, als sie gemeint war, Capitän Macmorris, so werde ich unmaßgeblich denken, daß ihr mir nicht mit der Leutseligkeit begegnet, als ihr mir vernünftiger Weise begegnen solltet, seht ihr, da ich ein eben so guter Mann als ihr bin, sowohl was die Kriegesdisciplin, als die Abkunft meiner Geburt und andre Absonderlichkeiten betrifft.

Macmorris.

Ich weiß nicht, daß ihr ein so guter Mann seid, als ich; so mir Chrischtus helfe, ich will euch den Kopf abhauen.

Gower.

Ihr Herren beide, ihr werdet einander mißverstehen.

Jamy.

Ai, das ist ein garstiger Fehler.

(Es wird Schamade geschlagen.)

Gower.

In der Stadt schlägt man Schamade.

Fluellen.

Capitän Macmorris, wenn einmal besser gelegnere Zeit verlangt wird, seht ihr, so werde ich so dreist sein, euch zu sagen, das ich die Kriegesdisciplin verstehe, und damit gut.

Dritte Scene.

Ebendaselbst.

(Der Befehlshaber und einige Bürger auf den Mauern, die englischen Truppen unten. König Heinrich und sein Zug treten auf.)

König Heinrich.

Was hat der Hauptmann dieser Stadt beschlossen?
Wir lassen kein Gespräch nach diesem zu,
Darum ergebt euch unsrer besten Gnade,
Sonst ruft, wie Menschen auf Vernichtung stolz,
Uns auf zum Aergsten; denn, so wahr ich ein Soldat
(Ein Nam', der, denk' ich, mir am besten ziemt),
Fang' ich noch einmal das Beschießen an,
So lass' ich nicht das halbzerstörte Harfleur,
Bis es in seiner Asche liegt begraben.
Der Gnade Pforten will ich alle schließen,
Der mordgewöhnte Krieger, rauhes Herzens,
Soll schwärmen, sein Gewissen höllenweit,
In Freiheit blut'ger Hand und mähn wie Gras
Die holden Jungfraun und die blühnden Kinder.
Was ist es mir denn, wenn ruchloser Krieg,

Im Flammenschmucke, wie der Bösen Fürst,
Beschmiert im Antlitz, alle grausen Thaten
Der Plünderung und der Verheerung übt?
Was ist es mir, wenn ihr es selbst verschuldet,
Daß eure reinen Jungfraun in die Hand
Der zwingenden und glüh'nden Nothzucht fallen?
Was für ein Zügel hält die freche Bosheit,
Wenn sie bergab in wildem Laufe stürmt?
So fruchtlos wendet unser eitles Wort
Beim Plündern sich an die ergrimmten Krieger,
Als man dem Leviathan anbeföhle,
An's Land zu kommen. Darum, ihr von Harfleur,
Habt Mitleid mit der Stadt und eurem Volk,
Weil noch mein Heer mir zu Gebote steht,
Weil noch der kühle sanfte Wind der Gnade
Das ekle giftige Gewölk verweht
Von jähem Morde, Raub und Büberei.
Wo nicht, erwartet augenblicks besudelt
Zu sehn vom blinden blutigen Soldaten
Die Locken eurer gellend schreinden Töchter;
Am Silberbart ergriffen eure Väter,
Ihr würdig Haupt geschmettert an die Wand;
Gespießt auf Piken eure nackten Kinder,
Indeß der Mütter rasendes Geheul
Die Wolken theilt, wie einst der Jüd'schen Weiber
Bei der Herodes-Knechte blut'ger Jagd.
Was sagt ihr? gebt ihr nach und wollt dies meiden?
Wo nicht, durch Widerstand das Aergste leiden?

Befehlshaber.

An diesem Tage endet unsre Hoffnung.
Der Dauphin, den um Hülfe wir ersucht,
Erwidert, zu so mächtigem Ersatz
Sei er noch nicht bereit. Drum, großer König,
Ergeben wir die Stadt und unser Leben
In deine milde Gnade; zieh herein,
Schalt über uns und was nur unser ist,
Denn wir sind nun nicht länger haltbar mehr.

König Heinrich.

Oeffnet die Thore. — Oheim Exeter,
Geht und besetzet Harfleur; bleibt daselbst,
Befestigt stark es gegen die Franzosen;
Seid Allen gnädig. — Wir, mein theurer Oheim,
Da sich der Winter naht, und Krankheit zunimmt
In unserm Heer, ziehn nach Calais zurück.
Heut Nacht sind wir in Harfleur euer Gast,
Auf morgen schon sind wir zum Marsch gefaßt.

(Trompetenstoß. Der König, sein Gefolge und Truppen ziehn in die Stadt.)

Vierte Scene.

Rouen. Ein Zimmer im Palast.

(Catharina und Alice treten auf.)

Catharina.

Alice, tu as été en Angleterre, et tu parles bien la langue du paÿs.

Alice.

Un peu, madame.

Catharina.

Je te prie, enseignes la moi; il faut que j'apprenne à parler. Comment appelez vous la main en Anglois?

Alice.

La main? Elle est appelée *de hand.*

Catharina.

De hand. Et les doigts?

Alice.

Les doigts? Ma foi, j'ai oublié les doigts, maïs je m'en souviendrai. Les doigts? Je pense, qu'ils sont appelés *de fingres;* oui, *de fingres.*

Catharina.

La main, *de hand;* les doigts, *de fingres.* Je pense que je suis bonne écolière: j'ai gagné deux mots d'Anglois assez vîte. Comment appelez vous les ongles?

Alice.

Les ongles? On les appelle *de nails.*

Catharina.

De nails. Ecoutez! dites-moi, si je parle bien: *de hand, de fingres, de nails.*

Alice.

C'est bien dit, madame, c'est du fort bon Anglois.

Catharina.

Dites-moi en Anglois, le bras.

Alice.

De arm, madame.

Catharina.

Et le coude?

Alice.

De elbow.

Catharina.

Je me fais la répétition de tous les mots, que vous m'avez appris dès à présent.

Alice.

C'est trop difficile, madame, comme je pense.

Catharina

Excusez moi, Alice; écoutez! *de hand, de fingres, de nails, de arm, de billbow.*

Alice.

De elbow, Madame.

Catharina.

O seigneur Dieu, je l'oublie: *de elbow.* Comment appellez vous le cou?

Alice.

De neck, madame.

Catharina.

De neck, et le menton?

Alice.

De chin.

Catharina.

De sin. Le cou, *de neck;* le menton, *de sin.*

Alice.

Oui. Sauf votre honneur, en vérité, vous prononcez les mots aussi juste, que les natifs d'Angleterre.

Catharina.

Je ne doute point, que je n'apprendrai par la grace de Dieu, et en peu de tems.

Alice.

N'avez vous pas déjà oublié ce que je vous ai enseigné?

Catharina.

Non, je le vous reciterai promptement. *De hand, de fingres, de mails.* —

Alice.

De nails, madame.

Catharina.

De nails, de arme, de ilbow. —

Alice.

Sauf votre honneur, *de elbow.*

Catharina.

C'est ce que je dis: *de elbow, de neck* et *de sin.* Comment appellez vous le pied et la robe?

Alice.

De foot, madame, et *de con.*

Catharina.

De foot et *de con?* O seigneur Dieu! Ce sont des mots d'un son mauvais, corrompu, grossier et impudique, et dont les dames d'honneur ne sauroient se servir; je ne voudrois prononcer ces mots devant les seigneurs de France pour tout au monde. Il faut *de foot* et *de con* néanmoins. Je reciterai encore une fois ma leçon ensemble: *de hand, de fingre, de nails, de arm, de elbow, de neck, de sin, de foot, de con.*

Alice.

Excellent madame!

Catharina.

C'est assez pour une fois: allons nous en à diner.

(Ab.)

Fünfte Scene.

Ein andres Zimmer im Palast.

(König Carl, der Dauphin, Herzog von Bourbon, der Connetable von Frankreich und Andre treten auf.)

König Carl.

Man weiß, er ist die Somme schon herüber.

Connetable.

Und ficht man nicht mit ihm, Herr, laßt uns nicht
In Frankreich leben; stehn wir ab von Allem,
Und geben unser Weinland den Barbaren.

Dauphin.

O Dieu vivant! daß ein Paar unsrer Sprossen,
Der Auswurf von den Lüsten unsrer Väter,
Pfropfreiser, in den wilden Stamm gesetzt,
So plötzlich in die Wolken konnten schießen,
Um ihre Impfer nun zu übersehen!

Bourbon.

Normannen nur! Bastarde von Normannen!
Mort de ma vie! wenn sie unbestritten
Einherziehn, biet' ich feil mein Herzogthum,
Und kaufe einen kleinen Meyerhof
In der gezackten Insel Albions.

Connetable.

Dieu des batailles! woher käm' ihr Feuer?
Ist nicht ihr Klima neblicht, rauh und dumpf,
Worauf die Sonne bleich sieht, wie zum Hohn,
Mit finstern Blicken ihre Früchte töbtend?
Kann ihre Gerstenbrüh', gesottnes Wasser,
Ein Trank für überrittne Mähren nur,
Ihr kaltes Blut zu tapfrer Hitze kochen?
Und unser reges Blut, vom Wein begeistert,
Scheint frostig? O, zu unsers Landes Ehre,
Laßt uns nicht hängen, zäh wie Eises Zacken
An unsrer Häuser Dach, indeß ein frost'ger Volk
Der kühnen Jugend blut'gen Schweiß vergießt
In unsern reichen Feldern, arm allein
In ihren angebornen Herrn zu nennen.

Dauphin.

Bei Treu und Glauben! unsre Damen haben
Zum besten uns, und sagen grad' heraus,
Dahin sei unser Feuer, und sie wollen
Der Jugend Englands ihre Leiber bieten,
Mit Bastard-Kriegern Frankreich zu verjüngen.

Bourbon.

Sie weisen uns auf die Tanzböden Englands,
Dort hurt'ge Volten und Couranten lehren;
Sie sagen, unser Ruhm sei in den Fersen,
Und wir sei'n Läufer von der ersten Größe.

König Carl.

Wo ist Montjoye, der Herold? Schickt ihn fort.
Mit unserm scharfen Trotze grüß' er England.
Auf, Prinzen, und in's Feld, mit einem Geist,
Den Ehre schärfer wetzt als eure Degen!
Carl De la Bret, Groß-Connetable Frankreichs,
Ihr Herrn von Orleans, Bourbon und Berry,
Alençon, Brabant, Bar, und von Burgund,
Jaques Chatillon, Rambures, Vaudemont,
Beaumont, Grandpré, Roussi und Fauconberg,
Foix, Lestrale, Bouciquault und Charolois,
Herzöge, große Prinzen und Barone,
Und Herrn und Ritter! für die großen Lehn
Befreit euch nun von solcher großen Schmach.
Hemmt Heinrich England, der durch unser Land
Auf Schwingen zieht, in Harfleur's Blut getaucht;
Stürzt auf sein Heer, wie der geschmolzne Schnee
In's Thal auf dessen niedern Dienersitz
Die Alpen ihre Feuchtigkeiten spei'n,
Geht, ihr habt Macht genug, ihn zu zermalmen,
Und bringt auf einem Wagen ihn gebunden
Gefangen nach Rouen.

Connetable.

So ziemt es Großen.
Mir thut's nur leid, daß seine Zahl so klein,
Sein Volk vom Marsch verhungert ist und krank.
Denn ich bin sicher, sieht er unser Heer,
So sinkt sein Herz in bodenlose Furcht,
Statt Thaten wird er seine Lösung bieten.

König Carl.

Drum eilet den Montjoye, Herr Connetable,
Laßt ihn an England sagen, daß wir senden

Zu sehn, was er für will'ge Lösung giebt. —
Prinz Dauphin, ihr bleibt bei uns in Rouen.

Dauphin.

Nicht so, ich bitt' Eur Majestät darum.

König Carl.

Seid ruhig, denn ihr bleibt zurück mit uns. —
Auf, Connetable, und ihr Prinzen all!
Und bringt uns Nachricht bald von Englands Fall!

(Alle ab.)

Sechste Scene.

Das Englische Lager in der Picardie.

(Gower und Fluellen treten auf.)

Gower.

Wie steht's, Capitän Fluellen? kommt ihr von der Brücke?

Fluellen.

Ich versichre euch, es wird bei der Prücke gar fürtrefflicher Dienst ausgerichtet.

Gower.

Ist der Herzog von Exeter in Sicherheit?

Fluellen.

Der Herzog von Exeter ist so heldenmüthig, wie Agamemnon, und ein Mann, den ich liebe und verehre mit meiner Seele, und meinem Herzen, und meinem Eifer, und meinem Leben, und meinen Lebtagen, und meinem äußersten Vermögen; er ist, Gott sei Lob und Dank, nicht im geringsten in der Welt verwundet, sondern behauptet die Prücke gar tapfer mit fürtrefflicher Kriegskunst. Es ist da ein Fähndrich bei der Prücke, ich denke in meinem besten Gewissen, er ist so ein tapferer Mann, wie Mark Anton; und er ist ein Mann von keiner Achtbarkeit in der Welt, aber ich sah ihn wackern Dienst verrichten.

Gower.

Wie nennt ihr ihn?

Fluellen.

Er heißt Fähndrich Pistol.

Gower.

Ich kenne ihn nicht.

(Pistol kommt.)

Fluellen.

Kennt ihr ihn nicht? Da kommt unser Mann.

Pistol.

Hauptmann, ich bitte dich, mir Gunst zu thun:
Der Herzog Exeter ist dir geneigt.

Fluellen.

Ja, Gott sei gelobt, und ich habe auch einige Liebe seinerseits verdient.

Pistol.

Bardolph, ein Krieger, fest und stark von Herzen,
Von munterm Muthe, hat durch grausam Schicksal.
Und tollen Glückes grimmig wechselnd Rad,
Der blinden Göttin,
Die auf dem rastlos roll'nden Steine steht —

Fluellen.

Mit eurem Verlaub, Fähndrich Pistol. Fortuna wird plind gemalt, mit einer Binde vor ihren Augen, um euch anzudeuten, daß das Glück plind ist. Ferner wird sie auch mit einem Rade gemalt, um euch anzudeuten, was die Moral daraus ist, daß sie wechselnd und unbeständig ist, und Veränderung und Wankelmüthigkeiten; und ihr Fuß, seht ihr, ist auf einen kugelförmigen Stein gestellt, der rollt und rollt und rollt. In wahrem Ernste, von den Poeten sein gar fürtreffliche Beschreibung der Fortuna gemacht; Fortuna, seht ihr, ist eine fürtreffliche Moral.

Pistol.

Fortun' ist Bardolph's Feind, und zürnt mit ihm:
Er stahl nur ein' Monstranz, und muß gehangen sein
Verdammter Tod!
Der Mensch sei frei, der Galgen gähne Hunden,
Und Hanf ersticke nicht die Luftröhr' ihm.
Doch Exeter hat Todesspruch ertheilt
Um nichtige Monstranz,
Drum geh und sprich, der Herzog hört dein Wort.
Laß Bardolph's Lebensfaden nicht zerschneiden

Mit scharfem Pfennigstrick und niederm Schimpf.
Sprich Hauptmann, für sein Heil, und ich vergelt' es dir.

Fluellen.

Fähndrich Pistol, ich verstehe gewissermaßen eure Meinung.

Pistol.

Nun denn, so freu dich deß.

Fluellen.

Gewißlich, Fähndrich, es ist keine Sache, um sich darüber zu freun; denn, seht ihr, wenn er mein Bruder wäre, so wollte ich den Herzog bitten, nach bestem Belieben mit ihm zu verfahren, und die Execution an ihm auszuüben, denn Disciplin muß gehandhabt werden.

Pistol.

So stirb und sei verdammt, und figo dir
Für deine Freundschaft!

Fluellen.

Es ist gut.

Pistol.

Die Span'sche Feige.

Fluellen.

Sehr gut. (Pistol ab.)

Gower.

Ei, das ist ein erzbetrügerischer Schelm, jetzt erinnre ich mich seiner; ein Kuppler, ein Beutelschneider.

Fluellen.

Ich versichre euch, er gab bei der Brücke so prafe Worte zu vernehmen, wie man sie nur an einem Festtage sehen kann. Aber es ist sehr gut; was er zu mir gesagt hat, ist gut, ich stehe euch dafür, wenn die Zeit dienlich kommt.

Gower.

Ei, er ist ein Gimpel, ein Narr, ein Schelm, der dann und wann in den Krieg geht, um bei seiner Zurückkunft in London in der Gestalt eines Soldaten zu prangen. Und dergleichen Gesellen sind fertig mit den Namen großer Feldherrn, und sie lernen auswendig, wo Dienste geleistet worden sind; bei der oder der Feldschanze, bei dieser Bresche, bei jener Bedeckung; wer rühmlich davon kam, wer erschossen ward, wer sich beschimpfte, welche Lage der Feind behauptete. Und dieß lernen sie vollkommen in der Soldatensprache, die sie mit neumodischen Flüchen aufstutzen; und was ein Bart nach dem Schnitte des Generals und ein rauher Feldanzug unter schäumenden Flaschen und biergetränkten Köpfen vermögen, das ist erstaunlich zu denken. Aber ihr müßt solche Mißzierden des Zeitalters kennen lernen, sonst könnt ihr euch außerordentlich betrügen.

Fluellen.

Ich will euch was sagen, Capitän Gower: ich merke schon, er ist nicht der Mann, als den er sich gern bei der Welt möchte gelten lassen. Wenn ich ein Loch in seinem Rocke finde, so will ich ihm meine Meinung sagen.

(Man hört Trommeln.)

Hört ihr, der König kommt, und ich muß mit ihm von wegen der Prücke reden.

(König Heinrich, Gloster und Soldaten treten auf.)

Fluellen.

Gott segne Eure Majestät!

König Heinrich.

Nun, Fluellen, kommst du von der Brücke?

Fluellen.

Ja, zu Euer Majestät Befehl. Der Herzog von Exeter hat die Prücke sehr tapfer behauptet, die Franzosen sein davon gegangen, und es giebt daselbst prafe und gar tapfre Vorfälle. Meiner Treu, der Feind that die Prücke in Besitz nehmen, aber er ist genöthigt sich zurück zu ziehen, und der Herzog von Exeter ist Meister von der Prücke; ich kann Euer Majestät sagen, der Herzog ist ein prafer Mann.

König Heinrich.

Was habt ihr für Leute verloren, Fluellen?

Fluellen.

Die Schadhaftigkeit des Feindes ist gar groß gewesen, gar ansehnlich groß; aber ich denke für mein Theil, der Herzog hat keinen einzigen Mann verloren außer einem, der vermuthlich hingerichtet wird, weil er eine Kirche beraubt hat, ein gewisser Bardolph, wenn Eure Majestät den Mann kennt: sein Gesicht ist nichts wie Pusteln, Finnen, Knöpfe und Feuerflammen, und seine Lippen plasen ihm an die Nase, und sie sein wie feurige Kohlen, manchmal plau und manchmal roth; aber seine Nase ist hingerichtet, und sein Feuer ist aus.

König Heinrich.

Wir wollen alle solche Verbrecher ausgerottet wissen, und wir ertheilen ausdrücklichen Befehl, daß auf unsern Märschen durch das

Land nichts von den Dörfern erzwungen werde, nichts genommen, ohne zu bezahlen, daß kein Franzose geschmäht oder mit verächtlichen Reden mißhandelt werde: denn wenn Milde und Grausamkeit um ein Königreich spielen, so wird der gelindeste Spieler am ersten gewinnen.

(Trompeten. Montjoye tritt auf.)

Montjoye.

Ihr wißt an meiner Tracht, wer ich bin.

König Heinrich.

Nun gut, ich weiß es; was soll ich von dir wissen?

Montjoye.

Meines Herrn Willen.

König Heinrich.

Erkläre ihn.

Montjoye.

So sagt mein König: Sage du an Heinrich von England, ob wir schon todt schienen, schliefen wir doch nur; Vortheil ist ein besserer Soldat als Uebereilung. Sage ihm, wir hätten ihn bei Harfleur zurückweisen können, aber wir fanden nicht für gut, eine Schwäre aufzustoßen, bis sie völlig reif wäre; jetzt reden wir auf unser Stichwort und unsre Stimme ist gebietend: England soll seine Thorheit bereun, seine Schwäche sehn, und unsre Geduld bewundern. Heiß ihn also sein Lösegeld bedenken, welches, nach dem Verlust, den wir ertragen haben, nach den Unterthanen, die wir eingebüßt, nach der Erniedrigung, die wir uns gefallen lassen, abgemessen werden muß: was nach vollem Gewicht zu vergüten, seine Kleinheit erdrücken würde. Für unsern Verlust ist seine Schatzkammer zu arm, für die Vergießung unsers Bluts das Aufgebot seines Königreichs eine zu schwache Zahl, und für unsre Erniedrigung würde seine eigne Person, zu unsern Füßen kniend, nur eine schwache und unwürdige Genugthuung sein. Hierauf laß Herausforderung folgen, und sag' ihm zum Schlusse, er habe seine Leute verrathen, deren Verdammniß ausgesprochen ist. So weit mein Herr und Meister, so viel umfaßt mein Auftrag.

König Heinrich.

Wie ist dein Nam'? Ich kenne schon dein Amt.

Montjoye.

Montjoye.

König Heinrich.

Du führst den Auftrag wacker aus. Zieh heim.
Sag' deinem Herrn, ich such' ihn jetzo nicht,
Und möchte lieber ohne Hinderniß
Zurückziehn nach Calais; denn, wahr zu reden
(Wiewohl es keine Weisheit ist, so viel
Dem schlauen Feind im Vortheil zu bekennen),
Durch Krankheit abgemattet ist mein Volk,
Die Zahl verringert, und der kleine Rest
Beinah nicht besser als so viel Franzosen;
Da in gesundem Stand, ich sag' dir's, Herold,
Ein Englisch Paar von Beinen drei Franzosen
Mir schien zu tragen. — Doch verzeih mir Gott,
Daß ich so prahle; eure Fränk'sche Luft
Weht mir dieß Laster an, das ich bereue.
Drum geh, sag deinem Meister, ich sei hier,
Mein Lös'geld dieser schwache, nicht'ge Leib,
Mein Heer nur eine matte, kranke Wacht,
Doch, Gott voran, sag ihm, wir wollen kommen,
Ob Frankreich selbst und noch ein solcher Nachbar
Im Weg' uns stände. Hier für deine Müh:
Geh, heiße deinen Herrn sich wohl bedenken.
Kann ich vorbeiziehn, gut; werd' ich gehindert,
So soll eur rothes Blut den braunen Grund
Verfärben; und somit, Montjoye, leb' wohl!
Der Inhalt unsrer Antwort ist nur dieß:
Wir suchen, wie wir sind, ein Treffen nicht,
Noch wollen wir es meiden, wie wir sind.
Sagt eurem Herrn das.

Montjoye.

Ich will's bestellen. Dank sei Euer Hoheit.

(Montjoye ab.)

Gloster.

Sie werden, hoff ich, jetzt nicht auf uns fallen.

König Heinrich.

Wir sind in Gottes Händen, Bruder, nicht in ihren.
Marschirt zur Brücke; jetzo naht die Nacht;
Jenseit des Flusses wollen wir uns lagern,
Und morgen weiter fort sie heißen ziehn.

(Alle ab.)

Siebente Scene.

Das französische Lager bei Azincourt.

(Der Connetable, Rambures, Herzog von Orleans, der Dauphin und Andere treten auf.)

Connetable.

Pah! ich habe die beste Rüstung von der Welt. Wollte, es wäre Tag!

Orleans.

Ihr habt eine vortreffliche Rüstung, aber laßt auch meinem Pferde Gerechtigkeit widerfahren.

Connetable.

Es ist das erste Pferd von Europa.

Orleans.

Will es denn niemals Morgen werden?

Dauphin.

Mein Prinz von Orleans, und Herr Connetable, ihr redet von Pferden und Rüstung, —

Orleans.

Ihr seid mit beiden so wohl versehen, als irgend ein Prinz von der Welt.

Dauphin.

Was das für eine lange Nacht ist! — Ich tausche mein Pferd gegen keines, das nur auf vier Pfoten geht. Ah ça! Er springt von der Erde, als ob er mit Haaren ausgestopft wäre, le cheval volant, der Pegasus, qui a les narines de feu. Wenn ich ihn reite, so schwebe ich in Lüften, ich bin ein Falke, er trabt auf der Luft, die Erde singt, wenn er sie berührt; das schlechteste Horn seines Hufes ist musikalischer, als die Pfeife des Hermes.

Orleans.

Er ist von der Farbe der Muskatennuß.

Dauphin.

Und von der Hitze des Ingwers. Er ist ein Thier für den Perseus: nichts wie Feuer und Luft, und die trägen Elemente der Erde und des Wassers zeigen sich niemals in ihm, außer in seiner geduldigen Stille, während sein Reiter ihn besteigt. Er ist in der That ein Pferd, und alle andern Mähren kann man Vieh nennen.

Connetable.

In der That, gnädiger Herr, es ist ein ganz vollkommnes und vortreffliches Pferd.

Dauphin.

Es ist der Fürst der Gäule; sein Wiehern ist wie das Gebot eines Monarchen, und sein Anstand nöthigt Huldigung ab.

Orleans.

Nicht weiter, Vetter.

Dauphin.

Ei, der Mensch hat keinen Witz, der nicht vom Aufsteigen der Lerche bis zum Einpferchen des Lammes mit verdientem Lobe auf meinen Gaul abwechseln kann. Es ist ein Thema, überfließend wie die See; verwandelt den Sand in beredte Zungen, und mein Pferd giebt ihnen allen zu thun. Er ist würdig, daß ein Souverän darüber rede, und daß der Souverän eines Souveräns darauf reite; und daß die Welt, sowohl die uns bekannte als unbekannte, ihre besondern Geschäfte bei Seite lege, und ihn bewundre. Ich schrieb einmal ein Sonett zu seinem Ruhm, und fing so an: „O Wunder der Natur."

Orleans.

Ich habe ein Sonett an eine Geliebte so anfangen hören.

Dauphin.

Dann hat man das nachgeahmt, was ich auf meinen Renner dichtete: denn mein Pferd ist meine Geliebte.

Orleans.

Eure Geliebte weiß gut zu tragen.

Dauphin.

Mich wohl, was das ausgemachte Lob und die Vollkommenheit einer guten und ausschließlich eignen Geliebten ist.

Connetable.

Ma foi! mich dünkt, neulich schüttelte eure Geliebte euch tüchtig den Rücken zusammen.

Dauphin.

Das that eure vielleicht auch.

Connetable.

Meine war nicht gezäumt.

Dauphin.

O, so war sie vielleicht alt und sanftmüthig, und ihr rittet wie ein Irländischer Kerne, ohne eure Französischen Pluderhosen, bloß in euren knappen Beinkleidern.

Connetable.

Ihr versteht euch gut auf Reiterei.

Dauphin.

So laßt euch von mir warnen. Die so reiten, und nicht vorsichtig reiten, fallen in garstige Sümpfe; ich will lieber mein Pferd zur Geliebten haben.

Connetable.

Ich möchte eben so gern, daß meine Geliebte eine Mähre wäre.

Dauphin.

Ich sage dir, Connetable, meine Geliebte trägt ihr eignes Haar.

Connetable.

Das könnte ich eben so wahrhaft rühmen, wenn ich eine Sau zur Geliebten hätte.

Dauphin.

Le chien est retourné à son propre vomissement, et la truie lavée au bourbier; du brauchst Alles, was es auch sei.

Connetable.

Doch nicht mein Pferd zur Geliebten, noch irgend so ein Sprichwort, das so wenig zur Sache paßt.

Rambures.

Herr Connetable, die Rüstung, die ich heute Nacht in eurem Zelte sah: sind das Sonnen oder Sterne, was ihr darauf habt?

Connetable.

Sterne.

Dauphin.

Einige davon werden morgen fallen, fürchte ich.

Connetable.

Und doch wird mein Himmel voll sein.

Dauphin.

Das mag sein, denn ihr tragt ihrer viel überflüssige, und es würde euch mehr Ehre bringen, wenn einige weg wären.

Connetable.

Gerade so, wie euer Pferd eure Lobpreisungen trägt; es würde eben so gut traben, wenn einige eurer Prahlereien aus dem Sattel geworfen wären.

Dauphin.

Ich wollte, ich wär' fähig, ihm sein Verdienst aufzuladen. — Will es denn niemals Tag werden? Ich will morgen eine Meile traben, und mein Weg soll mit Englischen Gesichtern gepflastert sein.

Connetable.

Das will ich nicht sagen, aus Furcht, der Weg möchte mir Gesichter schneiden. Aber ich wollte, es wäre Morgen, denn ich möchte die Engländer gern bei den Ohren haben.

Rambures.

Wer will sich mit mir an einen Wurf um zwanzig Englische Gefangene wagen?

Connetable.

Ihr müßt euch selbst dran wagen, ehe ihr sie habt.

Dauphin.

Es ist Mitternacht, ich will gehn und meine Waffen anlegen. (Ab.)

Orleans.

Der Dauphin verlangt nach dem Morgen.

Rambures.

Er verlangt die Englischen aufzuessen.

Connetable.

Ich denke, er wird alle aufessen, die er umbringt.

Orleans.

Bei der weißen Hand meiner Dame, er ist ein braver Prinz.

Connetable.

Schwört bei ihrem Fuße, damit sie den Schwur austreten kann.

Orleans.

Er ist ohne Frage der geschäftigste Herr in Frankreich.

Connetable.

Vordrängen ist Geschäftigkeit, und er drängt sich immer vor.

Orleans.

Ich habe nicht gehört, daß er jemals Einem was zu Leide that.

Connetable.

Er wird es auch morgen nicht, er wird diesen guten Namen behaupten.

Orleans.

Ich weiß, daß er tapfer ist.

Connetable.

Mir hat es jemand gesagt, der ihn besser kennt, als ihr.

Orleans.

Wer war das?

Connetable.

Ei, er sagte es mir selbst; und er sagte, er kümmere sich nicht darum, wer es erführe.

Orleans.

Das braucht er auch nicht, es ist keine versteckte Tugend an ihm.

Connetable.

Ja, meiner Treu, das ist sie: niemand hat sie je gesehn, außer sein Lakai. Es ist eine verkappte Tapferkeit, und wenn sie an's Tageslicht kömmt, wird sie die Augen zudrücken.

Orleans.

Uebler Wille führt keine gute Nachrede.

Connetable.

Auf dieß Sprichwort setze ich ein andres: Freundschaft ist eine Schmeichlerin.

Orleans.

Und das nehme ich auf mit: Auch dem Teufel kein Unrecht thun.

Connetable.

Gut angebracht: euer Freund steht da für den Teufel, und um eurem Sprichworte recht zu Leibe zu gehn, sage ich: ich frage den Teufel darnach.

Orleans.

Ihr seid stark in Sprichwörtern, denn es ist richtig: eines Narren Bolzen sind bald verschossen.

Connetable.

Ihr habt über's Ziel hinaus geschossen.

Orleans.

Es ist nicht das erste Mal, daß über euch hinausgeschossen wird.

(Ein Bote tritt auf.)

Bote.

Herr Connetable, die Englischen stehen nur funfzehnhundert Schritte weit von eurem Zelte.

Connetable.

Wer hat das Feld gemessen?

Bote.

Der gnädige Herr Grandpré.

Connetable.

Ein wackrer und erfahrner Herr. — Ich wollte, es wäre Tag! — Ach, der arme Heinrich von England! Er verlangt nicht nach der Morgendämmerung wie wir.

Orleans.

Was für ein armseliger und einfältiger Geselle ist dieser König von England, daß er mit seinen grützköpfigen Leuten so ganz durchhinkömmt!

Connetable.

Wenn die Engländer nur die geringste Besinnung hätten, so würden sie davon laufen.

Orleans.

Daran fehlt's ihnen: denn hätten ihre Köpfe irgend eine geistige Rüstung, so könnten sie nicht so schwere Sturmhauben tragen.

Rambures.

Dieß Inselland erzeugt sehr tapfre Creaturen: ihre Bullenbeißer sind von unvergleichlichem Muthe.

Orleans.

Einfältige Hunde! die blindlings einem Russischen Bären in den Rachen laufen, und sich die Köpfe wie faule Aepfel zerquetschen lassen. Ihr könntet eben so gut sagen, es sei ein tapfrer Floh, der sein Frühstück auf der Lippe eines Löwen verzehrt.

Connetable.

Ganz recht, und die Menschen sympathisiren mit den Bullenbeißern im kräftigen und rauhen Angreifen, sie lassen ihren Witz bei ihren Frauen zurück, und dann gebt ihnen große Mahlzeiten von Rindfleisch, und Eisen und Stahl, so werden sie fressen wie Wölfe und fechten wie Teufel.

Orleans.

Ja, aber diesen Englischen ist das Rindfleisch verzweifelt ausgegangen.

Connetable.

Dann werden wir morgen finden, daß sie bloß Appetit zum Essen, aber nicht zum Fechten haben. Jetzt ist es Zeit, die Waffen anzulegen; kommt, sollen wir daran gehn?

Orleans.

Jetzt ist es zwei; eh noch zehn Uhr vergangen,
Hat jeder hundert Englische gefangen.

(Ab.)

Vierter Aufzug.

(Chorus tritt auf.)

Chorus.

Nun lasset euch gemahnen eine Zeit,
Wo schleichend Murmeln und das späh'nde Dunkel
Des Weltgebäudes weite Wölbung füllt.
Von Lager hallt zu Lager, durch der Nacht
Unsaubern Schooß, der Heere Summen leise,
Daß die gestellten Posten fast vernehmen
Der gegenseit'gen Wacht geheimes Flüstern.
Die Feu'r entsprechen Feuern, und es sieht
Durch ihre bleichen Flammen ein Geschwader
Des andern bräunlich überfärbt Gesicht.
Roß droht dem Roß, ihr stolzes Wiehern dringt
In's dumpfe Ohr der Nacht; und von den Zelten
Ertönt von Waffenschmieden, die den Rittern
Die Rüstung nieten mit geschäft'gem Hammer,
Der Vorbereitung grauenvoller Ton.
Des Dorfes Hähne krähn, die Glocken schlagen
Des schlafbetäubten Morgens dritte Stunde.
Stolz auf die Zahl und sichern Muths verspielen
Die muntern selbstvertrauenden Franzosen
Die nichtsgeacht'ten Englischen in Würfeln,
Und schmähn den krüppelhaften Gang der Nacht,
Die, einer schnöden garst'gen Hexe gleich,

Hinweg so zögernd hinkt. Die armen Englischen,
Wie Opfer sitzen sie bei wachen Feuern
Geduldig, und erwägen innerlich
Die morgende Gefahr; die trübe Miene
Auf hohlen Wangen, und, vom Krieg vernutzt
Die Röcke, stellen sie dem schau'nden Mond.
Wie grause Geister dar. O, wer nun sehen mag
Den hohen Feldherrn der verlornen Schaar
Von Wacht zu Wacht, von Zelt zu Zelte wandeln,
Der rufe: Preis und Ruhm sei seinem Haupt!
Denn er geht aus, besucht sein ganzes Heer,
Beut mit bescheidnem Lächeln guten Morgen,
Und nennt sie Brüder, Freunde, Landsleute.
Auf seinem königlichen Antlitz ist
Kein Merkmal, welch ein furchtbar Heer ihn drängt,
Noch widmet er ein Tüttelchen von Farbe
Der schläfrigen und ganz durchwachten Nacht;
Nein er sieht frisch, und übermannt die Schwäche
Mit frohem Schein und holder Majestät,
Daß jeder Arme, bleich gehärmt zuvor,
Ihn sehend, Trost aus seinen Blicken schöpft:
Und allgemeine Gaben, wie die Sonne,
Ertheilet jedem sein freigebig Auge,
Aufthauend kalte Furcht. Drum, Hoh' und Niedre,
Seht, wie Unwürdigkeit ihn zeichnen mag,
Den leichten Abriß Heinrich's in der Nacht.
So muß zum Treffen unsre Scene fliegen,
Wo wir (o Schmach!) gar sehr entstellen werden
Mit vier bis fünf zerfetzten schnöden Klingen,
Zu lächerlichem Balgen schlecht geordnet,
Den Namen Azincourt. Doch sitzt und seht,
Das Wahre denkend, wo sein Scheinbild steht.

(Ab.)

Erste Scene.

Das Englische Lager zu Azincourt.

(König Heinrich, Bedford und Gloster.)

König Heinrich.

Wahr ist es, Gloster, die Gefahr ist groß,
Um desto größer sei denn unser Muth. —
Guten Morgen, Bruder Bedford. — Großer Gott!
Es ist ein Geist des Gutem in dem Uebel,
Zög' ihn der Mensch nur achtsam da heraus.
Früh aufstehn lehren uns die schlimmen Nachbarn,
Was theils gesund, und gute Wirthschaft ist;
Dann sind sie unser äußerlich Gewissen,
Und Prediger uns Allen, die uns warnen,
Daß wir zu unserm End' uns wohl bereiten.
So können wir vom Unkraut Honig lesen,
Und machen selbst den Teufel zur Moral.

(Erpingham tritt auf.)

Guten Morgen, guter Thomas Erpingham!
Ein sanftes Kissen für das weiße Haupt
Wär' besser als der harte Rasen Frankeichs.

Erpingham.

Nicht so, mein Fürst; dieß Lager dünkt mir besser:
Ich liege wie ein König, sag' ich nun.

König Heinrich.

'S ist gut, daß Beispiel gegenwärt'ge Plagen
Uns lieben lehrt; so wird der Geist erleichtert;
Und lebt erst das Gemüth auf, so erstehn
Auch die zuvor erstorbenen Organe
Aus dumpfem Grab, und regen sich auf's neu
Mit abgestreifter Hüll' und frischem Schwung.
Sir Thomas, leih mir deinen Mantel. — Brüder,
Empfehlt den Prinzen unsers Lagers mich;
Bringt meinen guten Morgen, und sogleich
Bescheidet alle hin zu meinem Zelt.

Gloster.

Das wollen wir, mein Fürst.

(Gloster und Bedford ab.)

Erpingham.

Begleit' ich Eure Hoheit?

König Heinrich.

Nein, mein wackrer Ritter,
Mit meinen Brüdern geh zu Englands Herrn.
Ich und mein Busen müssen uns berathen,
Da wünsch' ich andere Gesellschaft nicht.

Erpingham.

Dich segne Gott im Himmel, edler Heinrich!

(Erpingham ab.)

König Heinrich.

Gott dank' dir's, edles Herz! du sprichst erfreulich.

(Pistol tritt auf.)

Pistol.

Qui va là?

König Heinrich.

Gut Freund!

Pistol.

Erläutre mir: bist du ein Offizier?
Wie? oder schlecht, gering, und aus dem Volk?

König Heinrich.

Ich bin der Führer einer Compagnie.

Pistol.

Schleppst du den mächt'gen Speer?

König Heinrich.

Ja wohl: was seid ihr?

Pistol.

Ein Edelmann, so gut als wie der Kaiser.

König Heinrich.

So seid ihr ja vornehmer als der König.

Pistol.

Der König ist ein Goldherz und ein Schatz,
Ein Wonnejung' und Ruhmesspross,
Von guten Eltern und höchst tapfrer Faust.
Ich küsse seinen schmutz'gen Schuh, und liebe
Den lieben Eisenfresser ganz und gar
Von meines Herzens Grund. Wie ist dein Name?

König Heinrich.

Heinrich le Roi.

Pistol.

Le Roi? Ein Corn'scher Nam': stammst du aus Cornwall's Brut?

König Heinrich.

Nein, ich bin ein Wäl'scher.

Pistol.

Kennst du Fluellen?

König Heinrich.

Ja.

Pistol.

Sag' ihm, ich will sein Lauch ihm um den Kopf
Am Davids-Tage schlagen.

König Heinrich.

So tragt nur an dem Tage euren Dolch nicht an der Mütze, damit er den nicht um den eurigen schlägt.

Pistol.

Bist du sein Freund?

König Heinrich.

Auch sein Verwandter.

Pistol.

So biet' ich figo dir.

König Heinrich.

Ich dank' euch!

Pistol.

Mein Name heißt Pistol. (Ab.)

König Heinrich.

Er paßt gut zu eurem Trotz.

(Fluellen und Gower kommen von verschiedenen Seiten.)

Gower.

Capitän Fluellen!

Fluellen.

Nun, im Namen Jeßu Christi, sprecht doch leiser! Es ist das aller verwunderlichste in der sämtlichen Welt, wenn die wahren und uralten Prifilegien und Gesetze des Krieges nicht beobachtet sein. Wenn ihr euch nur die Mühe nehmen wolltet, die Kriege von Pompejus dem Großen zu untersuchen, so würdet ihr finden, dafür stehe ich euch, daß im Lager des Pompejus kein Schnickschnack und Wischewasche ist; ich stehe euch dafür, ihr werdet finden, daß die Cärimonien des Krieges, und die Sorgfalt in selbigem, und die Sitten in selbigem, und die Nüchternheit in selbigem, und die Bescheidenheit in selbigem ganz anders sein.

Gower.

Ei, der Feind ist laut, man hat ihn die ganze Nacht hören können.

Fluellen.

Wenn der Feind ein Esel ist und ein Narr, und ein plappernder Hasenfuß, denkt ihr, es sei schicklich, daß wir auch, seht ihr, ein Esel und ein Narr und ein plappernder Hasenfuß sein? Ich frage euch auf euer Gewissen.

Gower.

Ich will leiser sprechen.

Fluellen.

Ich bitte euch, und ersuche euch, daß ihr's thut.

(Gower und Fluellen ab.)

König Heinrich.

Erscheint es gleich ein wenig aus der Mode,
Der Wäl'sche hat viel Sorgsamkeit und Muth.

(Bates, Court und Williams kommen.)

Court.

Bruder Johann Bates, ist das nicht der Morgen, was da anbricht?

Bates.

Ich denke er ist's, aber wir haben nicht viel Grund, die Annäherung des Tages zu verlangen.

Williams.

Wir sehen dort den Anbruch des Tages, aber ich denke, wir werden niemals sein Ende sehn. — Wer geht da?

König Heinrich.

Gut Freund.

Williams.

Unter welchem Hauptmann dient ihr?

König Heinrich.

Unter Sir Thomas Erpingham.

Williams.

Ein guter alter Anführer, und ein sehr lieber Herr. Ich bitte euch, wie denkt er von unserm Zustande?

König Heinrich.

Grade, wie Menschen, die auf einer Sandbank gescheitert sind, und erwarten von der nächsten Flut weggewaschen zu werden.

Bates.

Hat er seinen Gedanken dem Könige nicht gesagt?

König Heinrich.

Nein, und er muß es auch nicht thun. Denn, ob ich es euch schon sage, ich denke der König ist nur ein Mensch wie ich bin. Die Viole riecht ihm wie sie mir thut, das Firmament erscheint ihm wie mir, alle seine Sinne stehen unter menschlichen Bedingungen; seine Ceremonien bei Seite gesetzt, erscheint er in seiner Nacktheit nur als ein Mensch, und wiewohl seine Neigungen einen höheren Schwung nehmen als unsre, so senken sie sich doch mit demselben Fittig, wenn sie sich senken. Daher wenn er Ursache zur Furcht sieht, wie wir thun, so ist seine Furcht ohne Zweifel von derselben Beschaffenheit wie unsre; doch sollte vernünftiger Weise kein Mensch ihn mit einem Schein von Furcht einnehmen, damit er nicht, indem er sie verräth, seine Armee muthlos macht.

Bates.

Er mag äußerlich so viel Muth zeigen, als er will, aber ich glaube, so eine kalte Nacht wie es ist, könnte er sich doch bis an den Hals in die Themse wünschen, und ich wollte auch, daß er drin säße und ich bei ihm, auf alle Gefahr, wenn wir nur hier los wären.

König Heinrich.

Bei meiner Treu, ich will nach meinem Gewissen von dem Könige reden: ich denke, er wünscht sich nirgend anderswo hin, als wo er ist.

Bates.

Dann wollte ich, er wäre allein hier, so wäre er gewiß ausgelöst zu werden, und manches armen Menschen Leben würde gerettet.

König Heinrich.

Ich darf sagen, ihr wollt ihm nicht so übel, daß ihr ihn hier allein wünschen solltet, wiewohl ihr so sprechen mögt, um andrer Menschen Gesinnungen zu prüfen. Mich dünkt, ich könnte nirgends so zufrieden sterben, als in des Königs Gesellschaft, da seine Sache gerecht und sein Zwist ehrenvoll ist.

Williams.

Das ist mehr, als wir wissen.

Bates

Ja oder mehr als wonach wir fragen dürfen, denn wir wissen genug, wenn wir wissen, daß wir des Königs Unterthanen sind; wenn seine Sache schlecht ist, so reinigt unser Gehorsam gegen den König uns von aller Schuld dabei.

Williams.

Aber wenn seine Sache nicht gut ist, so hat der König selbst eine schwere Rechenschaft abzulegen; wenn alle die Beine und Arme und Köpfe, die in einer Schlacht abgehauen sind, sich am jüngsten Tage zusammenfügen, und schreien alle: Wir starben da und da; einige fluchend, einige um einen Feldscheer schreiend, einige über ihre Frauen, die sie arm zurückgelassen, einige über ihre unbezahlten Schulden, einige über ihre unerzognen Kinder. Ich fürchte, es sterben nur wenige gut, die in einer Schlacht umkommen; denn wie können sie irgend was christlich anordnen, wenn sie bloß auf Blut gerichtet sind? Wenn nun diese Menschen nicht gut sterben, so wird es ein böser Handel für den König sein, der sie dahin geführt, da, ihm nicht zu gehorchen, gegen alle Ordnung der Unterwürfigkeit laufen würde.

König Heinrich.

Also, wenn ein Sohn, der von seinem Vater zum Handel ausgesandt wird, sündlich auf der See verunglückt, so müßte man die Schuld seiner Ruchlosigkeit nach eurer Regel auf den Vater wälzen, der ihn aussandte. Oder wenn ein Bedienter, der unter den Befehlen seines Herrn eine Summe Geldes wohin bringt, von Räubern angefallen wird, und in vielen unversöhnten Ungerechtigkeiten stirbt, so könnt ihr das Geschäft des Herrn den Urheber von der Verdammniß des Bedienten nennen. — Aber dem ist nicht so: der König ist nicht gehalten, für das besondre Ende seiner Soldaten einzustehn, der Vater für das seines Sohnes, und der Herr für das seines Bedienten, denn sie wollen ja nicht ihren Tod, wenn sie ihre Dienste wollen. Außerdem giebt es keinen König, sei seine Sache auch noch so fleckenslos, der, wenn es zur Entscheidung des Schwertes kommt, sie mit ganz unbefleckten Soldaten ausmachen kann. Einige haben vielleicht die Schuld überlegten und vorsätzlichen Mordes auf sich ge=

laden; einige, daß sie Jungfrauen durch die gebrochnen Siegel des Meineides hintergangen; einige machen den Krieg zu ihrem Bollwerk, die zuvor den sanften Busen des Friedens mit Plündern und Räuberei wund gerissen. Wenn nun diese Menschen das Gesetz vereitelt haben, und der natürlichen Strafe entronnen sind, können sie schon den Menschen entlaufen, so haben sie doch keine Flügel um Gott zu entfliehen. Krieg ist seine Geißel, Krieg ist sein Werkzeug der Rache, so daß hier die Menschen für den vorherigen Bruch der Gesetze des Königs im gegenwärtigen Streit des Königs gestraft werden; wo sie den Tod fürchteten, haben sie das Leben davon gebracht, und wo sie sich zu sichern dachten, kommen sie um. Wenn sie daher unvorbereitet sterben, so ist der König nicht mehr an ihrer Verdammniß schuldig, als er es vorher an den Ruchlosigkeiten war, derentwegen sie nun heimgesucht werden. Jedes Unterthanen Pflicht gehört dem König, jedes Unterthanen Seele ist sein eigen. Darum sollte jeder Soldat im Kriege es wie jeder kranke Mann in seinem Bette machen, jedes Stäubchen aus seinem Gewissen waschen, und wenn er so stirbt, ist der Tod für ihn ein Gewinn; oder wenn er nicht stirbt, so war die Zeit segensvoll verloren, worin eine solche Vorbereitung gewonnen ward; und bei dem, welcher davon kömmt, wäre es keine Sünde zu denken, daß, da er Gott ein so freies Anerbieten machte, dieser ihn den Tag überleben ließ, um seine Größe einzusehen, und andern zu lehren, wie sie sich vorbereiten sollen.

Williams.

Es ist gewiß, wenn jemand übel stirbt, so fällt das Uebel auf sein eignes Haupt; der König hat nicht dafür einzustehen.

Bates.

Ich verlange nicht, daß er für mich einstehen soll, und doch bin ich entschlossen, wacker für ihn zu fechten.

König Heinrich.

Ich hörte den König selbst sagen, er wolle sich nicht auslösen lassen.

Williams.

Ja, das sagte er, damit wir gutes Muths fechten möchten; aber wenn uns die Kehlen abgeschnitten sind, so kann er ausgelöst werden, und wir sind dann um nichts klüger.

König Heinrich.

Wenn ich das erlebe, so will ich seinem Worte niemals wieder trauen.

Williams.

Teufel, da spielt ihr ihm einen rechten Streich! Das ist ein gefährlicher Schuß aus einer hölzernen Flinte, den die Unzufriedenheit eines armen Einzelnen gegen einen Monarchen thun kann. Ihr könntet eben so gut damit umgehn, die Sonne dadurch in Eis zu verwandeln, daß ihr mit einer Pfauenfeder ihr in's Gesicht fächelt. Ihr wollt ihm niemals wieder trauen! Geht, es ist eine alberne Rede.

König Heinrich.

Ihr verweist es mir ein wenig zu rund heraus, ich würde böse auf euch sein, wenn sich die Zeit dazu schickte.

Williams.

Laßt uns den Streit mit einander ausmachen, wenn ihr am Leben bleibt.

König Heinrich.

Ich gehe es ein.

Williams.

Wie soll ich dich wieder kennen?

König Heinrich.

Gieb mir irgend ein Pfand, und ich will es an meiner Mütze tragen: wenn du es je anzuerkennen wagst, so will ich den Streit ausfechten.

Williams.

Hier ist mein Handschuh, gieb mir einen von deinen.

König Heinrich.

Da.

Williams.

Den will ich auch an meiner Mütze tragen. Wenn du jemals nach dem morgenden Tage zu mir kommst und sagst: „Dieß ist mein Handschuh“ bei dieser Hand, ich gebe dir eine Ohrfeige.

König Heinrich.

Wenn ich es erlebe, so will ich ihn gewiß zurück fordern.

Williams.

Du läss'st dich eben so gern hängen.

König Heinrich.

Schon gut, ich thu' es, und wenn ich dich in des Königs Gesellschaft fände.

Williams.

Halt dein Wort; leb' wohl!

Bates.

Seid Freunde, ihr Englischen Narren, seid Freunde; wir haben Französische Händel genug, wenn ihr nur zu rechnen wüßtet.

König Heinrich.

In der That, die Franzosen können zwanzig Französische Kronen gegen eine setzen, daß sie uns schlagen werden, denn sie tragen sie auf ihren eignen Schultern. Aber es ist für einen Engländer keine Verrätherei, Französische Kronen zu beschneiden, und morgen wird der König selbst ein Kipper und Wipper sein.

(Die Soldaten ab.)

Nur auf den König! Legen wir dem König
Leib, Seele, Schulden, bange Weiber, Kinder
Und Sünden auf, — wir müssen Alles tragen.
O harter Stand! der Größe Zwillingsbruder,
Dem Odem jedes Narren unterthan,
Deß Sinn nichts weiter fühlt als eigne Pein!
Wie viel Behagen muß ein König missen,
Deß sich der Einzle freut?
Was hat ein König, das dem Einzlen fehlt,
Als allgemeine Ceremonie nur?
Und was bist du, du Götze Ceremonie?
Was bist du für ein Gott, der mehr erleidet
Von ird'scher Noth, als deine Diener thun?
Was ist dein Jahrsertrag? was deine Renten?
O Ceremonie, zeig' mir deinen Werth!
Was ist die Seele deiner Anbetung?
Bist du was sonst als Stufe, Rang und Form,
Die Scheu und Furcht in andern Menschen schafft?
Wo du, gefürchtet, minder glücklich bist,
Als sie im Fürchten.
Was trinkst du oft statt süßer Huldigung
Als gift'ge Schmeichelei? O Größe, sieche,
Und heiß dich deine Ceremonie heilen!
Denkst du, das glühnde Fieber werde gehn
Vor Titeln, zugeweht von Schmeichelei?

Wird es vielleicht dem tiefen Bücken weichen?
Steht mit des Bettlers Knie auch seine Stärke
Dir zu Gebote? Nein, du stolzer Traum,
Der listig spielt mit eines Königs Ruh!
Ich, der ich's bin, durchschau' dich, und ich weiß,
Es ist der Balsam nicht, der Ball und Scepter,
Das Schwert, der Stab, die hohe Herrscherkrone,
Das eingewirkte Kleid mit Gold und Perlen,
Der Titel, strotzend vor dem König her,
Der Thron, auf dem er sitzt, des Pompes Flut,
Die anschlägt an den hohen Strand der Welt:
Nicht alles dieß, prunkvolle Ceremonie,
Nicht alles dieß, auf majestät'schem Bett,
Was so gesund schläft, als der arme Sklav,
Der mit gefülltem Leib und led'gem Muth
Zur Ruh sich legt, gestopft mit saurem Brod,
Die grause Nacht, der Hölle Kind, nie sieht,
Weil er wie ein Trabant von früh bis spät
Vor Phöbus Augen schwitzt, die ganze Nacht
Dann in Elysium schläft; am nächsten Tag
Von neuem aufsteht mit der Dämmerung,
Und hilft Hyperion zu seinen Pferden.
So folgt er dem beständ'gen Lauf des Jahrs
Mit vortheilhafter Müh bis in sein Grab;
Und wäre Ceremonie nicht, so hätte
Ein solcher Armer, der mit Plackerei
Die Tage abrollt, und mit Schlaf die Nächte,
Vor einem König Vorrang und Gewinn.
Der Sklav, ein Glied vom Frieden seines Lands,
Genießt ihn, doch sein rohes Hirn weiß wenig,
Wie wach der König ist zum Schirm des Friedens,
Deß Tag' am besten doch dem Bauer frommen.

(Erpingham tritt auf.)

Erpingham.

Herr, eure Edlen, voller Sorglichkeit
Um euer Abſein, suchen euch im Lager.

König Heinrich.

Mein guter alter Ritter, rufe sie
Bei meinem Zelt zusammen; ich will dort
Noch vor dir sein.

Erpingham.

Ich werd es thun, mein Fürst.

(Ab.)

König Heinrich.

O Gott der Schlachten! stähle meine Krieger,
Erfüll sie nicht mit Furcht, nimm ihnen nun
Den Sinn des Rechnens, wenn der Gegner Zahl
Sie um ihr Herz bringt. — Heute nicht, o Herr,
O heute nicht, gedenke meines Vaters
Vergehn mir nicht, als er die Kron' ergriff!
Ich habe Richard's Leiche neu beerdigt,
Und mehr zerknirschte Thränen ihr geweiht,
Als Tropfen Bluts gewaltsam ihr entflossen.
Fünfhundert Armen geb' ich Jahresgeld,
Die zweimal Tags die welken Händ' erheben
Zum Himmel, um die Blutschuld zu verzeihn;
Auch zwei Kapellen hab' ich auferbaut,
Wo ernste feierliche Priester singen
Für Richard's Seelenruh. Mehr will ich thun;
Doch Alles, was ich thun kann, ist nichts werth,
Weil meine Reue noch nach Allem kommt,
Verzeihung flehend.

(Gloster tritt auf.)

Gloster.

Mein Fürst?

König Heinrich.

Die Stimme meines Bruders Gloster? — Ja.
Ich weiß die Botschaft, ich begleite dich,
Der Tag, die Freund' und Alles harrt auf mich.

(Beide ab.)

Zweite Scene.

Das Französische Lager.

(Der Dauphin, Orleans, Rambures und Andre treten auf.)

Orleans.

Der Sonnenschein vergoldet unsre Waffen:
Wohlauf ihr Herrn!

Dauphin.

Montez à cheval! Mein Pferd! valet! laquai! ha!

Orleans.

O wackrer Muth!

Dauphin.

Via! les eaux et la terre —

Orleans.

Et puis? l'air et le feu —

Dauphin.

Ciel! Vetter Orleans!

(Der Connetable tritt auf.)

Nun Herr Connetable?

Connetable.

Horcht, wie die Rosse wiehern auf den Sprung!

Dauphin.

Besteigt sie, und zerschneidet ihre Haut,
Daß ihr heiß Blut in Feindes Augen spritze,
Und lösche sie mit überflüss'gem Muth.

Rambures.

Wie? soll er Blut von unsern Pferden weinen?
Wie säh' man seine eignen Thränen denn?

(Ein Bote tritt auf.)

Bote.

Die Feinde stehn in Reihn, ihr Fränk'schen Pairs.

Connetable.

Zu Pferd ihr wackern Prinzen! Flugs zu Pferd!
Seht nur die hungrige und arme Schaar,
Eur schöner Schein saugt ihre Seelen weg,

Und läßt von Männern ihnen nur die Hülsen.
Für unsre Händ' ist nicht genug zu thun,
Kaum Blut genug in ihren kranken Adern
Um jeden nackten Säbel zu beflecken,
Den unsre Fränk'schen Braven heute ziehn,
Und weil's an Beute fehlt, einstecken werden.
Laßt uns nur auf sie hauchen, und es stürzt
Der Dunst von unsrer Tapferkeit sie um.
'S ist ausgemacht ohn' alle Frage, Herrn,
Daß unser überflüss'ger Troß und Bauern,
Die, unnütz thätig, unsre Schlachtgeschwader
Umschwärmen, gnügen würden, dieses Feld
Von solchem jämmerlichen Feind zu säubern,
Wenn wir auch auf des Berges Grund bei an
Zu müß'gem Zuschaun Posten fassen wollten,
Was Ehre nicht erlaubt. Was soll ich sagen?
Ein kleines, kleines Wenig laßt uns thun,
Und Alles ist gethan. Laßt die Trompeten,
Daß aufgesessen werde, lustig blasen;
Denn unser Nahn soll so das Feld erschrecken,
Daß England sich in Furcht soll niederstrecken.

(Grandpré tritt auf.)

Grandpré.

Was wartet ihr so lang, ihr Fränk'schen Edlen?
Die Insel-Aeser dort, an ihrer Haut
Verzweifelnd, stehn dem Felde scheußlich an;
Die lump'gen Fahnen hängen ärmlich los,
Und höhnend schüttelt unsre Luft sie durch.
Mars scheint bankrott in ihrem Bettelheer,
Und blickt nur matt durch rostige Visiere.
Die Reiter scheinen aufgesteckte Leuchter
Mit Kerzen in der Hand; es hängt der Kopf,
Und schlottert Hüft' und Haut dem armen Mähren;
Aus den erstorbnen Augen thränt der Schleim,
Und in den bleichen, schlaffen Mäulern liegt
Das Kettgebiß, von dem zerkäuten Grase
Beschmutzet, ruhig und bewegungslos.

Und ihre Henker fliegen über ihnen,
Die frechen Krähn, die Stunde kaum erwartend.
Beschreibung kann sich nicht in Worte fügen,
Das Leben solcher Schlachtordnung zu schildern,
Im Leben leblos, wie sie selbst sich zeigt.

Connetable.

Sie haben ihr Gebet schon hergesagt,
Und sind zum Tod bereit.

Dauphin.

Sagt, soll'n wir ihnen Kost und frische Kleider,
Und Füttrung für die magern Pferde senden,
Und dann mit ihnen fechten?

Connetable.

Ich wart' auf meine Wacht nur; fort, in's Feld!
Ich nehme 'ner Trompet' ihr Fähnlein ab,
Und brauch's in meiner Eil. Kommt, macht euch auf!
Die Sonn' ist hoch, versäumt nicht ihren Lauf.

(Alle ab.)

Dritte Scene.

Das Englische Lager.

(Englische Truppen, Gloster, Bedford, Exeter, Salisbury und Westmoreland.)

Gloster.

Wo ist der König?

Bedford.

Er ritt hinaus, die Schlachtordnung zu sehn.

Westmoreland.

Sie haben volle sechszigtausend Streiter.

Exeter.

Fünf gegen einen, auch sind alle frisch.

Salisbury.

Gott sei mit uns! Die Uebermacht ist schrecklich.
Lebt, Prinzen, wohl! Ich will an meinen Posten.
Wenn wir im Himmel erst uns wieder treffen,
Dann, freudevoll, — mein edler Herr von Bedford,

Ihr theuren Herrn von Gloster und von Exeter,
Und liebster Vetter, — lebt, ihr Krieger, wohl!

Bedford.

Fahr wohl, mein guter Salisbury! und Heil
Begleite dich!

Exeter.

Leb wohl, du biedrer Lord, ficht heute tapfer:
Doch thu' ich Schmach dir, dich daran zu mahnen;
Du hegst den ächten Kern der Tapferkeit.

(Salisbury ab.)

Bedford.

Er ist so voll von Tapferkeit als Güte,
In beiden fürstlich.

(König Heinrich tritt auf.)

Westmoreland.

O hätten wir nun hier
Nur ein Zehntausend von dem Volk in England,
Das heut' ohn' Arbeit ist!

König Heinrich.

Wer wünschte so?
Mein Vetter Westmoreland? — Nein, bester Vetter:
Zum Tode auserséhn, sind wir genug
Zu unsers Lands Verlust; und wenn wir leben,
Je klein're Zahl, je größres Ehrentheil.
Wie Gott will! Wünsche nur nicht Einen mehr.
Beim Zeus, ich habe keine Gier nach Gold,
Noch frag' ich, wer auf meine Kosten lebt,
Mich kränkt's nicht, wenn sie meine Kleider tragen;
Mein Sinn steht nicht auf solche äußre Dinge:
Doch wenn es Sünde ist nach Ehre geizen,
Bin ich das schuldigste Gemüth, das lebt.
Nein, Vetter, wünsche keinen Mann von England;
Bei Gott! ich geb' um meine beste Hoffnung
Nicht so viel Ehre weg, als Ein Mann mehr
Mir würd' entziehn. O wünsch' nicht Einen mehr!
Ruf lieber aus im Heere, Westmoreland,
Daß jeder, der nicht Lust zu fechten hat,

Nur hinziehn mag; man stell' ihm seinen Paß,
Und secke Reisegeld in seinen Beutel:
Wir wollen nicht in deß Gesellschaft sterben,
Der die Gemeinschaft scheut mit unserm Tod.
Der heut'ge Tag heißt Crispianus Fest:
Der, o ihn überlebt und heim gelangt,
Wird auf den Sprung stehn, nennt man diesen Tag,
Und sch beim Namen Crispianus rühren.
Wer leut' am Leben bleibt und kommt zu Jahren,
Der gebt ein Fest am heil'gen Abend jährlich,
Und sigt: Auf Morgen ist Sankt Crispian;
Streif dann die Aermel auf, zeigt seine Narben,
Und sigt: Am Crispins-Tag empfing ich die.
Die Aten sind vergeßlich; doch wenn Alles
Vergesen ist, wird er sich noch erinnern
Mit randhem Zusatz, was er an dem Tag
Für Stücke that: dann werden unsre Namen,
Geläuig seinem Mund wie Alltagsworte,
Heinrich der König, Bedford, Exeter,
Warwck und Talbot, Salisbury und Gloster,
Bei ihren vollen Schalen frisch bedacht.
Der rackre Mann lehrt seinem Sohn die Mähr,
Und re von heute bis zum Schluß der Welt
Wird Trispin Crispian vorüber gehn,
Daß man nicht uns dabei erwähnen sollte,
Uns wen'ge, uns beglücktes Häuflein Brüder:
Denn welcher heut sein Blut mit mir vergießt,
Der wird mein Bruder; sei er noch so niedrig,
Der hut'ge Tag wird adeln seinen Stand.
Und Edellent' in England, jetzt im Bett,
Verfluchen einst, daß sie nicht hier gewesen,
Und werden kleinlaut, wenn nur jemand spricht,
Der mit uns focht am Sankt Crispinus-Tag.

(Salisbury tritt auf.)

Salisbury

Mein gnäd'ger Fürst, bereitet euch in Eil,

Schon stehn die Franken stattlich in den Reihen,
Und werden schleunigst ihren Angriff thun.

König Heinrich.

Ist unser Muth bereit, so ist es Alles.

Westmoreland.

Verderbe der, deß Muth dahinten bleibt.

König Heinrich.

Ihr wünscht von England nicht mehr Hülfe, Vetter?

Westmoreland.

Herr, wollte Gott, daß ihr und ich allein
Ohn' andre Hülfe föchten diese Schlacht.

König Heinrich.

Du hast fünftausend nun hinweggewünscht,
Was besser mir gefällt, als einen wünschen. —
Gott mit euch Allen! Eure Posten kennt ihr.

(Trompeten. Montjoye tritt auf.)

Montjoye.

Noch einmal soll ich hören, König Heinrich,
Ob du dich willst vergleichen um die Lösung
Vor deinem höchst unzweifelbaren Fall.
Denn sicherlich, du bist dem Schlund so nah,
Du mußt verschlungen werden. Ueberdieß
Ersucht aus Mitleid dich der Connetable,
Dein Volk an Reu' zu mahnen, daß die Seelen
In Frieden mögen scheiden und zum Heil
Von diesen Feldern, wo die armen Leiber
Verwesen müssen.

König Heinrich.

Wer sendet dich?

Montjoye.

Der Connetable Frankreichs.

König Heinrich.

Ich bitt' dich, nimm den vorigen Bescheid
Mit dir zurück: heiß sie mich erst bezwingen,
Dann mein Gebein verhandeln. Guter Gott!
Warum sie arme Leute doch so höhnen?

Der Mann, der einst des Löwen Haut verkauft,
Da er noch lebte, kam beim Jagen um.
Es finden sicher unsrer Leiber viel
Ein heimathliches Grab, worauf, so hoff' ich,
In Erz ein Zeugniß dieses Tags wird leben.
Und die ihr stark Gebein in Frankreich lassen,
Wie Männer sterbend, werden doch berühmt,
Obschon in euren Haufen Koth begraben.
Denn grüßen wird die Sonne nun sie dort,
Und ihre Ehren dampfend ziehn zum Himmel,
Indeß ihr irdisch Theil die Luft erstickt,
Und sein Geruch in Frankreich Pest erzeugt.
Merkt denn das Uebermaß der Tapferkeit
An unsern Englischen, daß sie, schon todt,
So wie das Streifen der Kanonenkugel,
Ausbrechen zu des Unheils zweitem Lauf,
Im Rücksprung ihrer Sterblichkeit noch tödtend.
Laßt stolz mich reden: Sagt dem Connetable,
Wir sind nur Krieger für den Werkeltag,
All' unsre Festlichkeit und Zier beschmutzt
Mit nassen Märschen im mühsel'gen Feld.
Kein Stückchen Feder ist in unserm Heer
(Beweis genug, daß wir euch nicht entfliegen),
Die Zeit hat unsre Sauberkeit vernutzt;
Doch unsre Herzen sind, beim Himmel, schmuck,
Und meine armen Leute sagen mir,
Sie sei'n vor Nachts gewiß in frischen Kleidern,
Sonst wollen sie den Fränkischen Soldaten
Kopfüber ziehn die neuen bunten Röcke,
Und aus dem Dienst sie jagen. Thun sie das
(Ich hoff's zu Gott), so ist auch meine Lösung
Bald aufgebracht. Herold, spar' deine Müh';
Komm du nicht mehr um Lösung, lieber Herold;
Ich gebe, schwör' ich, keine andre nicht
Als diese meine Glieder, die ich ihnen
Erst so zu lassen denke, daß sie wenig
Dran haben: sag' dem Connetable das.

Monljoye.

Das werd' ich, König Heinrich. So leb wohl!
Du hörest nimmer nun den Herold mehr.

(Ab.)

König Heinrich.

Du kommst, besorg' ich, noch um Lösung wieder.

(Herzog von York tritt auf.)

York.

Herr, unterthänig bitt' ich auf den Knie'n
Um Anführung des Vortrabs.

König Heinrich.

Wohl, braver York! Soldaten, auf in's Feld!
Und ordne, Gott, den Tag, wie dir's gefällt!

(Ab.)

Vierte Scene.

Das Schlachtfeld.

(Getümmel. Angriffe. Ein Französischer Soldat, Pistol und der Bursch kommen.)

Pistol.

Ergieb dich, Hund!

Französischer Soldat.

Je pense que vous êtes un gentil-homme de bonne qualité.

Pistol.

Qualität nennst du mich? Erläutre mir: bist du ein Edelmann? Was ist dein Nam'? Erkläre!

Französischer Soldat.

O seigneur Dieu!

Pistol.

O, Signor Djö muß wohl von Adel sein.
Erwäg mein Wort, o Signor Djö, und merk':
O Signor Djö, du mußt die Klinge springen,
Wofern du, o Signor, nicht große Lösung
Mir geben willst.

Französischer Soldat.

Miséricorde! prenez pitié de moi! ne me tuez point!

Pistol.

Ein Pfund? Ich will der Pfunde vierzig haben.
Das Zwerchfell hol' ich dir zur Kehl' heraus
In Tropfen rothen Bluts.

Französischer Soldat.

Est-il impossible d'échapper à la force de votre bras? Ah, dégagez le de ma gorge! N'allez pas me la couper!

Pistol.

Was? Kupfer, Hund?
Verdammte geile Gemse, bietest du
Mir Kupfer an?

Französischer Soldat.

Point de pardon?

Pistol.

Das lass' ich gelten; ein Paar Tonnen Pfunde.
Hieher komm, Bursch, befrag' den Sclaven da
Mir auf Französisch, wie sein Name heißt.

Bursch.

Ecoutez: comment vous appellez-vous?

Französischer Soldat.

Monsieur le Fer.

Bursch.

Er sagt, sein Name sei Herr Fer.

Pistol.

Herr Fer! Ich will ihn beferren, und pferchen und ferkeln: erkläre ihm selbiges auf Französisch.

Bursch.

Ich weiß das Französische nicht für beferren und pferchen und ferkeln.

Pistol.

Heiß ihn bereit sein, weil ich ihm die Kehle
Abschneiden will.

Französischer Soldat.

Que dit-il, Monsieur?

Bursch.

Il m'ordonne de vous dire, que vous vous teniez prêt, car ce soldat ici est disposé tout à l'heure à vous couper la gorge.

Pistol.

Oui couper gorge, par ma foi, du Knecht,
Wo du nicht Kronen, brave Kronen, giebst,
So soll mein Schwert dich in die Pfanne hau'n.

Französischer Soldat.

O je vous supplie pour l'amour de dieu, pardonnez moi! Je suis gentil-homme d'une bonne maison; épargnez ma vie, et je vous donnerai deux cents écus.

Pistol.

Was ist sein Wort?

Bursch.

Er bittet euch, ihm das Leben zu schenken: er sei ein Edelmann von guter Herkunft, und wolle euch als sein Lösegeld zweihundert Kronen geben.

Pistol.

Sag ihm, daß nachläßt meine Wuth, und ich
Die Kronen nehmen will.

Französischer Soldat.

Petit monsieur, que dit-il?

Bursch.

Quoique ce soit contre son serment de donner quartier à aucun prisonnier, néanmoins, pour les écus que vous lui avez promis, il est content de vous mettre en liberté.

Französischer Soldat.

Sur mes genoux je vous rends mille remercimens, et je m'estime heureux d'être tombé entre les mains d'un chevalier, qui est, je pense, le seigneur de l'Angleterre le plus distingué pour sa valeur.

Pistol.

Erklär' mir, Bursch.

Bursch.

Er dankt euch tausendmal auf seinen Knien, und schätzt sich glücklich, in die Hände eines Kavaliers gefallen zu sein, der, wie er denkt, der ausgezeichnetste Herr in England von Seiten der Tapferkeit ist.

Pistol.

Bei meinem Blut, ich will barmherzig sein.
Folg mir, du Hund. (Ab.)

Bursch.

Suivez le grand capitaine.

(Französischer Soldat ab.)

Noch nie habe ich gesehen, daß eine so volle Stimme aus einem so leeren Herzen gekommen wäre; aber der Spruch ist wahr: hohle Töpfe haben den lautesten Klang. Bardolph und Nym hatten zehn Mal mehr Herz, als dieser brüllende Teufel aus der alten Komödie, dem jedermann die Nägel mit einer hölzernen Pritsche verschneiden könnte, und doch sind sie beide aufgehängt: und das widerführe ihm auch, wenn er irgend was dreist zu stehlen wagte. Ich muß bei den Troßbuben, beim Gepäck unsers Lagers bleiben; der Franzose könnte eine gute Beute haben, wenn er es wüßte: es sind nichts wie Jungen da, um es zu bewachen.

(Ab.)

Fünfte Scene.

Ein andrer Theil des Schlachtfeldes.

(Getümmel. Der Dauphin, Orleans, Bourbon, der Connetable, Rambures und Andre treten auf.)

Connetable.

O diable!

Orleans.

O seigneur! La journée est perdue, tout est perdu!

Dauphin.

Mort de ma vie! Dahin ist Alles, Alles!
Verachtung sitzt und ew'ge Schande höhnend
In unsern Federbüschen. — O méchante fortune!

(Kurzes Getümmel.)

Lauft nicht davon.

Connetable.

Ja, alle unsre Reihen sind gebrochen.

Dauphin.

O stete Schmach! — Entleiben wir uns selbst!
Sind dieß die Elenden, die wir verwürfelt?

Orleans.

Der König, dem wir Lösung abgefordert?

Bourbon.
O Schand' und ew'ge Schande, nichts als Schande!
Laßt uns nicht sterben drin! Noch 'mal zurück!
Und wer jetzt nicht dem Bourbon folgen will,
Der geh' von hier, und in der Hand die Mütze,
Halt' er die Kammerthür, ein schnöder Kuppler,
Indeß ein Sclav, nicht edler als mein Hund,
Die schönste Tochter ihm entehrend schwächt.

Connetable.
Nun helf' uns Unordnung, die uns verdarb!
Laßt uns in Haufen unser Leben opfern!

Orleans.
Es leben unser noch genug im Feld,
Um im Gedräng' die Feinde zu ersticken,
Wenn irgend nur sich Ordnung halten ließ.

Bourbon.
Zum Teufel nun die Ordnung! In's Gedränge,
Und kürzt die Schande mit des Lebens Länge!

(Alle ab.)

Sechste Scene.

Ein andrer Theil des Schlachtfeldes.

(Getümmel. König Heinrich mit Truppen, Exeter und Andre treten auf.)

König Heinrich.
Wir thaten brav, mein dreimal tapfres Volk,
Doch Alles nicht: der Feind hält noch das Feld.

Exeter.
Der Herzog York empfiehlt sich Euer Majestät.

König Heinrich.
Lebt er, mein Oheim? Dreimal, diese Stunde,
Sah ich ihn fallen; dreimal auf, und fechten;
Vom Helm zum Sporne war er nichts als Blut.

Exeter.
In diesem Schmuck verbrämt der wackre Krieger
Den Plan nun, und an seiner blut'gen Seite,

Der ehrenreichen Wunden Mitgenoß,
Liegt da der edle Graf von Suffolk auch.
Suffolk starb erst, und York, zerstümmelt ganz,
Kommt zu ihm, wo er lag in Blut getaucht,
Und faßt ihn bei dem Barte, küßt die Wunden,
Die auf dem Angesicht ihm blutig klafften,
Und rufet laut: „Wart, lieber Vetter Suffolk!
Mein Geist begleite deinen Geist zum Himmel;
Wart', holde Seel', auf meine, daß wir dann
Gepaarten Flugs entfliehn, wie wir uns hier
Auf rühmlichem und wohlerstrittnem Feld
In unsrer Ritterschaft zusammen hielten."
Bei diesen Worten kam ich, frischt ihn auf,
Er lächelte mir zu, bot mir die Hand,
Und matt sie drückend sagt' er: Theurer Lord,
Empfehlet meine Dienste meinem Herrn.
So wandt' er sich, und über Suffolks Nacken
Warf er den wunden Arm, küßt ihm die Lippen,
Und siegelte, dem Tod vermählt, mit Blut
Ein Testament der schön beschloss'nen Liebe.
Die süße und holdsel'ge Weis' erzwang
Von mir dieß Wasser, das ich hemmen wollte,
Doch hatt' ich nicht soviel vom Mann in mir,
Daß meine ganze Mutter nicht in's Auge
Mir kam, und mich den Thränen übergab.

König Heinrich.

Ich tadl' euch nicht, denn da ich dieses höre,
Muß ich mit trüben Augen ab mich finden,
Sonst fließen sie auch mir. —
Doch horcht! was ist das für ein neu Getümmel?
Der Feind hat sein zerstreutes Volk verstärkt:
So tödte jeder seinen Kriegsgefangnen;
Gebt weiter den Befehl.

(Alle ab.)

Siebente Scene.

Ein andrer Theil des Schlachtfeldes.

(Getümmel. Fluellen und Gower treten auf.)

Fluellen.

Die Puben und den Troß umbringen! 'S ist ausdrücklich gegen das Kriegsrecht, 's ist ein so ausgemachtes Stück Schelmerei, versteht ihr mich, als in der Welt nur vorkommen kann. Ist es nicht so, auf euer Gewissen?

Gower.

Es ist gewiß, sie haben keinen Buben am Leben gelassen, und eben die feigen Hunde, die aus der Schlacht wegliefen, haben diese Metzelei angerichtet; außerdem haben sie Alles verbrannt und weggeschleppt, was in des Königs Zelt war, weßwegen der König verdientermaßen jeden Soldaten seinem Gefangenen die Kehle hat abschneiden lassen. O, er ist ein wackrer König!

Fluellen.

Ja, er ist zu Monmouth gepohren. Wie benennt ihr den Namen der Stadt, wo Alexander der Preite gepohren ist?

Gower.

Alexander der Große.

Fluellen.

Ei, ich bitte euch, ist preit nicht groß? Der preite, oder der große, oder der starke, oder der gewaltige, oder der heldenmüthige, thun Alle auf eins hinauslaufen, außer daß die Redensart ein wenig verändert sein.

Gower.

Ich denke, Alexander der Große ist in Macedonien geboren; sein Vater ward Philipp von Macedonien genannt, wo mir recht ist.

Fluellen.

Ja, ich denke, es ist in Macedonien, wo Alexander gepohren ist. Ich sage euch, Capitän, wenn ihr in die Karten der Welt hineinseht, so stehe ich dafür, ihr werdet bei den Vergleichungen zwischen Macedonien und Monmouth finden, daß die Lagen, versteht ihr, von beiden gleich sein. Es befindet sich ein Fluß in Macedonien, und es befindet sich gleichfalls außerdem ein Fluß zu Monmouth. Zu Monmouth heißt er Wye; aber es will mir nicht in den Kopf fallen, wie der Name des andern Flusses ist; aber es kommt auf eins heraus, es ist sich so gleich, wie diese meine Finger meinen Fingern, und es geben Lachse in beiden. Wenn ihr Alexanders Leben wohl beachtet, so thut das Leben Heinrich's von Monmuth ziemlich gut hinter drein kommen: denn in allen Dingen sein Figuren. Alexander hat (wie Gott weiß und ihr wißt) in seinem Zorn, und seiner Wuth, und seinem Grimm und seiner Galle, und seinen Launen und seinen Unwilligkeiten und Entrüstungen, und auch weil er ein wenig im Kopfe benebelt war, in seinen Biergelagen und seinem Aerger, seht ihr, seinen pesten Freund Clitus umgebracht.

Gower.

Darin ist ihm unser König nicht ähnlich, er hat noch nie einen von seinen Freunden umgebracht.

Fluellen.

Es ist nicht wohl gethan, versteht ihr mich, einem die Geschichten aus dem Munde zu nehmen, ehe sie zu Ende gebracht und vollkommen sein. Ich rede nur in den Figuren und Vergleichungen desselbigen; wie Alexander seinen Freund Clitus umbrachte, während er bei seinen Biergelagen und seinen Krügen war: so ebenfalls Heinrich Monmouth, während er bei gutem Verstande und gesunden Sinnen war, that er den fetten Ritter mit dem großen Bauchwamse abschaffen: er war voller Späße und Pfiffe und Kniffe und Possen; sein Name ist mir vergessen.

Gower.

Sir John Falstaff.

Fluellen.

Das ist er. Ich kann euch sagen, es werden prafe Leute zu Monmouth gepohren.

Gower.

Da kommt seine Majestät.

(Getümmel. König Heinrich mit einem Theil der Englischen Truppen, Warwick, Gloster, Exeter und Andre treten auf.)

König Heinrich.

Seit ich nach Frankreich kam, war ich nicht zornig
Bis eben jetzt. — Nimm die Trompete, Herold,

Jag' zu den Reitern auf dem Hügel dort.
Wofern sie mit uns fechten wollen, heiß
Herab sie ziehn, wo nicht, das Schlachtfeld räumen;
Sie sind mit ihrem Anblick uns zur Last.
Thun sie von beiden keins, so kommen wir
Und stäuben sie da weg, so rasch wie Steine,
Geschnellt aus den Assyr'schen alten Schleudern.
Auch wollen wir erwürgen, die wir haben,
Und nicht Ein Mann, der in die Händ' uns fällt,
Soll Gnad' erfahren. — Geht, sagt ihnen das.

(Montjoye tritt auf.)

Exeter.

Hier kommt der Herold der Franzosen, Herr.

Gloster.

Sein Blick ist demuthsvoller als er pflegte.

König Heinrich.

Nun, was will dieser Herold? Weißt du nicht,
Daß ich dieß mein Gebein zur Lösung bot?
Kommst du um Lösung noch?

Montjoye.

Nein, großer König.

Ich komm zu dir um milde Zulassung,
Daß wir dieß blut'ge Feld durchwandern dürfen,
Die Todten zu verzeichnen und begraben,
Die Edlen vom gemeinen Volk zu sondern.
Denn (o des Wehs!) viel unsrer Prinzen liegen
Ersäuft und eingeweicht in Söldner-Blut;
So taucht auch unser Pöbel rohe Glieder
In Prinzenblut, und ihre wunden Rosse,
Die Fersenbüschel tief im Blute, toben
Und schmeißen wüthend mit bewehrten Hufen
Auf ihre todten Herrn, zum zweiten Mal
Sie tödtend. O vergönnt uns großer König,
Daß wir das Feld in Ruh beschaun, und ordnen
Die Leichen an.

König Heinrich.

Ich weiß in Wahrheit, Herold,

Nicht recht, ob unser oder nicht der Sieg,
Denn eurer Reiter zeigen sich noch viele
Und sprengen durch das Feld.

Montjoye.

Der Sieg ist euer.

König Heinrich.

Gelobt sei Gott, nicht unsre Kraft dafür!
Wie heißt die Burg, die dicht hier neben steht?

Montjoye.

Man nennt sie Azincourt.

König Heinrich.

So heiße dieß die Schlacht bei Azincourt,
Am Tag Crispinus Crispian's gefochten.

Fluellen.

Euer Großvater berühmten Andenkens, mit Euer Majestät Erlaubniß, und euer Groß-Oheim Eduard, der schwarze Prinz von Wales, wie ich in den Chroniken gelesen habe, fochten hier in Frankreich eine sehr prafe Schlacht.

König Heinrich.

Das thaten sie, Fluellen.

Fluellen.

Eure Majestät sagt sehr wahr: wenn Eure Majestäten dessen erinnerlich sein, die Wäl'schen thaten guten Dienst in einem Garten, wo Lauch wuchs, und trugen Lauch auf ihren Monmouther Mützen, welches, wie Eure Majestät weiß, bis auf diese Stunde ein ehrenvolles Feldzeichen ist, und ich glaube, Eure Majestät verschmähn es nicht, das Lauch auf Sankt David's-Tag zu tragen.

König Heinrich.

Ich trag' es als denkwürd'ges Ehrenzeichen:
Denn ich bin Wäl'sch, ihr wißt es, guter Landsmann.

Fluellen.

Alles Wasser im Flusse Wye kann Euer Majestät Wälsches Blut nicht aus eurem Leibe waschen, das kann ich euch sagen. Gott segne es und erhalte es, so lange als es seiner Gnaden beliebt und seiner Majestät obendrein.

König Heinrich.

Hab' Dank, mein guter Landsmann!

Fluellen.

Bei Jeßus, ich bin Euer Majestät Landsmann, ich frage nicht darnach, ob es jemand weiß; ich will es der sämmtlichen Welt bekennen, ich brauche mich Euer Majestät nicht zu schämen, Gott sei gepriesen, so lange Eure Majestät ein ehrlicher Mann sein.

König Heinrich.

Erhalte Gott mich so! — In's Feld begleiten
Laßt unsre Herold' ihn, und bringt mir dann
Genaue Nachricht von der Todten Zahl
Auf beiden Seiten. — Ruft den Kerl dort her.

(Er zeigt auf Williams. Montjoye und Andere ab.)

Exeter.

Soldat, du mußt zum König kommen.

(Williams tritt vor.)

König Heinrich.

Soldat, warum trägst du den Handschuh an der Mütze?

Williams.

Mit Euer Majestät Erlaubniß, 's ist das Pfand von einem mit dem ich mich schlagen sollte, wenn er noch am Leben ist.

König Heinrich.

Ein Engländer?

Williams.

Mit Euer Majestät Erlaubniß, ein Schelm, der mir letzte Nacht was vorschwadronirte; dem ich, wenn er noch lebt und jemals das Herz hat, seinen Handschuh zu fordern, geschworen habe, ich wollte ihm eine Ohrfeige geben; oder wenn ich meinen Handschuh an seiner Mütze zu sehen kriege (und er schwur, so wahr er ein Soldat wäre, er wollte ihn tragen, wenn er am Leben bliebe), so will ich ihn ihm tüchtig herunter schlagen.

König Heinrich.

Was denkt ihr, Capitän Fluellen: schickt's sich, daß dieser Soldat seinen Schwur hält?

Fluellen.

Nach meinem Gewissen ist er sonst eine Memme, und ein Hundsfott, mit Euer Majestät Erlaubniß.

König Heinrich.

Es könnte aber sein, daß sein Feind ein vornehmer Edelmann wäre, ganz darüber hinaus, sich mit einem seines Standes einzulassen.

Fluellen.

Wenn er auch ein so guter Edelmann wie der Teifel ist, wie Lucifer und Beelzebub selbst, so ist es doch nothwendig, schauen Euer Gnaden, daß er seinen Schwur und seinen Eid hält. Wenn er wortbrüchig ist, seht nur an, so ist seine Reputation ein so ausgemachter Hundsfott und Hanswurst, als jemals mit seinen schwarzen Schuhen auf Gottes Grund und Boden getreten hat: nach meinem Gewissen, seht ihr.

König Heinrich.

So halte deinen Schwur, Bursche, wenn du den Kerl antriffst.

Williams.

Das will ich, gnädigster Herr, wo ich das Leben behalte.

König Heinrich.

Unter wem dienst du?

Williams.

Unter Capitän Gower, gnädigster Herr.

Fluellen.

Gower sein ein guter Capitän, und von guter Wissenschaft und Literatur in dem Kriegswesen.

König Heinrich.

Ruf' ihn her zu mir, Soldat.

Williams.

Das will ich, gnädigster Herr.

(Ab.)

König Heinrich.

Hier, Fluellen, trage du dieß Ehrenzeichen von mir, und steck' es an deine Mütze. Als Alençon und ich zusammen am Boden lagen, riß ich diesen Handschuh von seinem Helm; wenn irgend jemand ihn zurückfordert, so ist er ein Freund Alençon's, und ein Feind unserer Person; wenn du so einem begegnest, so greife ihn, wo du mich liebst.

Fluellen.

Euer Gnaden thun mir so große Ehre an, als in dem Herzen seiner Unterthanen begehrt werden kann. Ich möchte gern den Menschen sehn, der nur zwei Beine hat, der sich durch diesen Handschuh beleidigt finden wird: das ist Alles; aber ich möchte es gern einmal sehen, und es gefalle Gott in seiner Gnade, daß ich es doch sehen möchte.

König Heinrich.

Kennst du Gower?

Fluellen.

Zu eurem Befehl, er ist mein werther Freund.

König Heinrich.

Ich bitte dich, geh ihn suchen, und bring ihn zu meinem Zelte.

Fluellen.

Ich will ihn holen.

(Ab.)

König Heinrich.

Mylord von Warwick und mein Bruder Gloster,
Folgt dem Fluellen auf den Fersen nach;
Der Handschuh, den ich ihm als Ehrenzeichen
Gegeben, trägt vielleicht ihm eine Maulschell' ein;
Er ist von dem Soldaten. Nach dem Handel
Sollt' ich ihn selber tragen. Folgt ihm, Vetter;
Wenn der Soldat ihn schlägt — und, wie ich schließe
Nach seinem derben Wesen, hält er Wort —
Könnt' ein vorschnelles Unheil draus entstehn;
Denn den Fluellen kenn' ich als beherzt,
Wenn man die Gall' ihm reizt, wie Pulver hitzig,
Und schnell, Beleidigungen zu erwidern.
Folgt ihm und seht, daß sie kein Leid sich thun. —
Ihr geht mit mir, mein Oheim Exeter.

(Alle ab.)

Achte Scene.

Vor König Heinrichs Zelte.

(Gower und Williams treten auf.)

Williams.

Glaubt mir, es geschieht, um euch zum Ritter zu schlagen, Capitän.

(Fluellen kommt.)

Fluellen.

Gottes Willen und Wohlgefallen, Capitän! Ich ersuche euch nun, kommt schleunig zum Könige: es steht euch vielleicht mehr Gutes bevor, als in eurer Wissenschaft ist, euch träumen zu lassen.

Williams.

Herr, kennt ihr diesen Handschuh?

Fluellen.

Ob ich ihn kenne? Ich weiß, daß der Handschuh ein Handschuh ist.

Williams.

Den da kenne ich, und so fordre ich ihn zurück.

(Schlägt ihn.)

Fluellen.

Blitz! ein Erzverräther, wie irgend einer in der sämmtlichen Welt, oder in Frankreich, oder in England.

Gower.

Nun, was soll das, du Schurke?

Williams.

Denkt ihr, daß ich meinen Eid brechen will?

Fluellen.

Tretet zurück, Capitän Gower, ich will der Verrätherei seinen Lohn in Schlägen ertheilen, das versichre ich euch.

Williams.

Ich bin kein Verräther.

Fluellen.

Das lügst du in deinen Hals hinein. — Ich mahne euch im Namen Seiner Majestät, greift ihn, er ist ein Freund des Herzogs von Alençon.

(Warwick und Gloster treten auf.)

Warwick.

Nun, nun, was geht hier vor?

Fluellen.

Mylord von Warwick, hier ist, Gott sei Lob und Dank! eine höchst giftige Verrätherei an's Licht gekommen, seht ihr, wie man sie nur an hohen Festtagen verlangen kann. Da kommt Seine Majestät.

(König Heinrich und Exeter treten auf.)

König Heinrich.

Nun, was giebt's hier?

Fluellen.

Herr König, hier ist ein Schelm und ein Verräther, der, sehen Euer Gnaden, den Handschuh geschlagen hat, den Euer Majestät aus dem Helm vom Alençon ausnehmen that.

Williams.

Gnädigster Herr, es war mein Handschuh, hier ist der andre

dazu, und Der mit dem ich ihn eingetauscht hatte, versprach ihn an seiner Mütze zu tragen; ich versprach ihn zu schlagen, wenn er es thäte; ich traf diesen Mann mit meinem Handschuh an seiner Mütze, und ich habe mein Wort gehalten.

Fluellen.

Euer Majestät hören nun, mit allem Respect vor Dero Mannhaftigkeit, was für ein erzschuftiger, lumpiger, lausiger Spitzbube es ist. Ich hoffe, Eure Majestät werden mir bezeugen, als auch verbürgen und beurkunden, daß dieß der Handschuh vom Alençon ist, den Eure Majestät mir geben that; nach eurem besten Gewissen, ist das nicht Wahrhaftigkeit?

König Heinrich.

Gieb mir deinen Handschuh, Soldat; sieh, hier ist der andere dazu. Ich war es eigentlich, den du zu schlagen versprachest, und du hast mir sehr schnöde Reden gegeben.

Fluellen.

Eure Majestät beliebe, ihn mit seinem Halse dafür einstehen zu lassen, wo es irgend ein militärisches Gesetz in der Welt giebt.

König Heinrich.

Wie kannst du mir Genugthuung schaffen?

Williams.

Alle Beleidigungen, gnädigster Herr, kommen vom Herzen; aus dem meinigen kam nie etwas, das Eure Majestät hätte beleidigen können.

König Heinrich.

Wir waren es, dem du übel begegnetest.

Williams.

Eure Majestät kam nicht in eigner Gestalt, ihr erschient mir nur wie ein gemeiner Mensch, die Nacht, eure Kleidung, euer schlichtes Betragen kann es bezeugen; und was Eure Hoheit unter der Gestalt erlitten, das ersuche ich euch eurer eignen Schuld, nicht der meinigen zuzuschreiben; denn wäret ihr das gewesen, wofür ich euch nahm, so hätte ich keinen Fehler begangen; darum bitt' ich Eure Hoheit, verzeiht mir.

König Heinrich.

Hier, Oheim, füllt den Handschuh mir mit Kronen,
Und gebt dem Burschen ihn. — Behalt ihn, Bursch,
Trag' ihn als Ehrenzeichen an der Mütze,

Bis ich ihn fordre. — Gebt die Kronen ihm.
Und, Hauptmann, ihr müßt euch mit ihm versöhnen.

Fluellen.

Bei diesem Tageslicht, der Kerl hat Herz genug in seinem Bauche. — Hier, da habt ihr einen Schilling, und ich bitte euch, seid gottesfürchtig, und hütet euch vor Lärm und Gezänk und Balgereien und Zwistigkeiten, und ich versichre euch, es wird um desto besser für euch sein.

Williams.

Ich will euer Geld nicht.

Fluellen.

Es geschieht mit gutem Willen: ich sage euch, ihr könnt eure Schuh damit flicken lassen. Geht, weshalb wollt ihr so plöde sein? Eure Schuh sein nicht gar zu gut; es ist ein guter Schilling, ich versichre euch, sonst will ich ihn euch wechseln.

(Ein Englischer Herold tritt auf.)

König Heinrich.

Nun, Herold, sind die Todten gezählt?

Herold.

Hier ist die Anzahl der erschlagnen Franken.

(Uebergiebt ein Papier.)

König Heinrich.

Was für Gefangne hohen Ranges, Oheim?

Exeter.

Des Königs Neffe Carl von Orleans,
Johann von Bourbon, Herr von Bouciqualt,
Von andern Herrn, Baronen, Rittern, Knappen,
An funfzehnhundert; außer den Gemeinen

König Heinrich.

Der Zettel sagt mir von zehntausend Franken
Erschlagen auf dem Platz; in dieser Zahl von Prinzen
Und Herrn, die Fahnen führen, liegen todt
Ein hundert sechs und zwanzig; außer diesen
Von Rittern, Knappen, wackern Edelleuten,
Achttausend und vierhundert, und davon
Schlug man fünfhundert gestern erst zu Rittern;

So daß von den zehntausend Umgekommnen
Nur sechszehnhundert Söldner sind: der Rest
Sind Prinzen, Herrn, Barone, Ritter, Knappen,
Und Edelleute von Geburt und Rang.
Die Namen der gebliebnen Großen sind:
Carl de la Bret, Groß-Connetable Frankreichs,
Jaques Chatillon, des Reiches Admiral,
Der Schützen Oberhauptmann, Herr Rambures,
Großmeister Frankreichs, Ritter Guichard Dauphin,
Die Herzög' Alençon und von Brabant,
Der Bruder von dem Herzog von Burgund,
Und Eduard von Bar; von tapfern Grafen
Grandpré, und Roussi, Fauconberg und Foix,
Beaumont und Marle, Vaudemont und Lestrale.
O fürstliche Genossenschaft des Todes!
Wo ist von unsern Todten das Verzeichniß?

(Der Herold überreicht einen andern Zettel.)

Eduard Herzog von York, der Graf von Suffolk,
Sir Richard Ketly, David Gam Esquire;
Von Namen keine sonst, und von den andern
Nur fünf und zwanzig. O Gott, dein Arm war hier,
Und nicht uns selbst, nur deinem Arme schreiben
Wir Alles zu. — Wann sah man, ohne Kriegslist,
In offnem Stoß und gleichem Spiel der Schlacht
Wohl je so wenig und so viel Verlust
Auf ein' und andrer Seite? — Nimm es, Gott!
Denn dein ist's einzig.

Exeter.

Es ist wunderbar.

König Heinrich.

Kommt, ziehen wir in Procession zum Dorf,
Und Tod sei ausgerufen durch das Heer,
Wenn jemand prahlt, und Gott die Ehre nimmt,
Die einzig sein ist.

Fluellen.

Ist es nicht rechtmäßig, mit Euer Mäjestät Erlaubniß, zu sagen, wie viele geblieben sein?

König Heinrich.

Ja Hauptmann, doch mit dieser Anerkennung,
Daß Gott für uns gefochten.

Fluellen.

Ja, auf mein Gewissen, er hat uns gut geholfen.

König Heinrich.

Begehn wir alle heiligen Gebräuche,
Man singe das Non nobis und Te deum.
Und sind die Todten christlich eingescharrt,
Fort nach Calais, und dann in unser Land,
Wo Frankreich nie Beglückt're heim gesandt.

(Alle ab.)

Fünfter Aufzug.

(Chorus tritt auf.)

Chorus.

Vergönnt, daß denen, welche die Geschichte
Nicht lasen, ich sie deute; wer sie kennt,
Den bitt' ich ziemlichst um Entschuldigung
Für Zeit und Zahl und rechten Lauf der Dinge,
Die hier in ihrem großen wahren Leben
Nicht darzustellen sind. Den König bringen
Wir nach Calais; dort sei er, dort gesehn,
Hebt ihn auf den beflügelten Gedanken
Die See hinüber. Englands Küste seht,
Umpfählt die Flut mit Männern, Weibern, Kindern;
Sie überjauchzen das tiefstimm'ge Meer,
Das wie ein mächt'ger Marschall vor dem König
Den Weg zu bahnen scheint: so laßt ihn landen,
Und feierlich seht ihn nach London ziehn.
So rasch ist des Gedankens Gang, daß ihr
Alsbald ihn auf Black-Heath euch denken könnt,
Wo seine Lords begehren, daß er lasse
Sein umgebognes Schwert, den Helm voll Beulen
Sich durch die Stadt vortragen. Er verbietet's,
Frei von ruhmred'gem Stolz und Eitelkeit,
Und giebt Trophäen, Siegeszeichen, Pomp,
Ganz von sich weg an Gott. Nun aber seht

In reger Schmid' und Werkstatt der Gedanken,
Wie London seine Bürgerschaft ergießt.
Der Schulz mit den Amtsbrüdern, all' im Staat,
So wie im alten Rom die Senatoren,
An ihren Fersen der Plebejer Schwarm,
Gehn, ihren Sieger Cäsar einzuholen:
Wie (sei's ein klein'res, doch ein liebend Gleichniß),
Wenn jetzt der Feldherr unsrer gnäd'gen Kaiserin,
(O mög' es bald geschehn!) aus Irland käme,
Und brächt' Empörung auf dem Schwert gespießt:
Wie viele würden diese Friedensstadt
Verlassen, um willkommen ihn zu heißen?
Viel mehre thaten, und mit viel mehr Grund
Dieß unserm Heinrich. Setzt ihn nun in London
(Da noch das Weheklagen der Franzosen
Den König Englands heim zu weilen mahnt,
Wie auch des Kaisers Zwischenkunft für Frankreich,
Um Frieden zu vermitteln), übergeht
All die Ereignisse, die vorgefallen,
Bis Heinrich wieder rückgekehrt nach Frankreich.
Dort müssen wir ihn haben, und ich spielte
Die Zwischenzeit, indem ich euch erinnert,
Sie sei vorbei. Drum duldet Abkürzung,
Und wendet euren Blick nach den Gedanken
Flugs wiederum zurück in's Land der Franken.

(Ab.)

Erste Scene.

Frankreich. Ein Englischer Wachtplatz.

(Fluellen und Gower treten auf.)

Gower.

Ja, das ist recht; aber warum tragt ihr heute euer Lauch? Sankt David's Tag ist vorbei.

Fluellen.

Bei allen Dingen sein Veranlassungen und Gründe, warum

und weshalb. Ich will euch als meinem Freunde sagen, Capitain Gower: der schuftige, grindige, lumpige, lausige, prahlerische Hundsfott Pistol, den ihr sammt euch selbst und der ganzen Welt für nichts Besseres kennt als einen Menschen, versteht ihr mich, von gar keinen Verdiensten, der ist zu mir gekommen, und pringt mir gestern Prot und Salz, seht ihr, und heißt mich mein Lauch essen; es war an einem Orte, wo ich keine Zwistigkeiten mit ihm nicht anfangen konnte; aber ich werde so dreist sein, es an meiner Mütze zu tragen, bis ich ihn einmal wieder sehe, und dann will ich ihm ein kleines Stück von meinen Wünschen sagen.

(Pistol tritt auf.)

Gower.

Ei, da kommt er, aufgeblasen wie ein kalekutischer Hahn.

Fluellen.

Es thut nichts mit seinem Aufplasen und seinen kalekutischen Hähnen. — Gott grüß euch, Fähndrich Pistol! ihr schäbiger, lausiger Schelm, Gott grüß euch.

Pistol.

Ha, bist du Bedlam? Dürstest, schnöder Trojer,
Daß ich der Parca Todsgewebe falte?
Fort! denn mir widert der Geruch des Lauchs.

Fluellen.

Ich ersuche euch von Herzen, schäbiger lausiger Schelm, auf meine Bitten, meine Begehren und meine Ansuchungen, dieß Lauch, seht ihr, zu essen; weil ihr es nicht mögt, seht ihr, und eure Neigungen und eure Appetite und eure Verdauungen damit nicht übereinstimmen thun, so wollte ich euch bitten davon zu essen.

Pistol.

Nicht um Cadwallader und seine Gemsen.

Fluellen.

Da habt ihr eine Gemse. (Schlägt ihn.) Wollt ihr von der Güte sein, grindiger Schuft, und es aufessen?

Pistol.

Mußt sterben, schnöder Trojer.

Fluellen.

Ihr sagt die Wahrheit, grindiger Schuft, wann es Gottes Wille ist. Ich will euch bitten unterdessen zu leben, und eure Kost zu verzehren. Kommt, da habt ihr Prühe dazu! (Schlägt ihn wieder.) Ihr nanntet mich gestern Bergjunker, aber ich will euch heute zum „Junker niedern Rangs“ machen. Ich bitte euch, frisch dran; könnt ihr Lauch verspotten, so könnt ihr auch Lauch essen.

Gower.

Genug, Capitän! ihr habt ihn ganz betäubt.

Fluellen.

Ich sage, er soll mir ein Stück von meinem Lauche essen, oder ich will ihm den Kopf vier Tage lang priegeln. — Peißt an, ich bitte euch: es ist gut für eure frische Wunde, und für eure plutige Krone.

Pistol.

So muß ich beißen?

Fluellen.

Ja, sicherlich und ohne Zweifel und dazu ohne Frage und ohne Zweideutigkeiten.

Pistol.

Bei diesem Lauch! ich will mich gräßlich rächen.
Ich ess' und ess' und schwöre.

Fluellen.

Eßt, ich bitte euch. Wollt ihr noch mehr Prühe zu eurem Lauch haben? Es ist nicht Lauch genug, um dabei zu schwören.

Pistol.

Halt deinen Prügel ein: du siehst, ich esse.

Fluellen.

Gut bekomme es euch, grindiger Schuft, von ganzem Herzen! Nein, ich bitte euch, werft nichts weg: die Schale ist gut für eure zerschlagene Krone. Wenn ihr Gelegenheit nehmt, in der Folge Lauch zu sehen, so bitte ich euch, spottet darüber; weiter sage ich nichts.

Pistol.

Gut.

Fluellen.

Ja, Lauche sein gut. Da hier ist ein Groschen, um euren Kopf zu heilen.

Pistol.

Mir einen Groschen?

Fluellen.

Ja, gewißlich und in Wahrheit, ihr sollt ihn nehmen, oder ich habe noch ein Lauch in der Tasche, das ihr aufessen sollt.

Pistol.

Ich nehm' ihn an als Handgeld meiner Rache.

Fluellen.

Wenn ich euch irgend was schuldig bin, so will ich es in Priegeln bezahlen: ihr sollt ein Holzhändler werden und nichts als Priegel von mir kaufen. Gott geleit' euch, und erhalte euch, und heile euren Kopf.

(Ab.)

Pistol.

Dafür soll sich die ganze Höll' empören.

Gower.

Geht, geht! Ihr seid ein verstellter feiger Schelm. Wollt ihr einen Gebrauch verspotten, der sich auf einen ehrenvollen Anlaß gründet, und als eine denkwürdige Trophäe ehemaliger Tapferkeit getragen wird, und habt nicht das Herz eure Worte im geringsten durch eure Thaten zu bekräftigen? Ich habe euch schon zwei oder drei Mal diesen wackern Mann necken und besticheln sehn. Ihr dachtet, weil er das Englische nicht nach seinem eigenthümlichen Schnitte sprechen kann, so könne er auch keinen Englischen Brügel handhaben. Ihr findet es anders: lernt daher für die Zukunft von einer Wäl'schen Züchtigung gute Englische Sitte. Gehabt euch wohl.

(Ab.)

Pistol.

Wie? spielt Fortuna nun mit mir das Nickel?
Kund ward mir, daß mein Dortchen im Spital
Am Fränk'schen Uebel starb;
Und da ist ganz mein Stelldichein zerstört.
Alt werd' ich, und den müden Gliedern prügelt man
Die Ehre aus. Gut, Kuppler will ich werden,
Zum Beutelschneider hurt'ger Hand mich neigend
Nach England stehl' ich mich, und stehle dort,
Und schwör', wenn ich bepflastert diese Narben,
Daß Galliens Kriege rühmlich sie erwarben.

(Ab.)

Zweite Scene.

Troyes in Champagne.

(Von der einen Seite kommen König Heinrich, Bedford, Gloster, Exeter, Warwick, Westmoreland und andre Lords; von der andern König Carl, Königin Isabella, die Prinzessin Catharina, Herren und Frauen, Herzog von Burgund und sein Gefolge.)

König Heinrich.

Sei Fried' in diesem Kreis, den Friede schließt!
Euch, unserm Bruder Frankreich, unsrer Schwester,
Erwünschtes Wohlergehn! und Freud' und Lust
Mit unsrer schönsten Muhme Catharina!
Als einen Zweig und Mitglied dieses Königthums,
Der die Zusammenkunft hat angeordnet,
Begrüßen wir euch, Herzog von Burgund;
Und Fränk'sche Prinzen, Pairs, euch Allen Heil!

König Carl.

Eur Antlitz sind wir hoch erfreut zu sehn,
Sehr würd'ger Bruder England; seid willkommen!
Ihr alle, Prinzen Englischen Geblüts!

Isabelle.

So glücklich ende dieser gute Tag,
Die freundliche Versammlung, Bruder England,
Wie wir uns jetzo eurer Augen freun,
Der Augen, die sonst wider die Franzosen,
Die ihre Richtung traf, nur in sich trugen
Die Bälle mörderischer Basilisken.
Wir hoffen günstig, solcher Blicke Gift
Verliere seine Kraft, und dieser Tag
Werd' alle Klag' und Zwist in Liebe wandeln.

König Heinrich.

Um Amen drauf zu sagen, sind wir hier.

Isabelle.

Ihr Prinzen Englands alle, seid gegrüßt!

Burgund.

Euch beiden meine Pflicht bei gleicher Liebe,
Ihr großen Könige! Daß ich getrachtet

Mit allem Sinnen, Mühn und starken Streben,
Zu bringen Eure höchsten Majestäten
Zu dieser Schrank' und Reichszusammenkunft,
Zeugt Eure Herrlichkeit mir beiderseits.
Weil denn mein Dienst so weit gelungen ist,
Daß Angesichts und fürstlich Aug' in Auge
Ihr euch begrüßt, so laßt mich's nicht beschämen
Vor diesem königlichen Kreis zu fragen,
Was für ein Anstoß oder Hinderniß
Dem nackten, armen und zerstückten Frieden,
Dem Pfleger aller Künst' und Ueberflusses
Und freudiger Geburten, nicht erlaubt
In diesem schönsten Garten auf der Welt,
Dem fruchtbar'n Frankreich, hold die Stirn zu heben?
Ach! allzulang war er daraus verjagt,
In Haufen liegt all seine Landwirthschaft,
Verderbend in der eignen Fruchtbarkeit.
Sein Weinstock, der Erfreuer aller Herzen,
Stirbt ungeschneitelt; die geflochtne Hecke
Streckt, wie Gefangne wild mit Haar bewachsen,
Verworrne Zweige vor; im brachen Feld
Hat Lolch und Schierling und das geile Erdrauch
Sich eingenistet, weil die Pflugschaar rostet,
Die solches Wucherkraut entwurzeln sollte.
Die ebne Wiese, lieblich sonst bedeckt
Mit bunten Primeln, Pimpernell und Klee,
Die Sichel missend, üppig, ohne Zucht,
Wird müßig schwanger, und gebieret nichts
Als schlechten Ampfer, rauhe Disteln, Kletten,
Um Schönheit wie um Nutzbarkeit gebracht.
Wie unser Wein nun, Brachland, Wiesen, Hecken
Durch fehlerhaften Trieb zur Wildniß arten,
So haben wir sammt unserm Haus' und Kindern
Verlernt, und lernen nicht, weil Muße fehlt,
Die Wissenschaften, unser Land zu zieren.
Wir wachsen auf gleich Wilden; wie Soldaten,
Die einzig nur auf Blut gerichtet sind,

Zum Fluchen, finstern Blicken, loser Tracht,
Und jedem Ding, das unnatürlich scheint.
Um dieß zur vorigen Gestalt zu bringen
Seid ihr vereint: und meine Rede bittet,
Zu wissen, was den holden Frieden hemmt,
Daß er dieß Ungemach nicht bannen könnte,
Und uns mit seinen vor'gen Kräften segnen.

König Heinrich.

Wünscht ihr den Frieden, Herzog von Burgund,
Deß Mangel den Gebrechen Wachsthum giebt,
Die ihr benannt, so müßt ihr ihn erkaufen
Durch Leistung aller unsrer Forderungen,
Wovon die Summa und besondern Punkte
Ihr, kürzlich abgefaßt, in Händen habt.

Burgund.

Der König hörte sie, worauf er noch
Die Antwort nicht ertheilt.

König Heinrich.

Nun wohl, der Friede,
Auf den ihr eben drangt, liegt in der Antwort.

König Carl.

Ich habe die Artikel nur durchlaufen
Mit flücht'gem Blick; beliebt es Euer Gnaden,
Von eurem Rathe ein'ge zu ernennen
Zu einer Sitzung, um mit bess'rer Acht
Sie wieder durchzugehn, so soll sogleich
Mein Beitritt, und entschiedne Antwort folgen.

König Heinrich.

Bruder so sei's. — Geht, Oheim Exeter,
Und Bruder Clarence, und ihr, Bruder Gloster,
Warwick und Huntington, geht mit dem König;
Und nehmt mit euch die Vollmacht, zu bekräftigen,
Zu mehren, ändern, wie es eure Weisheit
Für unsre Würd' am vortheilhaft'sten sieht,
An unsern Forderungen, was es sei;
Wir wollen dem uns fügen. — Theure Schwester,
Geht ihr mit ihnen, oder bleibt bei uns?

Isabelle.

Ich will mit ihnen gehn, mein gnäd'ger Bruder;
Vielleicht wirkt eines Weibes Stimme Gutes,
Wenn man auf Punkten zu genau besteht.

König Heinrich.

Doch laßt hier unsre Muhme Catharina.
Denn sie ist unsre erste Forderung,
In der Artikel Vorderrang begriffen

Isabelle.

Es ist ihr gern erlaubt.

(Alle ab, außer König Heinrich, Catharina, und ihr Fräulein.)

König Heinrich.

Nun, schöne Catharina! Allerschönste!
Geruht ihr, einen Krieger zu belehren,
Was Eingang findet in der Frauen Ohr,
Und seiner Lieb' ihr sanftes Herz gewinnt?

Catharina.

Euer Majestät wird über mich spotten; ich kann euer Englisch nicht sprechen.

König Heinrich.

O schöne Catharina, wenn ihr mich kräftig mit eurem französischen Herzen lieben wollt, so werde ich froh sein, es euch mit eurer Englischen Zunge gebrochen bekennen zu hören. Bist du mir gut, Käthchen?

Catharina.

Pardonnez moi, ich nicht verstehen, was ist „mir gut".

König Heinrich.

Die Engel sind dir gut, Käthchen, denn du bist so gut und schön wie ein Engel.

Catharina.

Que dit-il? Que les anges me veulent du bien, parceque je suis bonne et belle comme un ange?

Alice.

Oui, vraiment, sauf votre grace, c'est ce qu'il dit.

König Heinrich.

Ja, das sagte ich schöne Catharina, und ich darf nicht erröthen es zu wiederholen.

Catharina.

O bon dieu! les langues des hommes sont pleines de tromperies.

König Heinrich.

Was sagt sie, mein Kind? Daß die Zungen der Männer voller Betrug sind?

Alice.

Oui, daß die Zungen von die Mann voll der Betrug sein; das is die Prinzeß.

König Heinrich.

Die Prinzessin ist die vollkommenste Engländerin von beiden. Meiner Treu, Käthchen, meine Bewerbung ist für dein Verstehen schon gemacht. Ich bin froh, daß du nicht besser Englisch sprechen kannst, denn wenn du es könntest, so würdest du mich einen so schlichten König finden, daß du gewiß dächtest, ich hätte meinen Meierhof verkauft, um meine Krone zu kaufen. Ich verstehe mich nicht auf verblümte Winke bei der Liebe, sondern sage gerade heraus: Ich liebe euch; wenn ihr mich dann weiter drängt als daß ihr fragt: Thut ihr das im Ernste? so ist mein Werben am Ende. Gebt mir eure Antwort; im Ernste, thut's: und somit eingeschlagen und ein gemachter Handel. Was sagt ihr, Fräulein?

Catharina.

Sauf votre honneur, ich verstehen gut.

König Heinrich.

Wahrhaftig, wenn ihr mich euretwegen zum Versemachen oder Tanzen bringen wolltet, Käthchen, so wäre ich verloren. Könnte ich eine Dame durch Luftsprünge gewinnen, oder durch einen Schwung in den Sattel mit voller Rüstung, so wollte ich, mit Entschuldigung für mein Prahlen sei es gesagt, mich geschwind in eine Heirath hineinspringen. Oder könnte ich für meine Liebste einen Faustkampf halten, oder mein Pferd für ihre Gunst tummeln, so wollte ich dran gehn wie ein Metzger, und fest sitzen wie ein Affe: niemals herunter. Aber, bei Gott, ich kann nicht bleich aussehen, noch meine Beredsamkeit auskeichen, und habe kein Geschick in Betheurungen: bloße Schwüre ohne Umschweif, die ich nur gedrungen thue, und um kein Dringen in der Welt breche. Kannst du einen Mann von dieser Gemüthsart lieben, Käthchen, dessen Gesicht nicht werth ist, von der

Sonne verbrannt zu werden, der niemals in seinen Spiegel sieht aus Liebe zu irgend was, das er da entdeckt, so laß dein Auge ihn dir zubereiten. Ich spreche mit dir auf gut soldatisch: kannst du mich darum lieben, so nimm mich; wo nicht, und ich sage dir, daß ich sterben werde, so ist es wahr; aber aus Liebe zu dir — beim Himmel, nein! und doch liebe ich dich wirklich. All dein Leben lang, Käthchen, zieh einen Mann von schlichter und ungeschnitzter Beständigkeit vor, denn der muß dir nothwendig dein Recht widerfahren lassen, weil er nicht die Gabe hat, andrer Orten zu freien; denn diese Gesellen von endloser Zunge, die sich in die Gunst der Frauen hineinreimen können, wissen sich auch immer herauszuvernünfteln. Ei was! ein Redner ist nur ein Schwätzer, ein Reim ist nur eine Singweise. Ein gutes Bein fällt ein, ein gerader Rücken wird krumm, ein schwarzer Bart wird weiß, ein krauser Kopf wird kahl, ein schönes Gesicht runzelt sich, ein volles Auge wird hohl: aber ein gutes Herz, Käthchen, ist die Sonne und der Mond, oder vielmehr die Sonne und nicht der Mond, denn es scheint hell und wechselt nie, sondern bleibt treulich in seiner Bahn. Willst du so eins, so nimm mich; nimm mich, nimm einen Soldaten; nimm einen Soldaten, nimm einen König. Und was sagst du denn zu meiner Liebe? Sprich, meine Holde, und hold, ich bitte dich.

Catharina.

Ist es möglich, daß ich sollte lieben die Feind von Frankreich?

König Heinrich.

Nein, es ist nicht möglich, Käthchen, daß ihr den Feind Frankreichs lieben solltet; aber indem ihr mich liebt, würdet ihr den Freund Frankreichs lieben, denn ich habe Frankreich so lieb, daß ich kein Dorf davon will fahren lassen, es soll ganz mein sein. Und Käthchen, wenn Frankreich mein ist, und ich euer bin, so ist Frankreich euer und ihr seid mein.

Catharina.

Ich weiß nicht, was das will sagen.

König Heinrich.

Nicht, Käthchen? Ich will es dir auf Französisch sagen, was gewiß an meiner Zunge hängen wird, wie eine neuverheirathete Frau am Halse ihres Mannes, kaum abzuschütteln. Quand j'ai la possession de France, et quand vouz avez la possession de moi (laß sehen, wie nun weiter? Sankt Dionys stehe mir bei!) donc votre est France, et vous êtes mienne. Es wird mir eben so leicht, Kätchen, das Königreich zu erobern, als noch einmal so viel Französisch zu sprechen: auf Französisch werde ich dich nie zu etwas bewegen, außer über mich zu lachen.

Catharina.

Sauf votre honneur, le Francois que vous parlez est meilleur que l'Anglois que je parle.

König Heinrich.

Nein, wahrlich nicht, Käthchen; sondern man muß eingestehen daß unser beider höchst wahrhaft falsches Reden der Sprache des andern ziemlich auf eins hinausläuft. Aber, Käthchen, verstehst du so viel von meiner Sprache: Kannst du mich lieben?

Catharina.

Ich weiß nicht zu sagen.

König Heinrich.

Weiß es wer von euren Nachbarinnen zu sagen, Käthchen? Ich will sie fragen. Geh nur, ich weiß, du liebst mich; und zu Nacht, wenn ihr in euer Schlafzimmer kommt, werdet ihr dieß Fräulein über mich befragen, und ich weiß, Käthchen, ihr werdet gegen sie die Gaben an mir herabsetzen, die ihr von Herzen liebt. Aber, gutes Käthchen, spotte barmherzig über mich, um so mehr, holde Prinzessin, da ich dich grausam liebe. Wenn du jemals mein wirst, Käthchen, — und ich habe einen seligmachenden Glauben in mir, der mir sagt, daß du es werden wirst — so gewinne ich dich durch Zugreifen in der Nappuse, und du mußt daher nothwendig gute Soldaten zur Welt bringen. Werden nicht du und ich, unter den Auspicien des Sankt Dionys und Sankt Georg, einen Jungen halb Französisch und halb Englisch zu Stande bringen, der nach Constantinopel gehen und den Türken am Barte zupfen wird? Nicht wahr? Was sagst du, meine schöne goldne Lilie?

Catharina.

Ich nicht das weiß.

König Heinrich.

Ja, wissen kann man es erst in Zukunft, aber versprochen werden muß es jetzt, Käthchen, daß ihr euch um euren Französischen Theil eines solchen Jungen bemühen wollt; und für meine Englische Hälfte nehmt das Wort eines Königs und eines Junggesellen. Was antwortet ihr, la plus belle Catharine du monde, mon très-chère et divine déesse?

Catharina.

Eure Majesté 'aben fausse Französisch genug, um zu betrügen la plus sage demoiselle, die sein en France.

König Heinrich.

Nein, pfui über mein falsches Französisch! Bei meiner Ehre, auf ächt Englisch, ich liebe dich, Käthchen! Ich wage es nicht, bei dieser Ehre zu schwören, daß du mich liebst, jedoch fängt mein Blut an mir zu schmeicheln, daß du es thust, wiewohl mein Gesicht einen so herben und uneinnehmenden Eindruck macht. Verwünscht sei der Ehrgeiz meines Vaters! Er dachte auf bürgerliche Kriege, als er mich erzeugte: deswegen kam ich mit einer starren Außenseite auf die Welt, mit einer eisernen Gestalt, so daß ich die Frauen erschrecke, wenn ich komme, um sie zu werben. Aber auf Glauben, Käthchen, je älter ich werde, je besser werde ich mich ausnehmen; mein Trost ist, daß das Alter, dieser schlimme Feind der Schönheit, meinem Gesichte keinen Schaden mehr thun kann: wenn du mich nimmst, so nimmst du mich in meinem schlechtesten Zustande, und wenn du mich trägst, werde ich durch's Tragen immer besser und besser werden. Und also sagt mir, schönste Catharina, wollt ihr mich? Legt euer jungfräuliches Erröthen ab, und offenbart die Gesinnungen eures Herzens mit den Blicken einer Kaiserin, nehmt mich bei der Hand und sagt: Heinrich von England, ich bin dein; und sobald du mein Ohr mit diesem Worte gesegnet hast, werde ich laut zu dir sagen: England ist dein, Irland ist dein, Frankreich ist dein, und Heinrich Plantagenet ist dein, der (ob ich es schon in seiner Gegenwart sage) wo nicht der wackerste der Könige, doch ein König wackrer Leute ist. Wohlan, gebt mir eure Antwort in gebrochner Musik: denn eure Stimme ist Musik, und euer Englisch gebrochen. Also, Königin der Welt, Catharina, brich dein Stillschweigen in gebrochnem Englisch: willst du mich haben?

Catharina.

Das ist zu sagen, wie es gefallen wird die roi mon père.

König Heinrich.

Ei, es wird ihm wohl gefallen, Käthchen; es soll ihm gefallen, Käthchen.

Catharina.

Dann bin ich es auch zufrieden.

König Heinrich.

Somit küsse ich eure Hand, und nenne euch meine Königin.

Catharina.

Laissez, monseigneur, laissez, laissez! Ma foi, je ne veux point que vous abaissiez votre grandeur en baisant la main de votre indigne servante; excusez moi, je vous supplie, mon très puissant seigneur.

König Heinrich.

So will ich eure Lippen küssen, Käthchen.

Catharina.

Ce n'est pas la coûtume de France, de baiser les dames et demoiselles avant leurs nôces.

König Heinrich.

Frau Dolmetscherin, was sagt sie?

Alice.

Daß es nicht sein die Sitte pour les Damen in Frankreich — ich weiß nicht zu sagen, was is baiser auf Englisch.

König Heinrich.

Küssen.

Alice.

Eure Majestät entendre besser que moi.

König Heinrich.

Es ist nicht Sitte in Frankreich, die Mädchen vor der Heirath zu küssen, wollte sie sagen?

Alice.

Oui, vraiment.

König Heinrich.

O Käthchen, strenge Gewohnheiten schmiegen sich vor großen Königen. Liebes Käthchen, wir beiden können uns nicht von den schwachen Schranken der Sitten eines Landes einengen lassen. Wir sind die Urheber von Gebräuchen, Käthchen, und die Freiheit, die unsern Rang begleitet, stopft allen Splitterrichtern den Mund, wie ich es jetzt eurem thun will, weil er die strenge Sitte eures Landes aufrecht erhalten wollte, indem er mir einen Kuß weigerte. Also geduldig und nachgiebig! (Küßt sie.) Ihr habt Zauberkraft in euren Lippen, Käthchen, es ist mehr Beredsamkeit in einer süßen Berührung von ihnen, als in den Zungen des ganzen Französischen Rathes, und sie würden Heinrich von England eher bereden als eine allgemeine Bittschrift der Monarchen. Da kommt euer Vater.

(König Carl und Isabelle, Burgund, Bedford, Gloster, Exeter, Westmoreland und andre Französische und Englische Herrn treten auf.)

Burgund.

Gott erhalte Eure Majestät! Mein königlicher Vetter, lehrt ihr unsre Prinzessin Englisch?

König Heinrich.

Ich wünschte, mein werther Vetter, sie möchte lernen, wie vollkommen ich sie liebe, und das ist gut Englisch.

Burgund.

Ist sie nicht gelehrig?

König Heinrich.

Unsre Sprache ist rauh, Vetter, und meine Art nicht sanft, so daß ich, weder mit der Stimme noch dem Herzen der Schmeichelei begabt, den Geist der Liebe nicht so in ihr herauf beschwören kann, daß er in seiner wahren Gestalt erschiene.

Burgund.

Verzeiht die Freiheit meines Scherzes, wenn ich darauf diene. Wenn ihr in ihr beschwören wollt, müßt ihr einen Zirkel machen: wollt ihr den Liebesgott in ihr in seiner wahren Gestalt herauf beschwören, so muß er nackt und blind erscheinen. Könnt ihr sie also tadeln, da sie noch ein Mädchen mit den jungfräulichen Rosen der Sittsamkeit überpurpurt ist, wenn sie die Erscheinung eines nackten, blinden Knaben in ihrem nackten, sehenden Selbst nicht leiden will? Es ist für ein Mädchen in der That eine harte Bedingung einzugehn.

König Heinrich.

Doch drücken sie ein Auge zu, und geben nach, so wie die Liebe blind ist und in sie dringt.

Burgund.

Dann sind sie entschuldigt, mein Fürst, wenn sie nicht sehen, was sie thun.

König Heinrich.

Lehrt also eure Muhme ein Auge zudrücken, bester Herr.

Burgund.

Ich will ein Auge zudrücken, um es ihr zu verstehen zu geben, wenn ihr sie nur lehren wollt meine Meinung zu verstehen. Denn

Mädchen, wohl durchgesommert und warm gehalten, sind wie Fliegen um Bartholomäi, blind, ob sie schon ihre Augen haben, und dann lassen sie sich handhaben, da sie zuvor kaum das Ansehen ertrugen.

König Heinrich.

Dieß Gleichniß vertröstet mich auf die Zeit und einen heißen Sommer; und so werde ich die Fliege, eure Muhme, am Ende fangen, und sie muß obendrein blind sein.

Burgund.

Wie die Liebe ist, mein Fürst, ehe sie liebt.

König Heinrich.

Ja, das ist sie, und einige unter euch können der Liebe für meine Blindheit danken, daß ich so manche französische Stadt über ein schönes französisches Mädchen, das mir im Wege steht, nicht sehen kann.

König Carl.

Ja mein Fürst, ihr seht sie perspektivisch, die Städte in ein Mädchen verwandelt; denn sie sind alle mit jungfräulichen Mauern umgeben, in welche der Krieg nie hineindrang.

König Heinrich.

Soll Käthchen mein Weib sein?

König Carl.

So es euch beliebt.

König Heinrich.

Ich bin es zufrieden; wenn nur die jungfräulichen Städte, wovon ihr sprecht, ihr Gefolge ausmachen dürfen, so wird das Mädchen, das meinem Wunsch im Wege stand, mir den Weg zu meinem Willen weisen.

König Carl.

Wir geben zu, was irgend billig ist.

König Heinrich.

Ist's so, ihr Lords von England?

Westmoreland.

Der König hat uns jeden Punkt gewährt,
Erst seine Tochter, und demnächst das andre,
Nach unsers Vorschlags festgesetzter Weise.

Exeter.

Nur dieses hat er noch nicht unterzeichnet:
wo Eure Majestät begehrt, daß der König von Frankreich, wenn er Veranlassung hat, schriftlich um etwas anzusuchen, Eure Hoheit

folgendermaßen und mit diesem Zusatz auf Französisch benennen soll! Notre trés cher fils Henry, roi d'Angleterre, héritier de France; und so auf Lateinisch: Praeclarissimus filius noster Henricus, rex Angliae et heres Franciae.

König Carl.

Auch dieß hab' ich nicht so geweigert, Bruder,
Daß ich mich eurem Wunsch nicht fügen sollte,

König Heinrich.

So bitt' ich euch nach unserm Liebesbund,
Laßt den Artikel mit den andern gehn,
Und somit mir eure Tochter.

König Carl.

Nimm sie, mein Sohn; erweck' aus ihrem Blut
Mir ein Geschlecht, auf daß die zwist'gen Staaten
Frankreich und England, deren Küsten selbst
Vor Neid erblassen bei des andern Glück,
Den Haß beenden; und dieß theure Bündniß
In ihre holden Busen Nachbarschaft
Und christlich Einverständniß pflanzen mag;
Auf daß der Krieg nie führe blut'ge Streiche,
Inmitten England und dem Fränk'schen Reiche.

Alle.

Amen!

König Heinrich.

Willkommen, Käthchen, nun! und zeugt mir Alle,
Daß ich sie küss' als meine Königin.

(Trompetenstoß.)

Isabelle.

Gott, aller Ehen bester Stifter, mache
Eins eure Herzen, eure Länder eins!
Wie Mann und Weib, die zwei, doch eins in Liebe,
So sei Vermählung zwischen euren Reichen,
Daß niemals üble Dienste, arge Eifersucht,
Die oft das Bett der heil'gen Ehe stört,
Sich dränge zwischen dieser Reiche Bund,
Um, was einander einverleibt, zu scheiden;
Daß Englische und Franken nur die Namen
Von Brüdern sei'n: Gott sage hiezu Amen!

Alle.

Amen!

König Heinrich.

Beraten wir die Hochzeit; auf den Tag
Empfang' ich, Herzog von Burgund, von euch
Und allen Pairs den Eid zu des Vertrags Gewähr,
Dann schwör' ich, Käthchen, dir, du mir dagegen;
Und, treu bewahrt, gedeih es uns zum Segen.

(Alle ab.)

Chorus (tritt auf).

So weit, mit rauhem ungelenkem Kiel,
Kam unser Dichter, der Geschicht' sich bückend,
Beschränkend große Leut' in engem Spiel,
Ruckweise ihres Ruhmes Bahn zerstückend.
Nur kleine Zeit, doch groß in seiner Kraft
Schien Englands Stern; das Glück gab ihm sein Schwert,
Das ihm der Erde schönsten Garten schafft,
Und seinem Erben Reich und Herrschaft mehrt.
Heinrich der Sechst', in Windeln schon ernennt
Zu Frankreichs Herrn und Englands, folgt' ihm nach,
Durch dessen vielberathnes Regiment
Frankreich verloren ward und England schwach;
Was oft auf unsrer Bühne vorgegangen,
Und wollet drum auch dieß geneigt empfangen.

Erläuterungen und Bemerkungen.

Chorus.

S. 177. „Verzeiht dem schwunglos seichten Geiste, der's gewagt". So Schlegel nach der von den Herausgebern adoptirten Lesart der vierten Folio: the flat unraised spirit that hath dared. Die älteren, allein maßgebenden Folios haben spirits, und darnach müßte es, mit Beziehung auf die Schauspieler und nicht auf den Dichter, heißen: Verzeiht den schwunglos seichten Geistern, die's gewagt ꝛc.

1. Aufzug. 1. Scene.

S. 179. „Der Gesetz-Entwurf wird jetzt betrieben"; bill; Schlegel hatte hier und im Folgenden: Die Verordnung.

S. 182. „Sehr wohl, auf Seiten seiner Majestät". Schlegel: Es ward von seiner Majestät genehmigt.

1. Aufzug. 2. Scene.

S. 183. „Und deutelnd euren kund'gen Sinn beschweren
Durch Vortrag eines mißerzeugten Anspruchs".

Or nicely charge your understanding soul etc. Schlegel: „Und schlau eur wissendes Gemüth beschweren" u. s. w. Nicely kann unmöglich schlau heißen; „spitzfindig" ist der entsprechendste deutsche Ausdruck dafür.

S. 184. „Die diesem Herrscherthron euch selbst und Dienst
Und Leben schuldig seid".

So die Folios: That owe yourselves, your lives and services to this imperial throne. Die Quartos: That owe your lives, your faith, and services etc. Nach dieser von vielen Herausgebern ohne allen Grund adoptirten Lesart Schlegel: „Die diesem Herrscherthron eur Leben, Treue und Dienste schuldig seid".

S 186. „Als die verdrehten Rechte bloß zu legen,
Die euch und euren Vordern man entwandt".

Usurp'd from you and your progenitors. Schlegel: „Von euch und euren Vordern angemaßt". Es ist fast unbegreiflich, wie Schlegel dem deutschen „von" an dieser Stelle die Fähigkeit zutrauen konnte, daß engl. from auszudrücken, kein Leser wird es anders als im Sinn des engl. by verstehn.

S. 186. „Und lachend stand dabei die andre Hälfte,
Ganz kühl und unbeschäftigt bei dem Kampf".

All out of work, and cold for action. Schlegel: „Ganz unbeschäftigt und um Kampf verlegen".

S. 188. „Die Katze muß demnach zu Hause bleiben;
Doch diese Nöth'gung ist nicht unbedingt".

Yet that is but a crush'd necessity. Diese Stelle hat vielfach den Scharfsinn der Emendatoren beschäftigt, vielleicht ohne Grund. A crush'd necessity kann ganz wohl eine gewaltsam hineingedeutete Nothwendigkeit heißen. Vergl. Twelfth Night II, 5, 152: this simulation is not as the former: and yet, to crush this a little, it would bow to me, for every one of these letters are in my name. Jedenfalls paßt die von Pope aufgenommene Lesart der Quartos a curst necessity, welcher Schlegel folgte (Allein verwünscht sei diese Nöthigung!) nicht in den Zusammenhang.

S. 191. „und unsre Leidenschaft der Gnade
So unterworfen, wie in unsern Kerkern
Gefesselte Verbrecher".

Unto whose grace our passion is as subject as are our wretches fetter'd in our prisons. Schlegel: „wie in unsern Kerkern Verbrecher angefesselt". Bei dieser Fassung erscheint „angefesselt" als Prädicat von „Verbrecher", während subject (unterworfen) es sein soll.

S. 192. „dieß Gespött
Verwandle seine Bäll' in Büchsensteine".

To gunstones, d. h. in Steinkugeln, mit welchen man in früheren Zeiten die Geschütze lud.

„Wir hoffen ihren Sender roth zu machen" besser: zu beschämen (blush at it).

2. Aufzug. 1. Scene.

S. 196. „Und damit Basta", and there's an end. Schlegel nach der unächten Quarto: und das ist der Humor davon.

S. 197. „O seht, er zieht vom Leder — nun haben wir hier vorsätzlichen Ehebruch und Mord“. O well a day, Lady, if he be not drawn now! we shall see wilful adultery and murther committed. So die Folios, mit der einzigen Abweichung, daß sie für drawn das sinnlose hewn haben. Malone setzte die Lesart der Quartos in den Text: O Lord, here's Corporal Nym's! und darnach übersetzte Schlegel: „O Herr, da ist Korporal Nym seiner“. Wir können jedoch für das vorliegende Stück den Quartos kein Gewicht beilegen. — In den folgenden Worten besteht der Scherz darin, daß die Wirthin adultery als ein Wort romanischen Ursprungs nicht versteht; es mußte dasselbe daher anders als mit Ehebruch übersetzt werden, etwa mit Defloration. — Bardolph's Rede: „Guter Lieutenant! guter Korporal! keine Gewalt“ legte Schlegel nach der willkührlichen Aenderung Malone's noch der Wirthin bei, und übersetzte offer nothing here: „nehmt nichts vor!“ mit einer Anspielung, die vom Dichter schwerlich beabsichtigt war.

S. 197. „Pah dir, Isländscher Hund!“ Isländische Hunde, mit weißem langem Haar, waren damals bei den Damen beliebt. Der Ausdruck findet sich auch sonst als Schimpfwort.

„Denn losgehn kann ich, und der Hahn Pistols
Ist schon gespannt“.

For I can take, neml. fire. Schlegel nach der Variante der Quartos: Denn reden kann ich (talk).

„Ich bin nicht Barbason“. Der Name eines bösen Dämons. Pistol's Schwulst erinnert Nym an den Nonsens der Geisterbeschwörer. Im Folgenden hatte Schlegel: Ich bin im Humor euch leidlich derb auszupochen, statt: euch leidlich derb zu klopfen (knock).

2. Aufzug. 2. Scene.

S. 204. „Gab keinen Grund dir, den Verrath zu üben,
Als weil er nur dich zum Verräther schlug“.

Unless to dub thee with the name of traitor. Dub ist der technische Ausdruck vom Ritterschlage; das deutsche „schlagen“ ist zu vieldeutig und unklar, und wir würden lieber schreiben: Als weil er zum Verräther dich erkor..

„O wie hast du mit Argwohn nun vergällt
Die Süßigkeit des Zutrauns!“

With jealousy. Schlegel: „O wie hast du vergällt mit Eifersucht“ u. s. w.

„Geziert mit schönem Ebenmaß der Form.

Garnish'd and deck'd in modest complement. Schlegel: geziert, bekleidet mit bescheidnen Gaben. Modest heißt nicht nur bescheiden, sondern wird, seiner Abstammung gemäß, von Allem gebraucht, was angemessen ist, in den richtigen Gränzen bleibt; mit complement verbunden bezeichnet es hier die entsprechende Bildung des äußern Wesens

„Den reichst und bestbegabten Mann zu zeichnen". To mark the full-fraught man and best endued etc. Schlegel: Den völl'gen bestbegabten Mann zu zeichnen. Was ein völliger Mann sein soll, ist nicht recht klar; full-fraught bedeutet jedenfalls: mit allen nöthigen Eigenschaften vollständig ausgestattet.

2. Aufzug. 4. Scene.

S. 209. „Das Englands Volk, zum Unheil nichts geachtet,
Auf unsern Feldern ließ".

The fatal and neglected English steht nach einer Redefigur, die schon zu Heinrich IV. 2. Thl. 1. A. 1. Sc. erörtert ist, für the fatally neglected English. Schlegel: Das Englands heillos und versäumtes Volk u. s w.

„Denn, bester Herr, so eitel prangt sein Thron" u. s. w. It is so idly king'd. Eitel entspricht nicht dem idly (nichtig), wenigstens nicht in Verbindung mit prangt, welches einen dem Dichter ganz fremden Zug hineinbringt. Etwas frei, aber dem Sinn des Originals näher kommend wäre vielleicht: „Denn, bester Herr, sein Staat ist so entfürstet".

S. 211. „eurer Krone nemlich
Und aller Ehrenfülle, welche Sitte" u. s. w.

Schlegel: „namentlich (namely) die Krone, und aller Ehren weiten Kreis, den Sitte" u. s. w. Die Konstruction erforderte den Genitiv. — Im nächstvorhergehenden hätte wol der Ausdruck „Erborgter Hoheit" geändert werden können. Borrowed ist bei Shakespeare ganz gewöhnlich so viel als: nicht rechtmäßig zukommend, unächt. — Etwas weiter unten stand in allen bisherigen Ausgaben: Dies ist sein Ruf, sein Drohn und meine Botschaft, statt: Dies ist sein Recht u. s. w., vermuthlich nur durch einen unbeachteten Druckfehler.

S. 213. „Was ihr in euren eignen Niederlagen
Erfahren sollt, wenn er in Frankreich steht".

If he stay in France. Schlegel: wenn ihr in Frankreich bleibt.

3. Aufzug. Chorus.

S. 215. „So fliegt auf eingebild'ten Fittigen
Die rasche Scene".

Thus with imagined wing our swift scene flies. With imagined wing sollte wol heißen: „auf Fittigen der Phantasie, der Einbildungskraft". So Merch. of Ven. III, 4, 52: with imagined speed mit der Schnelligkeit des Gedankens. Wir erörterten diese Redeweise schon zu Richard II, 1. A. 3. Sc.; zu den dort aufgeführten Beispielen mögen hier noch folgende kommen: a youthful suit Bewerbung eines Jünglings (Lover's Compl. 79); my authority bears of a credent bulk Gewicht der Glaubwürdigkeit (Meas. for Meas. IV, 4, 29); lust is but a bloody fire ein Feuer des Bluts (Merry Wives V, 5, 99); Ill, to example ill, would from my forehead wipe a perjured note Zeichen, Brandmal des Meineids (Love's Lab. Lost IV, 3, 125); the reasonable shore das Ufer der Vernunft (Temp. V, 81). Solche Anführungen ließen sich leicht verdreifachen. Eine richtige Erkenntniß dieser und ähnlicher Eigenthümlichkeiten wäre manchen Text-Verbesserern zu wünschen gewesen, z. B. dem Collierschen Folio-Corrector, welcher aus unduteous title (Namen, Vorwurf unkindlichen Betragens, Merry Wives V, 5, 240) unduteous guile macht.

3. Aufzug. 1. Scene.

S. 216. „Im Frieden kann so wohl nichts einem Mann
Als Sanftmuth und bescheidne Stille kleiden".

Schlegel: „als Demuth und bescheidne Stille". Humility, von Schlegel wol durchweg mit Demuth übersetzt, ist bei Shakespeare sehr oft Herablassung, Leutseligkeit, und dann Menschenfreundlichkeit, liebreiches Wesen, Sanftmuth. Merch. of Venice III, 1, 72: If a Jew wrong a Christian, what is his humility? Revenge. Love's Lab. Lost IV. 3, 349: and plant in tyrants mild humility. Richard III. II, 1, 72: I thank my God for my humility (wo der Begriff Demuth durchaus nicht in den Sinn paßt). Dem entspricht der Gebrauch des Adjectivs humble. Love's Lab. Lost V, 2, 632: This is not generous, not gentle, not humble. Richard III. I, 2, 165: My manly eyes did scorn an humble tear.

„Doch bläst des Kriegs Drommete euch ins Ohr".

But when the blast of war blows in your ears. Blast ist hier offenbar der Trompetenstoß, nicht der Windstoß. Schlegel: Doch bläst des Krieges Wetter euch in's Ohr.

„Und laßt es durch des Hauptes Bollwerk spähn
Wie ehernes Geschütz".

Through the portage of the head. Die Augenhöhlen werden mit Schießscharten verglichen.

3. Aufzug. 2. Scene.

S. 222. **In der Stadt schlägt man Schamade.** The town sounds a parley. Bei Schlegel ausgefallen.

3. Aufzug. 3. Scene.

S. 222. **„Der mordgewöhnte Krieger"**, the flesh'd soldier, bei Schlegel: Der eingefleischte Krieger. Eingefleischt hat wol nie eine andre Bedeutung gehabt als leibhaft. — Im Folgenden würden wir in dem Verse: „Was für ein Zügel hält die freche Bosheit" lieber schreiben, „die freche Lust". Wickedness ist zwar im Allgemeinen Ruchlosigkeit, speciell aber bei Shakespeare nicht selten die Geschlechtssünde. So ist zu verstehen Merry Wiv. II, 2, 134: 'tis not good that children should know any wickedness; und All's well I, 3, 40: I have been, madam, a wicked creature, as you and all flesh and blood are; and, indeed, I do marry that I may repent. — Thy marriage sooner than thy wickedness. An unsrer Stelle spricht der Zusammenhang dafür, daß das Wort in diesem eingeschränkten Sinne zu nehmen ist. — Weiter unten sind die gemachten Aenderungen: jähem Morde (heady murther) für „starrem Morde", wie einst der jüd'schen Weiber für „wie dort der jüd'schen Weiber", mächtigem Ersatz für „wichtigem Ersatz", nur Correcturen von Druckfehlern.

3. Aufzug. 5. Scene.

S. 227. **„indeß ein frost'ger Volk**
Der kühnen Jugend blut'gen Schweiß vergießt" u. s. w.

Whiles a more frosty people sweat drops of gallant youth. Schlegel: indeß ein frostger Volk die Tropfen aufgeweckter Jugend schwitzt. To sweat ist bei Shakespeare ein durchaus edles Wort; im Deutschen ist Schweiß edel, schwitzen gemein. Es wäre unmöglich, in Richard III. III, 1, 24 here comes the sweating lord zu übersetzen: Hier kommt der schwitzende Lord; oder V, 3, 255 if you do sweat to put a tyrant down wenn ihr schwitzt u. s. w. Wie ferner der Ausdruck „aufgeweckte Jugend" das englische gallant youth wiedergeben soll, ist uns unverständlich.

„Mit Bastard-Kriegern Frankreich zu verjüngen". To new-store France with bastard warriors. Schlegel: bevölkern statt verjüngen.

S. 228. „der durch unser Land
Auf Schwingen zieht, in Harfleurs Blut getaucht".
With pennons painted in the blood of Harfleur. Pennon heißt sowol der Flügel als auch das Fähnlein; das Wortspiel ließ sich im Deutschen nicht wiedergeben, das poetische Bild aber wol retten, während es in Schlegel's Fassung verloren ging: der durch unser Land mit Fähnlein zieht, mit Harfleurs Blut bemalt.

„Geht, ihr habt Macht genug, ihn zu zermalmen". Go down upon him, you have power enough. To go down upon one heißt mit erdrückender Uebermacht jemandem nahen, ihn angreifen; an unsrer Stelle ist es eine Steigerung des vorhergehenden rush on his host as doth the melted snow etc. Schlegel hatte: Zieht — ihr habt Macht genug — zu ihm herab.

3. Aufzug. 6. Scene.

S. 229. „mit fürtrefflicher Kriegskunst"; with excellent discipline. Schlegel: mit fürtrefflicher Disciplin. Discipline ist bei Shakespeare nicht blos Disciplin, Kriegszucht, sondern auch Kriegskunst. John II, 39: Call for our chiefest men of discipline, to cull the plots of best advantages; 261: though all these English and their discipline were harbour'd in their rude circumference; 413: O prudent discipline! From north to south Austria and France shoot in each other's mouth; Richard III. III, 7, 16: your discipline in war, wisdom in peace.

S. 231. „unterschäumenden Flaschen und biergetränkten Köpfen"; among foaming bottles and ale-washed wits. Schlegel: unter schäumenden Flaschen und witzigen Köpfen in Bier getaucht. Vergl. zu Heinrich IV. 2. Th. 2. A. 2 Sc. Wit ist bei Shakespeare eine vox media, und bezeichnet nur ausnahmsweise das, was wir einen witzigen Kopf nennen.

S. 233. „eine Schwäre aufzustoßen", to bruise an injury, d. h. ein Geschwür durch Drücken zur Entleerung zu bringen; ein in Schlegels Ausdruck „eine Beleidigung aufzustoßen", nicht erkenntliches Bild.

3. Aufzug. 7. Scene.

S. 237. „Le chien est retourné" etc. Citat aus der Genfer Bibel 2. Epist. Petri 2, 22.

S. 238. „Er ist ohne Frage der geschäftigste Herr in Frankreich. Vordrängen ist Geschäftigkeit, und er drängt sich immer vor". He is simply the most active gentleman of France. Doing is activity, and he will still be doing. Active heißt nicht geschäftig, sondern rüstig, thatkräftig. Die etwas unsaubern Reden ließen sich vielleicht so wiedergeben: Er ist schlechtweg der munterste Herr in Frankreich. Oben auf sein heißt munter sein, und er ist wo möglich immer oben auf. (To do absolut in obscönem Sinn Rape of Lucr. 917 when Tarquin did; All's well II, 3, 246: for doing I am past.)

S. 239. „Uebler Wille führt keine gute Nachrede". Wenn dies ein deutsches Sprüchwort ist, mag es so stehen bleiben; das englische Ill will never said well sagt aber etwas andres: Uebler Wille (oder vielmehr Uebelwollen) hat niemals Recht, trifft nie das Richtige.

„Daß er so ganz durchhinkommt", to mope so far out of his knowledge; etwa: daß er so ins Ungewisse duselt.

4. Aufzug. Chorus.

S. 242. „und von den Zelten
Ertönt von Waffenschmieden, die den Rittern
Die Rüstung nieten mit geschäft'gem Hammer,
Der Vorbereitung grauenvoller Ton".

Schlegel: Und von den Zelten, den Rittern helfend, geben Waffenschmiede, die Rüstung nietend mit geschäft'gem Hammer, der Vorbereitung grauenvollen Ton. „Den Rittern helfend" könnte nur den Sinn haben, daß die Ritter mit derselben Arbeit beschäftigt waren und dabei von den Waffenschmieden unterstützt wurden, während accomplishing the knights heißt: die Ritter zum Kampf fertig machend. — Oben am Panzer befand sich ein Eisenstift, der durch ein Loch im Rande des Helms gesteckt wurde. Wenn beides angelegt war, nietete der Waffenschmied ihn fest, damit der Helm durch keinen Hieb oder Stoß vom Kopf geschlagen wurde.

4. Aufzug. 1. Scene.

S. 245. „und liebe den lieben Eisenfresser", nicht recht im Sinne des lovely bully, da bully bei Sh. nicht die heutige Bedeutung hat. Es müßte etwa sein: und liebe mit Herzens Adern ihn, den Burschen hold.

S. 246. „ich will sein Lauch ihm um den Kopf am Davidstage schlagen". In der Schlacht bei Crecy (am Davidstage 1346) thaten die Walliser gute Dienste in der Nähe eines Lauchgartens, aus dem sie sich schmückten. Seitdem blieb Lauch an der Mütze ihr Ehrenzeichen am Davidstage.

S. 247. „Erscheint es auch ein wenig aus der Mode"; out of fashion, richtiger wol: ohne Form, ungeschickt.

S. 251. „Das ist ein gefährlicher Schuß aus einer hölzernen Flinte". That's a perilous shot out of an elder gun, eigentlich aus einer Hollunderflinte. Schlegel: aus einer alten Büchse, indem er elder für old nahm.

4. Aufzug. 2. Scene.

S. 256. „Die Reiter scheinen aufgesteckte Leuchter". Die alten Leuchter bestanden zuweilen aus menschlichen Figuren, welche die Lichte auf den ausgestreckten Händen trugen.

S. 257. „Ich wart' auf meine Wacht nur"; my guard, d. h. meinen Bannerträger.

4. Aufzug. 3. Scene.

S. 259. „Der heut'ge Tag heißt Crispianus' Fest". Die Schlacht von Azincourt fand am 25. October 1415 statt. Die Heiligen, welche dem Tage seinen Namen gaben, waren die beiden Brüder Crispinus und Crispianus, welche im Jahre 303 in Soissons den Märtyrertod erlitten.

S. 260. „Du hast fünftausend nun hinweggewünscht". Now thou hast unwish'd five thousand men. Schlegel: Du hast fünftausend nun herabgewünscht, was gerade das Gegentheil sagt

S. 261. „Es finden sicher unsrer Leiber viel
Ein heimatliches Grab".

Native graves; Schlegel: hier ein natürlich Grab.

4. Aufzug. 5. Scene.

S. 266. „Laßt uns in Haufen unser Leben opfern!" Let us on heaps go offer up our lives. Einige Herausgeber fügten aus den Quartos den Vers hinzu: Unto these English or else die with fame. Ihnen folgend übersetzte Schlegel: Laßt diesen Englischen in Haufen uns das Leben bieten, oder rühmlich sterben. Eine Alternative, an welcher Shakespeare unschuldig ist.

4. Aufzug. 6. Scene.

S. 267. „Die Wunden, die auf dem Angesicht ihm blutig klafften", the gashes that bloodily did yawn upon his face; Schlegel: Die Schrammen, die blutig gähnten in sein Angesicht.

4. Aufzug. 7. Scene.

S. 270. „Die Fersenbüschel tief im Blute, toben“ u. s. w. Schlegel: „Bis an die Fersenbüschel watend, toben“ u. s. w. (fret fetlock deep in gore). Die Pferde waten nicht im Blute, sondern liegen am Boden und schlagen um sich.

S. 274. „nach seinem derben Wesen“, his blunt bearing; und „ein vorschnelles Unheil“, some sudden mischief; Schlegel: nach seinem plumpen Wesen; und ein plötzlich Unheil.

4. Aufzug. 8. Scene.

S. 275. „Herr König, hier ist ein Schelm und ein Verräther“ u. s. w.

Diese Rede war bei Schlegel aus Versehen fortgeblieben.

S. 279. „Man singe das Non nobis und Te deum“.

Let there be sung Non nobis and Te deum. Schlegel: Man singe da Non nobis und Te deum.

5. Aufzug. Chorus.

S. 281. „Der Schulz mit den Amtsbrüdern, all' im Staat“. The mayor and all his brethren, d. h. seine Kollegen. Schlegel: Der Schulz sammt seinen Brüdern. Schultheiß würde auch besser sein als Schulz, welches letztere Wort jetzt nur noch von der Dorfobrigkeit im Gebrauch ist.

„Wenn jetzt der Feldherr unsrer gnäd'gen Kais'rin
(O mög' es bald geschehen!) aus Irland käme“;

Schlegel: Wie er es leichtlich mag, aus Irland käme. As in good time he may drückt hier einen Wunsch aus. — Die Anspielung geht auf den Grafen Essex und seinen Zug gegen die irländischen Insurgenten.

„des Kaisers Zwischenkunft“.

Kaiser Sigismund kam 1416 nach England, um zwischen Heinrich und dem französischen Könige einen Frieden zu vermitteln.

5. Aufzug. 1. Scene.

S. 284. „Lernt daher für die Zukunft von einer Wälschen Züchtigung gute Englische Sitte“. Dies will a good English condition sagen, nicht mit Schlegel: eine gute Englische Gesinnung. Vergl. 2. Sc. 314: Our tongue is rough, coz, and my condition is not smooth etc. All's well IV, 3, 288: in his sleep he doth little harm, save to his bed-clothes about him; but they know his conditions and lay him in straw.

„Und da ist ganz mein Stelldichein zerstört".

And there my rendezvous is quite cut off. Schlegel: Und da ist ganz mein Wiedersehn zerstört.

5. Aufzug. 2. Scene.

S. 286. „Daß ich getrachtet
Mit allem Sinnen, Mühn und starkem Streben";

With all my wits, my pains, and strong endeavours. Schlegel (mit der schon erwähnten Mißdeutung des Wortes wit): Mit allem Witz und Müh' und starkem Streben.

S. 291. „unter den Auspicien des Sanct Dionys und Sanct Georg".

Schlegel: „so zwischen Sanct Dionys und Sanct Georg", d. h. also zwischen dem 9. October und 23. April. Unmöglich konnte Heinrich sich dies Vermögen nur für den Winter zutrauen. Between Saint Dennis and Saint George bezeichnet vielmehr die Mitwirkung der beiden Heiligen. Vgl Com. of Err. I, 2, 84; I have some marks of yours upon my pate, some of my mistress' marks upon my shoulders, but not a thousand marks between you both. II, 1, 80: Between you I shall have a holy head. Meas. for Meas. III, 2, 116: he was begot between two stock-fishes (geradezu = by).

S. 294. „weder mit der Stimme noch dem Herzen der Schmeichelei begabt"; having neither the voice nor the heart of flattery about me. Schlegel: weder mit der Stimme noch dem Herzen der Schmeichelei umgeben. Im Folgenden hatte S. Bescheidenheit statt Sittsamkeit (modesty).

S. 295. „ihr seht sie perspectivisch". Vgl. Hertzbergs Erläuterungen zu: Ende gut Alles gut, 5. A. 3. Sc.

König Heinrich der Sechste.

Erster Theil.

Uebersetzt von

A. W. von Schlegel.

Durchgesehen, eingeleitet und erläutert von

A. Schmidt.

Vom ersten Theil Heinrich's des Sechsten giebt es keinen frühern Abdruck als den in der Folio von 1623; nichts desto weniger haben wir eine untrügliche Spur, daß dies das älteste unter den historischen Dramen des Dichters ist. Im Jahr 1592 erschien eine Schrift von Thomas Nash zur Vertheidigung der Schauspiele (Pierce Penniless his supplication to the devil), in welcher es heißt: „Wie, wenn ich beweisen könnte, daß Theaterstücke kein Unwesen, sondern eine wahre Schule der Tugend sind? Was zunächst ihren Inhalt betrifft, so ist er meist unsern englischen Chroniken entlehnt. Die tapfern Thaten unsrer Vorfahren, welche lange in rostigem Erz und wurmstichigen Büchern begraben gelegen, werden durch sie in's Leben zurückgerufen, und sie selbst aus dem Grabe der Vergessenheit erweckt, um ihre alten Ehrenthaten vor allem Volk zu verkündigen; und welchen schärfern Stachel könnte es wol geben für unser entartetes verweichlichtes Geschlecht? Wie müßte den tapfern Talbot, den Schrecken der Franzosen, der Gedanke gelabt haben, daß er nach zweihundertjähriger Grabesruhe auf der Bühne neue Triumphe feiern, und seine Gebeine wieder und wieder (at several times) durch die Thränen von wenigstens zehntausend Zuschauern, welche ihn mit frisch blutenden Wunden vor sich zu sehen glauben, neu balsamirt werden sollten?" Diese Worte, welche auf kein andres Stück, von dem sich eine Kunde erhalten hat, als allein auf das vorliegende passen, beweisen zur Genüge, daß es im Jahre 1592 schon vielfach (at several times) aufgeführt und demnach wol schon mehrere Jahre vorher abgefaßt worden war.

Wir haben es hier also mit einer Jugendarbeit des Dichters, und jedenfalls mit seinem ersten Versuch auf dem Felde der historischen Tragödie zu thun. Diese Erwägung genügt, um jeden Zweifel an der Bürgschaft der beiden Folio-Herausgeber Heming und Condell zu beseitigen, und alle diejenigen zu widerlegen, welche seit Malone aus sogenannten innern Gründen gegen die Aechtheit des Stücks gesprochen haben. Man kann die mangelhafte Behandlung des Verses, das Prunken mit klassischer Gelehrsamkeit, den losen Zusammenhang der Scenen, die Willkür in der Anordnung des historischen Stoffs, seine Vermischung mit Sagen und unhistorischen

Erfindungen, als wesentlich unshakespearisch gelten lassen, und braucht doch nicht weiter in seiner Folgerung zu gehen, als daß Shakespeare nicht gleich im Anfange seiner Laufbahn auf der Höhe seiner Kunst stand, daß er vielmehr, wie jeder andre den natürlichen menschlichen Entwickelungsgesetzen unterworfen, eine Periode der Unselbstständigkeit und Unsicherheit durchzumachen hatte, wo das Beispiel älterer Dichter ihn zu Mißgriffen verführte, und daß er erst Schritt für Schritt sich zu dem Meister ausbildete, der uns im Heinrich dem Vierten in seiner Vollendung entgegentritt. Man darf es auch nicht vergessen, daß — so niedrig man den Werth unsers Dramas im Vergleich mit den besten Werken unsers Dichters anschlagen mag — vor seinem Erscheinen es nichts Bedeutenderes gab, das ihm hätte als Richtmaß dienen können; daß es im Gegentheil alles Vorangegangene ebenso weit übertrifft als es hinter den spätern Dramen des Dichters zurückbleibt. Ueberblickt man die Reihe seiner historischen Schauspiele nach ihrer Entstehungszeit: die drei Theile Heinrich's des Sechsten in ihrer natürlichen Folge, Richard den Dritten, und Richard den Zweiten von diesem überführend zu Heinrich dem Vierten, so nehmen wir einen so stetigen Fortschritt in der Kunst, eine so von Stück zu Stück steigende Sicherheit in der Beherrschung von Stoff und Form wahr, daß jedes nachfolgende für die Bildungsgeschichte des Dichters das vorhergehende fast zur nothwendigen Voraussetzung hat, und der erste Theil Heinrich's des Sechsten, gerade wie er ist, noch ganz unter dem Einflusse der gleichzeitigen Dramatik entworfen und ausgeführt, als der natürliche Ausgangspunkt der shakespeare'schen Tragödie erscheint.

Auch haben selbst diejenigen, welche sich am eifrigsten zeigten, das Stück dem Dichter abzusprechen, doch nicht leugnen können, daß sich sein eigenthümlicher Genius an vielen Stellen unverkennbar kundgebe, wie in keinem Werk eines andern Dichters der Zeit. Dieser Widerspruch sollte dann mit der durch nichts begründeten Hypothese ausgeglichen werden, daß Shakespeare — sehr gegen die Weise eines an eignen Plänen so reichen, und namentlich eines jugendlichen Dichters — die Arbeit eines andern revidirt, durch Zusätze aufgestutzt und so bühnengerecht gemacht haben soll. Wir lassen es auf sich beruhen, ob es Shakespeare's würdig war, ein von ihm nur bearbeitetes Stück der Theater-Verwaltung als das seinige zu übergeben; verweilen auch nicht bei der Unsicherheit einer so subjectiven Kritik, welche z. B. mit Collier und Coleridge in den Scenen vom Tode Talbot's und seines Sohnes das eigenthümliche shakespeare'sche Gepräge findet, mit Gervinus aber eben dieselben Scenen dem Geist und Styl des Dichters widersprechend nennt; vielmehr lassen sich etwaige Ungleichheiten gar wohl durch die Annahme erklären, daß Shakespeare selbst in einer spätern Zeit, wo er seiner Jugendarbeit wie ein Andrer und Fremder gegenüberstand, die bessernde Hand anlegte und namentlich Manches hineintrug, was diesen ersten in einen innigern Zusammenhang mit den folgenden Theilen Heinrich's VI brachte. Nichts würde dazu nöthigen, den Zeitpunkt einer solchen Nachbesserung so spät anzunehmen, daß in ihr schon die Weise des vollendeten Dichters zu erkennen sein müßte; in der Jugend bedeuten wenige Jahre schon viel, und der Dichter, welcher den dritten Theil Heinrich's VI vollendet hatte, war wesentlich ein andrer als der den Plan zum ersten entwarf. —

Wenn irgend etwas den jugendlichen Shakespeare von dem gereiften unterscheidet, so ist es die fast ungebundene Freiheit, mit welcher er die historischen Thatsachen behandelt. Während er in den späteren Dramen die geschichtliche Ueberlieferung mit der äußersten Pietät behandelt und Holinshed und Plutarch oft nur auszuschreiben scheint, begegnen wir im vorliegenden Stück einer vollkommenen Willkür in der Durcheinanderwürfelung der Ereignisse. Der Friede zwischen Philipp von Burgund und Karl VII von Frankreich, welcher erst 1435 erfolgte, wird hier durch die Pucelle gestiftet, welche schon 1431 verbrannt wurde; auch die Verlobung Heinrich's VI mit Margarethe von Anjou (1443) und der Tod Talbot's (1453) gehen der Hinrichtung der Jungfrau voraus. Allerdings machte der Plan des gesammten Werkes es dem Dichter unmöglich, den Leser und Zuschauer auch im zweiten und dritten Theil nach Frankreich hinüberzuführen, und so mochte er es für geboten halten, in den ersten alle diejenigen Ereignisse zusammenzudrängen, an welche sich besonders der gänzliche Verlust Frankreichs knüpfte, wie — wenigstens nach der gangbaren Vorstellung — an den Tod Talbot's, aber dann hätte er wenigstens hiemit und nicht mit einem Siege der Engländer und dem Untergange der Pucelle schließen sollen. Es scheint als ob ein mißverstandener Patriotismus den jungen Dichter abhielt, die wirklichen Niederlagen und Verluste der Engländer auf die Bühne zu bringen, statt sie nur — wie es im zweiten Theile geschieht — aus den Berichten Somerset's und andrer Boten entnehmen zu lassen.

Die Erzählung Holinshed's bietet darum für unser Stück nicht so reichliche Vergleichspunkte dar wie für die voranstehende Reihe von Dramen, zumal da der Dichter noch manche andre, zum Theil entlegene, zum Theil unbekannte Quellen benutzt hat. Doch geben wir um der Gleichmäßigkeit willen im Folgenden die Stellen der Chronik wieder, welche er vor Augen gehabt*):

„König Heinrich VI wurde im December 1421 zu Windsor geboren.

*) Malone führt als Beweis für die Unächtheit der drei Dramen von Heinrich VI an, daß ihnen nicht Holinshed, dem Shakespeare in seinen unzweifelhaft ächten Stücken folge, sondern die ältere Hall'sche Chronik zu Grunde liege. Wie weit dies begründet sei, hat Schreiber dieses

Sein Vater befand sich damals gerade in Frankreich und sagte zu Fitz Hugh, als er die Nachricht erhielt: Ich Heinrich geboren zu Monmouth werde kurze Zeit regieren und viel gewinnen, und Heinrich geboren zu Windsor wird lange regieren und Alles verlieren; doch Gottes Wille geschehe.

„Als König Heinrich V auf seinem Sterbebette lag und die Traurigkeit der Umstehenden wahrnahm, tröstete er sie, so gut er konnte, mit manchen würdigen, freundlichen und bündigen Worten und ermahnte sie, seinem Sohne treu und ergeben zu sein, und dafür zu sorgen, daß er gut und in allen Tugenden erzogen würde. In Bezug auf die Regierung und Verwaltung seines Reichs während der Minderjährigkeit seines Sohnes forderte er sie auf, in freundschaftlicher Liebe und Eintracht zusammenzustehn, mit dem Herzog von Burgund stets Frieden zu halten, und nimmer mit Karl, der sich den Dauphin von Vienne nenne, einen Vertrag zu schließen, durch welchen ein Theil der französischen Krone oder der Herzogthümer Normandie und Guienne geschmälert werden könnte: er rieth ihnen ferner, den Herzog von Orleans und andre Prinzen bis zur Großjährigkeit seines Sohnes gefangen zu halten, weil sie sonst in ihrer Heimath im Lauf eines Tages ein größeres Feuer entzünden würden als man in dreien zu löschen vermöchte. Er empfahl seinen Bruder Humphrey Herzog von Gloster zum Protector des Reichs, und seinen Bruder den Herzog von Bedford zum Regenten in Frankreich, und hieß ihn den Dauphin mit Feuer und Schwert verfolgen, bis er ihn entweder zur Vernunft und Unterwerfung gebracht oder gänzlich aus dem Lande vertrieben".

Nach einer eingehenden Erzählung der kriegerischen Ereignisse in den ersten Jahren Heinrich's VI fährt Holinshed fort: „Um diese Zeit (1424) erhob sich ein großer Zwiespalt im Reiche England, der aus einem Funken leicht zu einer mächtigen Flamme auflodern konnte. Ob Henry Beaufort Bischof von Winchester, ein Sohn Johann Gaunt's von seiner dritten Frau,

nicht prüfen können, da ihm Hall nur in gelegentlichen Auszügen (namentlich in Delius' Shakespeare-Ausgabe) zugänglich war. Jedenfalls kann ein Widerspruch in den Thatsachen keinen Unterschied zwischen Hall und Holinshed ausmachen, da letzterer den erstern beständig benutzt hat und seine Angaben stets sorgfältig registrirt. Aber wenn die Sache auch ihre Richtigkeit hat, so kann daraus doch nichts weiter folgen, als daß Shakespeare die Holinshedsche Chronik erst später kennen lernte und es dann vorzog, sie statt des bisher gebrauchten Hall zu benutzen. Vielleicht läßt sich daran eine interessante chronologische Combination knüpfen. Die Ausgabe des Holinshed, welche Shakespeare unzweifelhaft benutzt hat (wie sich daraus erweisen läßt, daß manche seiner historischen Versehen durch ihre Druckfehler zu erklären sind) ist vom Jahre 1586. Bis zu ihrem Erscheinen mochte demnach Hall sein Geschichtsbuch sein. Verbinden wir diesen Fingerzeig mit der oben aus Nash angeführten Stelle vom Jahre 1592, so erhalten wir allen Grund anzunehmen, daß die Abfassung Heinrich's VI, wenigstens des ersten Theils, viel früher anzusetzen ist als man gewöhnlich glaubt.

die Macht des Protectors Humphrey von Gloster beneidete, oder der Herzog an dem Reichthum und Prunk des Bischofs Anstoß nahm, genug das ganze Reich wurde durch sie und ihre Anhänger in Unruhe versetzt, so daß die Londoner Bürger gezwungen waren, bei Tag und Nacht Wache zu halten und ihre Läden zu schließen, um sie vor den Zusammenrottungen sicher zu stellen. Im Parlament erhob der Herzog von Gloster eine Anklage gegen den Bischof: er habe als Protector und Beschützer des Landes verlangt, daß ihm der Tower geöffnet würde, in welchem er seine Wohnung nehmen wollen; da habe ihm Richard Woodwile, der damals mit der Bewachung des Towers betraut gewesen, den Eintritt geweigert, und zwar im Auftrage des Bischofs von Winchester; und darnach habe letzterer die Weigerung gutgeheißen und besagten Woodwile bei sich aufgenommen und wohl verpflegt, zuwider der Ehre und Würde des Königs und des Herzogs von Gloster. Zweitens habe der Bischof ohne Beirath und Zustimmung des Herzogs von Gloster oder des Staatsraths einen Anschlag gemacht, sich der Person der Königs zu bemächtigen und ihn von Eltham, wo er sich damals befand, nach Windsor zu schaffen, um ihn dort unter eine Aufsicht nach eignem Belieben zu bringen. Drittens habe er dem Herzog, als dieser sich deshalb nach Eltham begeben wollen, einen Hinterhalt gelegt. Viertens habe er einst im Westminster Palast auf König Heinrich V einen Mordanschlag gemacht, und fünftens während der Krankheit Heinrich's IV dem Prinzen und nachmaligen Könige Heinrich zugeredet, sich noch bei Lebzeiten seines Vaters zum Könige zu machen".

Die weitläuftige Rechtfertigung Beaufort's, so wie die Vermittelungsversuche des Herzogs Bedford können wir füglich übergehn, da Shakespeare von ihnen keinen Gebrauch gemacht hat. Die zu Schiedsrichtern eingesetzten Lords, deren Ausspruch die beiden Parteien sich zu fügen versprachen, trafen die Entscheidung, daß der Bischof zum Protector folgende Worte sprechen sollte: Mylord von Gloster, ich habe zu meiner großen Bekümmerniß erfahren, daß ihr von verschiedenen Seiten von Anschlägen und Plänen gehört, die ich gegen eure Person, Ehre und Würde geschmiedet haben soll, und daß ihr darum großen Unwillen gegen mich gefaßt. Ich nehme Gott zum Zeugen, daß trotz Allem was ihr über mich gehört, vielleicht von Personen, die keine große Liebe zu mir haben (verzeihe ihnen Gott!), ich nie etwas im Sinne hatte zur Schmälerung oder zum Schaden eurer Ehre und Würde; und darum bitte ich euch, daß ihr mir in Zukunft gnädig sein mögt, denn ich habe niemals wissentlich zum Gegentheil Grund gegeben und will es auch hinfürder nicht, so Gott mir gnädig ist. Darauf sollte Mylord von Gloster antworten: Lieber Oheim, da ihr euch für einen solchen Mann erklärt, wie ihr sagt, bin ich herzlich froh, daß dem so ist, und nehme euch für einen solchen Mann. Nach diesen Worten sollten beide in Gegenwart des Königs und des ganzen Parlaments sich die Hand geben, zum Zeichen der Liebe und Eintracht; was denn auch wirklich geschah. Zur Versöhnungsfeier wurde um Pfingsten ein großes Fest veranstaltet, bei welcher Gelegenheit der König den Sohn des zu Southampton enthaupteten Grafen von Cambridge, Richard Plantagenet, zum Herzog von York ernannte, wenig ahnend, daß diese Standeserhöhung sein Verderben sein sollte. Gleichzeitig machte er John Lord Mowbray zum Herzog von Norfolk.

„Nachdem der Herzog von Bedford in England Alles wohl geordnet, nahm er (a. 1427) Abschied vom Könige und kehrte mit seiner Gemahlin nach Frankreich zurück, wo er zuerst in Calais landete. Hier erhielt der Bischof von Winchester, welcher ihn begleitet hatte, Tracht, Hut und Würde eines Kardinals mit allen gehörigen Feierlichkeiten. Der verstorbene König, welcher den unbändigen Ehrgeiz dieses Mannes wohl durchschaute und voraussah, von welchem unerträglichen Stolz sein Kopf unter einem solchen Hut schwellen würde, hatte ihn bei seinen Lebzeiten stets an dieser Beförderung gehindert. Aber da der jetzige König jung und der Regent sein Freund war, erreichte er seinen Zweck, sich selbst zu großem Gewinn, doch der Geistlichkeit des Reichs zu Schaden und Nachtheil. Denn durch eine Legatenbulle, die er in Rom erkaufte, häufte er so große Schätze, daß es keinen vermögenderen Mann gab als ihn, und er insgemein der reiche Kardinal von Winchester genannt wurde".

Nach dem Tode Thomas von Exeter's wurde Lord Warwick zum Gouverneur des Königs bestimmt (1428), und seinen Posten in Frankreich erhielt Thomas Montacute Graf von Salisbury, der alsbald mit Bedford einen Plan zur Eroberung von Orleans entwarf „Dieser Graf Salisbury war es besonders, dessen Klugheit und Kraft den englischen Namen der französischen Nation furchtbar machte, und auf dem (wie es nach seinem Tode deutlich wurde) die Eroberung großentheils beruhte, denn er war beides, sorgsam und schnell im Handeln, stets bereit der Gefahr zu begegnen, entschlossen im Rath, und unbesieglichen Muthes, so daß die Menschen auf keinen andern ein größeres Vertrauen setzten und niemand in dem Grade alle Herzen für sich gewann.

„Im Monat September kam der Graf vor die Stadt Orleans und begann sie auf der einen Seite des Flusses Loire zu belagern; doch vor seiner Ankunft hatten der Bastard von Orleans, der Bischof der Stadt und eine große Zahl Schotten verschiedene Befestigungswerke errichtet und die Vorstädte mit zwölf Kirchen und vier Ordenshäusern zerstört. Sie hieben auch im Umkreise von fünf Lieues alle Weinstöcke, Bäume und Büsche nieder, damit die Engländer keine Zuflucht und Deckung hätten. Nach dreiwöchentlicher Belagerung machte der Bastard von Orleans einen Ausfall und lieferte den Engländern eine Schlacht, aber sie empfingen ihn mit solchen Hieben, daß er mit seiner ganzen Truppe in die Stadt zurückfliehen mußte. Die Engländer jedoch waren so schnell hinterher, daß sie mit ihm zugleich eindrangen. Das Bollwerk der Brücke, nebst einem großen Thurm, der auf seinem Ende stand, wurde im Nu von den Engländern genommen, welche sich unter der Führung ihres muthigen Feldherrn sehr wacker benahmen, sowol bei diesem Sturm wie in verschiedenen Scharmützeln wider die Franzosen, theils um zu behaupten, was der hochherzige und mächtige Heinrich V gewonnen, theils um es zu vermehren. Aber es half Alles nichts. Denn wer kann halten, was fort will? Viele Städte wurden durch trügliche Ränke, andre durch Tapferkeit von den Franzosen wieder erobert, zur großen Entmuthigung der Engländer, deren Hoffnung theils durch ihre Verluste niedergeschlagen wurde, theils und hauptsächlich durch den Tod ihres siegreichen Königs Heinrich V. Bei jenem Kampf wurden viele Franzosen gefangen genommen und noch mehr erschlagen, und die Vertheidigung des Thurms und Bollwerks wurde dem Esquire William Glasdale übertragen Nach Eroberung dieses Postens beherrschte man die Brücke, so daß weder Menschen noch Lebensmittel passiren konnten. Darnach schloß der Graf die Stadt rings mit Basteien und Schanzen ein und stellte an jedem geeigneten Punkt Geschütze auf. Auch die Vertheidiger trafen alle erforderlichen Gegenanstalten.

„In dem am Brückenende eroberten Thurme befand sich eine hohe Kammer mit einem starken Eisengitter, wodurch man die Brücke hinab in die Stadt sehen konnte, und hier standen oft die vornehmsten Befehlshaber, um die Stadt zu überschauen und zu berathen, an welcher Stelle man am besten einen Angriff versuchen könnte. Den Städtern entging dies nicht, und sie stellten ein Stück Geschütz gerade gegen das Fenster auf. Es ereignete sich nun am neunundfunfzigsten Tage der Belagerung, daß der Graf von Salisbury, Sir Thomas Gargrave und William Glasdale nebst mehreren andern in den besagten Thurm und so auf die hohe Kammer gingen, um durch das Gitter zu blicken, und daß bald darauf der Sohn des Büchsenmeisters, als er Männer aus dem Fenster schaun sah, die Lunte nahm, wie ihn sein Vater gelehrt hatte, der inzwischen zum Essen gegangen war, und die Kanone abfeuerte. Der Schuß zerschmetterte das Gitter, und eine von den eisernen Stangen traf den Grafen so heftig auf den Kopf, daß sie ihm ein Auge ausschlug und die Wange fortriß. Sir Thomas Gargrave ward ebenfalls verwundet und starb nach zwei Tagen. Man schaffte den Grafen nach Meun an der Loire, wo er nach acht Tagen aus diesem

Leben schied, und bestattete dann seinen Leichnam mit allem gebührenden Pompe zu Bissam in der Gruft seiner Vorfahren. Er hinterließ eine einzige Tochter Alice, welche mit Richard Nevil vermählt war, dem Sohne des Grafen Rafe von Westmoreland, von dem im Folgenden noch mehr die Rede sein wird. Was England an diesem edlen Manne verlor, zeigte sich bald deutlich, da unmittelbar nach seinem Tode das Glück die englischen Waffen verließ und ihr erworbener Siegesruhm verloren ging.

„Der Herzog von Bedford ernannte nunmehr Suffolk zum Befehlshaber von Orleans und stellte ihm den Lord Scales, Lord Talbot, Sir John Fastolfe und mehrere andere tapfere Führer zur Seite. Sie errichteten Forts rings um die Stadt und ließen nichts unversucht, was ihr Unternehmen fördern konnte.

„Während dieser Belagerung von Orleans brachte ein gewisser Peter Badricourt, Hauptmann von Baucouleur, der später zum Marschall von Frankreich ernannt wurde, in Chinon zum Dauphin Karl, wie er gerade in großem Sinnen und Sorgen war um den englischen Krieg, ein junges achtzehnjähriges Frauenzimmer Namens Johanna Arc, Tochter eines armseligen Schäfers Jacob von Arc und seiner Frau Isabella, geboren zu Domprin an der Meuse in Lothringen (und darum von Bale Johanna Domprin genannt) und im Gewerbe ihrer Eltern, beim Hüten der Heerde aufgewachsen. Von hübschen Gesichtszügen, starkem und mannhaftem Körper, kräftigem und muthigem Sinne, wohl kundig der Politik, wenn sie gleich nicht zu Rathe saß, dem Anscheine nach keuschen Leibes und Wesens, demüthig, gehorsam, bei jedem Geschäft den Namen Jesu im Munde, mehrere Tage in der Woche fastend, — kurz, eine Person wie ihre Bücher sie schildern, durch die Macht Gottes zur Rettung des französischen Staates erweckt, der sich damals in tiefer Noth befand. Um sich Vertrauen zu schaffen, führte sie die Leute, welche sie zum Dauphin begleiteten, durch gefährliche und von den Engländern besetzte Gegenden, wo sie früher nie gewesen war, und brachte sie wohlbehalten durch; dann mußte der Dauphin auf ihre Anweisung in der St. Katharinenkirche zu Fierbois in Touraine, wo sie ebenfalls nie gewesen, an einer verborgenen Stelle unter altem Eisen ihr Schwert suchen und holen lassen, worauf auf beiden Seiten fünf fleurs-de-lis eingegraben waren, und damit focht sie und verrichtete viel Blutvergießen mit eigner Hand. In der Schlacht war sie von Kopf zu Fuß in schwerer Rüstung wie ein Mann zu Pferde, und ließ sich eine ganz weiße Fahne vortragen, worauf Jesus Christus gemalt war mit einer fleur-de-lis in der Hand.

„Als sie zum ersten Male vor den Dauphin in seiner Gallerie geführt wurde, versteckte er sich hinten und stellte andre geschmückte Herren vor sich, um sie auf die Probe zu stellen. Sie aber erkannte ihn heraus und richtete ihren Gruß an ihn allein; und darauf nahm er sie an's Ende der Gallerie und unterredete sich mit ihr eine Stunde lang insgeheim; seinen Vertrauten dünkte das zu lange und sie wollten ein Ende machen, aber er gab ihnen ein Zeichen, daß man sie sollte ausreden lassen. In diesem Gespräch setzte sie ihm wahrscheinlich auseinander, was sie Alles, der ihr gewordenen göttlichen Offenbarung zufolge, mit jenem Schwert vollbringen sollte, nämlich Orleans mit Sieg und Ehre entsetzen, ihn in alleinigen Besitz des Königreichs bringen, und die Engländer aus dem Lande verjagen. Er schenkte ihr ein sehr geneigtes Ohr, gab ihr ein genügendes Heer mit unbeschränktem Oberbefehl, und gebot allen zu thun wie sie befehle.

„In Orleans wußte man wohl, daß die Engländer nicht so genaue Wache hielten wie sonst, und darum gelang es dieser Jungfrau, mit andern französischen Führern, mitten in der Nacht, während eines heftigen Regens und Gewitters, mit Lebensmitteln, Geschütz und andern nöthigen Vorräthen sich in die Stadt zu werfen. Den nächsten Tag unternahmen die Engländer einen Sturm, aber die Franzosen vertheidigten die Mauer so hartnäckig, daß nichts der Rede Werthes erreicht wurde. Doch waren die Franzosen so bestürzt über den kühnen Angriff der Engländer, daß der Bastard von Orleans den Herzog von Alençon um schleunige Hülfe bat. Dieser kam denn auch in die Nähe der Stadt, und die Engländer legten ihm kein Hinderniß in den Weg, weil sie hofften, daß eine größere Menschenmenge die Noth in der Stadt steigern würde."

Nach vielfachen Gefechten sahen sich jedoch die Engländer genöthigt, die Belagerung aufzuheben. Während sie von Tage zu Tage Boden verloren, wuchsen die französischen Truppenkörper durch ununterbrochenen Zufluß an. „Sie vereinigten sich alle zu Einem Heer und warfen sich beim Dorfe Patay in Beauce auf den Lord Talbot, der nicht über 6000 Mann bei sich hatte. Der Angriff geschah so plötzlich, daß die Engländer nicht Zeit hatten, sich in Schlachtordnung zu stellen, nachdem sie die Pfähle vor den Schützen aufgesteckt, so daß sie auf gut Glück sich wehren mußten. Der Kampf dauerte drei lange Stunden, denn ob die Engländer gleich von der Ueberzahl ihrer Feinde erdrückt wurden, wichen sie doch keinen Fußbreit, bis ihr Führer Lord Talbot im Rücken schwer verwundet und so gefangen genommen wurde. Da begann ihr Muth zu sinken, und sie begaben sich auf die Flucht, wo denn mehr als 1200 erschlagen und vierzig gefangen wurden, darunter Lord Talbot, Lord Scales, Lord Hungerford und Sir Thomas Rampston. Aus dieser Schlacht entfloh, ohne einen Streich zu thun, Sir John Fastolfe, der das Jahr zuvor für seine Tapferkeit in den Hosenband-Orden gewählt worden. Jetzt aber nahm ihm der Herzog von Bedford das Bild des heiligen Georg und das

Hosenband ab; späterhin wurde ihm durch Vermittlung von Freunden und auf scheinbar triftige Entschuldigung beides wieder zurückgegeben, sehr gegen die Meinung des Lord Talbot."

Der Krieg concentrirte sich in der nächsten Zeit um das von den Engländern belagerte Compiegne. Bei einem nächtlichen Ausfall, den die Franzosen hier machten, wurde die Pucelle gefangen genommen.

„Ihr habt schon oben Manches von dem seltsamen Beginnen und Thun dieses Frauenzimmers gehört, und da das Ende von Wunderthätern es gewöhnlich zu Tage bringt, mit welchen Mitteln und Kräften sie wirken, so will ich erzählen, was schließlich aus ihr wurde, und ihr könnt dann über sie denken, wie ihr Grund zu haben glaubt. Von ihren Freunden, den Franzosen, berichtet einer, es habe der Hauptmann Guillaume de Flavie in Compiegne sie an den Fürsten Johann von Luxemburg verrathen, der als Bundesgenoß im englischen Lager stand; dann habe er sie aus der Stadt geschickt mit dem Auftrage, den französischen König um schleunigen Entsatz zu bitten und hinter ihr die Thore geschlossen, worauf die Burgunder mit Uebermacht über sie hergefallen und sie zur Gefangenen gemacht. Alles wohl erwogen, war es doch wunderbar, daß dies so kommen konnte, wenn sie wirklich so fromm und heilig war wie sie vorgab, und nicht eine falsche Gauklerin. An dem Morgen früh, heißt es, war sie in der St. Jacobs-Kirche, beichtete, empfing ihren Schöpfer (wie das Buch es nennt) und setzte sich dann an einen Pfeiler, wo das Volk der Stadt mit etwa hundert Kindern sich um sie drängte, um sie zu sehn; zu denen sprach sie: Ihr guten Kinder und lieben Freunde, ich sage euch, es hat mich einer verkauft. Ich bin verrathen und werde bald dem Tode überliefert werden; betet ihr zu Gott für mich, denn ich werde nimmer Macht haben, dem Könige und dem Lande Frankreich gute Dienste zu thun.

„Um ihrer schlimmen und verdächtigen Streiche willen ließ der Regent ihren Lebenslauf und ihren Glauben durch Peter Cauchon Bischof von Beauvais, in dessen Diöcese sie gefangen genommen war, nach Gesetz und Recht prüfen und untersuchen. Es ergab sich, daß sie als eine Jungfrau erstens ihr Geschlecht auf schamlose Weise verleugnet und in Handlungen und Tracht sich wie ein Mann gebärdet; und dann, daß sie fluchwürdigen Unglauben hegte und mit teuflischer Hexenkunst und Zauberei ein verderbliches Werkzeug der Feindschaft und des Blutvergießens gewesen; demgemäß wurde das Urtheil über sie gefällt. Da sie jedoch ihr Verbrechen demüthig bekannte und sich zerknirscht und reuig stellte, wurde die Hinrichtung nicht vollzogen, vielmehr der Spruch zu lebenslänglicher Gefangenschaft gemildert, wenn sie in Zukunft die männliche Tracht ablegen, weibliche Kleider tragen und ihre verderblichen Zauberkünste abschwören wollte. Sie legte mit

Freuden einen feierlichen Eid ab, so zu thun. Allein (Gott stehe uns bei!) besessen vom Bösen wie sie war, konnte sie sich nicht auf dem Wege der Gnade erhalten, sondern fiel in ihre früheren Abscheulichkeiten zurück. Da sie jedoch ihr Leben zu fristen suchte, so gut sie vermochte, nahm sie keinen Anstand, obgleich es eine schmähliche Ausflucht war, sich als Metze zu bekennen und sich für schwanger auszugeben, unverheirathet wie sie war. Zur Prüfung bewilligte die Milde des Regenten ihr eine Frist von neun Monaten, nach deren Ablauf es sich ergab, daß sie in diesem Punkte eben so ruchlos war wie in allen übrigen. Demgemäß ward nach acht Tagen ein neues Urtheil gegen sie gefällt, daß sie rückfällig geworden und ihren Eid und ihr reumüthiges Bekenntniß verleugnet habe; worauf sie denn der weltlichen Macht überliefert und auf dem alten Markte von Rouen, an derselben Stelle wo jetzt die Sankt Michaelskirche steht, durch Feuer vom Leben zum Tode gebracht, und ihre Asche alsdann außerhalb der Stadtmauer in die Winde gestreut wurde.

„Um dem Kriege, welcher mit unentschiedenem Glück fortdauerte, eine bessere Wendung zu geben, ward beschlossen, daß König Heinrich in eigner Person mit einem neuen Heere nach Frankreich kommen sollte, theils um seine dortigen Unterthanen zu besuchen und zu ermuthigen, theils um die Franzosen durch Furcht oder Liebe im Gehorsam zu bestärken, da ein Kind von seinem Alter und Liebreiz bei älteren Personen Zuneigung zu erwecken pflegt.“ Heinrich landete am St. Georgstage 1431 in Calais, wurde in Paris glänzend empfangen und am 17. December vom Kardinal Winchester gekrönt. Nachdem ein sechsjähriger Waffenstillstand abgeschlossen war, begab der König sich 1432 nach England zurück. Plünderungen der unbezahlten französischen Söldner brachten den Krieg bald zu neuem Ausbruch. Die Angelegenheiten der Engländer nahmen eine um so schlimmere Wendung, da Frankreich und Burgund sich aussöhnten, und der Regent Bedford in demselben Jahre 1435 starb. Nach seinem Tode erhielt Richard von York die Regentschaft von Frankreich; neben ihm war Edmund von Somerset Höchstkommandirender.

„Obgleich der Herzog von York durch Geburt und kriegerischen Muth seine Auszeichnung und Beförderung verdiente, wurde er doch von Edmund Herzog von Somerset, der ein Vetter des Königs war, so gehaßt, daß er auf jede Weise ihm entgegenarbeitete und sich über seine Verluste freute und über sein Glück betrübte. So geschah es, daß Paris und andre wichtige Plätze erobert wurden, ehe der Herzog von York Kunde von der Gefahr erhielt. Dieser durchschaute seinen bösen Willen wohl, verhehlte aber vor den Leuten, was er im Herzen dachte, und so that jeder, was dem andern

Verdruß machte, bis sie durch ihren Haß und ihre Zwietracht beide, fast mit ihrem ganzen Geschlecht, in Verderben und Untergang gebracht wurden.

„Der Herzog von Somerset eroberte zwar Harfleur, aber später, als Regent und Statthalter der Normandie, verlor er nicht nur diese Stadt, sondern auch Rouen und das ganze Herzogthum, während er es jetzt, in der Würde eines bloßen Stellvertreters, zu seinem großen Lobe und Ruhm gewann."

Als im Jahre 1442 die Gräfin von Comines in Guienne starb, erhoben sowol der französische König als der Graf Armagnac Anspruch auf ihr Erbe. Um sich des Beistandes des englischen Königs zu versichern, bot letzterer demselben die Hand seiner Tochter an, mit dem Versprechen, ihm zur Wiedereroberung sämmtlicher verlorenen Besitzungen behülflich zu sein. Dies Anerbieten fand in England die beste Aufnahme, und es gingen Gesandte nach Frankreich ab, die Heirat zum Abschluß zu bringen. Aber der Graf Suffolk, welcher gleichzeitig als englischer Gesandter in Tours mit dem französischen Könige einen Waffenstillstand unterhandelte, durchkreuzte den Plan.

„In Ueberschreitung seines Auftrages und ohne Wissen seiner Mitgesandten, kam er auf den Gedanken, daß das beste Mittel zu einem vollständigen Frieden eine Vermählung zwischen einer Verwandten des französischen Königs, der Prinzessin Margarethe, Tochter des Herzogs Reiner von Anjou, und seinem Lehnsherrn dem König Heinrich sei. Dieser Herzog Reiner nannte sich König von Sicilien, Neapel und Jerusalem, aber er hatte von diesen Reichen nichts als den Namen und Titel, in Wahrheit keinen Pfennig und keinen Fuß breit Landes. Anfangs erschien die Sache dem Grafen bedenklich, und besonders stand Ein Umstand im Wege, nämlich daß der König von England einen großen Theil des Herzogthums Anjou und die ganze Grafschaft Maine in seinem Besitz hatte, welche der Angabe nach dem König Reiner gehörten.

„Doch der Graf Suffolk — ich weiß nicht ob bestochen, oder aus blindem Eifer für diese unersprießliche Vermählung — willigte ein, daß die Länder Anjou und Maine dem Vater der Braut abgetreten wurden, und verlangte als Aussteuer keinen Heller noch Pfennig, als wenn diese neue Verwandtschaft kostbarer wäre als alle Reichthümer und mehr werth als Gold und Edelgestein. Und damit dieser Vertrag zu einer vollkommenen Einigung führte, ward eine Zusammenkunft zwischen den beiden Königen zwischen Chartres und Rouen festgesetzt. Darauf kehrte der Graf Suffolk mit seinem Gefolge nach England zurück, wo er nicht zu rühmen unterließ, welchen ehrenvollen Waffenstillstand er abgeschlossen, und wie derselbe auf einen schließlichen Frieden Aussicht eröffne, besonders um der Heirat willen, die er vermittelt, wobei er denn nichts versäumte, die Person der Dame und den Adel ihres Geschlechts zu erheben und in das glänzendste Licht zu setzen.

„Obgleich aber diese Verbindung dem Könige und mehreren vom Rathe wohlgefiel, war doch der Protector des Reichs, Humphrey Herzog von Gloster, sehr dagegen und sagte, daß es den Gesetzen Gottes und der Ehre des Fürsten zuwider wäre, das durch hinlänglich bevollmächtigte Gesandte mit der Tochter des Grafen Armagnac geschlossene Verlöbniß zu brechen. Die Worte des Herzogs fanden jedoch kein Gehör, und nur was der Graf that, ward gern gesehen und gutgeheißen. So schickte denn der französische König zur Ausführung der Abmachungen den Grafen von Vendôme, den Erzbischof von Rheims u. a. nach England, wo sie eine ehrenvolle Aufnahme fanden; und nachdem die Vertrags-Urkunden besiegelt und auf beiden Seiten übergeben waren, kehrten die Gesandten mit großen Geschenken und Belohnungen wieder in ihre Heimat zurück.

„Als dies geschehn, ernannte der König zur Ehre seines Reichs, und um sich mehr Freunde zu sichern, den Grafen John Holland von Huntington zum Herzog von Exeter, wie es sein Vater gewesen; den Grafen Humphrey von Stafford zum Herzog von Buckingham; den Grafen Heinrich von Warwick zum Herzog von Warwick, mit welchem Titel er auch den Besitz des Schlosses Bristol und der Inseln Jersey und Guernsey verband. Der Graf von Suffolk, bei derselben Gelegenheit zum Marquis erhoben, segelte mit seiner Frau und vielen vornehmen Personen beiderlei Geschlechts, in reichem Schmuck von Gewändern und Juwelen, begleitet von kostbaren Wagen und prachtvollen Pferdesänften, nach Frankreich, um die erwählte Königin nach England abzuholen. Denn König Reiner ihr Vater hatte bei seinem langen Titel eine viel zu kurze Börse, um seine Tochter in anständiger Weise zu ihrem königlichen Gatten zu senden.

„Diese edle Gesellschaft kam nach der Stadt Tours in Touraine, wo sie vom französischen Könige und vom Könige von Sicilien ehrenvoll empfangen ward. Der Marquis von Suffolk als Stellvertreter König Heinrich's ward mit der genannten Prinzessin in der St. Martinskirche getraut. Bei der Trauung waren zugegen der Vater und die Mutter der Braut, der französische König in eigner Person, als Oheim des Bräutigams, auch die französische Königin als Tante der Braut; ferner die Herzoge von Orleans, von Calabrien, Alençon, Bretagne, sieben Grafen, zwölf Barone, zwanzig Bischöfe, die Ritter und Herren nicht gerechnet. Als die Festlichkeiten, Bankette und Turniere ein Ende nahmen, ward die Braut dem Marquis übergeben, der sie mit großem Pomp durch die Normandie nach Dieppe und von da nach England geleitete, wo sie im Monat April zu Portsmouth landete. Diese Fürstin übertraf alle ihres Geschlechts an Schönheit wie an Klugheit, und war in Muth und Sinnesart mehr einem Manne ähnlich als einem Weibe."

Freier als mit irgend einem Umstande der Geschichte schaltete der Dichter mit den Thaten und dem schließlichen Tode des großen Nationalheros Talbot. Er scheint hier Manches der Sage entlehnt zu haben; so wissen z. B. die von ihm benutzten Historiker nichts von Talbot's Begegnung mit der Gräfin von Auvergne. Wir können uns deshalb hier die Details über den Zug ersparen, welchen der achtzigjährige Held im J. 1453 unternahm, um von Bordeaux aus, wo man die englische Herrschaft zurückwünschte und ihm bereitwillig die Thore öffnete, das damals bis auf Calais verloren gegangene Frankreich wiederzuerobern, und theilen nur mit, was Hall, der an dieser Stelle entschieden des Dichters Quelle war, vom Tode Talbot's und seines Sohnes, des Lords Lisle, in der Schlacht von Castillon, erzählt.

„Der Kampf blieb zwei Stunden lang ohne Entscheidung; darnach trafen die Herren von Montamban und Humadère mit einer großen französischen Streitmacht auf dem Schlachtfelde ein, und ihr Geschütz streckte von den Engländern, welche sich zu nahe wagten, 300 Mann in der Nähe des Grafen nieder. Als dieser die unentrinnbare Gefahr erkannte, in welche er sich mit seinen Leuten verstrickt hatte, dachte er nicht an seine eigne Sicherheit, sondern nur an das Leben seines innig geliebten Sohnes, des Lord Lisle, dem er rieth und anbefahl, die Schlacht zu verlassen und sich zu retten. Als aber der Sohn antwortete, daß es für ihn weder ein Gebot der Ehre noch der Natur sei, seinen Vater in der äußersten Lebensgefahr zu verlassen, und daß er den Becher des Todes mit ihm leeren wolle, sagte der Graf zu ihm: O mein Sohn! ich dein Vater, der ich so viele Jahre der Schrecken und die Geißel des französischen Volks gewesen, so viele Städte zerstört und so viele Menschen im offenen Kampfe erlegt habe, ich kann hier nicht zur Ehre meines Vaterlandes sterben, ohne großes Lob und ewigen Ruhm davon zu ärnten, noch davonfliehen ohne Entehrung und ewige Schande. Aber da dies dein erster Kriegszug ist, wird weder die Flucht dir zur Schande gereichen, noch der Tod zum Ruhme, denn die Klugheit kann die Flucht gebieten, und das Bleiben Unbesonnenheit sein. Mein Fliehen würde nicht nur mir und meinem Geschlecht Unehre bringen, sondern auch meinen Truppen zum Verderben gereichen; wenn du aber durch Entfernung dein Leben rettest, wirst du ein andermal im Stande sein, meinen Tod zu rächen, dem Lande zu nützen und deinem Fürsten Ehre zu machen. Jedoch die Sinnesart des Sohnes ließ weder die Liebe zum Leben noch den Gedanken an eigne Sicherheit aufkommen, also daß er es verschmähte, sich von seinem leiblichen Vater zu trennen. Dieser gab es auf, ihn zu überreden, sprach den Soldaten und Hauptleuten Muth zu, und erschlug bei einem erneuerten tapfern Angriff mehr Feinde als er Leute im ganzen Heer hatte. Aber die Ueberlegenheit an Menschen und Geschütz war zu groß; sie schossen ihn zuerst mit einer Handbüchse durch den Schenkel, tödteten sein Pferd, und erschlugen ihn dann selbst, wie er am Boden lag; — so lange er aufrecht auf den Füßen stehn konnte, hatten sie es nie gewagt, ihm in die Augen zu sehn. Und mit ihm starb den Heldentod sein Sohn Lord Lisle, sein Bastardsohn Heinrich Talbot, Sir Eduard Hull, und dreißig tapfre Männer englischer Nation; der Lord Molyns fiel mit sechzig andern gefangen in die Hände des Feindes."

König Heinrich der Sechste.

Erster Theil.

Personen:

König Heinrich der Sechste.
Herzog von Gloster, Oheim des Königs und Protector.
Herzog von Bedford, Oheim des Königs und Regent von Frankreich.
Thomas Beaufort, Herzog von Exeter, Großoheim des Königs.
Heinrich Beaufort, Großoheim des Königs, Bischof von Winchester und nachmals Cardinal.
Johann Beaufort, Graf von Somerset, nachmals Herzog.
Richard Plantagenet, ältester Sohn des hingerichteten Grafen von Cambridge, nachmals Herzog von York.
Graf von Warwick.
Graf von Salisbury.
Graf von Suffolk.
Lord Talbot, nachmals Graf von Shrewsbury.
Johann Talbot, sein Sohn.
Edmund Mortimer, Graf von March.
Mortimer's Gefangenwärter.
Ein Rechtsgelehrter.
Sir John Fastolfe.
Sir William Lucy.
Sir William Glansdale.
Sir Thomas Gargrave.
Schultheiß von London.
Woodville, Commandant des Towers.
Vernon.
Basset.
Carl, Dauphin, nachmaliger König von Frankreich.
Reignier, Herzog von Anjou und Titular-König von Neapel.
Herzog von Burgund.
Herzog von Alençon.
Der Statthalter von Paris.
Bastard von Orleans.
Der Büchsenmeister von Orleans und sein Sohn.
Der General der französischen Truppen in Bourdeaux.
Ein französischer Sergeant.
Ein Thorwächter.
Ein alter Schäfer, Vater der Pucelle.
Margaretha, Reignier's Tochter.
Gräfin von Auvergne.
Jeanne d'Arc, genannt la Pucelle.
Böse Geister, die der Pucelle erscheinen; Herren von Adel, Wächter des Towers, Herolde, Officiere, Soldaten, Boten und Gefolge sowohl der Englischen als französischen Herrschaften.

(Die Scene ist theils in England, theils in Frankreich.)

Erster Aufzug.

Erste Scene.

Westminster-Abtei.

(Todtenmarsch. Man sieht die Leiche Heinrich's des Fünften auf einem Paradebette liegend, umgeben von den Herzogen von Bedford, Gloster und Exeter, dem Grafen von Warwick, dem Bischof von Winchester, Herolden 2c.)

Bedford.

Beflort den Himmel, weiche Tag der Nacht!
Kometen, Zeit- und Staatenwechsel kündend,
Schwingt die krystallnen Zöpf' am Firmament,
Und geißelt die empörten bösen Sterne,
Die eingestimmt zu Heinrich's Tod,
Heinrich des Fünften, zu groß lang zu leben!
England verlor so würd'gen König nie.

Gloster.

Vor ihm hatt' England keinen König noch.
Tugend besaß er, auserseh'n zum Herrschen;
Blind machend strahlte sein gezücktes Schwert,
Die Arme spannt' er weit wie Drachenflügel,
Sein funkelnd Auge, grimm'gen Feuers voll,
Betäubte mehr und trieb zurück die Feinde
Als Mittagssonn', auf ihre Stirn gewandt.
Was red' ich? Ihn erreichen Worte nicht,
Er hob die Hand nie auf, daß er nicht siegte.

Exeter.

Wir trauern schwarz: warum doch nicht in Blut?

Heinrich ist todt, und lebet nimmer auf,
Und wir begleiten einen Sarg aus Holz,
Verherrlichen des Tods unedlen Sieg
Mit unsrer feierlichen Gegenwart,
Gefangnen gleich am Wagen des Triumphs.
Wie? sollen wir Unglücks-Planeten fluchen,
Die so gestiftet unsers Ruhmes Sturz?
Oder die schlauen Franken für Beschwörer
Und Zaubrer achten, welche, bang vor ihm,
Durch mag'sche Verse seinen Tod erzielt?

Winchester.

Es war ein Fürst, vom Herrn der Herrn gesegnet.
Der Tag des furchtbaren Gerichts wird nicht
Den Franken furchtbar wie sein Anblick sein.
Er focht die Schlachten für den Herrn der Schaaren,
Durch das Gebet der Kirche glückt es ihm.

Gloster.

Der Kirche? Hätten Pfaffen nicht gebetet,
So riß sein Lebensfaden nicht so bald.
Ihr mögt nur einzig einen weib'schen Prinzen,
Den ihr wie einen Schüler meistern könnt.

Winchester.

Gloster, was ich auch mag, du bist Protektor,
Und willst dem Prinzen und dem Reich gebieten.
Dein Weib ist stolz, sie hält dich in der Scheu,
Mehr als Gott oder heil'ge Priester können.

Gloster.

Nenn' Heiligkeit nicht, denn du liebst das Fleisch,
Und gehst zur Kirche nie im ganzen Jahr,
Als wider deine Feinde nur zu beten.

Bedford.

Laßt dieß Hadern! stillet die Gemüther!
Hin zum Altar! — Herolde, geht mit uns; —
Statt Goldes wollen wir die Waffen opfern,
Nun Heinrich todt ist, helfen Waffen nicht.
Nachkommenschaft, erwart' elende Jahre,
Wo an der Mutter feuchtem Aug' das Kindlein saugt,

Dieß Eiland Lache salzer Thränen wird,
Und Weiber nur zur Todtenklage bleiben. —
Heinrich der Fünfte, deinen Geist ruf' ich:
Beglück dieß Reich, schirm' es vor Bürgerzwist,
Bekämpf' im Himmel feindliche Planeten!
Ein lichtrer Stern wird deine Seele werden
Als Julius Cäsar oder Berenice.

(Ein Bote tritt auf.)

Bote.

Euch allen Heil, ihr ehrenwerthen Lords!
Aus Frankreich bring ich böse Zeitung euch,
Von Niederlage, Blutbad und Verlust.
Guienne, Champagne, Rheims, Orleans,
Paris, Guisors, Poitiers sind ganz dahin.

Bedford.

Was sagst du, Mann, vor Heinrichs Leiche hier?
Sprich leise; beim Verlust so großer Städte
Sprengt er sein Blei sonst und ersteht vom Tod.

Gloster.

Paris ist hin? Rouen ist übergeben?
Wär' Heinrich uns zum Leben auferstanden,
Er gäb' aufs neu den Geist auf bei der Zeitung.

Exeter.

Was hat uns drum gebracht? Welch ein Verrath?

Bote.

Nein, kein Verrath, nur Geld- und Menschen-Mangel.
Man murmelt unter den Soldaten dort,
Ihr haltet hier verschiedene Partein,
Und statt in's Feld zu rücken und zu fechten,
Entzweiet ihr um eure Feldherrn euch.
Der will langwier'gen Krieg mit wenig Kosten,
Der flöge hurtig gern, doch fehlt's an Schwingen;
Ein Dritter denkt, ohn' allen Aufwand sei
Mit glatten Worten Friede zu erlangen.
Erwach', erwache, Englands Adelstand!
Laß Trägheit nicht die neuen Ehren dämpfen;

Die Lilien sind gepflückt in eurem Wappen,
Von Englands Schild die Hälfte weggehaun.

Exeter.

Wenn unsre Thränen dieser Leiche fehlten,
Die Zeitung riefe ihre Flut hervor.

Bedford.

Mich geht es an, ich bin Regent von Frankreich.
Gebt mir den Panzerrock: ich fecht' um Frankreich.
Fort mit dem schmählichen Gewand des Wehs!
Ich will den Franken Wunden leihn, statt Augen,
Ihr wiederkehrend Elend zu beweinen.

(Ein andrer Bote tritt auf.)

Zweiter Bote.

Seht diese Briefe, Lords, voll Unheil durch.
Frankreich empört den Englischen sich ganz,
Bis auf ein Paar geringe Städte noch.
Der Dauphin Carl ist schon gekrönt in Rheims,
Von Orleans der Bastard ist mit ihm,
Reignier, Herzog von Anjou, tritt ihm bei,
Der Herzog Alençon flieht zu ihm über.

Exeter.

Gekrönt der Dauphin? Alle fliehn zu ihm?
O wohin fliehen wir vor dieser Schmach?

Gloster.

Sonst nirgend hin als an der Feinde Kehle.
Bedford, wenn du erschlaffst, fecht' ich es aus.

Bedford.

Gloster, was zweifelst du an meinem Eifer?
Ich hab' ein Heer geworben in Gedanken,
Womit schon Frankreich überzogen ist.

(Ein dritter Bote tritt auf.)

Dritter Bote.

Ihr gnäd'gen Lords, den Jammer zu vermehren,
Womit ihr Heinrich's Bahre jetzt bethaut,
Muß ich ein schreckliches Gefecht berichten,
Zwischen dem rüst'gen Talbot und den Franken.

Winchester.

Was? worin Talbot Sieger blieb? nicht wahr?

Dritter Bote.

O nein, worin Lord Talbot ward besiegt.
Den Hergang will ich euch genauer melden.
Am zehnten des Augusts, da dieser Held
Von der Belag'rung Orleans zurückzog,
Mit kaum sechstausend Mann in seiner Schaar,
Ward er von dreiundzwanzig tausend Franken
Umzingelt überall und angegriffen.
Er hatte keine Zeit, sein Volk zu reihn,
Noch Piken vor die Schützen hinzustellen,
Statt deren sie aus Zäunen scharfe Pfähle
Nur in den Boden steckten, wie es kam,
Die Reiterei vom Einbruch abzuhalten.
Mehr als drei Stunden währte das Gefecht,
Wo Talbot, tapfer über Menschen Denken,
Mit seinem Schwert und Lanze Wunder that.
Zur Hölle sandt' er hundert, Keiner stand ihm,
Da, dort und überall schlug er ergrimmt;
Die Franken schrie'n, der Teufel sei in Waffen,
Das ganze Heer entsatzte sich ob ihm.
Da seine Krieger so beherzt ihn sahn,
Schrie'n „Talbot! Talbot hoch!" sie insgemein,
Und stürzten recht sich in das Herz der Schlacht.
Nun hätte völlig sie der Sieg besiegelt,
Wo Sir John Falstolfe nicht die Memme spielte;
Der, in dem Vortrab hinterwärts gestellt,
Um ihnen beizustehn und nachzufolgen,
Floh memmenhaft, und that nicht Einen Streich.
Drauf ward Ruin und Blutbad allgemein,
Umzingelt waren von den Feinden sie;
Ein schändlicher Wallon' warf um die Gunst
Des Dauphins einen Speer in Talbot's Rücken,
Deß, dem ganz Frankreich mit vereinter Stärke
Nicht einmal wagte in's Gesicht zu sehn.

Bedford.

Ist Talbot todt? So bring' ich selbst mich um,
Weil ich hier müßig lebt' in Pomp und Ruh,

Indeß solch würd'ger Feldherr, hülfsbedürftig,
An seinen feigen Feind verrathen ward.

Dritter Bote.

O nein, er lebt, allein er ist gefangen,
Mit ihm Lord Scales und Lord Hungerford;
Der Rest auch meist erschlagen und gefangen.

Bedford.

Ich zahle seine Lösung, niemand sonst.
Ich will vom Thron den Dauphin häuptlings reißen,
Mit seiner Krone lös' ich meinen Freund:
Für Einen Lord tausch' ich von ihren vier.
Lebt wohl ihr Herrn! ich will an mein Geschäft.
Lustfeuer muß ich gleich in Frankreich machen,
Zu feiern unser groß Sankt Georgen-Fest.
Zehntausend nehm' ich mit mir der Soldaten,
Europa zittre ihren blut'gen Thaten.

Dritter Bote.

Thut das, denn man belagert Orleans.
Das Heer der Englischen ward matt und schwach;
Der Graf von Salisbury begehrt Verstärkung,
Und hält sein Volk von Meuterei kaum ab,
Das solche Ueberzahl bewachen muß.

Exeter.

Lords, denkt der Eide, die ihr Heinrich schwurt:
Entweder ganz den Dauphin zu vernichten,
Oder ihn unter euer Joch zu beugen.

Bedford.

Wohl denk' ich ihrer, und hier nehm' ich Abschied,
Um gleich an meine Zurüstung zu gehn. (Ab.)

Gloster.

Ich will zum Tower in möglichst großer Eil,
Geschütz und Kriegszeug zu beschaun, und dann
Ruf' ich den jungen Heinrich aus zum König. (Ab.)

Exeter.

Nach Eltham, wo der junge König ist,
Will ich, zur nächsten Aufsicht angestellt,
Und bestens seine Sicherheit berathen. (Ab.)

Winchester.

Ein Jeder hat sein Amt und seinen Platz,
Mich ließ man aus, für mich ist nichts geblieben,
Doch lang' will ich Hans außer Dienst nicht sein.
Den König send' ich bald von Eltham weg,
Und sitz' am Steuer des gemeinen Wesens.

(Ab. Ein innerer Vorhang fällt.)

Zweite Scene.

(Frankreich. Vor Orleans.)

(Carl mit seinen Truppen, Alençon, Reignier und Andre.)

Carl.

Mars' wahrer Lauf ist, grade wie im Himmel,
Bis diesen Tag auf Erden nicht bekannt:
Jüngst schien er noch der Englischen Partei,
Nun sind wir Sieger und er lächelt uns.
Was fehlen uns für Städte von Gewicht?
Wir liegen hier zur Lust bei Orleans,
Die Englischen, verhungert, blaß wie Geister,
Belagern matt uns eine Stund' im Monat.

Alençon.

Sie missen ihre Brüh'n und fettes Rindfleisch.
Entweder muß man sie wie Maulthier halten,
Ihr Futter ihnen binden an das Maul,
Sonst sehn sie kläglich, wie ersoffne Mäuse.

Reignier.

Entsetzt die Stadt: was sind wir müßig hier?
Talbot, den wir gefürchtet, ist gefangen;
Bleibt keiner als der tolle Salisbury,
Der wohl die Gall' im Aerger mag verzehren:
Er hat zum Kriege weder Volk noch Geld.

Carl.

Schlagt Lärm! schlagt Lärm! Wir stürzen auf sie ein.
Nun für die Ehre der verlornen Franken!

Dem, der mich tödtet, sei mein Tod verziehn,
Sieht er mich fußbreit weichen oder fliehn. (Alle ab.)

(Getümmel, Angriffe, hierauf ein Rückzug.)

(Carl, Alençon, Reignier und Andre kommen zurück.)

Carl.

Sah man je so was? was für Volk hab' ich?
Die Hunde! Memmen! Ich wär' nie geflohn,
Wenn sie mich nicht vom Feind' umringt verließen.

Reignier.

Salisbury mordet ganz verzweiflungsvoll,
Er ficht wie einer, der des Lebens müde.
Die andern Lords, wie Löwen voller Gier,
Bestürmen uns als ihres Hungers Raub.

Alençon.

Froissard, ein Landesmann von uns, bezeugt,
England trug lauter Olivers und Rolands
Zur Zeit, als Eduard der Dritte herrschte.
Wahrhafter läßt sich dieß behaupten jetzt;
Denn Simsons bloß und Goliathe sendet
Es aus zum Fechten. Einer gegen zehn!
Und Schufte nur von Haut und Bein! Wer traute
Wohl solchen Muth und Kühnheit ihnen zu?

Carl.

Verlassen wir die Stadt; Tollköpfe sind's,
Und Hunger treibt sie nur zu größerm Eifer.
Von Alters kenn' ich sie; sie werden eher
Die Mauern mit den Zähnen niederreißen,
Als daß sie die Belagrung gäben auf.

Reignier.

Ein seltsam Räderwerk treibt ihre Waffen,
Glaub' ich, wie Uhren, daß sie immer schlagen;
Sie hielten sonst nicht aus, so wie sie thun.
Nach meiner Meinung lassen wir sie gehn.

Alençon.

So sei es.

(Der Bastard von Orleans tritt auf.)

Bastard.

Wo ist Prinz Dauphin? Neues bring' ich ihm.

Carl.

Bastard von Orleans, dreimal willkommen!

Bastard.

Mich dünkt, eu'r Blick ist trüb, und bang die Miene;
Hat euer letzter Unfall daran Schuld?
Verzaget nicht, denn Beistand ist zur Hand:
Ich bringe eine heil'ge Jungfrau her,
Durch ein Gesicht, vom Himmel ihr gesandt,
Ersehen, die Belagrung aufzuheben,
Und aus dem Land die Englischen zu jagen.
Sie hat der tiefen Prophezeiung Geist,
Roms alten neun Sibyllen überlegen;
Was war, was kommen wird, kann sie erspähn.
Sagt, ruf' ich sie herbei? Glaubt meinen Worten,
Denn sie sind ganz untrüglich und gewiß.

Carl.

Geht, ruft sie vor. (Bastard ab.)
Doch ihre Kunst zu prüfen,
Reignier, nimm du als Dauphin meinen Platz,
Befrag sie stolz, laß streng die Blicke sein;
So spähn wir aus, was sie für Kunst besitzt.
(Er tritt zurück.)

(Die Pucelle, der Bastard und Andre kommen.)

Reignier.

Bist du's, die Wunder thun will, schönes Mädchen?

Pucelle.

Reignier, bist du's, der mich zu täuschen denkt?
Wo ist der Dauphin? — Komm hervor von hinten;
Ich kenne dich, wiewohl ich nie dich sah.
Erstaune nicht, vor mir ist nichts verborgen;
Ich will allein dich sprechen im Vertraun.
Bei Seit' ihr Herrn! laßt uns auf eine Weil'!

Reignier.

Sie nimmt sich brav genug im ersten Sturm.

Pucelle.

Dauphin, ich bin die Tochter eines Schäfers,
Mein Witz in keiner Art von Kunst geübt.
Doch Gott gefiel's und unsrer lieben Frau,

Auf meinen niedern Stand ihr Licht zu strahlen.
Sieh, da ich meine zarten Lämmer hüte,
Und biete dürrem Sonnenbrand die Wangen,
Geruht mir Gottes Mutter zu erscheinen,
Und heißt durch ein Gesicht voll Majestät
Mich meinen knechtischen Beruf verlassen,
Mein Vaterland vom Drangsal zu befrein.
Sie sagte Beistand und Erfolg mir zu,
In voller Glorie that sie mir sich kund,
Und, da ich schwarz war, und versengt zuvor,
Goß sie auf mich mit jenen klaren Strahlen
Der Schönheit Segen, die ihr an mir seht.
Frag' mich um was du nur ersinnen kannst,
Unvorbereitet will ich Antwort geben;
Prüf' meinen Muth im Kampfe, wenn du wagst,
Und über mein Geschlecht wirst du mich finden.
Deß sei getrost: dein Glück wird mächtig sprossen,
Nimmst du mich an zu deinem Kampfgenossen.

Carl.

Ich bin erstaunt ob deinen hohen Reden.
Nur so will ich erproben deinen Muth:
Du sollst mit mir im einzlen Kampf dich messen,
Und wenn du siegst, sind deine Worte wahr;
Wo nicht, so sag' ich allem Zutraun ab.

Pucelle.

Ich bin bereit: hier ist mein schneidend Schwert,
Fünf Lilien zieren es an jeder Seite,
Das zu Touraine im Sankt Cathrinen-Kirchhof,
Ich mir aus vielem alten Eisen auserſah.

Carl.

In Gottes Namen komm, mich schreckt kein Weib.

Pucelle.

Und lebenslang flieh ich vor keinem Mann.

(Sie fechten.)

Carl.

Halt ein die Hand! du bist 'ne Amazone,
Und mit dem Schwert Deborah's fechtest du.

Pucelle.

Christs Mutter hilft mir, sonst wär' ich zu schwach.

Carl.

Wer dir auch hilft, du, du mußt mir nun helfen.
Ich brenne vor Verlangen ungestüm,
Du hast mir Herz und Hand zugleich besiegt.
Hohe Pucelle, wenn du so dich nennst,
Laß deinen Knecht, nicht deinen Herrn mich sein!
Der Dauphin Frankreichs bittet dich hierum.

Pucelle.

Ich darf der Liebe Bräuche nicht erproben,
Weil mein Beruf geheiligt ist von droben.
Wenn ich erst alle Feinde dir verjagt,
Dann werde der Belohnung auch gedacht.

Carl.

Indeß sieh gnädig deinen Sclaven an.

Reignier.

Mich dünkt, der Prinz ist lange im Gespräch.

Alençon.

Er hört gewiß dem Weiberrock die Beichte,
Sonst dehnt' er so die Unterredung nicht.

Reignier.

Er kennt kein Maaß. Sagt, sollen wir ihn stören?

Alençon.

Wohl mehr ermißt er, als wir Armen wissen;
Der Weiber Zungen können schlau verführen.

Reignier.

Mein Prinz, wo seid ihr? was erwägt ihr da?
Wird Orleans verlassen oder nicht?

Pucelle.

Ich sage, nein, kleingläub'ge Memmen ihr!
Kämpft bis zum letzten Hauch, ich will euch schirmen.

Carl.

Wie sie sagt, stimm' ich bei: wir fechten's aus!

Pucelle.

Ich bin zu Englands Geißel auserseh'n.
Heut Nacht will ich gewiß die Stadt entsetzen;
Erwartet Martins-Sommer, Halcyon-Tage,

Nun ich in diese Kriege mich begeben.
Ein Zirkel nur im Wasser ist der Ruhm,
Der niemals aufhört, selbst sich zu erweitern,
Bis die Verbreitung ihn in Nichts zerstreut.
Mit Heinrich's Tode endet Englands Zirkel,
Zerstreuet ist der Ruhm, den er umschloß.
Nun bin ich gleich dem stolzen Siegesschiff,
Das Cäsarn trug zugleich mit seinem Glück.

Carl.

Ward Mahomet beseelt von einer Taube,
So hast du eines Adlers Eingebung.
Nicht Helena, die Mutter Constantin's,
Noch auch Sankt Philipp's Töchter glichen dir.
Lichtstern der Venus, der zur Erde fiel,
Wie bet' ich ehrerbietig dich genugsam an?

Alençon.

Laßt alles Zögern und entsetzt die Stadt.

Reignier.

Weib, thu' das Dein' in Rettung unsrer Ehre;
Treib' sie von Orleans, du sollst unsterblich sein.

Carl.

Sogleich versuchen wir's. Kommt, gehn wir dran!
Zeigt sie sich falsch, so trau' ich nie Propheten.

(Alle ab.)

Dritte Scene.

London, vor dem Tower.

(Der Herzog von Gloster mit seinen Bedienten in blauen Röcken tritt auf.)

Gloster.

Heut komm' ich zur Besichtigung des Towers;
Seit Heinrich's Tode, fürcht' ich, wird veruntreut.
Wo sind die Wächter, daß sie hier nicht stehn?
Oeffnet die Thore: Gloster ist's, der ruft.

(Bedienten klopfen an.)

Erster Wächter (drinnen).
Wer ist denn da, der so gebietrisch ruft?
Bedienter.
Es ist der edle Herzog Gloster.
Zweiter Wächter (drinnen).
Wer es auch sei, wir lassen euch nicht ein.
Bedienter.
Schelm', ihr antwortet so dem Herrn Protector?
Erster Wächter.
Der Herr beschütz' ihn: Wir antworten so;
Wir thun nicht anders, als man uns geheißen.
Gloster.
Wer hieß euch? Weß Geheiß gilt hier, als meins?
Niemand ist Reichs-Protector, als nur ich. —
Brecht auf das Thor, ich will Gewähr euch leisten.
Werd' ich von koth'gen Buben so genärrt?
(Die Bedienten stürmen die Thore. Innerhalb nähert sich den Thoren der Commandant Woodville.)
Woodville (drinnen).
Was für ein Lärm? Was giebt's hier für Verräther?
Gloster.
Seid ihr es, Commandant, deß Stimm' ich höre?
Oeffnet die Thore: Gloster will herein.
Woodville (drinnen).
Geduld! ich darf nicht öffnen, edler Herzog,
Der Cardinal von Winchester verbot's.
Von ihm hab' ich ausdrücklichen Befehl,
Dich und der Deinen keinen einzulassen.
Gloster.
Schwachherz'ger Woodville, achtest ihn vor mir?
Den stolzen Winchester, den trotzigen Prälaten,
Bei weiland König Heinrich nie gelitten?
Du bist noch Gottes, noch des Königs Freund;
Oeffne das Thor, sonst schließ' ich dich bald aus.
Bedienter.
Oeffnet die Thore vor dem Lord Protector,
Oder wir sprengen sie, wenn ihr nicht schleunig kommt.
(Winchester tritt auf mit einem Gefolge von Bedienten in braunen Röcken.)

Winchester.

Wie nun, ehrsücht'ger Humphrey? sag', was soll's?

Gloster.

Glatzköpf'ger Priester, heiß'st du aus mich schließen?

Winchester.

Ja, du verrätherischer Usurpator,
Protector nicht des Königs oder Reichs!

Gloster.

Zurück, du offenbarer Staatsverschworner,
Der unsern todten Herrn zu morden sann;
Der Huren Indulgenzen giebt zur Sünde;
Ich will in deinem breiten Cardinalshut
Dich sichten, wo du fortfährst in dem Trotz.

Winchester.

Tritt du zurück, ich weich' und wanke nicht.
Sei dieß Damascus, du, verflucht wie Kaïn,
Erschlag den Bruder Abel, wenn du willst.

Gloster.

Ich will dich nicht erschlagen, nur vertreiben;
Mir dient als Kindertuch dein Purpurmantel,
Dich wegzuschaffen aus der Freistatt Schutz!

Winchester.

Thu', was du darfst: ich biete keck dir Trutz.

Gloster.

Was? bietest du in's Angesicht mir Trutz?
Zieht, Leute! achtet nicht der Freistatt Schutz!
Blaurock auf Braunrock! — Hüte, Pfaff, den Bart,

(Gloster und seine Leute greifen den Bischof an.)

Ich will ihn zausen und dich tüchtig packen;
Mit Füßen tret' ich deinen Cardinals-Hut,
Dem Papst zum Trotze und der Kirche Würden,
Schleif' ich am Halse hier dich auf und ab.

Winchester.

Gloster, dafür giebt dir der Papst dein Theil.

Gloster.

Winchester Gans! ich ruf': ein Seil! ein Seil!
So schlagt sie fort! was laßt ihr hier sie bleiben?

Dich will ich fort, du Wolf im Schaafskleid, treiben.
Braunröcke, fort! fort, purpurfarbner Heuchler!

(Es entsteht ein großer Tumult; während desselben tritt der Schultheiß von London mit seinen Beamten auf.)

Schultheiß.

Pfui, Lords! Daß ihr als höchste Obrigkeiten
So schmählich doch den Frieden brechen könnt!

Gloster.

Still, Schultheiß! meine Kränkung weist du nicht:
Hier Beaufort, der noch Gott noch König achtet,
Der nimmt für sich den Tower in Besitz.

Winchester.

Und Gloster da, der Feind der Bürgerschaft,
Der immer dringt auf Krieg und nie auf Frieden,
Mit Steuern eure freien Beutel lastend;
Der die Religion zu stürzen sucht,
Weil er Protector dieses Reiches ist;
Und Waffen haben hier will aus dem Tower,
Den Prinzen zu verdrängen sich zu krönen.

Gloster.

Nicht Worte, Streiche geb' ich dir zur Antwort.

(Sie werden wieder handgemein.)

Schultheiß.

Nichts bleibt mir in dem stürmischen Gezänk,
Als öffentlichen Ausruf thun zu lassen.
Gerichtsbeamter, komm! So laut du kannst.

Gerichtsbeamter.

„Alle und jede, so gegenwärtig hier wider Gottes und des Königs Frieden in Waffen versammelt sind, werden in seiner Hoheit Namen ermahnt und befehligt, sich männiglich nach ihrer Behausung zu verfügen, und forthin keinen Degen, Gewehr oder Dolch zu tragen, zu handhaben und zu führen; Alles bei Todesstrafe."

Gloster.

Ich breche das Gesetz nicht, Cardinal,
Doch treff' ich dich, und will den Trotz dir brechen.

Winchester.

Gloster, wir treffen uns; auf deine Kosten;
Dein Herzblut will ich für dieß Tagewerk.

Schultheiß.

Wenn ihr nicht fort wollt, ruf' ich noch nach Stangen.
Der Cardinal ist stolzer als der Teufel.

Gloster.

Schultheiß, leb wohl; du thust nur nach Befugniß.

Winchester.

Verhaßter Gloster! hüte deinen Kopf,
Denn ich gedenk' in kurzem ihn zu haben. (Sie gehen ab.)

Schultheiß.

Den Platz gesäubert erst! dann ziehn wir ab.
O Gott! daß Edle so ergrimmt verfahren!
Nicht einmal ficht' ich selbst in vierzig Jahren. (Ab.)

Vierte Scene.

Frankreich. Vor Orleans.

(Der Büchsenmeister und sein Sohn treten auf den Mauern auf.)

Büchsenmeister.

Du weißt, Bursch, wie man Orleans belagert,
Und wie die Englischen die Vorstadt haben.

Sohn.

Ich weiß es, Vater, und schoß oft nach ihnen,
Unglücklich nur verfehlt' ich stets mein Ziel.

Büchsenmeister.

Nun sollst du's nicht; laß du von mir dich lenken:
Hauptbüchsenmeister bin ich dieser Stadt!
Ich muß was thun, um Gunst mir zu erwerben.
Kundschafter von dem Prinzen melden mir,
Wie, in der Vorstadt fest verschanzt, der Feind
Durch ein geheimes Eisengitter pflegt
Auf jenem Thurm die Stadt zu überschaun,
Und dort erspäht, wie mit dem meisten Vortheil
Sie uns mit Sturm und Schießen drängen können.
Um abzustellen nun dieß Ungemach,
Hab' ich ein Stück Geschütz darauf gerichtet,
Und seit drei Tagen hab' ich aufgepaßt,
Ob ich sie könnte sehn.

Nun paß du auf, ich kann nicht länger bleiben;
Erspähst du wen, so lauf' und meld' es mir.
Du wirst mich bei dem Festungshauptmann finden. (Ab.)

Sohn.

Vater, ich steh' dafür, habt keine Sorge;
Ich will euch nicht bemühn, späh' ich sie aus.

(Auf dem obern Stock eines Thurmes erscheinen Salisbury und Talbot, Sir William Glansdale, Sir Thomas Gargrave und Andre.)

Salisbury.

Talbot, mein Heil, mein Leben wieder da?
Wie hat man dich behandelt als Gefangnen?
Und wie erlangtest du die Auslösung?
Laß uns auf dieses Thurmes Zinne reden.

Talbot.

Der Herzog Bedford hatte wen gefangen,
Der hieß der tapfre Ponton von Santrailles:
Für den bin ich getauscht und ausgelöst.
Doch wollten sie mich einst zum Hohn verhandeln
Um einen Mann, weit schlechter in den Waffen;
Ich, stolz, verschmähte das und heischte Tod,
Eh' ich so spottgering mich schätzen ließ;
Zuletzt ward ich gelöst, wie ich begehrte.
Doch o! der falsche Fastolfe kränkt mein Herz.
Mit bloßen Fäusten könnt' ich ihn ermorden,
Wenn ich in meine Macht ihn jetzt bekäm'.

Salisbury.

Noch sagst du nicht, wie du gehalten wurdest.

Talbot.

Mit Spott und Schimpf und schmählichem Verhöhnen.
Auf offnen Märkten führten sie mich vor,
Zum allgemeinen Schauspiel für die Menge.
Dieß sagten sie, ist der Franzosen Schrecken,
Die Vogelscheu, wovor den Kindern graut.
Dann riß ich mich von meinen Wächtern los,
Grub mit den Nägeln Steine aus dem Boden,
Auf meiner Schmach Zuschauer sie zu werfen.
Mein gräßlich Aussehn machte Andre fliehn,

Des schleun'gen Todes Furcht ließ Keinen nahn.
In Eisenmauern hielt man mich nicht sicher;
So sehr war meines Namens Furcht verbreitet,
Daß sie geglaubt, ich bräche Stangen Stahl,
Und sprengt' in Stücke diamantne Pfosten.
Drum hatt' ich eine Wacht erles'ner Schützen,
Die jegliche Minute mich umging,
Und wenn ich nur aus meinem Bett mich rührte,
War sie bereit, mir in das Herz zu schießen.

Salisbury.

Mit Schmerz hör' ich, was du erlitten hast,
Doch uns genugsam rächen wollen wir.
Jetzt ist in Orleans Nachtessens Zeit:
Hier, durch dieß Gitter zähl' ich jeden Mann,
Und seh' wie die Franzosen sich verschanzen.
Sieh mit herein, es wird dich sehr ergötzen.
Sir Thomas Gargrave und Sir William Glansdale,
Laßt eure Meinung mich ausdrücklich hören,
Wo nun am besten zu beschießen wär'?

Gargrave.

Ich denk' am Norderthor, da steht der Adel.

Glansdale

Und ich hier an dem Bollwerk bei der Brücke.

Talbot.

So viel ich sehn kann, muß man diese Stadt
Aushungern und mit leichten Treffen schwächen.

(Ein Schuß von der Stadt. Salisbury und Gargrave fallen.)

Salisbury.

O Herr! sei gnädig uns elenden Sündern!

Gargrave.

O Herr! sei gnädig mir bedrängtem Mann!

Talbot.

Was kreuzt uns für ein Zufall plötzlich hier?
Sprich, Salisbury, wofern du reden kannst:
Wie geht's dir, Spiegel aller wackern Krieger?
Ein Aug' und halb die Wange weggeschmettert!
Verfluchter Thurm! verfluchte Unglücks-Hand,

Die dieses leid'ge Trauerspiel vollführt!
In dreizehn Schlachten siegte Salisbury,
Heinrich den Fünften zog er auf zum Krieg;
So lang Trompete blies und Trommel schlug,
Ließ nie sein Schwert im Feld zu schlagen ab. —
Du lebst noch, Salisbury? Fehlt dir schon die Rede,
Du hast Ein Aug', um Gnad' emporzublicken;
Die Sonne schaut mit Einem Aug' die Welt. —
Himmel, sei Keinem gnädig, der da lebt,
Wenn Salisbury bei dir Erbarmen mißt! —
Tragt fort die Leiche, ich will helfen sie begraben. —
Sir Thomas Gargrave, hast du irgend Leben?
Sprich mit dem Talbot, schau doch auf zu ihm.
Erfrisch dich, Salisbury, mit diesem Trost;
Du stirbst mir nicht, derweil —
Er winkt mit seiner Hand und lächelt mir,
Als sagt' er: „Wenn ich todt bin und dahin,
Gedenke mich zu rächen an den Franken."
Plantagenet, ich will's; und gleich dir, Nero,
Die Laute spielend, Städte brennen sehn.
Mein Name schon bedeute Frankreichs Fall.

(Man hört es donnern, hierauf ein Getümmel.)

Was rührt sich? Was für ein Tumult im Himmel?
Woher kommt dieß Getümmel und der Lärm?

(Ein Bote tritt auf.)

Bote.

Herr, Herr, die Franken bieten uns die Stirn.
Vereint mit einer Jeanne la Pucelle,
'ner neu erstandnen heiligen Prophetin,
Führt große Macht der Dauphin zum Entsatz.

(Salisbury ächzt.)

Talbot.

Hört, hört, wie Salisbury noch sterbend ächzt!
Es nagt sein Herz, daß Rach' ihm ist versagt. —
Ich werd' ein Salisbury für euch, Franzosen! —
Pucelle oder Buhle, Delphin oder Meerhund,
Die Herzen stampf' ich mit des Pferdes Hufen

Euch aus, und eur vermischtes Hirn zu Koth. —
Schafft mir den Salisbury in sein Gezelt,
Dann sehn wir, was die feigen Franken wagen.
(Sie gehen ab und tragen die Leichen mit fort.)

Fünfte Scene.

Vor einem der Thore.

(Getümmel. Scharmützel. Talbot verfolgt den Dauphin und treibt ihn zurück; dann kommt die Pucelle, Engländer vor sich herjagend. Hierauf kommt Talbot)

Talbot.

Wo ist mein Muth und meine Stärk' und Kraft?
Die Schaaren weichen, ich kann nicht sie halten;
Sie jagt ein Weib, mit Rüstung angethan.
(Die Pucelle kommt zurück.)
Hier kommt sie, hier: — Ich messe mich mit dir,
Beschwör' dich Teufel oder Teufelsmutter!
Ich lasse Blut dir, du bist eine Hexe,
Und stracks gieb deine Seel' dem, so du dienst.

Pucelle.

Komm, komm! Ich bin's, die dich erniedern muß.
(Sie fechten.)

Talbot.

Ihr Himmel, laßt ihr so die Hölle siegen?
Eh' soll gespannter Muth die Brust mir sprengen,
Die Arme sollen von den Schultern reißen,
Als daß ich nicht die freche Metze strafte.

Pucelle.

Talbot, leb wohl! dein Stündlein kam noch nicht:
Ich muß mit Nahrung Orleans versehn;
Hol mich nur ein, ich spotte deiner Stärke.
Geh, geh, ermuntre dein verschmachtet Volk;
Hilf Salisbury, sein Testament zu machen:
Der Tag ist unser, wie noch mancher mehr.
(Die Pucelle zieht mit ihren Soldaten in die Stadt.)

Talbot.

Mein Kopf geht um wie eines Töpfers Rad,
Ich weiß nicht, wo ich bin, noch was ich thue.
Durch Furcht, nicht durch Gewalt, wie Hannibal,
Treibt eine Hexe unser Heer zurück,
Und siegt, wie's ihr beliebt. So treibt man wohl
Mit Dampf die Bienen, Tauben mit Gestank,
Von ihren Stöcken und vom Schlage weg.
Man hieß der Wildheit halb uns Engelische Hunde,
Nun laufen wir wie Hündlein schreiend fort.

(Ein kurzes Getümmel)

Landsleute hört! erneuert das Gefecht,
Sonst reißt die Löwen weg aus Englands Wappen,
Sagt eurem Land ab, setzt für Löwen Schaafe:
Nicht halb so bang fliehn Schaafe vor dem Wolf,
Noch Pferd und Ochsen vor dem Leoparden,
Als ihr vor euren oft bezwungnen Knechten. —

(Getümmel. Ein neues Scharmützel.)

Es soll nicht sein: — Zurück zieht in die Schanzen;
Ihr stimmtet Alle ein in Salisbury's Tod,
Weil Keiner einen Streich that, ihn zu rächen. —
In Orleans ist die Pucelle hinein,
Trotz uns und Allem was wir konnten thun.
O möcht' ich sterben doch mit Salisbury!
Ich muß mein Haupt vor Scham hierüber bergen.

(Getümmel. Rückzug. Talbot mit seinen Truppen ab.)

Sechste Scene.

Ebendaselbst.

(Auf den Mauern erscheinen die Pucelle, Carl, Reignier, Alençon, und Soldaten.)

Pucelle.

Pflanzt unsre weh'nden Fahnen auf die Mauern;
Den Englischen ist Orleans entrissen,
So hielt euch Jeanne la Pucelle Wort.

Carl.

Du göttlichstes Geschöpf! Asträa's Tochter!
Wie soll ich ehren dich für den Erfolg?
Adonis' Gärten gleichet dein Verheißen,
Die heute blühn und morgen Früchte tragen.
Siegprang' in deiner herrlichen Prophetin,
O Frankreich! Orleans ist wieder dein:
Nie widerfuhr dem Lande größres Heil.

Reignier.

Warum durchtönt nicht Glockenklang die Stadt?
Dauphin, laß Freudenfeu'r die Bürger machen,
Und jubeln, schmausen in den offnen Straßen,
Das Glück zu feiern, daß uns Gott verliehn.

Alençon.

Ganz Frankreich wird erfüllt mit Freud' und Lust,
Wenn sie erfahren, wie wir uns gehalten.

Carl.

Nicht wir, 's ist Jeanne, die den Tag gewann,
Wofür ich mit ihr theilen will die Krone,
Und alle Mönch' und Priester meines Reichs
In Procession ihr stets lobsingen sollen.
Ich bau' ihr eine stolz're Pyramide
Als die zu Memphis oder Rhodope's;
Und wenn sie todt ist, soll, ihr zum Gedächtniß,
Die Asch' in einer köstlicheren Urne
Als das Kleinoden-Kästchen des Darius,
Bei hohen Festen umgetragen werden,
Vor Frankreichs Königen und Königinnen.
Nicht länger rufen wir Sankt Dionys,
Patronin ist nun Jeanne la Pucelle.
Kommt, halten wir ein königlich Gelag
Auf diesen siegesreichen goldnen Tag!

(Trompetenstoß. Alle ab.)

Zweiter Aufzug.

Erste Scene.

Ebendaselbst.

(Ein Französischer Sergeant und zwei Schildwachen kommen durch das Thor.)

Sergeant.

Nehmt eure Plätze, und seid wachsam, Leute;
Bemerkt ihr Lärm, und daß Soldaten nah
Den Mauern sind, an irgend einem Zeichen,
So gebt im Wachthaus Nachricht uns davon.

Erste Schildwache.

Schon gut, Sergeant! (Sergeant ab.)
So müssen arme Diener,
Wenn Andre schlafen auf bequemem Bett,
In Finsterniß, in Kält' und Regen wachen.

(Talbot, Bedford, Burgund und ihre Truppen mit Sturmleitern, unter gedämpftem Trommelwirbel.)

Talbot.

Mein Herr Regent und mächtiger Burgund,
Durch deren Ankunft das Gebiet von Artois,
Wellon und Picardie uns sind befreundet:
In dieser Glücksnacht sind die Franken sorglos,
Da sie den ganzen Tag geschmaust, gezecht.
Ergreifen wir denn die Gelegenheit,
Sie schickt sich zur Vergeltung ihres Trugs,
Der Kunst ersann und arge Zauberei.

Bedford.

Memme von Frankreich! Wie er sich entehrt,
An seines Armes Tapferkeit verzweifelnd,
Mit Hexen und der Höll' in Bund zu treten.

Burgund.

Verräther sind in der Gesellschaft stets.
Doch die Pucelle, für so rein gepriesen,
Wer ist sie?

Talbot.

Ein Mädchen, sagt man.

Bedford.

Ein Mädchen, und so kriegerisch!

Burgund.

Geb' Gott, daß sie nicht männlich bald erscheint,
Wenn unter dem Panier der Franken sie
Die Rüstung führt, wie sie begonnen hat.

Talbot.

Wohl, laßt sie klügeln und mit Geistern handeln.
Gott unsre Burg! In seinem Siegernamen
Laßt uns ihr Felsen-Bollwerk kühn erklimmen.

Bedford.

Stürm', braver Talbot, und wir folgen dir.

Talbot.

Nicht alle hier mit Eins; weit besser dünkt mir's,
Hineinzudringen auf verschiednen Wegen,
Daß, wenn es Einem unter uns mißlingt,
Der andre wider ihre Macht kann stehn.

Bedford.

So sei's; ich will zu jener Ecke hin.

Burgund.

Und ich zu dieser.

Talbot.

Und hier stürmt Talbot, oder schafft sein Grab.
Nun, Salisbury, für dich und für das Recht
Heinrichs von England soll die Nacht sich zeigen,
Wie meine Pflicht euch beiden ist geweiht.

(Die Englischen ersteigen die Mauern mit Sturmleitern, indem sie: Sankt Georg! und: Talbot hoch! rufen, und dringen alle in die Stadt.)

Schildwache (drinnen).

Auf, zu den Waffen, auf! die Feinde stürmen!

(Die Franzosen springen im Hemde über die Mauern. Hierauf kommen von verschiedenen Seiten der Bastard, Alençon, Reignier, halb angekleidet, halb nicht.)

Alençon.

Wie nun, ihr Herrn? was? so unangekleidet?

Bastard.

Unangekleidet? Ja und froh dazu,
Daß wir so gut davongekommen sind.

Reignier.

Traun, es war Zeit sich aus dem Bett zu machen,
Der Lärm war schon an unsrer Kammerthür.

Alençon.

Seit ich die Waffen übte, hört' ich nie
Von einem kriegerischen Unternehmen,
Das tollkühn und verzweifelt war wie dieß.

Bastard.

Der Talbot, denk' ich, ist ein Geist der Hölle.

Reignier.

Wo nicht die Höll', ist ihm der Himmel günstig.

Alençon.

Carl kommt; ich bin begierig, wie's ihm ging.

(Carl und Pucelle treten auf.)

Bastard.

Pah! war Sankt Jeanne doch sein Schirm und Schutz

Carl.

Ist dieses deine List, du falsche Schöne?
Du ließest uns zuerst, um uns zu schmeicheln,
Theilnehmer sein an wenigem Gewinn,
Daß der Verlust nun zehn Mal größer wär'?

Pucelle.

Warum schilt Carl die Freundin ungeduldig?
Muß allzeit meine Macht die gleiche sein?
Schlafend und wachend muß ich stets gewinnen,
Wenn ihr nicht schmähn und Schuld mir geben sollt?

Bei guter Wache, unvorsicht'ge Krieger,
Wär' dieser schnelle Unfall nie begegnet.

Carl.

Herzog von Alençon, eu'r Fehler war's,
Daß als der Wache Hauptmann diese Nacht
Ihr besser nicht den wicht'gen Dienst versehn.

Alençon.

War jegliches Quartier so wohl bewahrt
Als das, worin ich den Befehl gehabt,
Wir wären nicht so schmählich überfallen.

Bastard.

Meins war in Sicherheit.

Reignier.

Auch meines, Herr.

Carl.

Was mich betrifft, den größten Theil der Nacht
Hab' ich zum Auf- und Abgehn angewandt,
In ihrem Viertel und durch mein Revier,
Um immerfort die Wachen abzulösen.
Wie oder wo sind sie denn eingebrochen?

Pucelle.

Fragt, Herr, nicht weiter über diesen Fall,
Wie oder wo; genug, sie fanden Stellen
Nur schwach besetzt, wo sie den Einbruch thaten.
Und übrig bleibt uns nun kein andrer Rath,
Als die umher versprengten Leute sammeln,
Und neue Schanzen bau'n zu ihrem Schaden.

(Getümmel. Ein Englischer Soldat kommt und ruft: Talbot hoch! Talbot hoch! Sie fliehen, indem sie ihre Kleider zurücklassen.)

Soldat.

Ich will nur dreist, was sie verlassen, nehmen.
Der Ausruf Talbot dient mir statt des Degens;
Denn ich belud mit vieler Beute mich,
Und braucht als Waffe seinen Namen bloß.

(Ab.)

Zweite Scene.

Orleans. Innerhalb der Stadt.

(Talbot, Bedford, Burgund, ein Hauptmann und Andre.)

Bedford.

Der Tag bricht an, und es entflieht die Nacht,
Die um die Erde warf den Rabenmantel.
Blast nun zum Rückzug, hemmt die heiße Jagd.

(Man bläst zum Rückzug.)

Talbot.

Die Leiche bringt vom alten Salisbury,
Und hebt sie hoch empor auf diesem Markt,
Dem Mittelpunkte der verfluchten Stadt. —
Nun zahlt' ich mein Gelübde seiner Seele:
Fünf Franken starben mind'stens diese Nacht
Für jeden ihm entwandten Tropfen Bluts.
Und daß die künft'gen Zeiten mögen sehn,
Was für Verheerung ihm zur Rach' erfolgte,
Bau' ich in ihrer Hauptkirch' eine Gruft,
Worin sein Körper soll bestattet werden;
Darauf soll, daß es Jeder lesen kann,
Die Plündrung Orleans gegraben sein,
Die falsche Weise seines traur'gen Todes,
Und welch ein Schrecken er für Frankreich war.
Doch, Herrn, bei all dem Blutbad, wundert's mich,
Daß wir des Dauphins Hoheit nicht begegnet,
Der tugendsamen Heldin Jeanne d'Arc,
Noch irgend wem der falschen Bundsgenossen.

Bedford.

Man sagt, Lord Talbot, als der Kampf begann,
Sei'n, plötzlich aufgeschreckt vom faulen Bett,
Sie unter Haufen des Soldatenvolks
Die Mau'r hinüber in das Feld entsprungen.

Burgund.

Ich selbst, so viel ich unterscheiden konnte
Im Rauch und Nebeldunst der Nacht, verscheuchte

Den Dauphin sicherlich und seine Trulle,
Als Arm in Arm sie hurtig laufend kamen,
So wie ein Paar verliebter Turteltauben,
Die sich nicht trennen konnten Tag und Nacht.
Wenn erst die Dinge hier in Ordnung sind,
So woll'n wir sie mit aller Macht verfolgen.

(Ein Bote tritt auf.)

Bote.

Heil euch, ihr hohen Lords! Wen nennet ihr
Von dieser fürstlichen Genossenschaft
Den kriegerischen Talbot, dessen Thaten
Im Frankenreich so hoch gepriesen werden?

Talbot.

Ich bin der Talbot: wer will mit ihm reden?

Bote.

Die tugendsame Gräfin von Auvergne,
Bescheidentlich bewundernd deinen Ruhm,
Ersucht dich, großer Lord, du wollst geruhn,
Zur armen Burg, worauf sie wohnt, zu kommen,
Damit sie rühmen mag, sie sah den Mann,
Von dessen Herrlichkeit die Welt erschallt.

Burgund.

Im Ernst? Ei ja, dann seh' ich, unsre Kriege
Verwandeln sich in friedlich Possenspiel,
Wenn Damen bitten, ihnen sich zu stellen.
Ihr dürft die art'ge Bitte nicht verschmähn.

Talbot.

Gewiß nicht; denn, wenn eine Welt von Männern
Mit aller Rednerkunst nichts ausgerichtet,
Hat eines Weibes Güte übermeistert. —
Und darum sagt ihr, daß ich herzlich danke,
Und unterthänig sie besuchen will. —
Gehn Eure Edlen zur Gesellschaft mit?

Bedford.

Nein, wahrlich; das ist mehr als Sitt' erlaubt.
Ich hörte sagen, ungeladne Gäste
Sind nie willkommner meist, als wenn sie gehn.

Talbot.

Nun wohl! allein, weil denn kein andrer Rath,
Versuch' ich dieser Dame Höflichkeit.
Hierher kommt, Hauptmann.
(Er spricht leise mit ihm.)
Ihr versteht die Meinung?

Hauptmann.

Ja, gnäd'ger Herr, und achte mich darnach.
(Alle ab.)

Dritte Scene.

Auvergne. Schloßhof.

(Die Gräfin und ihr Thorwärter treten auf.)

Gräfin.

Thorwärter, merkt euch, was ich aufgetragen,
Und wenn ihr es gethan, bringt mir die Schlüssel.

Thorwärter.

Das will ich, gnäd'ge Frau. (Ab.)

Gräfin.

Der Anschlag ist gemacht; geht Alles gut,
So macht dieß Abenteu'r mich so berühmt,
Als Cyrus' Tod die Scythin Tomyris.
Groß ist der Ruf von diesem furchtbarn Ritter,
Und seine Thaten von nicht minderm Werth.
Gern wär' mein Auge Zeuge mit dem Ohr,
Zum Ausspruch über diese Wunderdinge.
(Der Bote kommt mit Talbot.)

Bote.

Gräfin, wie Eure Gnaden es begehrt,
Auf eure Botschaft kommt Lord Talbot hier.

Gräfin.

Er ist willkommen. Wie? ist dieß der Mann?

Bote.

Ja, gnäd'ge Frau.

Gräfin.

Ist dieß die Geißel Frankreichs?

Der Talbot, so gefürchtet überall,
Daß man die Kinder stillt mit seinem Namen?
Ich seh', der Ruf ist fabelhaft und falsch;
Ich dacht', es würd' ein Herkules erscheinen,
Ein zweiter Hektor, nach dem grimmen Ansehn
Und der gedrungnen Glieder großem Maaß.
Ach, dieß ist ja ein Kind, ein wahrer Zwerg;
Es kann der schwache und verschrumpfte Knirps
Unmöglich so die Feind' in Schrecken jagen.

Talbot.

Ich war so dreist zur Last zu fallen, Gräfin;
Doch da Eur Gnaden nicht bei Muße sind,
So find' ich andre Zeit wohl zum Besuch.

Gräfin.

Was hat er vor? Geh, frag, wohin er geht.

Bote.

Lord Talbot, haltet: meine gnäd'ge Frau
Wünscht eures raschen Abschieds Grund zu wissen.

Talbot.

Ei nun, weil sie in falschem Glauben ist,
Geh ich ihr zu beweisen, Talbot sei's.

(Der Thorwärter kommt zurück mit Schlüsseln.)

Gräfin.

Wenn du es bist, so bist du ein Gefangner.

Talbot.

Gefangner? weß?

Gräfin.

Blutdürst'ger Lord, der meine,
Und aus dem Grund lockt' ich dich in mein Haus.
Dein Schatte war schon längst in meinen Banden;
Dein Bildniß hängt in meiner Gallerie.
Doch nun soll auch dein Wesen Gleiches dulden;
Und diese Arm' und Beine feßl' ich dir,
Der du mit Tyrannei seit so viel Jahren
Das Land verheertest, unsre Bürger schlugst,
Und Söhn' und Gatten zu Gefangnen machtest.

Talbot.

Ha ha ha!

Gräfin.

Du lachst, Elender? Jammern wirst du bald.

Talbot.

Ich lache über Euer Gnaden Einbildung,
Als hättet ihr was mehr als Talbot's Schatten,
Woran ihr eure Strenge üben mögt.

Gräfin.

Wie, bist du es nicht selbst?

Talbot.

Ich bin es wirklich.

Gräfin.

So hab' ich auch sein Wesen.

Talbot.

Nein, nein, ich bin mein eigner Schatte nur.
Ihr täuschet euch, mein Wesen ist nicht hier;
Denn was ihr seht, ist der geringste Theil
Von meiner Menschheit, und das kleinste Maaß.
Ich sag' euch, wär' mein ganz Gebilde hier,
Es ist von so gewalt'gem hohem Wuchs,
Eur Dach genügte nicht, es zu umfassen.

Gräfin.

Das ist ein Räthselkrämer, wie sich's ziemt:
Hier will er sein, und ist dann doch nicht hier;
Wie können diese Widersprüche passen?

Talbot.

Sogleich will ich's euch zeigen.

(Er stößt in ein Hifthorn. Man hört Trommeln, hierauf eine Salve von grobem Geschütz. Die Thore werden gesprengt und Soldaten kommen.)

Was sagt ihr, Gräfin, seid ihr überzeugt,
Daß Talbot nur sein eigner Schatten ist?
Die sind sein Wesen, Sehnen, Arm' und Stärke,
Womit er eur' empörte Nacken beugt,
Die Städte schleift und eure Vesten stürzt,
Und wüst in einem Augenblick sie macht.

Gräfin.

Verzeih, siegreicher Talbot, mein Vergehn!
Ich seh', du bist nicht kleiner als dein Ruf,
Und mehr als die Gestalt errathen läßt.

Laß meine Kühnheit deinen Zorn nicht reizen,
Es ist mir leid, daß ich mit Ehrerbietung
Dich nicht so aufgenommen, wie du bist.

Talbot.

Nicht bange, schöne Frau! Mißdeutet nicht
Den Sinn des Talbot, wie ihr euch geirrt
In seines Körpers äußerlichem Bau.
Was ihr gethan, das hat mich nicht beleidigt,
Auch fordr' ich zur Genugthuung nichts weiter,
Als daß, mit eurer Gunst, wir kosten dürfen
Von eurem Wein, und sehn, wie man hier kocht;
Denn immer rüstig sind Soldatenmagen.

Gräfin.

Von ganzem Herzen; und es ehrt mich sehr,
Bei mir solch großen Krieger zu bewirthen.

(Alle ab.)

Vierte Scene.

London. Der Garten des Tempels.

(Die Grafen von Somerset, Suffolk und Warwick; Richard Plantagenet, Vernon und ein Rechtsgelehrter treten auf.)

Plantagenet.

Ihr großen Lords und Herrn, was soll dieß Schweigen?
Will niemand reden in der Wahrheit Sache?

Suffolk.

Wir waren allzu laut im Tempel-Saal,
Der Garten hier ist schicklicher dazu.

Plantagenet.

So sagt mit eins, ob Wahrheit ich behauptet,
Ob nicht der Zänker Somerset geirrt?

Suffolk.

Traun, ich war Müßiggänger in den Rechten:
Ich konnte nie darnach den Willen fügen,
Und füge drum das Recht nach meinem Willen.

Somerset.

So richtet ihr, Lord Warwick, zwischen uns.

Warwick

Von zweien Falken, welcher höher steigt,
Von zweien Hunden, welcher tiefer bellt,
Von zweien Klingen, welche bessrer Stahl,
Von zweien Pferden, wessen Haltung besser,
Von zweien Mädchen, welche muntrer äugelt,
Hab' ich wohl einen flachen Sinn des Urtheils:
Doch von des Rechts Praktik und spitzen Kniffen
Hat wahrlich eine Dohle mehr begriffen.

Plantagenet.

Pah, welche höfliche Zurückhaltung!
Die Wahrheit steht so nackt auf meiner Seite,
Daß selbst das blödste Aug' sie finden kann.

Somerset.

Auf meiner Seit' ist sie so wohl gekleidet,
So klar, so strahlend und so offenbar,
Daß sie durch eines Blinden Auge schimmert.

Plantagenet.

Weil Redescheu die Zungen denn euch bindet,
Erklärt in stummen Zeichen die Gedanken.
Es pflücke, wer ein ächter Edelmann,
Und auf der Ehre seines Bluts besteht,
Wenn er vermeint, ich bringe Wahrheit vor,
Mit mir von diesem Strauch 'ne weiße Rose.

Somerset.

So pflücke wer kein Feiger ist noch Schmeichler,
Und die Partei der Wahrheit halten darf,
Mit mir von diesem Dorn 'ne rothe Rose,

Warwick.

Ich liebe Schminke nicht; ohn' alle Schminke
Der kriechenden gewandten Schmeichelei,
Pflück' ich die weiße Rose mit Plantagenet.

Suffolk.

Mit Somerset pflück' ich die rothe Rose,
Und sag', ich halte recht, was er behauptet.

Vernon.

Noch haltet, Lords und Herrn, und pflückt nicht mehr,

Bis ihr beschließt, daß der, auf dessen Seite
Vom Baume wen'ger Rosen sind gepflückt,
Des Andern rechte Meinung soll erkennen.

Somerset.

Mein guter Meister Vernon, wohl bemerkt!
Still geb' ich nach, hab ich die mindre Zahl.

Plantagenet.

Ich auch.

Vernon.

Dann, wie die Sache klar und wahr ist, pflücke
Ich die jungfräulich blasse Blüthe hier,
Den Ausspruch gebend für die weiße Rose.

Somerset.

Stecht nicht den Finger, wie ihr ab sie pflückt,
Sonst färbt ihr, blutend, roth die weiße Rose,
Und fallt auf meine Seite wider Willen.

Vernon.

Mylord, wenn ich für meine Meinung blute,
So wird die Meinung auch den Schaden heilen,
Und mich bewahren auf der jetz'gen Seite.

Somerset.

Gut, gut: nur zu! Wer sonst?

Rechtsgelehrter (zu Somerset).

Wofern nicht meine Kunst und Bücher lügen,
So habt ihr unrecht den Beweis geführt;
Zum Zeichen deß pflück' ich die weiße Rose.

Plantagenet.

Nun, Somerset, wo bleibt nun dein Beweis?

Somerset.

In dieser Scheide, sinnend, was dereinst
Blutroth soll färben eure weiße Rose.

Plantagenet.

Indeß trägt eure Wange unsre Farbe,
Denn sie ist blaß vor Furcht, als zeugte sie
Für unsre Wahrheit.

Somerset.

Nein, Plantagenet,
'S ist nicht aus Furcht, aus Zorn, daß deine Wangen,

Vor Scham erröthend, unsre Farbe tragen,
Und deine Zunge doch dein Irren läugnet.

Plantagenet.

Stach dir kein Wurm die Rose, Somerset?

Somerset.

Hat deine keinen Dorn, Plantagenet?

Plantagenet.

Ja, einen scharfen, um ihr Recht zu wahren,
Indeß dein Wurm an deinem Unrecht nagt.

Somerset.

Wohl, Freunde find' ich meinen blut'gen Rosen,
Die da behaupten, daß ich wahr gesagt,
Wo sich Plantagenet nicht sehn darf lassen.

Plantagenet.

Bei dieser reinen Blüth' in meiner Hand,
Ich spotte, Knabe, dein und deiner Tracht.

Suffolk.

Kehr sonst wohin den Spott, Plantagenet.

Plantagenet.

Nein, stolzer Poole, ich spotte sein und dein.

Suffolk.

Mein Theil davon werf' ich in deinen Hals.

Somerset.

Fort, guter William de la Poole! wir thun
Dem Bauern zu viel Ehr', mit ihm zu reden.

Warwick.

Bei Gott, du thust ihm Unrecht, Somerset.
Sein Urgroßvater war ja Lionel,
Herzog von Clarence, und der dritte Sohn
Des dritten Eduard, Königes von England.
Treibt solche Wurzel wappenlose Bauern?

Plantagenet.

Er macht des Platzes Vorrecht sich zu Nutz,
Sein zaghaft Herz ließ' ihn das sonst nicht sagen.

Somerset.

Bei dem, der mich erschuf, ich will mein Wort
Auf jedem Fleck der Christenheit behaupten.
Ward nicht dein Vater, Richard Graf von Cambridge,

Zur Zeit des vor'gen Königs um Verrath gerichtet?
Und hat nicht sein Verrath dich angesteckt,
Geschändet und entsetzt vom alten Adel?
In deinem Blut lebt seine Missethat,
Und bis zur Herstellung bist du ein Bauer.

Plantagenet.

Mein Vater war beklagt, nicht überwiesen;
Starb um Verrath verdammt, doch kein Verräther:
Und das verfecht' ich gegen Bessre als du bist,
Reift meinem Willen erst die Zeit heran.
Was euren Helfer Poole und euch betrifft,
So zeichn' ich euch in mein Gedächtniß-Buch,
Um euch für diese Auffassung zu zücht'gen.
Seht euch denn vor, und sagt, daß ich euch warnte.

Somerset

Nun wohl, du sollst bereit uns immer finden,
Und uns an dieser Farb' als Feind erkennen,
Die meine Freunde tragen dir zum Trotz.

Plantagenet.

Und diese bleiche und erzürnte Rose,
Als Sinnbild meines blutbedürft'gen Hasses,
Will ich, bei meiner Seele! künftig tragen,
Ich selber und mein Anhang immerdar,
Bis sie mit mir zu meinem Grabe welkt,
Oder zur Höhe meines Rangs erblüht.

Suffolk.

Geh vorwärts, und ersticke dich dein Ehrgeiz.
Und so leb wohl, bis ich dich wieder treffe. (Ab.)

Somerset.

Ich folge, Poole. — Leb wohl, ehrgeiz'ger Richard. (Ab.)

Plantagenet.

Wie man mir trotzt, und doch muß ich es dulden.

Warwick.

Der Fleck, den sie an eurem Hause rügen,
Wird ausgelöscht im nächsten Parlament,
Das Winchester und Gloster soll vergleichen;
Und wenn man dann dich nicht zum York ernennt,

So will ich länger nicht für Warwick gelten.
Indeß zum Pfand, daß ich dich vorgezogen
Dem stolzen Somerset und William Poole,
Trag' ich auf deiner Seite diese Rose,
Und prophezeie hier: der heut'ge Zank,
Der zur Parteiung ward im Tempel=Garten,
Wird zwischen rother Rose und der weißen
In Tod und Todsnacht tausend Seelen reißen.

Plantagenet.

Euch, guter Meister Vernon, sag' ich Dank,
Daß ihr die Blume mir zu lieb gepflückt.

Vernon.

Beständig, will ich, euch zu lieb sie tragen.

Rechtsgelehrter.

Das will ich ebenfalls.

Plantagenet.

Dank, lieber Herr.
Kommt, gehn wir vier zur Mahlzeit; ich darf sagen,
Blut trinkt noch dieser Streit in andern Tagen.

(Alle ab.)

Fünfte Scene.

Ebendaselbst. Ein Zimmer im Tower.

(Mortimer wird von zwei Gefangenwärtern in einem Armstuhl hereingetragen.)

Mortimer.

Sorgsame Wächter meines schwachen Alters,
Laßt sterbend ausruhn hier den Mortimer.
So wie ein Mann, der Folter erst entrissen,
Fühl ich die Länge der Gefangenschaft
In meinen Gliedern; diese grauen Locken,
Des Todes Boten, Nestor=gleich bejahrt
In Jahren voller Sorgen, zeigen an,
Es ende nun mit Edmund Mortimer.
Die Augen, Lampen, die ihr Oel verspendet,

Verdunkeln sich, zum Ausgang schon gewendet.
Die Schultern schwach, erdrückt von Grames Last,
Die Arme marklos, wie verdorrte Reben,
Saftlose Ranken auf den Boden senkend —
Doch diese Füße, von kraftlosem Stand,
Unfähig diesen Erdenkloß zu stützen,
Sind leicht beschwingt vom Wunsch nach einem Grabe,
Wohl wissend, daß ich andern Trost nicht habe. —
Doch sagt mir, Wärter, will mein Neffe kommen?

Erster Gefangenwärter.

Richard Plantagenet will kommen, Herr;
Zu seinem Zimmer sandten wir im Tempel,
Und Antwort ward ertheilt, er wolle kommen.

Mortimer.

Genug! so wird noch mein Gemüth befriedigt.
Der arme Mann! Er ist gekränkt, wie ich.
Seit Heinrich Monmouth erst begann zu herrschen,
Vor dessen Ruhm ich groß in Waffen war,
Leb' ich in ekler Eingeschlossenheit;
Und auch seitdem ward Richard weggedrängt,
Beraubt der Ehr' und Erbschaft; aber nun,
Da mich, der jegliche Verzweiflung schlichtet,
Der Tod, der milde Schiedsmann alles Elends,
Mit süßer Freilassung von hinnen läßt,
Wollt' ich, auch seine Drangsal wär' vorbei,
Und das Verlorne würd' ihm hergestellt.

(Richard Plantagenet tritt auf.)

Erster Gefangenwärter.

Herr, euer lieber Neff' ist nun gekommen.

Mortimer.

Richard Plantagenet, mein Freund? ist er da?

Plantagenet.

Ja, edler Oheim, schmählich so behandelt:
Eu'r Neffe kommt, der jüngst entehrte Richard.

Mortimer.

Führt meine Arme, daß ich ihn umhalse,
Den letzten Hauch in seinen Busen keiche;

O sagt mir, wann mein Mund die Wang' ihm rührt,
Daß ich ihn grüße mit ohnmächt'gem Kuß.
Nun, süßer Sprößling von York's großem Stamm,
Erklär', warum du „jüngst entehrt" dich nanntest.

Plantagenet.

Erst lehn' auf meinen Arm den alten Rücken,
Und so erleichtert, höre die Beschwer.
Heut, bei dem Streiten über einen Fall,
Kam's zwischen mir und Somerset zu Worten,
Wobei er ohne Maaß die Zunge brauchte,
Und rückte meines Vaters Tod mir vor.
Der Vorwurf stieß mir Riegel vor die Zunge,
Sonst hätt' ich's ihm auf gleiche Art vergolten.
Drum, bester Ohm, um meines Vaters willen,
Bei deiner Ehr' als ein Plantagenet,
Und der Verwandtschaft halb sag' an, warum
Mein Vater, Graf von Cambridge, ward enthauptet.

Mortimer.

Der Grund, der mich verhaftet, holder Neffe,
Und all die blüh'nde Jugend fest mich hielt
In einem eklen Kerker, da zu schmachten,
War das verfluchte Werkzeug seines Todes.

Plantagenet.

Entdecke näher, welch ein Grund das war,
Denn ich bin unbelehrt und rath' es nicht.

Mortimer.

Das will ich, wenn der Odem mir nicht schwindet,
Und mich der Tod läßt enden den Bericht.
Heinrich der Vierte, Großvater dieses Königs,
Entsetzte seinen Vetter Richard, Eduard's Sohn
Des Erstgebornen und rechtmäß'gen Erben
Von König Eduard, drittem jener Reih.
Zu seiner Herrschaft Zeit bestrebten sich
Die Percys aus dem Norden, als sie fanden,
Höchst ungerecht sei seine Anmaßung,
Statt seiner auf den Thron mich zu erheben.
Was diese kriegerischen Lords bewog,

War, daß nach Wegräumung des jungen Richard,
Der keinen Leibes-Erben hinterließ,
Ich von Geburt und Sippschaft war der nächste.
Denn mütterlicher Seite stamm' ich ab
Von Lionel von Clarence, drittem Sohn
König Eduard des Dritten, mittlerweil
Er von Johann von Gaunt den Stammbaum leitet,
Dem vierten nur in jenem Heldenhaus.
Doch merkt: als sie mit hochgemuthem Anschlag
Den rechten Erben einzusetzen rangen,
Verlor die Freiheit ich, und sie das Leben.
Viel später, als Heinrich der Fünfte herrschte
Nach seinem Vater Bolingbroke, geschah's,
Daß, mitleidsvoll mit meiner harten Trübsal,
Dein Vater, Graf von Cambridge, abgestammt
Vom großen Edmund Langley, Herzog York,
Vermählt mit meiner Schwester, deiner Mutter,
Nochmals ein Heer warb, wähnend mich zu lösen
Und zu bekleiden mit dem Diadem;
Doch wie die Andern fiel der edle Graf
Und ward enthauptet. So sind die Mortimers,
Deren das Recht war, von dem Thron verdrängt.

Plantagenet.

Und deren letzter, edler Lord, seid ihr.

Mortimer.

Ja, und du siehst, ich habe kein Geschlecht,
Und meine matten Worte melden Tod.
Du bist mein Erbe; rathe selbst das Andre,
Doch übe Vorsicht bei der fleiß'gen Sorge.

Plantagenet.

Die ernste Warnung präget sich mir ein;
Doch dünkt mir meines Vaters Hinrichtung
Geringres nicht als blut'ge Tyrannei.

Mortimer.

Mit Schweigen, Neffe, übe Politik;
Das Haus der Lancaster ist fest gegründet,
Und, einem Felsen gleich, nicht fortzurücken.

Nun aber rückt dein Oheim weg von hier,
Wie Prinzen ihren Hof verlegen, müde
Des langen Weilens am bestimmten Platz.

Plantagenet.

O, kauft' ein Theil von meinen jungen Jahren
Den Hingang eures Alters doch zurück!

Mortimer.

Du thätest mir zu nah, dem Mörder gleich,
Der viele Wunden giebt, wo eine tödtet.
Wo nicht mein Wohl dir leid ist, traure nicht;
Nur ordne du mir die Bestattung an.
Und so fahr wohl, dir lache jede Hoffnung,
Dein Leben sei beglückt in Fried' und Krieg!

(Stirbt.)

Plantagenet.

Fried' und nicht Krieg mit deiner fliehnden Seele!
Im Kerker schlossest du die Pilgerschaft,
Verlebtest deine Tage wie ein Klausner. —
Wohl, seinen Rath verschließ ich in der Brust,
Und was ich sinne, sei nur mir bewußt. —
Wärter, tragt ihn hinweg! ich sorge selbst
Ihn besser zu bestatten, als er lebte.

(Die Gefangenwärter tragen Mortimer hinaus.)

Hier lischt die trübe Fackel Mortimer's,
Gedämpft vom Ehrgeiz derer unter ihm;
Und für das Unrecht, für die bittre Kränkung,
Die meinem Hause Somerset gethan,
Bau' ich auf ehrenvolle Herstellung.
Und deshalb eil' ich zu dem Parlament:
Man soll zurück mich geben meinem Blut,
Sonst mach' ich bald mein Uebel mir zum Gut.

(Ab.)

Dritter Aufzug.

Erste Scene.

London. Das Parlaments-Haus.

(Trompetenstoß. König Heinrich, Exeter, Gloster, Warwick, Somerset und Suffolk, der Bischof von Winchester, Richard Plantagenet und Andre treten auf. Gloster will ein Memorial überreichen, Winchester reißt es ihm weg und zerreißt es.)

Winchester.

Kommst du mit tief voraus bedachten Zeilen,
Geschriebnen Blättern, künstlich ausgesonnen,
Humphrey von Gloster? Wenn du klagen kannst,
Und denkst mir irgend was zur Last zu legen,
So thu es ohne Vorbereitung schnell,
Wie ich mit schneller Red' und aus dem Kopf
Dem, was du rügen magst, antworten will.

Gloster.

Hochmüth'ger Pfaff! der Ort mahnt zur Geduld,
Sonst sollt'st du sehen, daß du mich beschimpft.
Denk nicht, wiewohl ich schriftlich abgefaßt
Die Weise deiner schnöden Missethaten,
Daß ich deßhalb verfälscht', und nicht im Stande wär,
Der Feder Vortrag mündlich abzuhalten.
Nein, Bischof! so verwegne Bosheit übst du,
Und Ränke, frech, verpestend und entzweiend,

Daß Kinder schwatzen selbst von deinem Stolz.
Du bist ein räuberischer Wucherer,
Halsstarrig von Natur, des Friedens Feind,
Wollüstig, üppig, mehr als wohl sich ziemt
Für einen Mann von deinem Amt und Rang.
Und was liegt mehr am Tag als dein Verrath,
Da auf mein Leben Schlingen du gelegt,
Sowohl im Tower als bei der London-Brücke?
Ja, würden die Gedanken dir gesichtet,
Dein Herr, der König, fürcht' ich, ist nicht frei
Von böser Tücke deines schwell'nden Herzens.

Winchester.

Gloster, ich biete Trotz dir. — Lords, geruht
Gehör zu leihn dem, was ich will erwiedern.
Wär' ich ehrsüchtig, geizig und verkehrt,
Wie er mich macht: wie bin ich denn so arm?
Wie kommt es, daß ich nicht mich zu erhöhn,
Zu fördern suche, dem Berufe treu?
Was das Entzwein betrifft: wer hegt den Frieden
Mehr als ich thu', wofern man mich nicht reizt?
Nein, beste Lords, das ist nicht mein Vergehn;
Das ist's nicht, was den Herzog hat entflammt.
Es ist, daß niemand herrschen soll als er,
Niemand als er soll um den König sein,
Und das gebiert ihm Donner in der Brust,
Und treibt ihn, diese Klag' heraus zu brüllen.
Doch er soll sehn, ich sei so gut —

Gloster.

So gut?

Du Bastard meines Großvaters?

Winchester.

Ja, großer Herr; denn was seid ihr, ich bitte,
Als einer, herrisch auf des Andern Thron?

Gloster.

Sag, bin ich nicht Protector, kecker Pfaff?

Winchester.

Und bin ich ein Prälat der Kirche nicht?

Gloster.

Ja, wie ein Räuber haust in einem Schloß,
Und es zum Schutze seines Diebstahls braucht.

Winchester.

Unwürd'ger Spötter Gloster!

Gloster.

Du bist würdig
Nur durch dein geistlich Amt, nicht durch dein Leben.

Winchester.

Rom soll dem steuern.

Warwick.

So räum dich weg nach Rom.

Somerset.

Mylord, ihr solltet billig euch enthalten.

Warwick.

Ei, laßt den Bischof ja nicht übermeistern.

Somerset.

Mich dünkt, Mylord sollt' etwas frömmer sein
Und wissen, was Religion gebeut.

Warwick.

Mich dünkt, Mylord sollt' etwas milder sein;
Es ziemt sich nicht, daß ein Prälat so rechte.

Somerset.

Ja, wenn sein heil'ger Stand wird angetastet.

Warwick.

Unheilig oder heilig, was verschlägts?
Ist Seine Hoheit nicht des Reichs Protector?

Plantagenet (beiseit).

Plantagenet, seh' ich, muß still sich halten,
Daß man nicht sagt: „Sprecht ihr da, wo ihr dürft;
Mischt euer kühner Spruch bei Lords sich ein?"
Sonst hätt' ich einen Strauß mit Winchester.

König Heinrich.

Oheime Gloster und von Winchester,
Besondre Wächter über Englands Wohl!
Ich möchte gern, wenn Bitten was vermögen,
In Lieb' und Freundschaft eure Herzen binden.
O welch ein Aergerniß für unsre Krone,
Daß zwei so edle Pairs wie ihr sich zanken!

Glaubt mir, schon wissen's meine zarten Jahre,
Ein gift'ger Wurm ist innerlicher Zwist,
Der nagt am Innern des gemeinem Wesens. —
(Man hört draußen einen Lärm: „Nieder mit den Braunröcken!")
Welch ein Tumult?

Warwick.

Ein Auflauf, will ich wetten,
Erregt aus Tücke von des Bischofs Leuten.
(Wiederum Lärm: „Steine! Steine!")
(Der Schultheiß von London trütt auf mit Gefolge.)

Schultheiß.

O, lieben Lords und tugendhafter Heinrich!
Erbarmt euch der Stadt London und des Volks!
Des Bischofs Leut' und Herzog Gloster's haben,
Da Wehr zu tragen jüngst verboten ward,
Die Taschen angefüllt mit Kieselsteinen,
Und in Partei'n gerottet schmeißen sie
So heftig Einer an des Andern Kopf,
Daß Manchem wird sein wirblicht Hirn zerschmettert;
In allen Gassen schlägt man Fenster ein,
Und unsre Läden zwingt uns Furcht zu schließen.
(Die Anhänger Gloster's und Winchester's kommen unter beständigem Handgemenge mit blutigen Köpfen.)

König Heinrich.

Wir mahnen euch bei Unterthanen-Pflicht,
Daß ihr vom Todschlag laßt, und Frieden haltet.
Ich bitt' euch, Oheim Gloster, stillt den Streit.

Erster Bedienter.

Ja, wenn man uns die Steine
Verwehrt, so fall'n wir uns mit Zähnen an.

Zweiter Bedienter.

Thut wie ihr Herz habt, wir sind auch entschlossen.
(Von neuem Handgemenge.)

Gloster.

Ihr, mein Gesinde, laßt dieß zänk'sche Lärmen,
Und stellt den ungewohnten Kampf beiseit.

Dritter Bedienter.

Wir kennen Eure Hoheit als gerecht

Und redlich, und an fürstlicher Geburt
Niemandem weichend als nur Seiner Majestät;
Und eh wir dulden, daß ein solcher Prinz,
So güt'ger Vater des gemeinen Wesens,
Von einem Dintenklecker wird beschimpft,
Eh wollen wir mit Weib und Kindern fechten,
Und uns von deinen Feinden morden lassen.

Erster Bedienter.

Ja, und der Abfall unsrer Nägel schlägt
Nach unserm Tode noch ein Lager auf.

(Von neuem Handgemenge.)

Gloster.

Halt, halt, sag' ich!
Und wenn ihr so mich liebt, wie ihr betheuert,
Laßt mich zur Ruh ein Weilchen euch bereden.

König Heinrich.

O wie die Zwietracht mein Gemüth betrübt!
Könnt ihr, Mylord von Winchester, mich seufzen
Und weinen sehn, und werdet nie erweicht?
Wer soll mitleidig sein, wenn ihr's nicht seid?
Wer soll bemüht sein, Frieden zu befördern,
Wenn Kirchendiener sich des Haders freun?

Warwick.

Gebt nach Protector! Winchester, gebt nach!
Wofern ihr durch hartnäck'ge Weigrung nicht
Wollt morden euren Herrn, das Reich zerstören.
Ihr sehet, was für Unheil, was für Mord
Verübt durch eure Feindschaft worden ist.
Seid friedlich, wenn ihr nicht nach Blute dürstet.

Winchester.

Er unterwerfe sich, sonst weich' ich nie.

Gloster.

Aus Mitleid für den König beug' ich mich,
Sonst riss' ich eh sein Herz aus, eh der Pfaff
Dieß Vorrecht über mich erlangen sollte.

Warwick.

Seht an, Mylord von Winchester, der Herzog

Hat finstre mißvergnügte Wuth verbannt,
Wie seine Brau'n geschlichtet es beweisen:
Was blickt ihr denn so streng' und dräuend noch?

Gloster.

Hier, Winchester, ich biete dir die Hand.

König Heinrich.

Pfui, Oheim Beaufort! hört' ich euch doch pred'gen,
Daß Hassen große schwere Sünde sei;
Und wollt ihr nicht das, was ihr lehrt, vollbringen,
Und selbst darin am ärgsten euch vergehn?

Warwick.

Holdsel'ger König! welch ein treffend Wort!
Schämt euch, Lord Winchester, laßt euch erweichen!
Wie? soll ein Kind euch lehren was sich ziemt?

Winchester.

Herzog von Gloster, wohl, ich gebe nach,
Ich biete Lieb' um Lieb' und Hand für Hand.

Gloster.

Ja, doch ich fürchte, nur mit hohlem Herzen. —
Seht, meine Freund' und lieben Landsgenossen!
Als Friedensfahne dienet zwischen uns
Und unserm ganzen Anhang dieses Zeichen.
So helfe Gott mir, wie ich's redlich meine!

Winchester (beiseit).

So helfe Gott mir, wie ich's nicht so meine!

König Heinrich.

O lieber Oheim, werther Herzog Gloster!
Wie freudig hat mich der Vergleich gemacht!
Nun fort, ihr Leute! stört uns weiter nicht,
Vereint in Freundschaft euch, wie eure Herrn.

Erster Bedienter.

Sei's drum! ich will zum Feldscheer.

Zweiter Bedienter.

Das will ich auch.

Dritter Bedienter.

Ich will Arznei mir in der Schenke suchen.

(Die Bedienten, der Schultheiß u. s. w. ab.)

Warwick.

Empfangt dieß Blatt hier, gnädigster Monarch,
Das für das Recht Richard's Plantagenet
Wir überreichen Eurer Majestät.

Gloster.

Wohl angebracht, Lord Warwick! Denn mein Prinz,
Wenn Eure Hoheit jeden Umstand merkt,
Habt ihr viel Grund, sein Recht ihm zu erweisen,
Besonders auf den Anlaß, welchen ich
Zu Eltham Eurer Majestät gesagt.

König Heinrich.

Und dieser Anlaß, Ohm, war von Gewicht;
Drum lieben Lords, ist unser Wohlgefallen,
Daß Richard seinem Blut sei hergestellt.

Warwick.

Sei Richard seinem Blute hergestellt,
So wird vergütet, was sein Vater litt.

Winchester.

Wie alle wollen, will auch Winchester.

König Heinrich.

Wenn Richard treu will sein, nicht dieß allein,
Das ganze Erbtheil geb' ich ihm zugleich,
Das zugehörig ist dem Hause York,
Von wannen ihr in grader Reihe stammt.

Plantagenet.

Dein unterthän'ger Knecht gelobt Gehorsam
Und unterthän'gen Dienst bis in den Tod.

König Heinrich.

So bück' dich, setz dein Knie an meinen Fuß,
Und zur Vergeltung dieser Huldigung
Gürt' ich dich mit dem tapfern Schwert von York:
Steh, Richard, auf, als ein Plantagenet,
Steh auf, ernannt zum hohen Herzog York.

Plantagenet.

In deiner Feinde Fall sei Richard's Heil,
Und wie mein Dienst gedeiht, verderbe jeder,
Der wider Eure Majestät was denkt.

Alle.

Heil, hoher Prinz, der mächt'ge Herzog York!

Somerset (beiseit).

Stirb, schnöder Prinz, unedler Herzog York!

Gloster.

Nun dient es Eurer Majestät am besten,
Daß ihr die See hinübersetzt zur Krönung
In Frankreich; eines Königs Gegenwart
Erzeuget Liebe bei den Unterthanen
Und ächten Freunden, und entherzt die Feinde.

König Heinrich.

Wenn's Gloster sagt, geht König Heinrich schon,
Denn Freundes Rath vernichtet Feindes Drohn.

Gloster.

Es liegen eure Schiffe schon bereit.

(Alle ab, außer Exeter.)

Exeter.

Ja, ziehn wir nur, in England oder Frankreich,
Nicht sehend, was vermuthlich wird geschehn.
Die jüngst erwachsne Zwietracht dieser Pairs
Brennt unter Aschen der verstellten Liebe,
Und bricht zuletzt in helle Flammen aus.
Wie erst ein eiternd Glied allmählig fault,
Bis Bein und Fleisch und Sehnen sind verfallen,
So wird die tück'sche Zwietracht um sich fressen.
Und nun fürcht' ich die schlimme Weissagung,
Die in dem Munde jedes Säuglings war
In Heinrich's Tagen, zubenamt der Fünfte:
Heinrich aus Monmouth bauet alles auf,
Heinrich aus Windsor büßet alles ein.
Dieß ist so klar, daß Exeter nur wünscht,
Sein Leben ende vor der Unglückszeit.

(Ab.)

Zweite Scene.

Frankreich. Vor Rouen.

(Die Pucelle tritt verkleidet auf mit Soldaten, wie Landleute gekleidet, mit Säcken auf dem Rücken.)

Pucelle.

Dieß ist das Stadtthor, von Rouen das Thor,
Das unsre Schlauigkeit erbrechen muß.
Gebt Achtung, wie ihr eure Worte stellt;
Sprecht wie Marktleute von gemeinem Schlag,
Die Geld zu lösen kommen für ihr Korn.
Wenn man uns einläßt, wie ich sicher hoffe,
Und wir nur schwach die träge Wache finden,
So meld' ich's durch ein Zeichen unsern Freunden,
Daß Carl der Dauphin einen Angriff wage.

Erster Soldat.

Der Plunder soll die Stadt uns plündern helfen,
Uns Herrn und Meister machen in Rouen.
Drum laßt uns klopfen. (Er klopft an.)

Wache (drinnen).

Qui est là?

Pucelle.

Paysans, pauvres gens de France;
Marktleute, die ihr Korn verkaufen wollen.

Wache.

Geht nur hinein, die Markt-Glock' hat geläutet.
(Er öffnet das Thor.)

Pucelle.

Wohl auf, Rouen, nun stürz' ich deine Veste.
(Die Pucelle und ihre Leute gehen in die Stadt.)

(Carl, Bastard von Orleans, Alençon und Truppen.)

Carl.

Sankt Dionys gesegne diese Kriegslist!
Wir schlafen nochmals sicher in Rouen.

Bastard.

Hier ging Pucelle hinein mit ihren Helfern;

Doch, nun sie dort ist, wie bezeichnet sie
Den sichersten und besten Weg hinein?

Alençon.

Vom Thurm dort steckt sie eine Fackel auf,
Die, wahrgenommen, ihre Meinung zeigt,
Der Weg, wo sie hineinkam, sei der schwächste.

(Die Pucelle erscheint auf einer Zinne und hält eine brennende Fackel empor.)

Pucelle.

Schaut auf, dieß ist die frohe Hochzeitfackel,
Die ihrem Landesvolk Rouen vermählt,
Doch tödtlich brennend für die Talbotisten.

Bastard.

Sieh, edler Carl! die Fackel, das Signal
Von unsrer Freundin, steht auf jenem Thurm.

Carl.

Nun strahle sie wie ein Komet der Rache,
Wie ein Prophet von unsrer Feinde Fall!

Alençon.

Kein Zeitverlust! denn Zögern bringt Gefahr!
Hinein und schreit: der Dauphin! alsobald,
Und räumet dann die Wachen aus dem Weg.

(Sie dringen ein.)

(Getümmel. Talbot kommt mit einigen Englischen.)

Talbot.

Frankreich, mit Thränen sollst du mir dieß büßen,
Wenn Talbot den Verrath nur überlebt.
Die Hexe, die verfluchte Zauberin,
Stellt' unversehns dieß Höllen-Unheil an,
Daß wir der Obmacht Frankreichs kaum entrannen.

(Sie gehen ab in die Stadt.)

(Getümmel, Ausfälle. Aus der Stadt kommen Bedford, der krank in einem Stuhle hereingetragen wird, mit Talbot, Burgund und den Englischen Truppen. Dann erscheinen auf den Mauern die Pucelle, Carl, der Bastard, Alençon und Andre.)

Pucelle.

Guten Morgen, Brave! braucht ihr Korn zum Brod?
Der Herzog von Burgund wird fasten, denk' ich,

Eh er zu solchem Preise wieder kauft.
Es war voll Trespe: liebt ihr den Geschmack?

Burgund.

Ja, höhne, böser Feind, schamlose Buhle!
Bald hoff' ich dich im eignen zu ersticken,
Daß du die Ernte dieses Korns verfluchst.

Carl.

Eur' Hoheit könnte wohl zuvor verhungern.

Bedford.

O, nicht mit Worten, nehmt mit Thaten Rache!

Pucelle.

Was wollt ihr, alter Graubart? mit dem Tod
Im Lehnstuhl auf ein Lanzenbrechen rennen?

Talbot.

Dämon von Frankreich, aller Greuel Hexe,
Von deinen üpp'gen Buhlern eingefaßt!
Steht es dir an, sein tapfres Alter höhnen,
Und den halbtodten Mann mit Feigheit zwacken?
Ich muß noch einmal, Dirnchen, mit euch dran,
Sonst komme Talbot um in seiner Schmach!

Pucelle.

Seid ihr so hitzig, Herr? Doch still, Pucelle!
Denn donnert Talbot nur, so folgt auch Regen.
(Talbot und die Andern berathschlagen sich.)
Gott helf dem Parlament! wer soll der Sprecher sein?

Talbot.

Wagt ihr euch wider uns in's Feld hinaus?

Pucelle.

Es scheint, der gnäd'ge Lord hält uns für Narrn,
Daß wir uns noch bequemten auszumachen,
Ob unser eignes unser ist, ob nicht.

Talbot.

Ich sag' es nicht der schmäh'nden Hecate,
Dir sag' ich's und den Andern, Alençon:
Kommt ihr, und fechtet's wie Soldaten aus?

Alençon.

Nein, Signor.

Talbot.

So hängt, Signor! Ihr Maulthiertreiber Frankreichs!

Wie Bauerknechte hüten sie die Mauern,
Und wagen nicht, wie's Edeln ziemt zu fechten.

Pucelle.

Hauptleute, fort! verlassen wir die Mauern,
Denn Talbot meint nichts guts, nach seinen Blicken.
Gott grüß' euch, Lord, wir wollten euch nur sagen,
Wir wären hier.

(Die Pucelle mit den Uebrigen von den Mauern ab.)

Talbot.

Wir wollen auch dort sein in kurzer Zeit,
Sonst werde Schande Talbot's größter Ruhm.
Schwör mir, Burgund, bei deines Hauses Ehre,
Gereizt durch Unrecht, so dir Frankreich that,
Du wollst die Stadt erobern oder sterben;
Und ich, so wahr als Englands Heinrich lebt,
Und als sein Vater hier ein Sieger war,
So wahr in dieser jüngst verrathnen Stadt
Held Löwenherzens Herz begraben ward,
Will ich die Stadt erobern oder sterben.

Burgund.

Mein Schwur ist deines Schwures Mitgenoß.

Talbot.

Doch eh wir gehn, sorgt für ein sterbend Haupt,
Den tapfern Herzog Bedford. — Kommt Mylord,
Wir wollen einen bessern Platz euch schaffen,
Für Krankheit schicklicher und mürbes Alter.

Bedford.

Lord Talbot, nein, entehret mich nicht so;
Hier will ich bleiben vor den Mauern von Rouen,
Theilnehmer eures Wohles oder Wehs.

Burgund.

Beherzter Bedford, laßt uns euch bereden.

Bedford.

Nur nicht von hier zu gehn; ich las einmal,
Der starke Pendragon kam in der Sänfte
Krank in das Feld, und überwand den Feind;

So möcht' ich der Soldaten Herz beleben,
Denn immer fand ich sie so wie mich selbst.

Talbot.

Entschlossner Geist in sterbenskranker Brust!
So sei's denn; schütze Gott den alten Bedford!
Nun ohne Weitres, wackrer Burgund,
Ziehn wir sogleich zusammen unsre Macht,
Und fallen auf den prahlerischen Feind.

(Burgund, Talbot und ihre Truppen ab, indem sie Bedford und Andre zurücklassen.)

(Getümmel, Angriffe. Sir John Fastolfe und ein Hauptmann kommen.)

Hauptmann.

So eilig, Sir John Fastolfe! Wo hinaus?

Fastolfe.

Nun, wo hinaus? Mich durch die Flucht zu retten,
Wir werden wiederum geworfen werden.

Hauptmann.

Was? flieht ihr und verlaßt Lord Talbot?

Fastolfe.

Ja,
Alle Talbots in der Welt, um mich zu retten. (Ab.)

Hauptmann.

Verzagter Ritter! Unglück folge dir! (Ab.)

(Rückzug. Angriffe. Aus der Stadt kommen die Pucelle, Alençon, Carl u. s. w. und gehen fliehend ab.)

Bedford.

Nun, stille Seele, scheide, wann Gott will,
Denn unsre Feinde sah ich hingestürzt.
Was ist des Menschen Zuversicht und Kraft?
Sie, die sich jüngst erdreistet mit Gespött,
Sind gerne froh, sich durch die Flucht zu retten.

(Er stirbt und wird in seinem Lehnstuhl fortgetragen.)

(Getümmel. Talbot, Burgund und Andre treten auf.)

Talbot.

In einem Tag verloren und gewonnen!
Gedoppelt ist die Ehre nun, Burgund;
Doch sei dem Himmel Preis für diesen Sieg!

Burgund.

Sieghafter Krieger Talbot! dein Burgund
Weiht dir sein Herz zum Schrein, und baut ein Denkmal
Des Heldenmuths aus deinen Thaten da.

Talbot.

Dank, edler Herzog! Doch wo ist Pucelle?
Ich denk', ihr alter Hausgeist fiel in Schlaf.
Wo ist des Bastards Prahlen? Carl's Gespött?
Wie? Alles todt? Es hängt Rouen den Kopf,
Vor Gram, daß solche tapfre Schaar geflohn.
Nun laßt uns Sorge tragen für die Stadt,
Und setzen drein erfahrne Offiziere;
Dann nach Paris, zum König; denn es weilt
Der junge Heinrich da mit seinen Großen.

Burgund.

Was Talbot will, das hält Burgund genehm.

Talbot.

Jedoch laßt, eh wir gehn, uns nicht vergessen
Den jüngst verschiednen edlen Herzog Bedford,
Und sehn wir sein Begräbniß hier vollbracht.
Kein braverer Soldat schwang je die Lanze,
Kein mildres Herz regierte je am Hof.
Doch sterben muß ein jeder noch so groß:
So endet sich elender Menschen Loos.

(Alle ab.)

Dritte Scene.

Die benachbarten Ebenen bei Rouen.

(Carl, der Bastard, Alençon, die Pucelle kommen auf mit Truppen.)

Pucelle.

Verzagt nicht, Prinzen, über diesen Unfall,
Und grämt euch nicht, daß sie Rouen genommen.
Denn Sorge wehrt nicht, sie versehrt und zehrt,
Um Dinge, die nicht abzustellen sind.
Der tolle Talbot siegprang' eine Weil',
Und spreize wie ein Pfau sich mit dem Schweif;

Wir rupfen ihn und kürzen ihm die Schleppe,
Läßt Dauphin sammt den Andern nur sich rathen.

Carl.

Wir folgten deiner Leitung bis hierher,
Und hegten Mißtraun nicht in deine Kunst;
Ein schneller Unfall soll nicht Argwohn zeugen.

Bastard.

Such deinen Witz durch nach geheimen Listen,
Und ruhmvoll machen wir dich aller Welt.

Alençon.

Wir stell'n dein Bildniß an geweihte Plätze,
Und beten dich wie eine Heil'ge an.
Bemüh' dich, holde Jungfrau, denn für uns!

Pucelle.

So sei es also, dieß ist Jeanne's Plan:
Durch Ueberredungen mit Honigworten
Verstricken wir den Herzog von Burgund,
Den Talbot zu verlassen, uns zu folgen.

Carl.

Ei ja, mein Herz! wenn wir das könnten, wäre
Frankreich kein Platz für Heinrichs Krieger mehr,
Noch sollte gegen uns das Volk sich brüsten,
Vielmehr vertilgt aus unsern Landen sein.

Alençon.

Für immer wären sie verbannt aus Frankreich,
Und führten keiner Grafschaft Titel hier.

Pucelle.

Ihr sollt schon sehn, wie ich es machen will,
Die Sache zum gewünschten Schluß zu bringen.
(Man hört Trommeln.)
Horcht! an dem Trommelschlag ist abzunehmen,
Daß ihre Truppen sich Paris-wärts ziehn.

(Ein Englischer Marsch. In der Entfernung zieht Talbot mit seinen Truppen vorüber.)

Da geht der Talbot, fliegend seine Fahnen,
Und alle Schaaren Englischer nach ihm.

(Ein Französischer Marsch. Der Herzog von Burgund mit seinen Truppen.)

Nun kommt Burgund im Nachtrab und sein Volk;
Das Glück ließ günstig ihn dahinten weilen.
Man lad' ihn ein: wir wollen mit ihm reden.

(Eine Trompete bläst die Einladung zur Unterredung.)

Carl.

Auf ein Gespräch mit Herzog von Burgund!

Burgund.

Wer fordert ein Gespräch mit dem Burgund?

Pucelle.

Dein Landsmann, Frankreichs königlicher Carl.

Burgund.

Was sagst du, Carl? Denn ich muß weiter ziehn.

Carl.

Pucelle, sprich! bezaubre ihn mit Worten!

Pucelle.

Du Frankreichs Hoffnung, wackerer Burgund,
Laß deine Magd in Demuth mit dir reden.

Burgund.

So sprich, doch mach's nicht übermäßig lang.

Pucelle.

Blick auf dein fruchtbar Vaterland, dein Frankreich,
Und sieh die Städt' und Wohnungen entstellt
Durch die Verheerung eines wilden Feinds.
So wie die Mutter auf ihr Kindlein blickt,
Wenn Tod die zart gebrochnen Augen schließt,
So sieh, sieh Frankreichs schmachtendes Erkranken;
Die Wunden schau, die Wunden unnatürlich,
Die seiner bangen Brust du selbst versetzt!
O kehr dein schneidend Schwert wo anders hin,
Triff, wer verletzt, verletz' nicht den, der hilft!
Ein Tropfe Bluts aus deines Landes Busen
Muß mehr dich reun, als Ströme fremden Bluts;
Drum kehr zurück mit einer Flut von Thränen,
Und wasche deines Landes Flecken weg.

Burgund.

Entweder hat sie mich behext mit Worten,
Oder mit eins erweicht mich die Natur.

Pucelle.

Auch schreien alle Franken über dich,
Geburt und ächte Herkunft dir bezweifelnd.
An wen geriethst du, als ein herrisch Volk,
Das dir nicht traun mag, als Gewinnes halb?
Wenn Talbot einmal Fuß gefaßt in Frankreich
Und zu des Uebels Werkzeug dich gemodelt,
Wer außer Englands Heinrich wird dann Herr,
Und du verstoßen wie ein Ueberläufer?
Ruf dir zurück, und merk nur dieß zur Probe:
War nicht der Herzog Orleans dein Feind?
Und war er nicht in England Kriegsgefangner?
Allein, als sie gehört, er sei dein Feind,
So gaben sie ihn ohne Lösung frei,
Burgund zum Trotz und allen seinen Freunden.
So sieh dann! wider deine Landsgenossen
Kämpfst du mit denen, die dich morden werden.
Komm, kehre heim! kehr heim, verirrter Fürst!
Carl und die Andern werden dich umarmen.

Burgund.

Ich bin besiegt; dies' ihre hohen Worte
Zermalmen mich wie brüllendes Geschütz,
Daß ich auf meinen Knie'n mich fast ergebe. —
Verzeiht mir, Vaterland und Landsgenossen!
Und, Herrn, empfangt die herzliche Umarmung.
All meine Macht und Mannschaft sind nun euer;
Talbot, leb wohl! ich trau dir länger nicht.

Pucelle.

Wie ein Franzos: gewandt und umgewandt!

Carl.

Heil, braver Herzog, uns belebt dein Bund.

Bastard.

Und zeuget neuen Muth in unsrer Brust.

Alençon.

Pucelle hat ihre Rolle brav gespielt,
Und eine goldne Krone dran verdient.

Carl.

Nun weiter, Lords; vereinen wir die Truppen,
Und sehn, wie wir dem Feinde Schaden thun.

(Alle ab.)

Vierte Scene.

Paris. Ein Saal im Palast.

(König Heinrich, Gloster und andere Lords; Vernon, Basset u. s. w. Zu ihnen Talbot und einige von seinen Offizieren.)

Talbot.

Mein gnäd'ger Fürst und ehrenwerthe Pairs,
Von eurer Ankunft hier im Reiche hörend,
Ließ ich ein Weilchen meine Waffen ruhn,
Um meinem Lehnsherrn Ehrfurcht zu bezeigen.
Zum Zeichen deß senkt dieser Arm (der euch
An funfzig Burgen zum Gehorsam rief,
Zwölf Städte, sieben mau'rumgebne Vesten,
Gefangne außerdem von Rang fünfhundert)
Sein Schwert vor Euer Hoheit Füßen nieder;
Und, mit des Herzens unterthän'ger Treu,
Schreib' ich den Ruhm gelungener Erobrung
Erst meinem Gott dann Euer Hoheit zu.

König Heinrich.

Ist dieses der Lord Talbot, Oheim Gloster,
Der sich so lang' in Frankreich aufgehalten?

Gloster.

Zu Euer Majestät Befehl, mein Fürst.

König Heinrich.

Willkommen, braver Kriegshauptmann und Held!
Als ich noch jung war (zwar auch jetzt nicht alt),
Erinnr' ich mich, wie mir mein Vater sagte,
Kein beff'rer Streiter führte je das Schwert.
Seit lange war uns eure Treu bekannt,
Eur redlich Dienen, eure Kriegsbeschwer;

Doch habt ihr nimmer unsern Lohn geschmeckt,
Noch selber Dank ist euch erboten worden,
Weil wir bis jetzt nie euer Antlitz sahn.
Deshalb steht auf, und für so viel Verdienst
Seid hier ernannt zum Grafen Shrewsbury,
Und nehmt bei unsrer Krönung euern Platz.

(König Heinrich, Gloster, Talbot und Lords ab.)

Vernon.

Nun, Herr, der ihr so hitzig wart zur See,
Beschimpfend diese Farben, die ich trage,
Zu Ehren meinem edlen Lord von York:
Darfst du die vor'gen Worte noch behaupten?

Basset.

Ja, Herr; so wohl als ihr vertheid'gen dürft
Der unverschämten Zunge boshaft Bellen
Auf meinen Lord, den Herzog Somerset.

Vernon.

Ha, deinen Lord ehr' ich so wie er ist.

Basset.

Nun, und wie ist er denn? So gut wie York.

Vernon.

Hört ihr, nicht so! Zum Zeichen nehmt mir das.

(Schlägt ihn.)

Basset.

Du weißt es, Schurk, das Waffenrecht ist so,
Daß, wer den Degen zieht, des Todes stirbt;
Sonst zapfte dieser Schlag dein Herzblut an.
Allein ich will zu Seiner Majestät,
Und bitt' um Freiheit, diese Schmach zu rächen.
Sieh zu, dann treff' ich dich zu deinem Schaden.

Vernon.

Verworfner, ich bin dort so bald wie ihr,
Und treffe dann euch bälder als ihr wünscht.

(Beide ab.)

Vierter Aufzug.

Erste Scene.

Paris. Ein Audienz-Saal.

(König Heinrich, Gloster, Exeter, York, Suffolk, Somerset, Winchester, Warwick, Talbot, der Statthalter von Paris und Andre.)

Gloster.

Herr Bischof, setzt die Kron' ihm auf das Haupt.

Winchester.

Heil König Heinrich, sechstem dieses Namens!

Gloster.

Nun schwört den Eid, Statthalter von Paris:

(Der Statthalter kniet.)

Ihr wollet keinen andern König kiesen,
Nur seine Freunde für die euren achten,
Für Feinde nur, die auf sein Regiment
Es mit boshaften Ränken angelegt;
Dieß sollt ihr thun, so Gott euch helfen möge!

(Der Statthalter und sein Gefolge ab.)

(Sir John Fastolfe tritt auf.)

Fastolfe.

Mein gnädigster Monarch, als von Calais
Ich eilends her zu eurer Krönung ritt,
Ward mir ein Brief zu Handen übergeben,
Vom Herzog von Burgund an euch gerichtet.

Talbot.

Schand' über Herzog von Burgund und dich!
Ich habe, schnöder Ritter, längst gelobt,
Wann ich dich wieder träf', das Hosenband
Von deinem Memmen-Bein herab zu reißen.

(Reißt es ab.)

Und thu' es nun, weil du unwürdiglich
Bekleidet wurdest mit dem hohen Rang. —
Verzeiht mir, hoher Heinrich, und ihr Andern!
Der Feigling da, beim Treffen von Patai,
Da ich sechstausend stark in allem war,
Und zehn beinah die Franken gegen einen:
Eh man sich traf, eh noch ein Streich geschah,
Lief er davon, wie ein getreuer Knappe.
Dabei verloren wir zwölfhundert Mann,
Ich selbst und andre Edelleute wurden
Dort überfallen, und zu Kriegsgefangnen.
Nun urtheilt, hohe Herrn, ob ich gefehlt,
Ob solche Memmen jemals tragen sollten
Den Schmuck der Ritterschaft: ja oder nein?

Gloster.

Die Wahrheit zu gestehn, die That war schändlich
Und übel ziemend dem Gemeinsten selbst,
Viel mehr denn einem Ritter, Hauptmann, Führer.

Talbot.

Als man den Orden erst verordnet, waren
Des Hosenbandes Ritter hochgeboren,
Tapfer und tugendhaft, voll stolzen Muths,
Die durch den Krieg zu Ansehn sich erhoben,
Den Tod nicht scheuend, noch vor Nöthen zagend
Vielmehr im Aeußersten entschlossen stets.
Wer denn nicht also ausgestattet ist,
Maßt sich nur an den heil'gen Namen Ritter,
Entweihend diesen ehrenvollen Orden;
Und sollte (wär ich würdig da zu richten)
Durchaus erniedrigt werden, wie ein Bettler

Am Zaun geboren, welcher sich erfrecht
Mit seinem adeligen Blut zu prahlen.

König Heinrich.

Schimpf deines Lands! da hörst du deinen Spruch,
Drum pack dich weg, du, der ein Ritter war:
Wir bannen dich hinfort bei Todesstrafe. —

(Fastolfe ab.)

Und nun, Mylord Protector, les't den Brief
Von unserm Oheim, Herzog von Burgund.

Gloster (die Ueberschrift betrachtend).

Was meint er, so die Schreibart zu verändern?
Nur „an den König“ schlicht und grade zu?
Hat er vergessen, wer sein Lehnsherr ist?
Wie? oder thut die grobe Ueberschrift
Veränderung des guten Willens kund?
Was giebt es hier? (Liest)
„Ich bin aus eignen Gründen,
„Aus Mitleid über meines Lands Ruin,
„Sammt aller derer kläglichen Beschwerden,
„Die eure Unterdrückung ausgezehrt,
„Von eurer höchst verderblichen Partei
„Zu Frankreichs ächtem König Carl getreten.“
O scheußlicher Verrath! Kann es denn sein,
Daß in Verwandtschaft, Freundschaft und in Schwüren
So falsch verstellter Trug erfunden wird?

König Heinrich.

Was? fällt mein Oheim von Burgund mir ab?

Gloster.

Ja, gnäd'ger Herr, und ward nun euer Feind.

König Heinrich.

Ist das das Schlimmste, was sein Brief enthält?

Gloster.

Es ist das Schlimmste, weiter schreibt er nichts.

König Heinrich.

Ei nun, so soll Lord Talbot mit ihm sprechen
Und Züchtigung für sein Vergehn ihm geben.
Was sagt ihr, Mylord? seid ihr es zufrieden?

Talbot.

Zufrieden, Herr? Ihr kamt mir nur zuvor,
Sonst hätt' ich um den Auftrag euch gebeten.

König Heinrich.

So sammelt Macht, und zieht gleich wider ihn.
Er fühle, wie uns sein Verrath entrüstet,
Und wie gefehlt es ist, der Freunde spotten.

Talbot.

Ich gehe, Herr, im Herzen stets begehrend,
Daß ihr die Feinde mögt vernichtet sehn. (Ab.)

(Vernon und Basset treten auf.)

Vernon.

Gewährt den Zweikampf mir, mein gnäd'ger Herr!

Basset.

Und mir, mein Fürst, gewährt den Zweikampf auch.

York.

Dieß ist mein Diener: hört ihn edler Prinz!

Somerset.

Dieß meiner: liebster Heinrich, sei ihm hold.

König Heinrich.

Seid ruhig, Lords, laßt sie zum Worte kommen.
Sagt, Leute, was bewegt euch so zu rufen?
Und warum wollt ihr Zweikampf? und mit wem?

Vernon.

Mit ihm, mein Fürst, denn er hat mich gekränkt.

Basset.

Und ich mit ihm, denn er hat mich gekränkt.

König Heinrich.

Was ist die Kränkung, über die ihr klagt?
Laß hören, und dann geb' ich euch Bescheid.

Basset.

Auf unsrer Fahrt nach Frankreich über's Meer,
Da schmähte mich mit boshaft scharfer Zunge
Der Mensch hier um die Rose, die ich trage,
Und sagte, ihrer Blätter blut'ge Farbe
Bedeute das Erröthen meines Herrn,
Als er der Wahrheit starr sich widersetzt
Bei einer zwist'gen Frage in den Rechten,

Worüber Herzog York und jener stritt,
Nebst andern schimpflichen und schnöden Worten;
Zu Widerlegung welcher groben Rüge,
Und meines Herrn Verdienste zu verfechten,
Des Waffenrechtes Wohlthat ich begehre.

Vernon.

Das ist auch mein Gesuch, mein edler Fürst;
Denn mag er gleich durch schlauen feinen Vortrag
Der dreisten Absicht einen Firniß leihn,
Wißt dennoch, Herr, ich ward gereizt von ihm:
Und er nahm Anstoß erst an diesem Zeichen
Mit solchem Ausspruch, dieser Blume Blässe
Verrathe Schwäch' im Herzen meines Herrn.

York.

Läßt diese Bosheit, Somerset, nicht nach?

Somerset.

Und euer Groll, Mylord von York, bricht aus,
Ob ihr ihn noch so schlau zu dämpfen sucht.

König Heinrich.

O Gott, wie ras't der Menschen krankes Hirn,
Wenn aus so läppischem geringem Grund
So eifrige Parteiung kann entstehn!
Ihr lieben Vettern, York und Somerset,
Beruhigt euch, ich bitt', und haltet Frieden.

York.

Laßt ein Gefecht erst diesen Zwist entscheiden,
Und dann gebiete Eure Hoheit Frieden,

Somerset.

Der Zank geht niemand an als uns allein,
So werd' er zwischen uns denn ausgemacht.

York.

Da ist mein Pfand; nimm, Somerset, es an.

Vernon.

Nein, laßt es da beruhen, wo es begann.

Basset.

Bestätigt das, mein hochgeehrter Fürst!

Gloster.

Bestätigt das? Verflucht sei euer Streit!

Mögt ihr und euer frech Geschwätz verderben!
Schämt ihr euch nicht, anmaßende Gesellen,
Mit unbescheidnem, lautem Ungestüm
Den König und uns alle zu verstören?
Und ihr Mylords, mich dünkt, ihr thut nicht wohl,
Wenn ihr so duldet ihr verkehrtes Hadern,
Viel minder, wenn ihr selbst aus ihrem Mund
Zu Händeln zwischen euch den Anlaß nehmt.
Laßt mich zu bess'rer Weise euch bereden.

Exeter.

Es kränkt den König; lieben Lords, seid Freunde!

König Heinrich.

Kommt her, ihr, die ihr Kämpfer wolltet sein.
Hinfort befehl' ich euch bei meiner Gunst,
Den Streit und seinen Grund ganz zu vergessen;
Und ihr, Mylords! bedenket wo ihr seid:
In Frankreich, unter wankelmüth'gem Volk.
Wenn sie in unsern Blicken Zwietracht sehn,
Und daß wir unter uns nicht einig sind,
Wie wird ihr grollendes Gemüth erregt
Zu starrem Ungehorsam und Empörung?
Was wird es überdieß für Schande bringen,
Wenn fremde Fürsten unterrichtet sind,
Daß um ein Nichts, ein Ding von keinem Werth
Des König Heinrichs Pairs und hoher Adel
Sich selbst zerstört und Frankreich eingebüßt?
O denkt an die Eroberung meines Vaters,
An meine zarten Jahre; laßt uns nicht
Um Possen das, was Blut erkauft, verschleudern!
Laßt mich der streit'gen Sache Schiedsmann sein.
Ich seh nicht, wenn ich diese Rose trage,

(Indem er eine rothe Rose ansteckt.)

Weswegen irgend wer argwöhnen sollte
Ich sei geneigter Somerset als York.
Sie sind verwandt mir und ich liebe beide;
Man kann so gut an mir die Krone rügen,
Weil ja der Schotten König eine trägt.

Doch eure Weisheit kann euch mehr bereden,
Als ich zu Lehr' und Mahnung fähig bin:
Und drum, wie wir in Frieden hergekommen,
So laßt uns stets in Fried' und Freundschaft bleiben.
Mein Vetter York, in diesen fränkschen Landen
Bestallen wir für uns euch zum Regenten;
Und, lieber Herzog Somerset, vereint
Mit seinem Heer zu Fuß die Reiterschaaren.
Wie ächte Unterthanen, Söhne eurer Ahnherrn,
Geht freudiglich zusammen, und ergießt
Die zorn'ge Galle wider eure Feinde.
Wir selbst, Mylord Protector, und die Andern
Gehn nach Calais zurück, nach ein'ger Rast;
Von da nach England, wo ich hoff', in kurzem
Durch eure Siege vorgeführt zu sehn
Carl, Alençon und die Verrätherbande.

(Trompetenstoß. König Heinrich, Gloster, Somerset, Winchester, Suffolk und Basset ab.)

Warwick.

Mylord von York, der König, auf mein Wort,
Hat artig seine Rednerkunst gezeigt.

York.

Das that er auch; doch sie gefällt mir nicht,
Da er von Somerset das Zeichen trägt.

Warwick.

Pah! das war nur ein Einfall, scheltet's nicht:
Der holde Prinz, ich wette, meint kein Arges.

York.

Und wenn ich wüßte, — doch das mag beruhn;
Zu führen giebt's nun andere Geschäfte.

(York, Warwick, und Vernon ab.)

Exeter.

Gut, Richard, daß du deine Stimm' erstickt!
Denn bräch' die Leidenschaft des Herzens aus,
So fürcht' ich, sähen wir daselbst entziffert
Mehr bittern Groll, mehr tobend wilde Wuth,

Als noch sich denken und vermuthen läßt.
Doch, wie es sei, der schlichteste Verstand,
Der die Mißhelligkeit des Adels sieht,
Wie Einer stets den Andern drängt am Hof,
Und ihrer Diener heftige Parteiung,
Muß einen übeln Ausgang prophezei'n.
Schlimm ist's, wenn Kindeshand den Zepter führt;
Doch mehr, wenn Neid erzeugt gehäss'ge Irrung,
Da kommt der Umsturz, da beginnt Verwirrung.

(Ab.)

Zweite Scene.

Vor Bourdeaux.

(Talbot tritt auf mit seinen Truppen.)

Talbot.

Geh zu den Thoren von Bourdeaux, Trompeter,
Lad' auf die Mauer ihren Feldhauptmann.

(Eine Trompete bläst die Einladung zur Unterredung. Auf den Mauern erscheint der Befehlshaber der Französischen Truppen und Andre.)

Der Englische John Talbot ruft euch her,
Heinrichs von England Diener in den Waffen;
Und dieses will er: Oeffnet eure Thore,
Demüthigt euch, nennt meinen König euren,
Und huldigt ihm als treue Unterthanen,
So zieh' ich fort mit meiner blut'gen Macht;
Doch seht ihr sauer dem entbotnen Frieden,
So reizt zur Wuth ihr meine drei Begleiter,
Viertheilend Schwert, wild Feuer, hohlen Hunger,
Die eure Thürme, so den Lüften trotzen,
Im Augenblick dem Boden machen gleich,
Wenn ihr den Antrag ihrer Huld versäumt.

Befehlshaber.

Du ahndungsvoller, grauser Todesvogel,
Schreck unsrer Nation und blut'ge Geißel!

Es naht das Ende deiner Tyrannei.
Du dringst zu uns nicht ein, als durch den Tod:
Denn, ich betheur' es, wir sind wohl verschanzt,
Und stark genug, zu Kämpfen auszufallen;
Ziehst du zurück, so steht bereit der Dauphin
Dich mit des Krieges Schlingen zu verstricken;
Gelagert sind Geschwader rechts und links,
Dir zu der Flucht die Freiheit zu vermauern;
Du kannst dich nirgends hin um Hülfe wenden,
Wo nicht der Tod mit Untergang dir droht,
Und bleich Verderben dir die Stirne bietet.
Zehntausend Franken wolln, und nahmen drauf
Das Sacrament, ihr tödtliches Geschütz
Auf keine Christenseel' als Talbot sprengen.
Sieh! dort noch stehst und athmest du, ein Mann
Von unbesiegbar'm, unbezwungnem Geist:
Dieß ist die letzte Glorie deines Preises,
Mit welcher ich, dein Feind, dich noch begabe;
Denn eh das Glas, das jetzt beginnt zu rinnen,
Den Fortgang seiner sand'gen Stunde schließt,
Wird dieses Aug, das wohlgefärbt dich sieht,
Dich welk erblicken, blutig, bleich und todt.

(Man hört Trommeln in der Ferne.)

Horch! horch!
Des Dauphins Trommel, eine Warnungsglocke,
Spielt deiner bangen Seele Traurmusik,
Und meine läute dir zum grausen Abschied.

(Der Befehlshaber und Gefolge ab von der Mauer.)

Talbot.

Er fabelt nicht, ich höre schon den Feind. —
Auf, leichte Reiter! späht um ihre Flanken. —
O dieß nachläss'ge, unvorsicht'ge Thun!
Wie sind wir eingehegt und rings umzäunt,
Ein kleines Rudel scheues Wild aus England,
Von Koppeln Fränk'scher Hunde angeklafft;
Sind wir denn Englisch Wild, so seid voll Muths,

Fallt nicht auf einen Biß, Schmalthieren gleich,
Kehrt wie verzweifelnde tollkühne Hirsche
Gestählte Stirnen auf die blut'gen Hunde,
Daß aus der Fern' die Feigen bellend stehn.
Verkauft sein Leben jeglicher wie ich,
So finden sie ein theures Wild an uns.
Gott und Sankt George! Talbot und Englands Recht
Bring' unsern Fahnen Glück in dem Gefecht!

(Alle ab.)

Dritte Scene.

Ebene in Gascogne.

(York tritt auf mit Truppen, zu ihm ein Bote.)

York.

Sind nicht die hurt'gen Späher wieder da,
Die nachgespürt dem mächt'gen Heer des Dauphin?

Bote.

Sie sind zurück, Mylord, und geben an
Er sei gezogen nach Bourdeaux mit Macht,
Zum Kampf mit Talbot; wie er zog entlang,
Entdeckten eure Späher zwei Geschwader,
Noch mächtiger als die der Dauphin führte,
Die nach Bourdeaux, vereint mit ihm, sich wandten.

York.

Verflucht sei doch der Schurke Somerset,
Der mein versprochnes Hülfsvolk so verzögert
Von Reiterei, geworben zur Belagrung.
Der große Talbot wartet meiner Hülfe,
Und mich betölpelt ein Verrätherbube,
Daß ich nicht beistehn kann dem edlen Ritter.
Gott helf ihm in den Nöthen! geht er unter,
Dann alle Krieg' in Frankreich, fahret wohl!

(Sir William Lucy tritt auf.)

Lucy.

Du fürstlich Haupt der Englischen Gewalt,

Die nie so nöthig war auf Frankreichs Boden,
Hin sporne zu des edlen Talbot's Rettung,
Den Eisenbande jetzt umgürtet haben,
Und grimmiges Verderben eingeengt.
Auf, muth'ger Herzog, nach Bourdeaux! auf, York!
Leb wohl sonst, Talbot, Frankreich, Englands Ehre!

York.

O Gott! wär' Somerset, der, stolzen Herzens,
Mir die Schwadronen hält, an Talbot's Stelle!
So würd' ein tapfrer Edelmann gerettet,
Ein Feigling und Verräther dran gewagt.
Daß wir so sterben, zwingt mich Wuth zu weinen,
Indeß Verräther träg zu schlafen scheinen.

Lucy.

O sendet Hülfe dem bedrängten Lord!

York.

Er stirbt, wir fall'n; ich brech' mein kriegrisch Wort:
Wir trauern, Frankreich lacht; wir fall'n, sie steigen,
Durch Somerset's verräthrisches Bezeigen.

Lucy.

Erbarm' sich Gott dann Talbot's wackrer Seele
Und seines Sohnes John, den vor zwei Stunden
Ich auf dem Marsche traf zu seinem Vater!
Die sich in sieben Jahren nicht gesehn,
Sie treffen sich, da 's ist um sie geschehn.

York.

Ach, was für Lust denkt ihr, daß Talbot habe,
Da er den Sohn willkommen heißt zum Grabe?
Fort! Jammer würgt mich, daß die Todesstund'
Erneuern muß getrennter Freunde Bund.
Lucy, leb wohl! ich weiß nun keinen Rath,
Als den verfluchen, der den Schaden that.
Maine, Blois, Poictiers und Tours sind alle hin:
Des Falschen Zögern schaffte den Gewinn.

Lucy.

So, weil der Geier der Entzweiung nagt
Am Busen solcher mächtigen Gebieter,

Beut schlafende Versäumniß dem Verlust
Des kaum erkalteten Erobrers Werk,
Des Manns von ewig lebendem Gedächtniß,
Heinrichs des Fünften: weil sie sich zuwider,
Stürzt Leben, Ehre, Land und Alles nieder.

(Ab.)

Vierte Scene.

Eine andre Gegend in Gascogne.

(Somerset mit seinen Truppen tritt auf, mit ihm ein Offizier von Talbot's Heer.)

Somerset.

Es ist zu spät, ich kann sie nun nicht senden.
Dieß Unternehmen legten York und Talbot
Zu vorschnell an; mit unsrer ganzen Macht
Nähm's wohl ein Ausfall aus der Stadt allein
Genugsam auf. Der zu verwegne Talbot
Hat allen vor'gen Ruhmesglanz befleckt
Durch dieß verzweifelt wilde Abenteuer.
York trieb ihn an, im Kampf mit Schmach zu sterben,
Weil er nach Talbot's Tod den Ruhm will erben.

Offizier.

Hier ist Sir William Lucy, der mit mir
Um Hülfe das bedrängte Heer verlassen.

(Sir William Lucy tritt auf.)

Somerset.

Wie steht's, Sir William? Wer hat euch gesandt?

Lucy.

Wer? der verrathne und verkaufte Talbot,
Der, rings bedrängt vom kühnen Mißgeschick,
Anruft den edlen York und Somerset,
Von seinen schwachen Legionen ihm
Den Tod, der sie bestürmt, zurückzuschlagen.
Und weil der ehrenwerthe Feldherr dort
Aus kampferschöpften Gliedern blutig schwitzt,

Und, klug sich haltend, aus nach Rettung sieht,
So steht ihr beide, seine falsche Hoffnung,
Die Zuversicht von Englands Ehre, fern,
Bloß aus unwürd'ger Nebenbuhlerei.
Laßt euren Zwist die schon geworbne Macht
Nicht vorenthalten, die ihm helfen sollte,
Weil der berühmte edle Lord sein Leben
Dahingiebt einer Welt von Uebermacht.
Von Orleans der Bastard, Carl, Burgund,
Alençon, Reignier schließen rings ihn ein,
Und Talbot geht zu Grund durch eure Schuld.

Somerset.

York trieb ihn an, York mußt' ihm Hülfe senden.

Lucy.

York schreit nicht minder wider Euer Gnaden,
Und schwört, ihr haltet sein geworbnes Heer,
Zu diesem Zug versammelt, ihm zurück.

Somerset.

York lügt; er konnte schicken und die Reiter haben.
Ich bin ihm wenig Dienst und Liebe schuldig,
Und acht' es Schimpf, sie kriechend selbst zu senden.

Lucy.

Der Englische Betrug, nicht Frankreichs Macht
Bestrickt den edelmüth'gen Talbot jetzt.
Er kehrt nach England lebend nie zurück,
Er stirbt: eu'r Zwist verrieth ihn bösem Glück.

Somerset.

So kommt, ich sende stracks die Reiter ab,
Und in sechs Stunden sind sie ihm zu Dienst.

Lucy.

Zu spät! Er ward gefangen oder fiel,
Denn fliehen konnt' er nicht, auch wenn er wollte,
Und, konnt' er's gleich, nie wollte Talbot fliehn.

Somerset.

Und ist er todt, fahr wohl denn, wackrer Held!

Lucy.

Euch bleibt die Schmach, sein Ruhm lebt in der Welt.

(Alle ab.)

Fünfte Scene.

Das Englische Lager bei Bourdeaux.

(Talbot und sein Sohn John treten auf.)

Talbot.

O John, mein Sohn! Ich sandte nach dir aus,
Dich in des Krieges Künsten zu belehren,
Daß Talbot's Name leben möcht' in dir,
Wenn kraftlos Alter, unbeholfne Glieder
Im Armstuhl deinen Vater hielten fest.
Doch, — o mißgünst'ge, unglückschwangre Sterne! —
Zu einem Fest des Todes kommst du nun,
Zu schrecklich unvermeidlicher Gefahr.
Drum, liebes Kind, besteig mein schnellstes Roß;
Ich will dir zeigen, wie du kannst entkommen
Durch rasche Flucht: komm, zaudre nicht, und fort!

John.

Heiß' ich denn Talbot? bin ich euer Sohn?
Und soll ich fliehn? O, wenn ihr meine Mutter liebt,
Entehrt nicht ihren ehrenwerthen Namen,
Indem ihr mich zum Knecht und Bastard macht.
Von niemand wird für Talbot's Blut erkannt,
Der schnöde floh, wo Talbot wacker stand.

Talbot.

Flieh, wenn ich falle, meinen Tod zu rächen.

John.

Wer so entflieht, hält nimmer sein Versprechen.

Talbot.

Wenn beide bleiben, sterben beide hier.

John.

So laßt mich bleiben; Vater, fliehet ihr,
An euch hängt viel, so solltet ihr euch schätzen;
Mein Werth ist unbekannt, leicht zu ersetzen.
Mit meinem Tod kann nicht der Franke prahlen,
Nach eurem wird uns keine Hoffnung strahlen.
Euch raubt erworbne Ehre nicht die Flucht,

Die meine wohl, der ich noch nichts versucht.
In eurem Fliehn wird jeder Klugheit sehn;
Weich' ich, so heißt's, es sei aus Furcht geschehn.
Wer hofft wohl, daß ich jemals halte Stand,
Wenn ich die erste Stunde fortgerannt?
Auf meinen Knieen bitt' ich hier um Tod
Statt Lebensrettung, die die Schande bot.

Talbot.

Soll jede Hoffnung deiner Mutter enden?

John.

Ja, lieber doch, als ihren Schooß zu schänden.

Talbot.

Bei meinem Segen heiß' ich fort dich ziehn.

John.

Zum Fechten will ich's, nicht den Feind zu fliehn.

Talbot.

Du schonst vom Vater einen Theil in dir.

John.

Kein Theil, der nicht zur Schande würd' in mir.

Talbot.

Ruhm war nie dein; du kannst ihn nicht verlieren.

John.

Ja, euer Name: soll ihn Flucht mißzieren?

Talbot.

Des Vaters Wort macht von dem Fleck dich rein.

John.

Erschlagen, könnt' ihr nicht mein Zeuge sein.
Fliehn beide wir, wenn Tod so sicher droht.

Talbot.

Und lassen hier mein Volk zu Kampf und Tod?
Nie darf die Schmach mein Alter so beflecken.

John.

Und meine Jugend soll in Schuld sich stecken?
Ich kann nicht mehr von eurer Seite scheiden,
Als ihr in euch Zertheilung könnt erleiden.
Bleibt, geht, thut was ihr wollt, ich thu' es eben:
Denn, wenn mein Vater stirbt, will ich nicht leben.

Talbot.

So nehm' ich hier den Abschied, holder Sohn,
Geboren, diesen Tag zu sterben schon.
Komm! mit einander laß uns stehn und fallen,
Und Seel' mit Seele soll gen Himmel wallen.

(Beide ab.)

Sechste Scene.

Ein Schlachtfeld.

(Getümmel. Angriffe, worin Talbot's Sohn umzingelt und von Talbot gerettet wird.)

Talbot.

Sankt George und Sieg! Kämpft, ihr Soldaten, kämpft!
Es brach dem Talbot der Regent sein Wort,
Uns liefernd an des Frankenschwertes Mord.
Wo ist John Talbot? Ruh' und schöpfe Othem!
Ich gab dir Leben, riß dich von den Todten.

John

Zweimal mein Vater! zweimal ich dein Sohn!
Das erst verliehne Leben war entflohn,
Als dem Geschick zum Trotz dein tapfres Schwert
Ein neues Zeitmaß meiner Bahn gewährt.

Talbot.

Als du vom Helm des Dauphin Feu'r geschlagen,
Ward deines Vaters Herz emporgetragen
Von stolzer Siegsbegier. Mein träges Blut
Belebte Jugendhitz' und Kämpferwuth;
Alençon, Orleans, Burgund schlug ich,
Und rettete von Galliens Obmacht dich.
Den grimm'gen Bastard Orleans, der dir
Blut abließ und die jungfräuliche Zier
Gewann von deinen Waffen, traf ich bald,
Und, Streiche wechselnd, ich es ihm vergalt
An seinem Bastard-Blut; und solche Rede

Gab ich ihm höhnend: „Dieß verworfne, schnöde
„Und mißerzeugte Blut sei hier vergossen,
„Für mein so reines Blut, das erst geflossen,
„Das meinem wackern Jungen du geraubt."
Hier, als ich zu vernichten ihn geglaubt,
Kam Hülfe ihm. Des Vaters Sorge! sprich!
Bist du nicht müde, John? wie fühlst du dich?
Kind, willst du noch dem Treffen nicht entweichen,
Besiegelt nun mit ritterlichen Zeichen?
Flieh, meinen Tod zu rächen, wann ich todt:
Jetzt thut mir Eines Hülfe wenig Noth.
O allzu thöricht ist es, muß ich sagen,
Uns all' in einen kleinen Kahn zu wagen!
Wenn ich mich heut vor Frankenwuth bewahre,
So tödten morgen mich die hohen Jahre.
An mir gewinnt der Feind nicht: bleib ich hier,
Das kürzt nur Einen Tag mein Leben mir.
In dir stirbt deine Mutter, unser Same,
Die Rache, deine Jugend, Englands Name.
All dieß, und mehr, gefährdet dein Verweilen;
Dieß rettest du, willst du von hinnen eilen.

John.

Das Schwert des Orleans machte nicht mir Schmerz,
Von euren Worten blutet mir das Herz.
Um den Gewinn, erkauft um solch Erröthen,
Den Leib zu retten und den Ruhm zu tödten,
Eh Talbots Sohn entflieht von Talbots Seite,
Eh fall' das feige Roß, auf dem ich reite,
Und mein sei nur des fränk'schen Bauern Recht,
Der Schande Ziel zu sein, des Unglücks Knecht.
Gewiß, bei allem Preis, den ihr gewonnen,
Ich bin nicht Talbot's Sohn, wenn ich entronnen.
Drum sprecht von Flucht nicht: wozu soll es taugen?
Wenn Talbot's Sohn, sterb' ich vor Talbot's Augen.

Talbot.

So folg' dem Vater, den verzweifelt Streben

Aus Kreta trieb, mein Icarus, mein Leben!
Wenn du willst fechten, ficht an Vaters Seite,
Und dich mit mir zu stolzem Tod bereite.

(Beide ab.)

Siebente Scene.

Ein anderer Theil des Schlachtfeldes.

(Getümmel. Angriffe. Talbot wird, verwundet, von einem Diener geführt.)

Talbot.

Wo ist mein andres Leben? Meines floh. —
O, wo ist John, mein tapfrer Talbot, wo?
Tod, brüste dich in des Gefall'nen Blut,
Ich lache dein bei meines Sohnes Muth.
Als er mich sah, wie knieend ich erlegen,
Schwang über mir er seinen blut'gen Degen,
Und wie ein Löw' im Hunger hub er an,
Was wilde Wuth und Ingrimm je gethan.
Doch als allein mein zorn'ger Wächter stand,
Und niemand nahte, der ihn angerannt,
Riß hoher Grimm und augenrollnde Wuth
Von meiner Seit' ihn plötzlich in die Flut
Gedrängter Franken, wo er sich versenkte,
Wo in dem Meer von Blut mein Sohn ertränkte
Den kühnen Geist. Dort sank in Todesnacht
Mein Icarus in schönster Jugendpracht.

(Soldaten kommen mit der Leiche John Talbots)

Diener.

O, bester Herr, da bringt man euren Sohn!

Talbot.

Du Schalksnarr Tod, belachst uns hier zum Hohn;
Doch bald, vereint in ew'gen Banden, frei
Von deiner übermüth'gen Tyrannei,
Entschwingen sich durch Himmelsräume weit
Zwei Talbot's, dir zum Trotz, der Sterblichkeit. —

O du, deß Wunden Zier dem Tode leihn,
Sprich, eh' dein Athem stockt, zum Vater dein;
Beut sprechend Trotz dem Tod, wie er's auch meint,
Acht' ihn als einen Franken, deinen Feind.
Der arme Knab' scheint lächelnd noch zu sagen:
Wär' Tod ein Frank', ich hätt' ihn heut erschlagen.
Kommt, kommt, und legt ihn in des Vaters Arm,
Mein Geist erträgt nicht länger diesen Harm.
Lebt, Krieger, wohl! Ich hab' all meine Habe:
Mein alter Arm dient zu John Talbot's Grabe. (Stirbt.)

(Getümmel. Die Soldaten ab, indem sie die beiden Leichen zurücklassen. Hierauf kommen Carl, Alençon, Burgund, der Bastard, die Pucelle und Truppen.)

Carl.

Wär' York und Somerset zu Hülf' geeilt,
Dieß wär' ein blut'ger Tag für uns geworden.

Bastard.

Wie Talbots junger Leu in wilder Wuth
Sein winzig Schwert getränkt mit Frankenblut!

Pucelle.

Ich traf auf ihn und sprach: „So soll sich's fügen,
Du Jüngling sollst der Jungfrau unterliegen."
Allein mit stolzem majestät'schem Hohn
Erwiedert' er: „Des großen Talbot's Sohn
Soll nicht die Beute frecher Dirnen sein."
Und, stürzend in der Franken dichte Reihn,
Verließ er mich, als keines Kampfes werth.

Burgund.

Er hätt' als Ritter sich gewiß bewährt:
Seht, wie er daliegt, eingesargt im Arm
Des blut'gen Pflegers von all' seinem Harm!

Bastard.

Haut sie in Stücken, reißt entzwei dieß Paar,
Das Englands Stolz und Galliens Wunder war.

Carl.

Nein, haltet ein! Was lebend Flucht gebot,
Das laßt uns nun nicht schänden, da es todt.

(Sir William Lucy tritt auf mit Gefolge, ein Französischer Herold geht vor ihm her.)

Lucy.

Herold,
Führ' mich zum Zelt des Dauphin, um zu wissen,
Wer dieses Tages Preis davon getragen.

Carl.

Bist du gesandt, um zu kapituliren?

Lucy

Kapituliren ist ein Fränkisch Wort;
Wir Englischen Soldaten kennen's nicht.
Ich will nur wissen, wen du nahmst gefangen,
Und der Gefallnen Leichen mir beschaun.

Carl.

Gefangne willst du? Sie bewahrt die Hölle.
Doch sag mir, wen du suchst.

Lucy.

Wo ist des Feldes mächtiger Alcides,
Der tapfre Talbot, Graf von Shrewsbury?
Ernannt für seine seltnen Waffenthaten
Zum Graf von Wexford, Waterford und Valence,
Lord Talbot von Goodrig und Urchinfield,
Lord Strange von Blackmere, Lord Verdun von Alton,
Lord Cromwell von Wingfield, Lord Furnival von Sheffield,
Der höchst sieghafte Lord von Falconbridge,
Ritter vom edlen Orden Sankt Georg's,
Des goldnen Vließes und Sankt Michael's;
Heinrich des Sechsten Oberfeldhauptmann
Für alle seine Krieg' im Frankenreich?

Pucelle.

Das ist ein albern prächt'ger Styl, fürwahr!
Der Türk, der zweiundfunfzig Reiche hat,
Schreibt keinen so verdrießlich langen Styl.
Er, den du ausstaffirt mit all' den Titeln,
Liegt stinkend und verwesend dir zu Füßen.

Lucy.

Ist Talbot todt, der Franken mächt'ge Geißel,
Schreck eures Lands und schwarze Nemesis?

O würden meine Augen Büchsenkugeln,
Daß ich sie wüthend euch in's Antlitz schösse!
O könnt' ich nur erwecken diese Todten,
Es wär' genug, der Franken Reich zu schrecken;
Blieb unter euch sein Bildniß übrig nur,
Den Stolzesten von euch würd' es verwirren.
Gebt mir die Leichen, daß ich weg sie trage,
Und sie bestatte, wie ihr Werth es heischt.

Pucelle.

Der aufgeschossne Fremdling, denk' ich, ist
Des alten Talbots Geist: wie spräch' er sonst
Mit so gebieterischem stolzem Sinn?
Um Gottes Willen, gebt sie! Hier verbleibend,
Vergiften sie die Luft nur mit Gestank.

Carl.

Geht, nehmt die Leichen fort.

Lucy.

Fort trag' ich sie;
Allein aus ihrer Asche wird erweckt
Ein Phönix, welcher einst ganz Frankreich schreckt.

Carl.

Sind wir nur ihrer los, macht, was ihr wollt, damit.
Nun nach Paris, von Siegeslust getragen;
Nichts widersteht, da Talbot ist erschlagen.

(Alle ab.)

Fünfter Aufzug.

Erste Scene.

London. Ein Zimmer im Palast.

(König Heinrich, Gloster und Exeter treten auf.)

König Heinrich.
Habt ihr die Briefe durchgesehn vom Papst,
Vom Kaiser und dem Grafen Armagnac?

Gloster.
Ja, gnäd'ger Fürst, und dieses ist ihr Inhalt:
Sie bitten eure Herrlichkeit ergebenst,
Daß zwischen England und der Franken Reich
Ein frommer Friede mag geschlossen werden.

König Heinrich.
Und wie bedünkt der Vorschlag Euer Gnaden?

Gloster.
Gut, bester Herr, und als der einz'ge Weg,
Vergießung unsers Christenbluts zu hemmen
Und Ruh' auf allen Seiten fest zu gründen.

König Heinrich.
Ja freilich, Oheim; denn ich dachte stets,
Es sei so frevelhaft wie unnatürlich,
Daß solche Gräßlichkeit und blut'ger Zwist
Bei den Bekennern Eines Glaubens herrscht.

Gloster.
Um diesen Bund so eher zu bewirken,
Und fester ihn zu schürzen, bietet auch

Der Graf von Armagnac, Carl's naher Vetter,
Ein Mann, deß Ansehn viel in Frankreich gilt,
Die einz'ge Tochter Euer Hoheit an
Zur Eh', mit großer, reicher Morgengabe.

König Heinrich.

Zur Eh'? Ach Oheim, jung sind meine Jahre,
Und angemess'ner sind mir Fleiß und Bücher,
Als üppig tändelnd Spiel mit einer Trauten.
Jedoch ruft die Gesandten und ertheilt
Die Antwort jedem, wie es euch beliebt.
Ich bin die Wahl zufrieden, zielt sie nur
Auf Gottes Ehr' und meines Landes Wohl.

(Ein Legat und zwei Gesandte treten auf, nebst Winchester in Cardinalstracht.)

Exeter.

Wie? ist Mylord von Winchester erhöht
Zum Rang des Cardinals und eingekleidet?
Dann merk' ich wohl, bestät'gen wird sich das,
Was einst der fünfte Heinrich prophezeit:
„Wenn er einmal zum Cardinal gelangt,
„So macht er seinen Hut der Krone gleich."

König Heinrich.

Ihr Herrn Gesandten, euer aller Wünsche
Sind wohl erwogen und besprochen worden.
Gut und vernünftig scheint uns euer Zweck,
Und darum sind wir festiglich entschlossen
Bedingungen des Friedens aufzusetzen,
Die durch Mylord von Winchester wir gleich
Nach Frankreich wollen überbringen lassen.

Gloster.

Und, anbelangend eures Herrn Erbieten,
Berichtet' ich an seine Hoheit so,
Daß, um des Fräuleins tugendsame Gaben,
Um ihre Schönheit und der Mitgift Werth,
Er sie zu Englands Königin will machen.

König Heinrich (zu den Gesandten.)

Zum Zeichen und Beweise des Vertrags

Bringt dieß Juwel ihr, meiner Neigung Pfand. —
Und so, Mylord Protector, mit Geleit
Besorgt nach Dover sie; dort eingeschifft,
Vertrauet sie dem Glück des Meeres an.
(König Heinrich mit Gefolge, Gloster, Exeter und Gesandte ab.)

Winchester.

Bleibt, Herr Legat! Ihr müßt empfangen erst
Die Summe Geldes, welche ich gelobt
An Seine Heiligkeit zu überreichen
Für die Bekleidung mit dem würd'gen Schmuck.

Legat.

Ich stehe Eurer Herrlichkeit zu Diensten.

Winchester.

Nun wird sich Winchester nicht beugen, traun!
Noch nachstehn selbst dem stolzesten der Pairs.
Humphrey von Gloster, merken sollst du wohl,
Daß weder an Geburt noch Ansehn dich
Der Bischof will erkennen über sich.
Ich will dich zwingen nieder mir zu knien,
Wo nicht, das Land mit Aufstand überziehn.

(Beide ab.)

Zweite Scene.

Frankreich. Ebne in Anjou.

(Carl, Burgund, Alençon und die Pucelle treten auf mit Truppen, welche marschiren.)

Carl.

Die Zeitung, Herrn, erfrischt die matten Geister:
Man sagt, daß die Pariser sich empören,
Und wieder zu den tapfern Franken wenden.

Alençon.

Zieht nach Paris denn, königlicher Carl,
Vertändelt nicht die Zeit mit eurer Macht!

Pucelle.

Wenn sie sich wenden, sei mit ihnen Friede,
Sonst brech' in ihre Schlösser der Ruin!

(Ein Bote tritt auf.)

Bote.

Mit unserm tapfern Feldherrn alles Heil,
Und gutes Glück mit seinen Mitgenossen!

Carl.

Was melden unsere Späher? Bitte, sprich!

Bote.

Die Englische Armee, die erst getrennt
In zwei Geschwader war, ist nun vereint,
Und denkt alsbald euch eine Schlacht zu liefern.

Carl.

Etwas zu plötzlich kommt die Warnung, Herrn,
Doch wollen wir alsbald uns auf sie rüsten.

Burgund.

Des Talbot Geist, vertrau' ich, ist nicht dort;
Ihr dürft nicht fürchten, Herr, denn er ist fort.

Pucelle.

Verflucht ist Furcht vor allen schnöden Trieben.
Gebeut den Sieg nur, Carl, und er ist dein,
Trotz Heinrichs Wuth und allem Zeterschrein.

Carl.

Auf dann, ihr Lords, und Frankreich sei beglückt!

(Alle ab.)

Dritte Scene.

Vor Angers.

(Getümmel, Angriffe. Die Pucelle tritt auf.)

Pucelle.

Die Franken fliehn und der Regent ist Sieger.
Nun helft, ihr Zaubersprüch' und Amulete,
Und ihr, die ihr mich warnt, erles'ne Geister,
Und Zeichen mir von künft'gen Dingen gebt!

(Es donnert.)

Ihr schleun'gen Helfer, die ihr zugeordnet
Des Nordens herrischem Monarchen seid:
Erscheint und helft mir bei dem Unternehmen!

(Böse Geister erscheinen.)

Dieß schleunige Erscheinen giebt Gewähr
Von eurem sonst gewohnten Fleiß für mich.
Nun, ihr vertrauten Geister, ausgesucht
Aus mächt'gen unterird'schen Regionen,
Helft mir dieß Eine Mal, daß Frankreich siege.

(Sie gehen umher und reden nicht.)

O haltet mich nicht überlang' mit Schweigen!
Wie ich mit meinem Blut euch pflag zu nähren,
Hau' ich ein Glied mir ab und geb' es euch
Zum Handgeld einer ferneren Vergeltung,
Wenn ihr euch jetzt herablaßt mir zu helfen.

(Sie hängen die Köpfe.)

Ist keine Hülfe mehr? Mein Leib soll euch
Belohnung zahlen, wenn ihr mir's gewährt.

(Sie schütteln die Köpfe.)

Kann nicht mein Leib, noch Blutes-Opferung
Zu der gewohnten Leistung euch bewegen?
Nehmt meine Seele; Leib und Seel' und Alles,
Eh England Frankreich unter sich soll bringen.

(Sie verschwinden.)

Seht, sie verlassen mich! Nun kommt die Zeit,
Daß Frankreich muß den stolzen Helmbusch senken,
Und niederlegt sein Haupt in Englands Schooß.
Zu schwach sind meine alten Zauberein,
Die Hölle mir zu stark, mit ihr zu ringen;
In Staub sinkt, Frankreich, deine Herrlichkeit. (Ab.)

(Getümmel. Franzosen und Engländer kommen fechtend, die Pucelle und York werden handgemein. Die Pucelle wird gefangen. Die Franzosen fliehn.)

York.

Nun, Dirne Frankreichs, denk' ich, hab' ich euch,
Entfesselt eure Geister nun mit Sprüchen,
Und seht, ob ihr die Freiheit könnt gewinnen.

Ein schöner Fang, der Huld des Teufels werth!
Seht, wie die garst'ge Hexe Runzeln zieht.
Als wolle sie, wie Circe, mich verwandeln.

Pucelle.

Dich kann Verwandlung häßlicher nicht machen.

York.

O, Carl der Dauphin ist ein hübscher Mann,
Den zarten Augen kann nur er gefallen.

Pucelle.

Ein folternd Unheil treffe Carl und dich!
Und werdet beide plötzlich überrascht
Von blut'ger Hand, in euren Betten schlafend!

York.

Laß ab vom Fluchen, Zaubrin, böse Hexe!

Pucelle.

Ich bitt' dich, laß mich eine Weile fluchen.

York.

Verdammte, fluch', wenn du zum Richtplatz kömmst.

(Alle ab.)

(Getümmel. Suffolk tritt auf, die Prinzessin Margaretha an der Hand führend.)

Suffolk.

Sei, wer du willst, du bist bei mir Gefangne.

(Er betrachtet sie.)

O holde Schönheit, fürcht' und fliehe nicht;
Mit ehrerbiet'ger Hand berühr' ich dich.
Zu ew'gem Frieden küss' ich diese Finger
Und lege sanft sie auf die zarte Seite.
Wer bist du? Sag's, daß ich dich ehren möge.

Margaretha.

Margaretha heiß' ich, eines Königs Tochter,
Königs von Napel; sei du, wer du seist.

Suffolk.

Ein Graf bin ich, und Suffolk ist mein Name.
Sei nicht beleidigt, Wunder der Natur!
Von mir gefangen werden ist dein Loos.
So schützt der Schwan die flaumbedeckten Schwänlein,
Mit seinen Flügeln sie gefangen haltend;

Allein sobald dich kränkt die Sklaverei,
So geh, und sei als Suffolks Freundin frei.
(Sie wendet sich weg, als wollte sie gehn.)
O bleib! Mir fehlt die Kraft, sie zu entlassen,
Befrein will sie die Hand, das Herz sagt nein.
Wie auf krystallnem Strom die Sonne spielt,
Und blinkt mit zweitem nachgeahmtem Strahl,
So scheint die lichte Schönheit meinen Augen.
Ich würbe gern, doch wag' ich nicht zu reden;
Ich fordre Dint' und Feder, ihr zu schreiben.
Pfui, de la Poole! entherze dich nicht selbst.
Hast keine Zung'? ist sie nicht dein? gefangen?
Verzagst du vor dem Anblick eines Weibs?
Ach ja! der Schönheit hohe Majestät
Verwirrt die Zung' und macht die Sinne wüst.

Margaretha.

Sag, Graf von Suffolk (wenn du so dich nennst),
Was gilt's für Lösung eh du mich entlässest?
Denn wie ich seh' bin ich bei dir Gefangne.

Suffolk (beiseit).

Wie weißt du, ob sie deine Bitte weigert,
Eh du um ihre Liebe dich versucht.

Margaretha.

Du sprichst nicht: was für Lösung muß ich zahlen?

Suffolk (beiseit).

Ja, sie ist schön: drum muß man um sie werben;
Sie ist ein Weib: drum kann man sie gewinnen.

Margaretha.

Nun, nimmst du Lösung an, ja oder nein?

Suffolk (beiseit).

O Thor! erinnre dich, du hast ein Weib,
Wie kann denn diese deine Traute sein?

Margaretha.

Er hört nicht, ihn verlassen wär' das beste.

Suffolk.

Das ist ein Querstrich, ja das kühlt die Hitze.

Margaretha.

Er spricht in's Wilde, sicher ist er toll.

Suffolk.

Und doch ist Dispensation zu haben.

Margaretha.

Und doch wollt' ich, ihr wolltet Antwort geben.

Suffolk.

Ich will dieß Fräulein hier gewinnen. Wem?
Ei, meinem König. Pah! das wäre hölzern.

Margaretha.

Er spricht von Holz; 's ist wohl ein Zimmermann.

Suffolk (beiseit.)

Doch kann ich meiner Neigung so genügen,
Und Friede stiften zwischen diesen Reichen,
Allein auch dabei bleibt noch ein Bedenken,
Denn, ist ihr Vater gleich von Napel König,
Herzog von Maine und Anjou, er ist arm,
Und unser Adel wird die Wahl verschmähn.

Margaretha.

Hört ihr, Hauptmann? habt ihr keine Zeit?

Suffolk.

So soll es sein, wie sie es auch verachten;
Heinrich ist jung, und giebt sich bald darein. —
Ich hab' euch etwas zu entdecken, Fräulein.

Margaretha (beiseit)

Bin ich in Banden gleich, er scheint ein Ritter,
Und wird auf keine Weise mich entehren.

Suffolk.

Geruhet, Fräulein, mir Gehör zu leihn.

Margaretha (beiseit).

Vielleicht erretten mich die Franken noch,
Dann brauch' ich seine Gunst nicht zu begehren.

Suffolk.

Mein Fräulein, hört mich an in einer Sache —

Margaretha (beiseit)

Ei, Frauen sind auch sonst gefangen worden.

Suffolk.

Fräulein, weßwegen sprecht ihr so?

Margaretha.

Verzeihet mir, 's ist nur ein Quidproquo

Suffolk.
Prinzessin, sagt: pries't ihr die Bande nicht
Für glücklich, die zur Königin euch machten?

Margaretha.
In Banden Königin zu sein ist schnöder
Als Knecht zu sein in niedrer Dienstbarkeit,
Denn Fürsten sollten frei sein.

Suffolk.
Und das sollt ihr,
Ist nur des reichen Englands König frei.

Margaretha.
Nun, was geht seine Freiheit mich wohl an?

Suffolk.
Ich mache dich zu Heinrich's Ehgemahl,
Geb' in die Hand ein goldnes Scepter dir,
Und setz' auf's Haupt dir eine reiche Krone,
Wenn du herab dich läßt zu meiner —

Margaretha.
Was?

Suffolk.
Zu seiner Trauten,

Margaretha.
Ich bin unwürdig Heinrich's Weib zu sein.

Suffolk.
Nein, edles Fräulein; ich nur bin nicht würdig,
Für ihn zu frein um solche holde Schöne, —
Und selbst nicht Antheil an der Wahl zu haben.
Was sagt ihr, Fräulein? seid ihr es zufrieden?

Margaretha.
Ich bin's zufrieden, wenn mein Vater will.

Suffolk.
Ruft unsre Führer dann und Fahnen vor;
Und Fürstin, hier vor eures Vaters Burg
Werd' er von uns geladen zum Gespräch.

(Truppen kommen vorwärts, eine Einladung zur Unterredung wird geblasen.)
(Reignier erscheint auf den Mauern.)

Suffolk.
Sieh, Reignier, sieh gefangen deine Tochter.

Reignier.

Bei wem?

Suffolk.

Bei mir.

Reignier.

Suffolk, wie steht zu helfen?
Ich bin ein Krieger, nicht geneigt zum Weinen.
Noch über Wankelmuth des Glücks zu schrein.

Suffolk.

Ja, Herr, zu helfen steht dabei genug.
Gewähre (thu's um deiner Ehre willen)
Zu meines Herrn Gemahlin deine Tochter,
Den ich mit Müh' dazu gewonnen habe;
Und diese flüchtige Gefangenschaft
Hat königliche Freiheit ihr erworben.

Reignier.

Spricht Suffolk, wie er denkt?

Suffolk.

Die schöne Margaretha weiß, daß Suffolk
Zu schmeicheln und zu heucheln nicht versteht.

Reignier.

Ich steige auf dein fürstlich Wort hinab,
Zur Antwort auf dein billiges Begehren.

(Oben von der Mauer ab.)

Suffolk.

Und hier erwart' ich deine Ankunft.

(Trompeten, Reignier tritt unten ein.)

Reignier.

Willkommen, wackrer Graf, in unsern Landen!
Befehlt in Anjou, was euch nur beliebt.

Suffolk.

Dank, Reignier, den solch süßes Kind beglückt,
Geschaffen zur Genossin eines Königs.
Was für Bescheid giebt Eure Hoheit mir?

Reignier.

Weil ihren kleinen Werth du würdig achtest
Um sie zu frein als Braut für solchen Herrn:
Wofern ich nur mich ruhig meines Eignen,

Der Grafschaft Maine und Anjou mag erfreun,
Von Unterdrückung frei und Kriegsgewalt,
Vermähl' ich sie mit Heinrich, wenn er will.

Suffolk.

Das ist ihr Lösegeld, nehmt sie zurück.
Auch nehm' ich es auf mich, daß Eure Hoheit
Die beiden Länder ruhig soll genießen.

Reignier.

Und ich hinwieder geb', in Heinrich's Namen,
Dir, als Vertreter dieses hohen Herrn,
Der Tochter Hand, zum Pfand gelobter Treu.

Suffolk.

Reignier, empfange königlichen Dank,
Weil dieß der Handel eines Königs ist.
(Beiseit.) Und dennoch, dünkt mich, möcht' ich lieber noch
Mein eigner Anwalt sein in diesem Fall. —
Ich will nach England mit der Neuigkeit,
Und der Vermählung Feier dort betreiben.
Reignier, leb wohl! Faß diesen Diamant
In goldene Paläste, wie sich's ziemt.

Reignier.

Laß dich umarmen, wie ich König Heinrich,
Dein christlich Haupt, umarmte, wär' er hier.

Margaretha.

Lebt wohl, Herr! Gute Wünsche, Lob, Gebete,
Wird Margaretha stets für Suffolk haben.
(Will gehen.)

Suffolk.

Lebt wohl, mein Fräulein! Doch Margaretha, hört:
Kein fürstlicher Empfehl an meinen Herrn?

Margaretha.

Sagt ihm Empfehle, wie sie einer Magd
Und Jungfrau, seiner Dienerin, geziemen.

Suffolk.

Sittsame Wort', und anmuthsvoll gestellt!
Doch, Fräulein, nochmals muß ich euch beschweren:
Kein Liebespfand für Seine Majestät?

Margaretha.

Ja, bester Herr; ein unbeflecktes Herz,
Von Liebe nie gerührt, send ich dem König

Suffolk.

Und dieß zugleich. (Küßt sie.)

Margaretha.

Das für dich selbst; ich will mich nicht erdreisten,
Solch kindisch Pfand zu senden einem König.
(Reignier und Margaretha ab.)

Suffolk.

O, wärst du für mich selbst! — Doch, Suffolk, halt!
Du darfst nicht irren in dem Labyrinth,
Da lauern Minotaur' und arge Ränke.
Nimm Heinrich ein mit ihrem Wunderlob,
Denk ihren unerreichten Gaben nach,
Dem Reiz, der durch Natur die Kunst verdunkelt;
Erneu ihr Bildniß oft dir auf der See,
Damit, wenn du zu Heinrich's Füßen knie'st,
Du seiner Sinne ihn beraubst vor Staunen.
(Ab.)

Vierte Scene.

Lager des Herzogs von York in Anjou.

(York, Warwick und Andre treten auf.)

York.

Führt vor die Zauberin, verdammt zum Feuer.
(Die Pucelle kommt von Wache umgeben, mit ihr ein Schäfer.)

Schäfer.

Ach, Jeanne! dieß bricht deines Vaters Herz.
Hab' ich die Lande nah und fern durchsucht,
Und nun sich's trifft, daß ich dich ausgefunden,
Komm ich zu deinem frühen bittern Tode?
Ach, liebste Tochter, ich will mit dir sterben!

Pucelle.

Elender Bettler! abgelebter Knecht!

Von edlerm Blute bin ich abgestammt,
Du bist mein Vater noch mein Blutsfreund nicht.

Schäfer.

Pfui, pfui! — Ihr Herrn, erlaubt, dem ist nicht so;
Das ganze Kirchspiel weiß, ich zeugte sie:
Die Mutter, noch am Leben, kann's bezeugen,
Daß sie der Erstling meines Ehstands war.

Warwick.

Ruchlose! willst du deine Sippschaft läugnen?

York.

Dieß zeigt, was für ein Leben sie geführt,
Verderbt und bös, und so beschließt sie's auch.

Schäfer.

O pfui doch, Jeanne, so verstockt zu sein!
Gott weiß, du bist von meinem Fleisch und Blut,
Und deinethalb vergoß ich manche Thräne.
Verläugne doch mich nicht, mein liebstes Kind!

Pucelle.

Pack dich, du Bau'r! Ihr habt den Mann bestellt,
Um meines Adels Krone zu verdunkeln.

Schäfer.

'S ist wahr, ich gab dem Priester eine Krone
Den Morgen, als ich ihre Mutter freite. —
Knie' hin und laß dich segnen, gutes Mädchen!
Du weigerst dich? Verflucht sei denn die Zeit,
Wo du zur Welt kamst! Wollt' ich doch, die Milch
Die du an deiner Mutter Brüsten sogst,
Wär deinetwillen Rattengift gewesen!
Und, wenn du meine Lämmer triebst zur Weide,
Wollt' ich, dich hätt' ein gier'ger Wolf verzehrt!
Verläugnest du den Vater, garst'ge Dirne?
Verbrennt, verbrennt sie! Hängen ist zu gut.

(Ab.)

York.

Schafft sie hinweg! Sie hat zu lang gelebt,
Die Welt mit ihren Lastern zu erfüllen.

Pucelle.

Laßt mich euch sagen erst, wen ihr verdammt.
Nicht mich, erzeugt von Hirten auf der Flur,
Nein, aus der Könige Geschlecht entsprossen;
Heilig und tugendsam; erwählt von droben,
Vom Geist beseelt und seiner Himmelsgnade
Auf Erden hohe Wunder zu bewirken.
Mit bösen Geistern hatt' ich nie zu thun!
Doch ihr, befleckt von euren eignen Lüsten,
Besudelt mit der Unschuld reinem Blut,
Verderbt und angesteckt von tausend Lastern,
Weil euch die Gnade fehlt, die Andre haben,
So achtet ihr's für ein unmöglich Ding,
Ein Wunder wirken ohne Macht der Teufel,
Nein, Mißbelehrte! wißt, daß Jeanne d'Arc
Seit ihrer zarten Kindheit Jungfrau blieb,
Selbst in Gedanken keusch und unbefleckt;
Daß ihr jungfräulich Blut, so streng vergossen,
Um Rache schrein wird an des Himmels Thoren.

York.

Ja, ja, nur fort mit ihr zur Hinrichtung!

Warwick.

Und, Leute, hört! weil sie ein Mädchen ist,
So spart das Reisig nicht, gebt ihr genug,
Stellt Tonnen Pech noch um den Todespfahl,
Damit ihr so die Marter ihr verkürzt.

Pucelle.

Kann eure starren Herzen nichts erweichen?
So gieb denn, Jeanne, deine Schwachheit kund,
Die, dem Gesetz gemäß, ein Vorrecht dir gewährt. —
Ihr blut'gen Menschenschlächter, ich bin schwanger;
Drum mordet nicht die Frucht in meinem Schooß,
Schleppt ihr auch mich zum Tod gewaltsam hin.

York.

Verhüt' es Gott! die heil'ge Jungfrau schwanger?

Warwick.

Das größte Wunder, das ihr je vollbracht!
Kam's dahin mit der strengen Züchtigkeit?

York.

Sie und der Dauphin hielten's mit einander;
Ich dacht' es, was die Ausflucht würde sein.

Warwik.

Schon gut! Wir lassen keinen Bastard leben,
Wenn Carl der Vater sein muß, noch dazu.

Pucelle.

Ihr irret euch, mein Kind ist nicht von ihm;
Alençon war's, der meine Lieb' genoß.

York.

Alençon, der verrufne Macchiavell!
Es stirbt, und wenn es tausend Leben hätte.

Pucelle.

Nicht doch, verzeiht! Ich täuscht' euch; weder Carl,
Noch der genannte Herzog, sondern Reignier,
König von Napel, war's, der mich gewann.

Warwick.

Ein Mann im Ehstand! Das ist noch das Aergste.

York.

Ei, das ist mir ein Mädchen! die nicht weiß,
So viele waren's, wen sie soll verklagen.

Warwick.

Ein Zeichen, das sie immer willig war.

York.

Und doch, wahrhaftig, eine reine Jungfrau! —
Dein Wort verdammt dich, Metze, sammt der Brut;
Versuch kein Bitten, denn es ist umsonst.

Pucelle.

So führt mich fort — euch lass' ich meinen Fluch.
Die lichte Sonne werfe ihre Strahlen
Nie auf das Land, das euch zum Sitze dient!
Umgeb' euch Nacht und düstrer Todesschatten,
Bis Unheil und Verzweifelung euch drängt
Den Hals zu brechen oder euch zu hängen!

(Sie wird von der Wache abgeführt.)

York.

Brich du in Stücke und zerfall' in Asche,
Verfluchte schwarze Dienerin der Hölle!

(Cardinal Beaufort tritt auf mit Gefolge.)

Cardinal.

Mit einem Brief der Vollmacht, Lord Regent,
Begrüß' ich Eure Herrlichkeit vom König.
Denn wißt, Mylord, es haben sich die Staaten
Der Christenheit, bewogen von Erbarmen
Um diesen wüsten Streit, mit Ernst verwandt
Zum allgemeinen Frieden zwischen uns
Und der Franzosen hochgemuthem Volk:
Und seht, schon naht der Dauphin und sein Zug,
Um über etwas mit uns zu verhandeln.

York.

Ist dieses unsrer Arbeit ganze Frucht?
Nachdem so mancher Pair erschlagen worden,
So mancher Hauptmann, Edelmann, Soldat
Dem Feind erlegen sind in diesem Streit,
Und ihren Leib zum Wohl des Lands verkauft:
Soll man zuletzt so weibisch Frieden schließen?
Verloren wir den größten Theil der Städte
Durch Ränke nicht, durch Falschheit und Verrath,
Die unsre großen Ahnherrn all' erobert? —
O, Warwick! Warwick! trauernd seh' ich schon
Den gänzlichen Verlust des Frankenreichs.

Warwick.

Sei ruhig, York! wenn wir den Frieden schließen,
Wird's mit so strengen Forderungen sein,
Daß die Franzosen wenig dran gewinnen.

(Carl mit Gefolge, Alençon, der Bastard, Reignier und Andre treten auf.)

Carl.

Ihr Herrn von England, da genehmigt ist
Daß Fried' im Land soll ausgerufen werden,

So kommen wir, um von euch selbst zu hören,
Was für Bedingungen ihr stellen wollt.

York.

Sprich, Winchester: denn Gall' erstickt mir kochend
Den hohlen Ausweg der erstorb'nen Stimme,
Beim Anblick der gehäß'gen Feinde dort.

Cardinal.

Carl und ihr Andern, so ist's vorgeschrieben:
Daß ihr, inmaßen König Heinrich drein
Aus bloßem Mitleid und aus Milde willigt,
Eur Land vom harten Kriege zu befrein,
Und süßen Frieden athmen euch zu lassen,
Lehnsleute seiner Krone werden sollt.
Und, Carl, auf die Bedingung, daß du schwörst,
Tribut zu zahlen, dich zu unterwerfen,
Sollst du als Vicekönig unter ihm
Die königliche Würde fortgenießen.

Alençon.

So muß er denn sein eigner Schatte sein?
Mit einer Krone seine Schläfe zieren,
Und doch, dem Ansehn und dem Wesen nach,
Die Rechte des Privatmanns nur behalten?
Verkehrt und ungereimt ist dieß Erbieten.

Carl.

Es ist bekannt, daß ich bereits besitze
Mehr als das halbe gallische Gebiet,
Und werde drin geehrt als ächter König.
Um den Gewinn des unbezwungenen Rests
Soll ich dieß Vorrecht mir um so viel schmälern,
Des Ganzen Vicekönig nur zu heißen?
Nein, Herr Gesandter, ich behalte lieber
Das was ich hab', als daß ich, mehr begehrend,
Mich um die Möglichkeit von allem bringe.

York.

Hochmüth'ger Carl! hast du dir insgeheim

Vermittlung ausgewirkt zu einem Frieden,
Und nun die Sache zum Vertrag soll kommen,
Hältst du dich mit Vergleichungen entfernt?
Entweder nimm den angemaßten Titel
Als nur von unserm König kommend an,
Und nicht von einem Anspruch des Verdienstes,
Sonst plagen wir mit Krieg ohn' Ende dich.

Reignier.

Mein Prinz, ihr thut nicht wohl, aus Eigenwillen
Zu mäkeln bei dem Fortgang des Vergleichs;
Versäumen wir ihn jetzt, zehn gegen eins,
Wir finden die Gelegenheit nicht wieder.

Alençon (leise).

Es ist, in Wahrheit, Politik für euch,
Eur Volk von solchem Blutbad zu erretten
Und grimmigem Gemetzel, als man täglich
Bei fortgesetzten Feindlichkeiten sieht:
Geht also den Vertrag des Friedens ein,
Brecht ihr ihn schon, sobald es euch beliebt.

Warwick.

Was sagst du, Carl? soll die Bedingung gelten?

Carl.

Sie soll's;
Nur vorbehalten, daß ihr keinen Theil
An der Besatzung unsrer Städte fordert.

York.

So schwöre Lehnspflicht Seiner Majestät,
So wahr du Ritter bist, stets zu gehorchen
Der Krone Englands, nie dich aufzulehnen
Der Krone Englands, du sammt deinem Adel.
(Carl und die Uebrigen machen die Zeichen des Huldigungseides)
So, nun entlaßt eur Heer, wann's euch beliebt;
Hängt auf die Fahnen, laßt die Trommeln schweigen,
Denn feierlicher Fried' ist hier geschlossen.

(Alle ab.)

Fünfte Scene.

London. Ein Zimmer im Palast.

(König Heinrich kommt im Gespräch mit Suffolk begriffen; Gloster und Exeter folgen.)

König Heinrich.

Ich bin erstaunt bei eurer seltnen Schildrung
Der schönen Margaretha, edler Graf;
Die Tugenden, geziert mit äußern Gaben,
Erregen mir der Liebe Trieb im Herzen;
Und wie die Strenge tobender Orkane
Den stärksten Kiel der Flut entgegen drängt,
So treibt auch mich der Hauch von ihrem Ruf,
Schiffbruch zu leiden, oder anzulanden,
Wo ich mich ihrer Liebe mag erfreun.

Suffolk.

Still, bester Fürst! Der flüchtige Bericht
Ist nur der Eingang ihres würd'gen Lobs.
All die Vollkommenheit des holden Fräuleins,
Hätt' ich Geschick genug, sie auszusprechen,
Ein Buch wär's, voll verführerischer Zeilen,
Das auch den dumpfsten Sinn entzücken könnte.
Und, was noch mehr, sie ist so göttlich nicht,
Noch so erfüllt mit aller Freuden Wahl,
Daß sie mit gleicher Demuth des Gemüths
Nicht willig wär', euch zu Befehl zu sein,
Befehl, mein' ich, von tugendsamer Art,
Euch als Gemahl zu lieben und zu ehren.

König Heinrich.

Auch wird es Heinrich anders nie verlangen.
Darum, Mylord Protector, willigt ein,
Daß Margaretha Englands Fürstin werde.

Gloster.

So willigt' ich darein, der Sünd' zu schmeicheln.

Ihr wißt, mein Fürst, daß ihr versprochen seid
Mit einem andern angesehnen Fräulein:
Wie können wir uns dem Vertrag entziehn,
Ohn' eure Ehre Rügen bloß zu stellen?

Suffolk.

Wie Herrscher thun bei unrechtmäß'gen Schwüren,
Wie Einer, der gelobt hat beim Turnier
Sich zu versuchen, doch verläßt die Schranken,
Weil unter ihm zu tief sein Gegner steht.
Zu tief steht eines armen Grafen Tochter;
Drum, wenn man mit ihr bricht, ist nichts versehn.

Gloster.

Ich bitt' euch, was ist Margaretha mehr?
Ihr Vater ist nichts besser als ein Graf,
Hat er erhabne Titel schon voraus.

Suffolk.

Ja, bester Herr, ihr Vater ist ein König,
König von Napel und Jerusalem;
Und ist in Frankreich von so großem Ansehn,
Daß die Verwandtschaft unsern Frieden sichern
Und in der Treu die Franken halten wird.

Gloster.

Das kann der Graf von Armagnac nicht minder,
Weil er des Dauphins naher Vetter ist.

Exeter·

Auch läßt sein Reichthum großen Brautschatz hoffen,
Da Reignier eher nehmen wird als geben.

Suffolk.

Ein Brautschatz, Lords! Entehrt nicht so den König,
Daß er so arm und niedrig sollte sein,
Nach Geld zu gehn, nicht nach vollkommner Liebe.
Heinrich kann seine Königin bereichern,
Und sucht nicht eine, die ihn reich soll machen.
So feilschen niedre Bauern ihre Weiber,
Wie auf dem Markt die Ochsen, Schafe, Pferde.
Die Eh' ist eine Sache von mehr Werth,
Als daß man sie durch Anwaltschaft betriebe;

Nicht die ihr wollt, die seiner Hoheit lieb,
Muß die Genossin seines Ehbetts sein.
Und da sie, Lords, ihm nun die Liebste ist,
So bindet dieß vor allen Gründen uns,
In unsrer Meinung auch sie vorzuziehn.
Was ist gezwungne Eh', als eine Hölle,
Ein Leben voll von Zwist und stetem Hader?
Indeß das Gegentheil nur Segen bringt,
Und Abbild von des Himmels Frieden ist.
Wen nähme Heinrich zum Gemahl als König,
Als Margarethen, Tochter eines Königs?
Nebst der Geburt die Bildung ohne Gleichen
Bestimmt für niemand sie als einen König.
Ihr tapfrer Muth und unerschrockner Geist,
Mehr als gewöhnlich man an Weibern sieht,
Giebt Hoffnung auf ein königlich Geschlecht;
Denn Heinrich, dessen Vater ein Erobrer,
Hat Aussicht, mehr Erobrer zu erzeugen,
Gesellt er sich in Liebe einer Frau,
Gemuthet wie die schöne Margaretha.
Gebt nach denn, Lords, und seid von meinem Sinn:
Nur Margaretha werde Königin.

König Heinrich.

Ob es die Macht von eurer Schildrung ist,
Mein edler Lord von Suffolk, oder daß
Noch meine zarte Jugend nie gerührt
Von einem Trieb entflammter Liebe war,
Kann ich nicht sagen; doch ich weiß gewiß,
So heft'ge Spaltung fühl' ich in der Brust,
Von Furcht und Hoffnung ein so wild Getümmel,
Daß der Gedanken Drängen krank mich macht.
Drum geht zu Schiff, Mylord, nach Frankreich eilt;
Stimmt ein in jeglichen Vertrag, und sorgt,
Daß Fräulein Margaretha bald geruhe
Die Ueberfahrt nach England vorzunehmen,
Und hier sich krönen lass' als König Heinrich's
Getreue und gesalbte Königin.

Für euren Aufwand und Betrag der Kosten
Nehmt einen Zehnten auf von unserm Volk.
Geht, sag' ich euch; denn bis ihr wiederkehrt,
Bleib' ich zurück verstrickt in tausend Sorgen. —
Ihr, guter Oheim, bannet allen Unmuth:
Wenn ihr nach dem mich richtet, was ihr war't,
Nicht was ihr seid, so weiß ich, ihr entschuldigt
Die rasche Ausführung von meinem Willen.
Und so geleitet mich, wo einsam ich
Nachhängen kann und sinnen meiner Pein.

(Ab mit Exeter.)

Gloster.

Ja, Pein, das fürcht' ich, jetzt und immerfort.

(Ab.)

Suffolk.

So siegte Suffolk, und so geht er hin,
Wie einst nach Griechenland der junge Paris,
Mit Hoffnung ähnlichen Erfolgs im Lieben,
Doch bessern Ausgangs, als der Trojer hatte.
Margretha soll den König nur beherrschen,
Ich aber sie, den König und das Reich.

(Ab.)

Erläuterungen und Bemerkungen
zu Heinrich VI.

Erster Theil.

1. Aufzug. 1. Scene.

S. 329. „Beflort den Himmel“ u. s. w. Bei Trauerspielen hängte man die Bühne schwarz aus.

S. 330. „Und willst dem Prinzen und dem Reich gebieten“. And lookest to command the prince and realm. Schlegel: „Und kannst dem Prinzen“ u. s. w. — Weiter unten: „Statt Goldes wollen wir die Waffen opfern“; Instead of gold we'll offer up our arms; Schlegel: Die Waffen bieten.

S. 331. „Wär' Heinrich uns zum Leben auferstanden“; If Henry were recall'd to life again. Schlegel: „Wenn man zurück in's Leben Heinrich rief“; als wenn es in der Macht der Menschen gestanden hätte.

S. 332. „Ich will den Franken Wunden leihn statt Augen,
Ihr wiederkehrend Elend zu beweinen“.

Wounds will I lend the French instead of eyes, to weep their intermissive miseries. Schlegel: ihr unterbrochnes Elend. Faßlicher und mit Beobachtung des von Schlegel vernachlässigten Reims würden die beiden Verse so lauten:

Nicht Thränen, Blut mach' ich die Franken weinen,
Daß wieder soll die Zeit der Noth erscheinen.

„O wohin fliehen wir vor dieser Schmach? —
Wohin wir fliehn? Dem Feinde an die Kehle!“

We will not fly, but to our enemies' throats. Schlegel: Wir woll'n nicht fliehn, als in der Feinde Rachen.

S. 334. „Indeß solch würd'ger Feldherr, hülfsbedürftig,
An seinen feigen Feind verrathen ward“.

Whilst such a worthy leader, wanting aid, unto his dastard foemen is betray'd. Schlegel, mit falscher Stellung des such und Auslassung des his: Indeß ein würd'ger Feldherr, hülfsbedürftig, verzagten Feinden so verrathen ward.

1. Aufzug. 2. Scene.

S. 335. „Nun für die Ehre der verlornen Franken!“ Forlorn ist nicht eben verloren, sondern elend, unglücklich Vielleicht hieße der Vers besser: Die Ehre wahrt der unglücksel'gen Franken!

S. 336. „Ein seltsam Räderwerk treibt ihre Waffen,
Glaub' ich, wie Uhren, daß sie immer schlagen“.

I think, by some odd gimmors or device their arms are set like clocks, still to strike on. Schlegel: Ein seltsam Räderwerk stellt ihr Gewehr, glaub' ich, wie Glocken, immer anzuschlagen. Die Worte „Glocken“ und „anzuschlagen“ (Mißverständniß von strike on?) verwischen das Bild bis zur Unkenntlichkeit. Ob der Ausdruck nicht noch gewinnt, wenn wir arms in der Bedeutung „Arme“ nehmen, lassen wir dahingestellt.

S. 337. „Durch ein Gesicht, vom Himmel ihr gesandt,
Ersehen“ u. s. w.

Which by a vision sent to her from heaven ordained is etc. Schlegel: Die ein Gesicht, vom Himmel ihr gesandt, ersehn hat u. s. w. Nicht die Vision erwählte die Jungfrau, sondern der Himmel durch die Vision.

S. 338. „Deß sei getrost: dein Glück wird mächtig sprossen,
Nimmst du mich an zu deinem Kampfgenossen“.

Resolve on this, thou shalt be fortunate, if thou receive me for thy warlike mate. Schlegel: Entschließe dich: soll alles Glück dir sprossen, so nimm mich an zu deinem Kriegsgenossen. On this durfte nicht unübersetzt bleiben: entscheide dich auf Grund dieser Versicherung, darauf hin, daß u. s. w.; oder nach Delius: komme darüber zum Schluß, zur Entscheidung.

S. 339. „Wenn ich erst alle Feinde dir verjagt,
Dann werde der Belohnung auch gedacht“.

Then will I think upon a recompense. Schlegel: Dann werde die Belohnung zugesagt.

„Er hört gewiß dem Weiberrock die Beichte“.

Doubtless he shrives this woman to her smock; genauer und besser: Er nimmt sie in die Beichte bis auf's Hemd.

S. 339. „Kleingläubige Memmen ihr!" Distrustful recreants. Schlegel: kleingläubig Heidenvolk! Recreant heißt bei Shakespeare stets der Feigling.

„Erwartet Martins-Sommer, Halcyon-Tage", d. h. Glück nach dem erlebten Mißgeschick, wie schönes Wetter am Martinstag. Nach dem griechischen Glauben war das Meer ruhig, so lange der Eisvogel (Halcyon) brütete.

S. 340. „Nun bin ich gleich dem stolzen Siegesschiff". Schlegel: dem stolzen frechen Schiff. Doch insulting hat nicht immer den tadelnden Sinn wie das deutsche frech, sondern bezeichnet nur das Gebahren eines triumphirenden Feindes. — Die Anspielung geht darauf, daß Cäsar einst seinem zagenden Steuermann im Sturm zurief: Fürchte nichts, du führst Cäsarn!

„Ward Mahomet beseelt von einer Taube". Walter Raleigh erzählte in seiner Weltgeschichte: Mahomet stopfte sich Weizen in die Ohren und fütterte damit eine Taube, die ihm auf die Schulter flog und die Körner auspickte. Nun überredete Mahomet die einfältigen Araber, das sei der heilige Geist, der ihm Offenbarungen einflüstre.

„Sanct Philipp's Töchter". Apostelgeschichte 21, 9: Derselbige (Philippus) hatte vier Töchter, die waren Jungfrauen und weissageten.

1. Aufzug. 3. Scene.

S. 342. „Der Huren Indulgenzen giebt zur Sünde". Die öffentlichen Häuser standen unter der Jurisdiction des Bischofs von Winchester.

„Sei dieß Damascus". Auf einem Berge in der Nähe von Damascus sollte Kain den Abel erschlagen haben.

„Winchester Gans". Mit diesem Namen bezeichnete man ein Freudenmädchen, und auch die Lustseuche.

S. 343. „Den Prinzen zu verdrängen"; to suppress the prince. Schlegel: den Prinzen zu erdrücken. Vgl. II, 5, 92: Thus the Mortimers, in whom the title rested, were suppressed.

S. 344. „Wenn ihr nicht fortwollt, ruf ich noch nach Stangen". Genauer: nach Knütteln. Clubs, clubs! (Knüttel) war der Ruf, mit welchem man bei Straßen-Aufläufen nach Hülfe rief, und auf welchen Berufene und Unberufene, namentlich die Ladenburschen, (prentices) welche in der Polizeigeschichte Londons eine große Rolle spielen, mit der gewünschten Waffe herbeieilten.

S. 344. „Schultheiß, leb wohl, du thust nur nach Befugniß". Bei Schlegel ausgefallen.

1. Aufzug. 4. Scene.

S. 346. „Drum hatt' ich eine Wacht erles'ner Schützen,
Die jegliche Minute mich umging".

Wherefore a guard of chosen shot I had etc. Schlegel: Drum hatt' ich eine Wacht, die scharf geladen, in jeglicher Minute mich umging.

S. 347. „Mein Name schon bedeute Frankreichs Fall". Dieser Vers war bei Schlegel aus Versehen weggeblieben.

1. Aufzug. 5. Scene.

S. 348. „Ich lasse Blut dir, du bist eine Hexe". Wer einer Hexe Blut abzog, war von ihrem Zauber frei (Grimm's deutsche Mythologie S. 634).

S. 349. „Man hieß der Wildheit halb uns Engelische Hunde".

So ist die Schlegelsche Fassung. In der Ausgabe von 1840 steht (von welcher Hand?): Englische Hund' der Wildheit halb benannt.

1. Aufzug. 6. Scene.

S. 350. „Adonis' Gärten gleichet Dein Verheißen". Die Gärten des Adonis, in welchen er sich mit Venus erging, wurden sprichwörtlich. Plinius (Hist. Nat. XIX, 19, 1): Antiquitas nihil prius mirata est quam Hesperidum hortos, ac regum Adonis et Alcinoi. Bei den jährlichen Gedächtnißfeiern des Adonis wurden sie durch irdene Töpfe oder, wo man die Mittel dazu hatte, durch silberne Körbe voll aufkeimender Kräuter symbolisch dargestellt.

„Als die zu Memphis oder Rhodope's". Rhodope sammelte durch den Verkauf ihrer Gunstbezeigungen in Naucratis so große Reichthümer, daß sie bei Memphis eine Pyramide davon erbaute, die kleinste aber schönste von allen.

2. Aufzug. 1. Scene.

S. 353. „Carl kommt; ich bin begierig, wie's ihm ging". Here cometh Charles; I marvel how he sped. Schlegel: Da kommt der Prinz; mich wundert wie's ihm ging. I marvel, wie I wonder heißt ganz gewöhnlich: ich möchte doch wissen, ich bin neugierig zu hören.

2. Aufzug. 2. Scene.

S. 355. „Und hebt sie hoch empor auf diesem Markt". And here advance it in the market-place. Schlegel: Und stellet auf dem Marktplatz hier sie aus. An ein Ausstellen der Leiche konnte mitten im Kampfgetümmel nicht zu denken sein; auch ist nicht abzusehn, wie advance diese Bedeutung haben soll. Es heißt hier, wie bei Shakespeare sehr oft, in die Höhe heben. Temp. I, 2, 408: The fringed curtains of thine eye advance and say what thou seest yond. IV, 177: they prick'd their ears, advanced their eyelids, lifted up their noses. Twelfth N. II, 5, 36: Contemplation makes a rare turkey-cock of him: how he jets under his advanced plumes! Richard III. I, 2, 40: Advance thy halberd higher than my breast! Troil. and Cress. IV, 5. 188: When thou hast hung thy advanced sword i'th' air, not letting it decline on the declined. A Lover's Compl. 225: O, then, advance of yours that phraseless hand.

S. 356. „Zur armen Burg, worauf sie wohnt, zu kommen". Where she lies. Schlegel, mit der schon bemerkten unsichern Auffassung des Worts: worauf sie sitzt.

„Wenn Damen bitten, ihnen sich zu stellen". When ladies crave to be encountered with. Schlegel: Wenn Frauen begehren, daß wir sie bestehn.

2. Aufzug. 3. Scene.

S. 358. „Der Talbot, so gefürchtet überall"; so much fear'd abroad; Schlegel: „auswärts so gefürchtet". Im Folgenden hatte Schlegel für „ein wahrer Zwerg", „ein blöder Zwerg", indem er die heutige Bedeutung von silly auch für Shakespeare voraussetzte. Das Wort heißt aber im älteren Englisch oft „schwach, wehrlos"; z. B. The two Gentl. IV, 1, 72: that you do no outrages on silly women. Ven. and Ad. 1098: the wolf would leave his prey and never fright the silly lamb that day. Cf. Rape of Lucr. 167. — „Der schwache und verschrumpfte Knirps" (writhled shrimp) haben wir gesetzt an Stelle von Schlegels: „Der schwache eingezogene Knirps".

„Und aus dem Grund lockt' ich dich in mein Haus". Schlegel: zog ich dich in mein Haus. To train heißt bei Shakespeare auch sonst verlocken. Com. of Err. III, 2, 45: O train me not, sweet mermaid, with thy note, to drown me in thy sister's flood of tears. Love's Lab.

Lost. I, 1, 71: These be the stops that hinder study quite and train our intellects to vain delight. John III, 4, 175: If but a dozen French were there in arms, they would be as a call to train ten thousand English to their side.

S. 359. „Ihr täuschet euch, mein Wesen ist nicht hier". You are deceived. Schlegel: Ihr seid getäuscht.

2. Aufzug. 4. Scene.

S. 360. „Der Garten des Tempels". Tempel heißt das große Kollegienhaus der Juristen in London.

S. 362. „Dann, wie die Sache klar und wahr ist, pflücke" u. s. w.

For the truth and plainness of the case. Schlegel: Dann für der Sache Recht und Wahrheit pflücke u. s. w. Plainness kann nimmermehr das Recht bedeuten; es heißt Einfachheit, Handgreiflichkeit. For dient in dem Satze zur Angabe eines Grundes.

„Nun, Somerset, wo bleibt nun dein Beweis? —
In dieser Scheide, sinnend, was dereinst
Blutroth soll färben eure weiße Rose. —
Indeß trägt eure Wange unsre Farbe".

Now, Somerset, where is your argument? — Here, in my scabbard, meditating that shall dye your white rose in a bloody red. — Meantime your cheeks do counterfeit our roses. Schlegel: „Nun, Somerset, wo ist nun euer Satz? — Hier in der Scheide; dies erwägen, wird die weiße Rose blutig roth euch färben. — Indeß äfft eure Wange unsre Rosen". Es ist merkwürdig, daß diese Stelle von allen mißverstanden worden ist, die sich mit ihrer Erklärung befaßt haben. Einen Theil der Schuld trägt davon die herkömmliche Interpunktion der Herausgeber: Here in my scabbard; meditating that shall dye etc. Hätte man die Interpunktion der Folio beachtet (Here in my scabbard, meditating, that shall dye etc.) so würde ein Mißverständniß kaum möglich gewesen sein. Meditating ist nicht Gerundium, sondern Particip und Apposition zu argument; mein Beweis, sagt Somerset, steckt jetzt in meiner Scheide, d. h. das Schwert ist hinfort mein Argument, und denkt auf Mittel (that für what oder that which) eure weiße Rose roth zu färben, d. h. euer Blut fließen zu machen. Das Pronomen that steht in ähnlicher Weise am Ende des Verses in Rom. and Jul. IV, 1, 63. — Den Vers: „Indeß äfft eure Wange unsre Rosen" haben wir geändert, weil wol nachäffen, aber nicht das einfache äffen ein Synonym von nachahmen ist.

S. 363. „Ja, einen scharfen, um ihr Recht zu wahren,
Indeß dein Wurm an deinem Unrecht nagt. —
Wohl, Freunde find' ich meinen blut'gen Rosen".

Ay, sharp and piercing, to maintain his truth, whiles thy consuming canker eats his falsehood. — Well, I'll find friends to wear my bleeding roses. Schlegel: Ja, einen scharfen, wahr sich zu behaupten, indeß dein Wurm an seiner Falschheit nagt. Wohl, Freunde find' ich für mein Rosenblut. — His falsehood haben wir mit „deinem Unrecht" wiedergegeben, weil die Beziehung im Deutschen sonst unklar gewesen wäre. Im Englischen geht his auf thy rose in der nächstvorhergehenden Rede Platagenet's.

S. 364. „Und das verfecht' ich gegen Bess're als du bist". And that I'll prove on better men than Somerset; Schlegel: Und das beweis' ich Höhern noch als Somerset. Der Dichter konnte hier unmöglich eine so deutliche Hinweisung auf den König beabsichtigen, vielmehr kam es bei dem Ausdrucke better men nur auf eine Kränkung Somerset's an. To prove sth. on one heißt auch nicht reinem etwas beweisen", sondern an einem, im Kampf mit einem etwas darthun. Im Folgenden hatte Schlegel statt: „Um euch für diese Auffassung zu zücht'gen", „Um euch zu züchtigen für diese Rüge", indem er der unnöthigen Emendation reprehension für apprehension folgte. Apprehension in dem Sinne Auffassung, Deutung findet sich auch Henry IV. 1 P. IV, 1, 66: And think how such an apprehension may turn the tide of fearful faction and breed a kind of question in our cause.

2. Aufzug. 5. Scene.

S. 367. „Und der Verwandtschaft halb sag' an, warum" u. s. w. For alliance sake. Schlegel: Und Bundes halb erklär' den Grund, warum u. s. w. Daß alliance bei Shakespeare Verwandtschaft heißt, wurde schon zu Heinrich IV. 1. Th I, 1 bemerkt.

„Entsetzte seinen Vetter Richard", his nephew. Schlegel: seinen Neffen. Die Verwandtschaftsbezeichnungen, namentlich cousin und nephew, sind im älteren Englisch sehr vieldeutig.

„Statt seiner auf den Thron mich zu erheben". Endeavoured my advancement to the throne. Schlegel: statt seiner mich zu fördern auf den Thron. Ueber die Bedeutung von to advance s. oben zu 2. Aufzug, 2. Scene.

S. 368. „Der keinen Leibeserben hinterließ", leaving no heir begotten of his body, bei Schlegel ausgefallen.

S. 368. „So sind die Mortimers,
Deren das Recht war, von dem Thron verdrängt".
Thus the Mortimers, in whom the title rested, were suppress'd. Schlegel: So sind die Mortimers, worauf der Anspruch ruhte, unterdrückt. Ueber die Bedeutung von to suppress s. oben zu 1. Aufzug. 3. Scene.

S. 369. „Verlebtest deine Tage wie ein Klausner".
And like a hermit overpass'd thy days. Schlegel: Als Klausner überlebend deine Tage. Like a hermit heißt nicht: als Klausner, sondern wie ein Klausner; overpass nicht überleben, sondern verleben. Vgl. Richard III. IV, 4, 388: That (the time to come) thou hast wronged in the time o'erpast: und 396: by time misused o'erpast.

3. Aufzug. 1. Scene.

S. 371. „Du Bastard meines Großvaters". Der Bischof von Winchester war ein unehelicher Sohn Johann's von Gaunt und der Katharina Swinford, welche Gaunt nachmals heirathete.

S. 372. „Ja, wie ein Räuber haust in einem Schloß".
Yes, as an outlaw in a castle keeps. Schlegel: Ja, wie ein Vagabund ein Schloß besetzt.

„Mich dünkt, Mylord sollt' etwas frömmer sein
Und wissen, was Religion gebeut. —
Mich dünkt, Mylord sollt' etwas milder sein" ꝛc.

Methinks, mylord should be religious, and know the office that belongs to such. — Methinks, his lordship should be humbler etc. The office that belongs to such, nemlich as are religious. Ueber die Bedeutung von humble vgl. zu Heinrich V. 3. Aufzug 1. Scene. — Schlegel: Mich dünkt, Mylord sollt' etwas frömmer sein und solcher Männer hohe Würde kennen. — Mich dünkt, sie sollten demuthsvoller sein u. s. w.

S. 374. „Seid friedlich, wenn ihr nicht nach Blute dürstet".
Then, be at peace. Schlegel: Seid still dann, wenn u. s. w. Diese wie die folgenden Verbesserungen: „Was blickt ihr denn so streng' und dräuend noch?" statt „so starr und tragisch"; „Daß Hassen (malice) eine große Sünde sei" statt „Bosheit"; „Lord Winchester. laßt euch erweichen!" (relent) statt: „und weicht", — bedurfen keiner Rechtfertigung.

S. 376. „So wird vergütet, was sein Vater litt".
So shall his father's wrongs be recompensed. Schlegel: So wird des Vaters Unrecht ihm vergütet. Vgl. zu Richard II. 1. Aufzug. 2. Scene.

S. 377. „Nicht sehend, was vermuthlich wird geschehn"; not seeing what is likely to ensue; Schlegel: was hieraus erfolgen muß.

„Heinrich aus Monmouth bauet alles auf,
Heinrich aus Windsor büßet alles ein".

That Henry born at Monmouth should win all, and Henry born at Windsor should lose all. Besser vielleicht: Heinrich von Monmouth ist ein Spielgewinner, Heinrich von Windsor ist ein Spielverlierer.

3. Aufzug. 2. Scene.

S. 379. „Daß wir der Obmacht Frankreichs kaum entrannen".

That hardly we escap'd the pride of France. Schlegel: Daß wir dem Stolze Frankreichs kaum entrinnen. Pride ist bei Shakespeare ein sehr elastischer Begriff; nicht selten bezeichnet es, wie an dieser Stelle, überlegene Macht. Vgl. IV, 6, 15: And from the pride of Gallia rescued thee. Henry V. I, 2, 112: O noble English, that could entertain with half their forces the full pride of France etc.

S. 390. „Es war voll Trespe". Trespe, im Brod oder im Getränk beigemischt, sollte den Augen schaden und die Sehkraft schwächen. Schon bei Ovid (Fast. 1, 691) heißt es: Et careant loliis oculos vitiantibus agri.

S. 381. „Und wagen nicht, wie's Edlen ziemt, zu fechten". Schlegel: Und dürfen nicht wie Edelleute fechten. Dare ist hier nicht dürfen, gentlemen nicht Edelleute.

„Der starke Pendragon". Uther Pendragon war der Vater des Königs Arthus. Holinshed erzählt es eigentlich von seinem Bruder Aurelius, daß er sich, krank, in einer Sänfte in die Schlacht tragen ließ und so die Sachsen überwand.

S. 382. „Entschloss'ner Geist in sterbenskranker Brust". In a dying breast. Schlegel: in der erstorbnen Brust.

S. 383. „Nun laßt uns Sorge tragen für die Stadt"; now will we take some order in the town; Schlegel: Nun laßt uns Ordnung schaffen in der Stadt (über take order vergl. zu Richard II.). — Im Folgenden: „Doch sterben muß ein jeder, noch so groß" (but kings and mightiest potentates must die) statt Schlegels: Doch sterben müssen Kön'ge, noch so groß; in welcher Fassung die Allgemeinheit des Ausdruckes und damit die Beziehung auf Bedford verloren ging.

3. Aufzug. 3. Scene.

S. 383. „Verzagt nicht, Prinzen, über diesen Unfall". Schlegel: über diesen Zufall. Accident hat bei Shakespeare vorherrschend die Bedeutung des heutigen incident (Vorfall), welches er als Substantiv und in seiner jetzigen Anwendung noch nicht kennt. Temp. V, 250: Single I'll resolve you . . . of every these happened accidents. 305: The story of my life and the particular accidents gone by since I came to this isle. Mids. Dr. IV, 1, 73: And think no more of this night's accidents but as the fierce vexation of a dream. Much Ado II, 1, 188: This is an accident of hourly proof.

S. 384. „Ein schneller Unfall soll nicht Argwohn zeugen". Schlegel hatte „nie" für „nicht"; aber das englische never ist an dieser Stelle offenbar statt eines verstärkten not, entsprechend dem deutschen „nimmermehr". Vgl. Two Gentl. II, 7, 64: Then never dream on infamy, but go. Com. of Err. II, 1, 6: Good sister, let us dine and never fret. Meas. for Meas. IV, 2, 5: But if he be a married man, he's his wife's head, and I can never cut off a woman's head. V, 432: I crave no other, nor no better man. — Never crave him; we are definitive. Merry Wiv. II, 1, 186: I like it never the better for that. John II, 130: His father never was so true begot. Much Ado II, 1, 336: Hath your grace ne'er a brother like you? etc. etc.

„Noch sollte gegen uns das Volk sich brüsten"; nor should that nation boast it so with us; Schlegel: Noch sollte die Nation so mit uns prahlen.

S. 386. „Und du verstoßen wie ein Ueberläufer?" Diese Bedeutung hat fugitive auch in Ant. and Cleop. IV, 9, 22: But let the world rank me in register a master-leaver and a fugitive. Schlegel: Und du hinausgestoßen wie ein Flüchtling?

„So sieh' dann! wider deine Landsgenossen
Kämpfst du mit denen, die dich morden werden".

See then, thou fight'st against thy country-men, and join'st with them will be thy slaughter-men. Der Gleichklang von country-men und slaughter-men läßt sich vielleicht in folgender Weise wiedergeben: Sieh, du bekämpfst dein eigenes Geschlecht im Bunde so mit deinen einst'gen Schlächtern.

„All meine Macht und Mannschaft sind nun euer"; my forces and my power of men are yours; Schlegel: All meine Macht und Schaaren Volks sind euer.

3. Aufzug. 4. Scene.

S. 387. „Um meinem Lehnsherrn Ehrfurcht zu bezeigen". To do my duty to my sovereign. Diese Bedeutung von duty ist schon zu Heinrich IV. 1. Thl. erörtert. Schlegel: Um meinem Oberherrn die Pflicht zu leisten; offenbar unrichtig, da Talbot im Felde erst recht Gelegenheit hatte, seine Pflicht zu thun.

„sieben maurumgebne Besten,
Gefangne außerdem von Rang fünfhundert";

seven walled towns of strength, beside five hundred prisoners of esteem. Schlegel: sieben maurumgebne Flecken, benebst fünfhundert achtbaren Gefangnen.

4. Aufzug. 1. Scene.

S. 391. „Daß in Verwandtschaft, Freundschaft und in Schwüren" u. s. w. Schlegel, mit der schon öfters zur Sprache gekommenen Verkennung des Sinnes von alliance: Daß unter Freundschaft. Bündnissen und Schwüren u. s. w.

· S. 392. „Auf unsrer Fahrt nach Frankreich über's Meer"; Crossing the sea from England into France, this fellow here etc. Schlegel: Als ich von England überfuhr nach Frankreich; als wenn Basset die Fahrt auf eigne Hand, und nicht im Gefolge des Königs gemacht hätte.

S. 394. „Schämt ihr euch nicht, anmaßende Gesellen" zc. Schlegel: anmaßende Basallen, in wörtlicher Uebersetzung des englischen presumptuous vassals, was aber hier als Anrede an Personen niederen Standes unmöglich der beabsichtigte Sinn sein kann. Vassal wird von Shakespeare häufig als ein verächtlicher Ausdruck gebraucht, ganz ohne Beziehung auf ein Lehns- oder Unterthanen-Verhältniß. Rape of Lucr. 429: And they, like straggling slaves for pillage fighting, obdurate vassals fell exploits effecting, in bloody death and ravishment delighting etc. Love's Lab. Lost. I, 1, 256: That unlettered small-knowing soul, that shallow vassal, which, as I remember, hight Costard. Henry VI. 2 P. IV, 1, 111: It is impossible that I should die by such a lowly vassal as thyself. Richard III. I, 4, 200: Erroneous vassal! the great king of kings hath in the tables of his law commanded that thou shalt do no murder. Lear I. 1, 163: O vassal! miscreant!

„Wenn ihr so duldet ihr verkehrtes Hadern"; their perverse objections, eigentlich ihre verkehrten Anklagen. Schlegel: ihr verkehrtes Trotzen.

S. 395. „Mein Vetter York, in diesen fränkschen Landen Bestallen wir für uns euch zum Regenten".
To be our regent in these parts of France. Vgl. 2. Thl. I, 1, 67: We here discharge your grace from being regent i'the parts of France. Richard III. IV, 2, 48: I hear the Marquis Dorset's fled to Richmond, in those parts beyond the sea where he abides. Twelfth Night III, 3, 9: But jealousy what might befall your travel, being skilless in these parts. Henry V. III, 1, 20: Fathers that like so many Alexanders have in these parts from morn till even fought. Schlegel, als wenn es hieße in this part of France: in diesem Theil von Frankreich bestallen wir u. s. w.

„doch sie gefällt mir nicht,
Da er von Somerset das Zeichen trägt".

But yet I like it not, in that he wears the badge of Somerset. Schlegel: Jedoch gefällt's mir nicht, daß er von Somerset das Zeichen trägt. In that ist nicht gleich that, sondern heißt insofern, da. Meas. V, 454: My brother had but justice, in that he did the thing for which he died. Ven. and Adon. 174: And so, in spite of death, thou dost survive, in that thy likeness still is left alive. Much Ado V, 4, 111: For thy part, Claudio, I did think to have beaten thee; but in that thou art like to be my kinsman, live unbruised and love my cousin. Vgl. As you like it I, 1, 50. 141. Henry VI. 1 P. III, 1, 22. 2 P. III, 1, 257. Richard III. I, 2, 27. 3, 3. Taming of the Shr. IV, 3, 83.

4. Aufzug. 2. Scene.

S. 397. „O dieß nachläss'ge, unvorsicht'ge Thun". O negligent and heedless discipline. Schlegel: O lässige, saumsel'ge Kriegeszucht.

4. Aufzug. 3. Scene.

S. 399. „Der Geier der Entzweiung"; the vulture of sedition; Schlegel: der Geier der Empörung.

4. Aufzug. 4. Scene.

S. 400. „Der zu verwegne Talbot", the over-daring Talbot; Schlegel: der zu vermess'ne Talbot.

4. Aufzug. 5. Scene.

S. 402. „Entehrt nicht ihren ehrenwerthen Namen"; dishonour not her honourable name. Schlegel: So schmäht nicht u. s. w.

S. 403. „Auf meinen Knieen bitt' ich hier um Tod
Statt Lebensrettung, die die Schande bot. —
Soll jede Hoffnung deiner Mutter enden? —
Ja, lieber doch als ihren Schooß zu schänden".

Schlegel: Hier auf den Knie'n bitt' ich um Sterblichkeit statt Leben, das durch Schande nur gedeiht. — Ein Grab soll fassen deiner Mutter Loos? — Ja, eh' ich schände meiner Mutter Schooß. Das Original: Here on my knee I beg mortality, rather than life preserv'd with infamy. Shall all thy mother's hopes lie in one tomb? Ay, rather than I'll shame my mother's womb. Daß mortality hier nicht Sterblichkeit sein kann, um die der junge Talbot seinen Vater nicht zu bitten braucht, liegt auf der Hand. Auch an andern Stellen steht es geradezu für death. Meas. for Meas. I, 1, 45: Mortality and mercy in Vienna live in thy tongue and heart. IV, 2, 152: careless, reckless, and fearless of what's past, present, or to come; insensible of mortality, and desperately mortal. Rape of Lucr. 403: death's dim look in life's mortality. — Daß wir den Vers: Ein Grab soll fassen deiner Mutter Loos? geändert haben, wird wol jeder gutheißen, wenn es uns auch nicht gelungen ist, etwas durchaus Befriedigendes an die Stelle zu setzen.

4. Aufzug. 6. Scene.

S. 405. „Kind, willst du noch dem Treffen nicht entweichen,
Besiegelt nun mit ritterlichen Zeichen"?

Wilt thou yet leave the battle, boy, and fly, now thou art seal'd the son of chivalry? Wir würden vorziehn:

Willst du nicht noch dem Treffen dich entziehn,
Nun deines Rittersinn's Gepräg' erschien?
„Und mein sei nur des fränk'schen Bauern Recht,
Der Schande Ziel zu sein, des Unglücks Knecht".

And like me to the peasant boys of France, to be shame's scorn, and subject of mischance. Schlegel: Und wie ein Bauer Frankreichs mög' ich liegen, der Schande Ziel, des Mißgeschicks Vergnügen.

4. Aufzug. 7. Scene.

Von folgenden Stellen mag die bisherige Schlegel'sche Fassung einfach erwähnt sein: Triumphant death, smear'd with captivity Dich, Tod, stolzirend mit Gefangenschaft; and there died my Icarus, my blossom, in his pride und starb mein Icarus, so blühend rosenfarb; O! thou whose wounds become hardfavoured death, speak to thy father, ere thou yield thy breath! O du, deß Wunden lieblich stehn bei Todten, sprich mit dem Vater vor dem letzten Othem!

S. 407. „Ich traf auf ihn und sprach: So soll sich's fügen,
Du Jüngling sollst der Jungfrau unterliegen".

Schlegel: Ich hab' ihn einst getroffen und gesagt: Du Jüngling, sei besiegt von einer Magd; — in welcher Fassung „einst" für once nicht statthaft ist, und der Gegensatz von maiden youth und maid verloren geht.

S. 408. „Bist du gesandt, um zu kapituliren? —
Kapituliren ist ein fränkisch Wort".

On what submissive message art thou sent? Submission, Dauphin? 'tis a mere French word. Schlegel: Mit welcher unterwürf'gen Botschaft kommst du? Was? Unterwerfung ist ein fränkisch Wort. Im Folgenden And to survey the bodies of the dead bei Schlegel: Und dann die Zahl der Todten überschaun.

„Ist Talbot todt, der Franken mächt'ge Geißel". Is Talbot slain, the Frenchmen's only scourge. Schlegel: Der Franken einz'ge Geißel. Only heißt bei Shakespeare häufig: einzig in seiner Art, best, vorzüglich. Henry IV. 1 P. II, 4, 83: Your brown bastard is your only drink. Much Ado II, 1, 402: If we can do this, Cupid is no longer an archer: his glory shall be ours, for we are the only love gods. III, 1, 92: He is the only man of Italy, always excepted my dear Claudio. 4, 75: It is the only thing for a qualm. As you like it III, 4, 13: Your chesnut was ever the only colour. Vgl. II, 7, 34; 44. V, 3, 12; 20. 4. 108. Henry VI. 1 P. I, 5. 8. All's well II, 1, 110. Henry IV. 1 P. I, 3, 261. Henry V. II, 3, 54.

5. Aufzug. 1. Scene.

S. 411. „Was einst der fünfte Heinrich prophezeit".

Schlegel: oft statt einst. Daß sometime bei Shakespeare auch einst heißt, mögen zum Ueberfluß folgende Stellen beweisen: Temp. V, 86: I will discase me, and myself present as I was sometime Milan. Merry Wiv. IV. 4, 29: Herne the hunter, sometime a hunter here in Windsor forest. Sonn. 64, 3: When sometime lofty towers I see down-razed. Richard III, IV, 4, 274: Therefore present to her, as sometime Margaret did to thy father, steep'd in Rutland's blood, a handkerchief.

S. 412. „Ich stehe Eurer Herrlichkeit zu Diensten".

Schlegel: Ich richte mich nach Eurer Hoheit Muße. I will attend upon your lordship's leisure drückt eben nur aus, was wir im Text gegeben haben. Vgl. All's well III, 5, 48. Taming of the Shrew III, 2, 219. IV, 3, 59 etc.

5. Aufzug. 2. Scene.

S. 413. „Die englische Armee, die erst getrennt
In zwei Geschwader war".

Into two parties; Schlegel: in zwei Parteien.

„Trotz Heinrich's Wuth und allem Zeterschrein". Schlegel: Laß Heinrich zürnen, alle Welt es reun (Verwechselung von repine und repent?).

S. 414. „Des Nordens herrischem Monarchen". Der Norden galt für den Hauptsitz der bösen Geister. Dort versammeln sich die abgefallenen Engel auch bei Milton. Jesaias 14, 14: Ich will mich setzen an den Berg des Stiftes, an der Seite gegen Mitternacht.

S. 415. „Laß ab vom Fluchen, Zaubrin, böse Hexe". Fell, banning hag, enchantress, hold thy tongue. To ban heißt fluchen. Schlegel: Still, schwarze Bannerin! Du Zauberin, schweig!

„Mit ehrerbiet'ger Hand berühr' ich dich.
Zu ew'gem Frieden küss' ich diese Finger
Und lege sanft sie auf die zarte Seite".

Suffolk küßt seine eignen Finger (ein gewöhnliches Zeichen der Ehrerbietung) und umfaßt dann mit ihnen Margaretha. Schlegel, einer auf Mißverständniß beruhenden Umstellung der Herausgeber folgend:

Ich will mit ehrerbiet'ger Hand dich rühren.
Sie sanft dir auf die zarte Seite legen.
Zu ew'gem Frieden küß' ich diese Finger (küßt ihre Hand).

S. 416. „Das ist ein Querstrich, ja das kühlt die Hitze". There all is marr'd, there lies a cooling card. Schlegel, der den Ursprung des Ausdruckes cooling card (von carduus benedictus; vgl. Much Ado III, 4, 73: Six Old Plays, ed. Nickols p. 302) nicht gekannt zu haben scheint: Das ist die Karte, die mein Spiel verdirbt. — Im Folgenden hieß es bei Schlegel: Allein auch dabei bleibt ein Zweifel noch (a scruple); unser Adel wird die Heirath schelten (will scorn the match); Frauen sind wohl mehr gefangen worden (ere now); bescheidne Worte (modest); den wilden Reizen, so die Kunst verdunkeln (and natural graces that extinguish art).

5. Aufzug. 4. Scene.

Die beiden Verse: „Vom Geist beseelt und seiner Himmelsgnade" und „Ihr blut'gen Menschenschlächter, ich bin schwanger" waren bei Schlegel aus Versehen fortgeblieben.

S. 424. „Ein Zeichen, daß sie immer willig war", liberal and free; Schlegel: frei und willig. Free hat auch sonst bei Shakespeare die Bedeutung von liberal, freigebig; an unsrer Stelle freigebig mit Gunstbezeigungen. Vgl. Wint. Tale IV, 4, 559: Methinks I see Leontes opening his free arms and weeping his welcomes forth. V, 1, 70: Will you swear never to marry but by my free leave? Meas. for Meas. II, 4, 111: Ignomy in ransom and free pardon are of two houses. V, 393: You are pardon'd, Isabel; and now, dear maid, be you as free to us. Sonn. 4, 4: Nature's bequest gives nothing but doth lend, and being frank she lends to those are free. A Lover's Compl. 100: For maiden-tongued he was, and thereof free.

S. 425. „Um über etwas mit uns zu verhandeln"; about some matter; Schlegel: über diese Sache. Im Folgenden: Die überwunden sind in diesem Streit (that in this quarrel have been overthrown). Der Vers: What the conditions of that league must be, hieß bei Schlegel: Was für Bedingungen der Bund erheischt. League ist bei Shakespeare oft gleichbedeutend mit peace; vgl. 2 Th. I, 1, 98; 127. Henry V. V, 2, 400; Richard III. I, 3, 281. — The hollow passage of my poison'd voice gab Schlegel: Den hohlen Ausweg meiner gift'gen Stimme (vergiftet ist nicht = giftig).

5. Aufzug. 5. Scene.

S. 430. „Giebt Hoffnung auf ein königlich Geschlecht", will answer our hope in issue of a king. Schlegel: Entspricht der Hoffnung des Geschlechts vom König.

S. 431. „wo einsam ich
Nachhängen kann und sinnen meiner Pein. —
Ja, Pein, das fürcht' ich" u. s. w.

Where from company I may revolve and ruminate my grief. Schlegel: Nachhängen kann und sinnen meinem Kummer; dies letzte Wort giebt den Doppelsinn nicht, auf den es hier ankommt.

FSC
www.fsc.org
MIX
Papier | Fördert gute Waldnutzung
FSC® C083411

Kolibri 360 GmbH
Ferdinand-Jühlke-Straße 7
99095 Erfurt, Deutschland
produktsicherheit@kolibri360.de